Applied Multivariate Statistical Analysis

实用多元统计分析

关静 肖盛宁 赵慧◎主编

内容提要

多元统计分析方法是处理多维数据不可或缺的重要工具，特别是随着计算机技术的发展，多元统计分析迅速发展成为统计学中一个非常重要的分支．本书在介绍多元统计分析方法的同时结合统计软件 R，将理论与实际应用相结合．本书共 10 章，主要包括多元统计分析基础、多元正态分析、单个总体参数的检验、多个正态总体参数的比较、线性回归模型、主成分分析、因子分析、典型相关分析、判别分析、聚类分析等内容．

本书可作为数学系本科生教材和工科、医科、管理、经济、教育类等专业的研究生教材使用，也可作为研究工作者或统计工作者的参考用书．

图书在版编目（CIP）数据

实用多元统计分析 / 关静，肖盛宁，赵慧主编．—天津：天津大学出版社，2020.3（2024.8 重印）
ISBN 978-7-5618-6642-9

Ⅰ．①实…　Ⅱ．①关…　②肖…　③赵…　Ⅲ．①多元分析—统计分析—教材　Ⅳ．①O212.4

中国版本图书馆 CIP 数据核字（2020）第 040700 号

出版发行　天津大学出版社
地　　址　天津市卫津路 92 号天津大学内（邮编：300072）
电　　话　发行部：022-27403647
网　　址　www.tjupress.com.cn
印　　刷　北京盛通数码印刷有限公司
经　　销　全国各地新华书店
开　　本　185mm×260mm
印　　张　16.75
字　　数　418 千
版　　次　2020 年 3 月第 1 版
印　　次　2024 年 8 月第 3 次
定　　价　42.00 元

前　言

大部分观测到的实际现象具有多元的性质, 如同时观察股票市场多种资产的价格数据, 同时统计不同地区的各项指标数据. 多元统计分析就是用数理统计的方法来研究多变量问题的理论和方法, 广泛应用于工程、管理、经济等自然科学和社会科学的许多领域. 多元统计分析方法是处理多维数据不可或缺的重要工具, 特别是随着计算机技术的发展, 多元统计分析迅速发展成为统计学中一个非常重要的分支. 随着人工智能、大数据的发展, 数据分析变得更为重要, 因此必要的统计方法学习成为关键. 多元统计分析是以概率论与数理统计为基础, 结合线性代数中的基本原理和方法, 应用计算机处理实际数据, 整理信息并进行分析的一门学科, 既涉及抽象的数学理论, 又需要现代化的计算工具. 本书在介绍多元统计分析方法的同时结合统计软件 R, 将理论与实际应用相结合.

多元统计分析知识体系比较庞大, 符号表示也比较复杂, 因此篇幅很长. 目前, 关于多元统计分析的教材很多, 主要集中在两类：一类是注重理论的介绍和推导, 内容知识比较全面；另一类是注重统计方法的介绍和使用. 而本书综合以上两类教材的特点, 形成自己的特色：① 强调知识的整体性和内容的完整性, 又不使之陷于大篇幅的理论推导；② 注重统计方法在实际问题中的应用, 通过丰富的案例加深对统计方法的理解；③ 辅以统计软件 R 的介绍, 给学习者展示完整的程序, 便于应用. 本书可作为数学系本科生教材和工科、医科、管理、经济、教育类等专业的研究生教材使用, 也可作为研究工作者或统计工作者的参考用书.

全书共 10 章, 由关静编写第 2、9、10 章, 肖盛宁编写第 3、4、5 章, 赵慧编写第 1、6、7、8 章, 最后由关静统稿. 编者在编写本书的过程中参阅了许多国内外优秀的教材和资料, 并且引用部分经典例题和习题, 在此向各位作者表示诚挚的谢意.

由于编者水平有限, 错谬之处在所难免, 恳请国内同行和广大读者批评指正.

本书有配套电子资源, 请扫描封底二维码获取, 其中包括习题参考答案及部分题目的相应程序.

编者于天津大学

2019 年 12 月

目　　录

第 1 章　多元统计分析基础 ······ 1
1.1　多元统计分析概述 ······ 1
1.2　随机向量的分布 ······ 2
1.2.1　随机向量的概率分布 ······ 2
1.2.2　随机向量的数字特征 ······ 2
1.2.3　随机矩阵 ······ 4
1.3　随机样本 ······ 5
习题 1 ······ 11
第 2 章　多元正态分布 ······ 13
2.1　多元正态分布的定义及性质 ······ 13
2.1.1　多元正态分布的定义 ······ 13
2.1.2　多元正态分布的性质 ······ 15
2.2　多元正态分布的参数估计 ······ 20
2.2.1　一元正态分布的最大似然估计 ······ 20
2.2.2　多元正态分布的最大似然估计 ······ 21
2.3　几种常用的抽样分布 ······ 22
2.3.1　威沙特（Wishart）分布 ······ 22
2.3.2　霍特林（Hotelling）T^2 分布 ······ 23
2.3.3　威尔克斯（Wilks）分布 ······ 24
2.3.4　抽样分布 ······ 24
2.4　正态性检验 ······ 25
2.4.1　一元数据的正态性检验 ······ 25
2.4.2　p 元数据的正态性检验 ······ 30
2.5　正态性变换 ······ 34
2.5.1　Box-Cox 变换 ······ 34
2.5.2　Yeo-Johnson 变换 ······ 38
习题 2 ······ 38
第 3 章　单个总体参数的检验 ······ 40
3.1　均值向量的检验 ······ 40
3.1.1　多元正态分布均值向量的检验 ······ 40

3.1.2 霍特林统计量与似然比检验统计量的关系 42
3.2 置信域与联合置信区间 44
3.2.1 置信域 44
3.2.2 T^2 联合置信区间 48
3.2.3 庞弗罗尼置信区间 51
3.3 均值向量的大样本推断 56
3.3.1 大样本情形下均值向量的检验 57
3.3.2 大样本情形下的联合置信域 57
3.4 单个总体协方差矩阵的检验 60
3.4.1 协方差矩阵等于已知正定矩阵的检验 60
3.4.2 协方差矩阵与已知正定矩阵成比例的检验 61
习题 3 62
第 4 章 多个正态总体参数的比较 66
4.1 两个总体均值向量的比较 66
4.1.1 协方差矩阵相等时两个正态总体均值向量的比较 66
4.1.2 协方差矩阵不等时两个正态总体均值向量的检验 71
4.1.3 大样本情形下两个总体均值向量的检验 73
4.2 单因素多个总体均值向量的比较 75
4.2.1 一元单因素方差分析 76
4.2.2 多元单因素方差分析 (One-way MANOVA) 81
4.3 双因素多个总体均值向量的比较 84
4.3.1 一元双因素方差分析 (Two-way ANOVA) 84
4.3.2 多元双因素方差分析 (Two-way MANOVA) 90
4.4 多个总体协方差矩阵的比较 96
习题 4 98
第 5 章 线性回归模型 104
5.1 一元多重线性回归 104
5.1.1 未知参数 $\beta_0, \beta_1, \cdots, \beta_{p-1}$ 的最小二乘估计 105
5.1.2 最小二乘估计的性质 106
5.1.3 回归模型的假设检验 111
5.1.4 利用回归方程进行预测 119
5.2 回归诊断与自变量选择 121
5.2.1 回归诊断 121
5.2.2 回归分析中的变量筛选 129

5.3 多元多重线性回归 …… 134
5.3.1 未知参数的估计 …… 136
5.3.2 回归系数的假设检验 …… 139
5.3.3 多元多重回归预测 …… 142
习题 5 …… 145
第 6 章 主成分分析 …… 151
6.1 主成分分析的基本理论 …… 151
6.2 总体主成分 …… 152
6.2.1 主成分的求法 …… 152
6.2.2 总体主成分的性质 …… 155
6.3 样本主成分 …… 159
6.4 主成分分析的应用 …… 160
6.4.1 主成分分析的步骤 …… 160
6.4.2 应用实例 …… 160
习题 6 …… 165
第 7 章 因子分析 …… 169
7.1 因子分析的基本理论 …… 169
7.1.1 因子分析的基本思想 …… 169
7.1.2 正交因子模型 …… 170
7.2 因子分析的计算步骤 …… 173
7.2.1 因子载荷的估计 …… 173
7.2.2 因子旋转 …… 175
7.2.3 因子得分 …… 176
7.3 因子分析的应用 …… 177
7.3.1 因子分析的步骤 …… 177
7.3.2 案例分析 …… 178
习题 7 …… 189
第 8 章 典型相关分析 …… 193
8.1 典型相关分析的基本理论 …… 193
8.1.1 典型相关分析的方法 …… 193
8.1.2 典型相关分析的性质 …… 196
8.2 样本的典型相关变量 …… 199
8.3 典型相关系数的显著性检验 …… 205
习题 8 …… 207

第 9 章　判别分析 ······ **210**
9.1　距离判别 ······ 210
9.1.1　距离概念 ······ 210
9.1.2　距离判别的思想和方法 ······ 210
9.1.3　距离判别的评价准则 ······ 215
9.2　Fisher 判别 ······ 217
9.2.1　Fisher 判别的思想 ······ 217
9.2.2　Fisher 判别的方法 ······ 217
9.3　Bayes 判别 ······ 221
9.3.1　Bayes 判别的思想 ······ 221
9.3.2　两总体的 Bayes 判别 ······ 223
9.3.3　多总体的 Bayes 判别 ······ 226
习题 9 ······ 233
第 10 章　聚类分析 ······ **235**
10.1　聚类分析的基本思想 ······ 235
10.2　相似性度量 ······ 236
10.2.1　数据变换 ······ 236
10.2.2　样品间的相似性度量——距离 ······ 237
10.2.3　变量间的相似性度量——相似系数 ······ 240
10.3　系统聚类法 ······ 243
10.3.1　类间的距离 ······ 243
10.3.2　系统聚类过程 ······ 244
10.3.3　类个数的确定 ······ 250
10.4　动态聚类法 ······ 252
习题 10 ······ 254
参考文献 ······ **257**

第 1 章　多元统计分析基础

1.1　多元统计分析概述

在研究许多实际问题时, 经常遇到多变量的问题. 例如研究某地区学龄前儿童的发育情况时, 儿童的身高、体重、臂长、头围等都是需要同时考察的指标. 由于这些指标之间往往不独立, 仅研究某个指标或是将这些指标分开来研究, 都不能从整体了解问题的实质. 因此, 应将涉及的多个指标 (变量) 作为一个整体来进行研究, 多元统计分析就是研究多个随机变量之间相互依赖关系及其内在统计规律的一门学科. 当随机变量较多时, 多元统计分析的计算工作极其繁杂, 因此随着计算机的诞生, 多元统计分析理论才进入实用阶段并得到迅速发展, 近年来多元统计分析技术在经济、管理、生物、医学、地质、气象、工农业和教育等领域都有广泛的应用.

多元统计分析是运用数理统计的方法研究解决多变量问题的理论, 主要解决以下五个方面的问题.

(1) 分析多个或多组变量之间的相依关系, 进行这类研究的方法有典型相关分析法等.

(2) 构造预测模型, 根据某些变量的观测值预测另一个或另一些变量的值, 进而对系统进行预报或控制, 通常采用多元线性回归、非线性回归、判别分析等方法对问题进行建模.

(3) 简化系统结构, 精简模型. 主成分分析、因子分析就是舍弃次要因素、提炼系统本质的多元统计分析方法.

(4) 进行归类分析. 聚类分析和判别分析技术可以进行数值分类, 构造分类模式.

(5) 对以多元总体参数形式陈述的多种特殊统计假设进行检验, 进而验证某些事先的假设.

对数据进行多元统计分析需要借助统计软件, 目前常用的统计软件有 SAS、SPSS、S-PLUS、R 软件等. R 软件是一个用于统计计算的很成熟的免费软件, 是 S 语言的一种实现. S 语言是由著名的贝尔实验室开发的一种用来进行统计分析的解释型语言, 最初由 S-PLUS 实现. 20 世纪 90 年代新西兰奥克兰大学的 Robert Gentleman 和 Ross Ihaka 及其他志愿人员开发了 R 系统, 号称 S-PLUS 免费版, 近年来应用越来越广, 发展很快. R 软件具有强大的功能, 是一种免费的开源软件, 关于 R 软件的各种新的模块一直层出不穷. R 软件的开源性使其自从 20 世纪 90 年代被开发出来以来, 发展一直没有间断过, 因而 R 语言有非常广阔的发展前景. R 软件具有强大的数据存储、完整连贯的统计分析和统计制图等功能, 是一套完整的数据处理、计算和绘图软件系统和面向对象的编程语言. 在 R 软件的网站 (http://www.r-project.org) 上可下载最新版本的 R 软件, 了解有关 R 软件的最新信息和使用说明.

1.2 随机向量的分布

本节主要介绍多元统计分析中涉及的一些基本概念.

1.2.1 随机向量的概率分布

定义 1.1 设 $X_1, X_2, \cdots, X_p$ 为 p 个随机变量, 则 $\boldsymbol{X} = (X_1, X_2, \cdots, X_p)^{\mathrm{T}}$ 称为 p 维随机向量.

描述随机向量的基本工具是分布函数和密度函数.

定义 1.2 设 $\boldsymbol{X} = (X_1, X_2, \cdots, X_p)^{\mathrm{T}}$ 是 p 维随机向量, 称 p 元函数

$$F(x_1, x_2, \cdots, x_p) = P\{X_1 \leqslant x_1, X_2 \leqslant x_2, \cdots, X_p \leqslant x_p\}$$

为 $\boldsymbol{X}$ 的联合分布函数, 其中 $(x_1, x_2, \cdots, x_p) \in \mathbb{R}^p$.

定义 1.3 设 p 维随机向量 $\boldsymbol{X} = (X_1, X_2, \cdots, X_p)^{\mathrm{T}}$ 的分布函数为 $F(x_1, x_2, \cdots, x_p)$, 若存在非负函数 $f(x_1, x_2, \cdots, x_p)$, 使得对一切 $(x_1, x_2, \cdots, x_p) \in \mathbb{R}^p$,

$$F(x_1, x_2, \cdots, x_p) = \int_{-\infty}^{x_1} \int_{-\infty}^{x_2} \cdots \int_{-\infty}^{x_p} f(t_1, t_2, \cdots, t_p) \mathrm{d}t_1 \mathrm{d}t_2 \cdots \mathrm{d}t_p$$

则称 $\boldsymbol{X}$ 为连续型随机向量, 称 $f(x_1, x_2, \cdots, x_p)$ 为 $\boldsymbol{X}$ 的联合概率密度函数, 简称为联合密度函数或密度函数.

联合密度函数 $f(x_1, x_2, \cdots, x_p)$ 满足以下两条性质:

(1) 对一切 $(x_1, x_2, \cdots, x_p) \in \mathbb{R}^p$, $f(x_1, x_2, \cdots, x_p) \geqslant 0$;

(2) $\displaystyle\int_{-\infty}^{+\infty} \int_{-\infty}^{+\infty} \cdots \int_{-\infty}^{+\infty} f(x_1, x_2, \cdots, x_p) \mathrm{d}x_1 \mathrm{d}x_2 \cdots \mathrm{d}x_p = 1$.

1.2.2 随机向量的数字特征

设 $\boldsymbol{X} = (X_1, X_2, \cdots, X_p)^{\mathrm{T}}, \boldsymbol{Y} = (Y_1, Y_2, \cdots, Y_q)^{\mathrm{T}}$ 分别为 p 维和 q 维随机向量.

若 $E(X_i) = \mu_i (i = 1, 2, \cdots, p)$ 存在, 则称

$$E(\boldsymbol{X}) = \begin{pmatrix} E(X_1) \\ E(X_2) \\ \vdots \\ E(X_p) \end{pmatrix} = \begin{pmatrix} \mu_1 \\ \mu_2 \\ \vdots \\ \mu_p \end{pmatrix} = \boldsymbol{\mu}$$

为随机向量 $\boldsymbol{X}$ 的均值向量. 随机向量的均值具有如下性质.

设 $\boldsymbol{X}$ 是 p 维随机向量, $\boldsymbol{A}$ 是 $m \times p$ 阶常数矩阵, $\boldsymbol{b}$ 是 m 维常数向量, 则

$$E(\boldsymbol{AX} + \boldsymbol{b}) = \boldsymbol{A}E(\boldsymbol{X}) + \boldsymbol{b}$$

证明　设 $\boldsymbol{A}=(a_{ij})_{m\times p}, \boldsymbol{b}=(b_1,b_2,\cdots,b_m)^{\mathrm{T}}$,

$$E(\boldsymbol{AX}+\boldsymbol{b})=\begin{pmatrix} E\left(\sum\limits_{k=1}^{p}a_{1k}X_k+b_1\right) \\ E\left(\sum\limits_{k=1}^{p}a_{2k}X_k+b_2\right) \\ \vdots \\ E\left(\sum\limits_{k=1}^{p}a_{mk}X_k+b_m\right) \end{pmatrix}=\begin{pmatrix} \sum\limits_{k=1}^{p}a_{1k}E(X_k)+b_1 \\ \sum\limits_{k=1}^{p}a_{2k}E(X_k)+b_2 \\ \vdots \\ \sum\limits_{k=1}^{p}a_{mk}E(X_k)+b_m \end{pmatrix}$$

$$=\begin{pmatrix} a_{11} & a_{12} & \cdots & a_{1p} \\ a_{21} & a_{22} & \cdots & a_{2p} \\ \vdots & \vdots & & \vdots \\ a_{m1} & a_{m2} & \cdots & a_{mp} \end{pmatrix}\begin{pmatrix} E(X_1) \\ E(X_2) \\ \vdots \\ E(X_p) \end{pmatrix}+\begin{pmatrix} b_1 \\ b_2 \\ \vdots \\ b_m \end{pmatrix}$$

$$=\boldsymbol{A}E(\boldsymbol{X})+\boldsymbol{b}$$

若 X_i 和 X_j 的协方差 $\sigma_{ij}:=\operatorname{cov}(X_i,X_j)$ 存在, $i,j=1,2,\cdots,p$, 则称

$$\operatorname{cov}(\boldsymbol{X},\boldsymbol{X})=E\{[\boldsymbol{X}-E(\boldsymbol{X})][\boldsymbol{X}-E(\boldsymbol{X})]^{\mathrm{T}}\}$$

$$=\begin{pmatrix} \operatorname{cov}(X_1,X_1) & \operatorname{cov}(X_1,X_2) & \cdots & \operatorname{cov}(X_1,X_p) \\ \operatorname{cov}(X_2,X_1) & \operatorname{cov}(X_2,X_2) & \cdots & \operatorname{cov}(X_2,X_p) \\ \vdots & \vdots & & \vdots \\ \operatorname{cov}(X_p,X_1) & \operatorname{cov}(X_p,X_2) & \cdots & \operatorname{cov}(X_p,X_p) \end{pmatrix}$$

$$=(\sigma_{ij})_{p\times p}:=\boldsymbol{\Sigma}$$

为随机向量 $\boldsymbol{X}$ 的协方差矩阵, 简记为 $\operatorname{cov}(\boldsymbol{X})$. 由定义知, 协方差矩阵是对称矩阵, 且第 i 个对角元是 $\boldsymbol{X}$ 的第 i 个分量 X_i 的方差, 即 $\sigma_{ii}=\operatorname{var}(X_i)$.

若 X_i 和 Y_j 的协方差 $\operatorname{cov}(X_i,Y_j)$ 存在, $i=1,2,\cdots,p, j=1,2,\cdots,q$, 则称

$$\operatorname{cov}(\boldsymbol{X},\boldsymbol{Y})=E\{[\boldsymbol{X}-E(\boldsymbol{X})][\boldsymbol{Y}-E(\boldsymbol{Y})]^{\mathrm{T}}\}$$

$$=\begin{pmatrix} \operatorname{cov}(X_1,Y_1) & \operatorname{cov}(X_1,Y_2) & \cdots & \operatorname{cov}(X_1,Y_q) \\ \operatorname{cov}(X_2,Y_1) & \operatorname{cov}(X_2,Y_2) & \cdots & \operatorname{cov}(X_2,Y_q) \\ \vdots & \vdots & & \vdots \\ \operatorname{cov}(X_p,Y_1) & \operatorname{cov}(X_p,Y_2) & \cdots & \operatorname{cov}(X_p,Y_q) \end{pmatrix}$$

为随机向量 $\boldsymbol{X}$ 和 $\boldsymbol{Y}$ 的协方差矩阵. 若

$$\operatorname{cov}(\boldsymbol{X},\boldsymbol{Y})=\boldsymbol{0}$$

则称 $\boldsymbol{X}$ 与 $\boldsymbol{Y}$ 不相关. 若 $\boldsymbol{X},\boldsymbol{Y}$ 相互独立, 则 $\operatorname{cov}(\boldsymbol{X},\boldsymbol{Y})=\boldsymbol{0}$, 反之不一定成立. 设 $\boldsymbol{A},\boldsymbol{B}$ 分别是 $m\times p$ 和 $n\times q$ 阶常数矩阵, 则协方差矩阵有如下性质:

(1) $\mathrm{cov}(\boldsymbol{AX},\boldsymbol{AX})=\boldsymbol{A}\mathrm{cov}(\boldsymbol{X},\boldsymbol{X})\boldsymbol{A}^{\mathrm{T}}$;

(2) $\mathrm{cov}(\boldsymbol{AX},\boldsymbol{BY})=\boldsymbol{A}\mathrm{cov}(\boldsymbol{X},\boldsymbol{Y})\boldsymbol{B}^{\mathrm{T}}$.

证明 (1)

$$\begin{aligned}\mathrm{cov}(\boldsymbol{AX},\boldsymbol{AX})&=E\{[\boldsymbol{AX}-E(\boldsymbol{AX})][\boldsymbol{AX}-E(\boldsymbol{AX})]^{\mathrm{T}}\}\\&=E\{[\boldsymbol{AX}-\boldsymbol{A}E(\boldsymbol{X})][\boldsymbol{AX}-\boldsymbol{A}E(\boldsymbol{X})]^{\mathrm{T}}\}\\&=E\{\boldsymbol{A}[\boldsymbol{X}-E(\boldsymbol{X})][\boldsymbol{X}-E(\boldsymbol{X})]^{\mathrm{T}}\boldsymbol{A}^{\mathrm{T}}\}\\&=\boldsymbol{A}E\{[\boldsymbol{X}-E(\boldsymbol{X})][\boldsymbol{X}-E(\boldsymbol{X})]^{\mathrm{T}}\}\boldsymbol{A}^{\mathrm{T}}\\&=\boldsymbol{A}\mathrm{cov}(\boldsymbol{X},\boldsymbol{X})\boldsymbol{A}^{\mathrm{T}}\end{aligned}$$

(2)

$$\begin{aligned}\mathrm{cov}(\boldsymbol{AX},\boldsymbol{BY})&=E\{[\boldsymbol{AX}-E(\boldsymbol{AX})][\boldsymbol{BY}-E(\boldsymbol{BY})]^{\mathrm{T}}\}\\&=E\{[\boldsymbol{AX}-\boldsymbol{A}E(\boldsymbol{X})][\boldsymbol{BY}-\boldsymbol{B}E(\boldsymbol{Y})]^{\mathrm{T}}\}\\&=E\{\boldsymbol{A}[\boldsymbol{X}-E(\boldsymbol{X})][\boldsymbol{Y}-E(\boldsymbol{Y})]^{\mathrm{T}}\boldsymbol{B}^{\mathrm{T}}\}\\&=\boldsymbol{A}E\{[\boldsymbol{X}-E(\boldsymbol{X})][\boldsymbol{Y}-E(\boldsymbol{Y})]^{\mathrm{T}}\}\boldsymbol{B}^{\mathrm{T}}\\&=\boldsymbol{A}\mathrm{cov}(\boldsymbol{X},\boldsymbol{Y})\boldsymbol{B}^{\mathrm{T}}\end{aligned}$$

若 X_i 和 X_j 的协方差 $\mathrm{cov}(X_i,X_j)$ 存在, $i,j=1,2,\cdots,p$, 且每个分量的方差大于 0, 则称

$$r_{ij}=\frac{\mathrm{cov}(X_i,X_j)}{\sqrt{\mathrm{var}(X_i)}\sqrt{\mathrm{var}(X_j)}}=\frac{\sigma_{ij}}{\sqrt{\sigma_{ii}\sigma_{jj}}}\quad i,j=1,2,\cdots,p$$

为 X_i 与 X_j 的 (线性) 相关系数, 称 $\boldsymbol{R}=(r_{ij})_{p\times p}$ 为 $\boldsymbol{X}$ 的相关系数矩阵. 若 $r_{ij}>0$, 则表示 X_i 与 X_j 正相关; 若 $r_{ij}<0$, 则表示 X_i 与 X_j 负相关. $|r_{ij}|$ 越大, 说明 X_i 与 X_j 的线性相关程度越大.

若记

$$\boldsymbol{V}^{\frac{1}{2}}=\begin{pmatrix}\sqrt{\sigma_{11}}&&&\\&\sqrt{\sigma_{22}}&&\\&&\ddots&\\&&&\sqrt{\sigma_{pp}}\end{pmatrix}$$

为标准差矩阵, 则

$$\boldsymbol{\Sigma}=\boldsymbol{V}^{\frac{1}{2}}\boldsymbol{R}\boldsymbol{V}^{\frac{1}{2}}$$

或

$$\boldsymbol{R}=(\boldsymbol{V}^{\frac{1}{2}})^{-1}\boldsymbol{\Sigma}(\boldsymbol{V}^{\frac{1}{2}})^{-1}$$

1.2.3 随机矩阵

随机矩阵是元素为随机变量的矩阵.

定义 1.4　设 $X_{11}, X_{12}, \cdots, X_{np}$ 为 $n \times p$ 个随机变量, 则

$$\boldsymbol{X}=\begin{pmatrix} X_{11} & X_{12} & \cdots & X_{1p} \\ X_{21} & X_{22} & \cdots & X_{2p} \\ \vdots & \vdots & & \vdots \\ X_{n1} & X_{n2} & \cdots & X_{np} \end{pmatrix}$$

是 $n \times p$ 阶随机矩阵.

性质 1.1　设 $\boldsymbol{X}$ 和 $\boldsymbol{Y}$ 都是 $n \times p$ 阶随机矩阵, $\boldsymbol{A}$ 是 $m \times n$ 阶常数矩阵, $\boldsymbol{B}$ 是 $p \times q$ 阶常数矩阵, 则

(1) $E(\boldsymbol{X}+\boldsymbol{Y})=E(\boldsymbol{X})+E(\boldsymbol{Y})$;

(2) $E(\boldsymbol{AXB})=\boldsymbol{A}E(\boldsymbol{X})\boldsymbol{B}$.

1.3　随机样本

假设所研究的问题涉及 p 个变量, 现进行 n 次观测或试验, 观测之前通常不能准确预计这些变量的值, 所以将它们作为随机变量来处理, 第 j 个变量的观测结果 $(X_{1j}, X_{2j}, \cdots, X_{nj})^{\mathrm{T}}$ 是一个随机向量, 且有随机矩阵

$$\boldsymbol{X}=\begin{pmatrix} X_{11} & X_{12} & \cdots & X_{1p} \\ X_{21} & X_{22} & \cdots & X_{2p} \\ \vdots & \vdots & & \vdots \\ X_{n1} & X_{n2} & \cdots & X_{np} \end{pmatrix}$$

定义 $\boldsymbol{X}_i=(X_{i1}, X_{i2}, \cdots, X_{ip})^{\mathrm{T}}$ 表示 p 个变量的第 i 次观测值, $i=1,2,\cdots,n$, 则 $\boldsymbol{X}_1, \boldsymbol{X}_2, \cdots, \boldsymbol{X}_n$ 构成一个随机样本且

$$\boldsymbol{X}=\begin{pmatrix} \boldsymbol{X}_1^{\mathrm{T}} \\ \boldsymbol{X}_2^{\mathrm{T}} \\ \vdots \\ \boldsymbol{X}_n^{\mathrm{T}} \end{pmatrix}$$

一般以 X_{ij} 表示第 j 个变量的第 i 次观测值.

定义 1.5　令

$$\bar{X}_j=\frac{1}{n}\sum_{i=1}^{n} X_{ij} \quad j=1,2,\cdots,p$$

则 $\bar{\boldsymbol{X}}=(\bar{X}_1, \bar{X}_2, \cdots, \bar{X}_p)^{\mathrm{T}}$ 称为样本均值向量.

定义 1.6　称

$$s_k^2=s_{kk}=\frac{1}{n-1}\sum_{i=1}^{n}(X_{ik}-\bar{X}_k)^2 \quad k=1,2,\cdots,p$$

为第 k 个变量的样本方差, 称 $\sqrt{s_{kk}}$ 为第 k 个变量的样本标准差. 称

$$s_{jk}=\frac{1}{n-1}\sum_{i=1}^{n}(X_{ij}-\bar{X}_j)(X_{ik}-\bar{X}_k)\quad j,k=1,2,\cdots,p$$

为第 j 个变量和第 k 个变量的样本协方差, 称 $\boldsymbol{S}=(s_{jk})_{p\times p}$ 为样本协方差矩阵.

定义 1.7　令

$$r_{jk}=\frac{s_{jk}}{\sqrt{s_{jj}}\sqrt{s_{kk}}}=\frac{\sum_{i=1}^{n}(X_{ij}-\bar{X}_j)(X_{ik}-\bar{X}_k)}{\sqrt{\sum_{i=1}^{n}(X_{ij}-\bar{X}_j)^2}\sqrt{\sum_{i=1}^{n}(X_{ik}-\bar{X}_k)^2}}\quad j,k=1,2,\cdots,p$$

则 r_{jk} 表示第 j 个变量和第 k 个变量的样本相关系数, $\boldsymbol{R}=(r_{jk})_{p\times p}$ 称为样本相关系数矩阵.

例 1.1　设 $\boldsymbol{X}=(X_1,X_2)^{\mathrm{T}}$ 的样本数据集为

$$\boldsymbol{x}=\begin{pmatrix}42 & 4\\ 52 & 5\\ 48 & 4\\ 58 & 3\end{pmatrix}$$

试计算 $\boldsymbol{X}$ 观测值的样本均值 $\bar{\boldsymbol{x}}$, 样本协方差矩阵 $\boldsymbol{S}$ 和样本相关系数矩阵 $\boldsymbol{R}$.

解

$$\bar{x}_1=\frac{1}{4}\times(42+52+48+58)=50$$

$$\bar{x}_2=\frac{1}{4}\times(4+5+4+3)=4$$

所以样本均值为

$$\bar{\boldsymbol{x}}=\begin{pmatrix}\bar{x}_1 & \bar{x}_2\end{pmatrix}=\begin{pmatrix}50 & 4\end{pmatrix}$$

$$\begin{aligned}s_{11}&=\frac{1}{4-1}\sum_{i=1}^{4}(x_{i1}-\bar{x}_1)^2\\&=\frac{1}{4-1}[(42-50)^2+(52-50)^2+(48-50)^2+(58-50)^2]\approx 45.33\\s_{22}&=\frac{1}{4-1}\sum_{i=1}^{4}(x_{i2}-\bar{x}_2)^2\\&=\frac{1}{4-1}[(4-4)^2+(5-4)^2+(4-4)^2+(3-4)^2]\approx 0.67\\s_{12}=s_{21}&=\frac{1}{4-1}\sum_{i=1}^{4}(x_{i1}-\bar{x}_1)(x_{i2}-\bar{x}_2)\\&=\frac{1}{4-1}[(42-50)(4-4)+\cdots+(58-50)(3-4)]=-2\end{aligned}$$

所以样本协方差矩阵为

$$\boldsymbol{S}=\begin{pmatrix} 45.33 & -2 \\ -2 & 0.67 \end{pmatrix}$$

样本相关系数 r_{12} 为

$$r_{12}=\frac{s_{12}}{\sqrt{s_{11}}\sqrt{s_{22}}}=\frac{-2}{\sqrt{45.33}\sqrt{0.67}}\approx -0.36$$

所以样本相关系数矩阵为

$$\boldsymbol{R}=\begin{pmatrix} 1 & -0.36 \\ -0.36 & 1 \end{pmatrix}$$

在 R 软件中可用函数 mean, cov, cor 计算样本均值、样本协方差矩阵和样本相关系数矩阵, var 和 sd 可以计算样本方差和样本标准差.

R 程序及输出结果

```
> x1=c(42,52,48,58)
> x2=c(4,5,4,3)
> mean(x1)
[1] 50
> mean(x2)
[1] 4
> var(x1)
[1] 45.33333
> var(x2)
[1] 0.6666667
> x=cbind(x1,x2)
> x
     x1 x2
[1,] 42  4
[2,] 52  5
[3,] 48  4
[4,] 58  3
> colMeans(x)  %计算矩阵x各列元素的平均值
x1 x2
50  4
> cov(x)
         x1         x2
x1 45.33333 -2.0000000
x2 -2.00000  0.6666667
> cor(x)
           x1         x2
x1  1.0000000 -0.3638034
x2 -0.3638034  1.0000000
```

其中, cbind(x1,x2) 表示将向量 "x1,x2" 按列合并, rbind(), cbind() 语句可将两个或两个以上的向量或矩阵合并起来, 其中 rbind() 表示按行合并, cbind() 表示按列合并. colMeans() 表示计算数组中各列元素的平均值, 进而将向量 "x1, x2" 合并后也可采用 colMeans() 分别计算每个向量的均值.

下面采用 R 软件对一组多元数据进行分析.

例 1.2 在某中学随机抽取某年级 15 名女生, 测量其身高、体重和坐高, 数据见表 1.1. 试应用 R 软件计算学生身体指标数据的样本均值、样本协方差矩阵和样本相关系数矩阵.

表 1.1 15 名女生身体指标数据

编号	身高 (cm)	体重 (kg)	坐高 (cm)	编号	身高 (cm)	体重 (kg)	坐高 (cm)
1	148	41	78	9	160	47	87
2	160	49	86	10	156	44	85
3	159	45	86	11	151	42	82
4	153	43	83	12	157	39	80
5	161	47	84	13	157	48	88
6	158	49	83	14	151	36	80
7	150	43	79	15	147	30	75
8	151	42	80				

解

R 程序及输出结果

```
> x=read.table("bodydata.txt")
> x
    V1  V2  V3
1  148  41  78
2  160  49  86
3  159  45  86
4  153  43  83
5  161  47  84
6  158  49  83
7  150  43  79
8  151  42  80
9  160  47  87
10 156  44  85
11 151  42  82
12 157  39  80
13 157  48  88
```

```
14 151 36 80
15 147 30 75
> colMeans(x)
   V1    V2    V3
154.6  43.0  82.4
> cov(x)
         V1       V2       V3
V1 21.97143 18.35714 14.45714
V2 18.35714 26.71429 15.85714
V3 14.45714 15.85714 13.68571
> cor(x)
          V1        V2        V3
V1 1.0000000 0.7577120 0.8337188
V2 0.7577120 1.0000000 0.8293148
V3 0.8337188 0.8293148 1.0000000
```

其中, read.table 函数表示从文件中读入数据, 其格式为 read.table("file", header=FALSE), file 是读入数据的文件名, header=TRUE 表示所读数据的第一行为变量名, 即第一行为标题行, 否则 (缺省值) 第一行作为数据.

从程序结果可以看到这 15 名女生的平均身高为 154.6 cm, 平均体重为 43 kg, 平均坐高为 82.4 cm. 这 15 名女生身体指标数据的样本协方差矩阵为

$$\begin{pmatrix} 21.971\,4 & 18.357\,1 & 14.457\,1 \\ 18.357\,1 & 26.714\,3 & 15.857\,1 \\ 14.457\,1 & 15.857\,1 & 13.685\,7 \end{pmatrix}$$

样本相关系数矩阵为

$$\begin{pmatrix} 1.000\,0 & 0.757\,7 & 0.833\,7 \\ 0.757\,7 & 1.000\,0 & 0.829\,3 \\ 0.833\,7 & 0.829\,3 & 1.000\,0 \end{pmatrix}$$

下面继续讨论样本均值和样本协方差矩阵的性质.

定理 1.1　设 $(\boldsymbol{X}_1, \boldsymbol{X}_2, \cdots, \boldsymbol{X}_n)$ 是取自均值向量为 $\boldsymbol{\mu}$, 协方差矩阵为 $\boldsymbol{\Sigma}$ 的一个随机样本, 则样本均值 $\bar{\boldsymbol{X}}$ 是总体均值的无偏估计, 即

$$E(\bar{\boldsymbol{X}}) = \boldsymbol{\mu} \quad \operatorname{cov}(\bar{\boldsymbol{X}}) = \frac{1}{n}\boldsymbol{\Sigma}$$

样本协方差矩阵 $\boldsymbol{S}$ 是总体协方差矩阵的无偏估计, 即

$$E(\boldsymbol{S}) = \boldsymbol{\Sigma}$$

证明　根据定义,

$$\bar{\boldsymbol{X}} = \frac{1}{n}(\boldsymbol{X}_1 + \boldsymbol{X}_2 + \cdots + \boldsymbol{X}_n)$$

所以,

$$
\begin{aligned}
E(\bar{\boldsymbol{X}}) &= E\left[\frac{1}{n}(\boldsymbol{X}_1+\boldsymbol{X}_2+\cdots+\boldsymbol{X}_n)\right] \\
&= \frac{1}{n}\left[E(\boldsymbol{X}_1)+E(\boldsymbol{X}_2)+\cdots+E(\boldsymbol{X}_n)\right] \\
&= \frac{1}{n}(\boldsymbol{\mu}+\cdots+\boldsymbol{\mu})=\boldsymbol{\mu} \\
\operatorname{cov}(\bar{\boldsymbol{X}}) &= \operatorname{cov}\left[\frac{1}{n}(\boldsymbol{X}_1+\boldsymbol{X}_2+\cdots+\boldsymbol{X}_n)\right] \\
&= \frac{1}{n^2}\operatorname{cov}(\boldsymbol{X}_1+\boldsymbol{X}_2+\cdots+\boldsymbol{X}_n)
\end{aligned}
$$

因为 $\boldsymbol{X}_1$, $\boldsymbol{X}_2,\cdots,\boldsymbol{X}_n$ 相互独立同分布, 所以 $\operatorname{cov}(\boldsymbol{X}_1+\boldsymbol{X}_2+\cdots+\boldsymbol{X}_n)=\operatorname{cov}(\boldsymbol{X}_1)+\operatorname{cov}(\boldsymbol{X}_2)+\cdots+\operatorname{cov}(\boldsymbol{X}_n)$ 且 $\operatorname{cov}(\boldsymbol{X}_i)=\boldsymbol{\Sigma}, i=1,2,\cdots,n$. 因此

$$
\begin{aligned}
\operatorname{cov}(\bar{\boldsymbol{X}}) &= \frac{1}{n^2}(\boldsymbol{\Sigma}+\boldsymbol{\Sigma}+\cdots+\boldsymbol{\Sigma}) \\
&= \frac{1}{n^2}\cdot n\boldsymbol{\Sigma}=\frac{1}{n}\boldsymbol{\Sigma}
\end{aligned}
$$

为了计算 $E(\boldsymbol{S})$, 首先给出 $\boldsymbol{S}$ 的向量表示,

$$
\begin{aligned}
\boldsymbol{S} &= \begin{pmatrix} s_{11} & s_{12} & \cdots & s_{1p} \\ s_{21} & s_{22} & \cdots & s_{2p} \\ \vdots & \vdots & & \vdots \\ s_{p1} & s_{p2} & \cdots & s_{pp} \end{pmatrix} \\
&= \frac{1}{n-1}\begin{pmatrix}
\sum\limits_{k=1}^{n}(X_{k1}-\bar{X}_1)^2 & \sum\limits_{k=1}^{n}(X_{k1}-\bar{X}_1)(X_{k2}-\bar{X}_2) & \cdots & \sum\limits_{k=1}^{n}(X_{k1}-\bar{X}_1)(X_{kp}-\bar{X}_p) \\
\sum\limits_{k=1}^{n}(X_{k2}-\bar{X}_2)(X_{k1}-\bar{X}_1) & \sum\limits_{k=1}^{n}(X_{k2}-\bar{X}_2)^2 & \cdots & \sum\limits_{k=1}^{n}(X_{k2}-\bar{X}_2)(X_{kp}-\bar{X}_p) \\
\vdots & \vdots & & \vdots \\
\sum\limits_{k=1}^{n}(X_{kp}-\bar{X}_p)(X_{k1}-\bar{X}_1) & \sum\limits_{k=1}^{n}(X_{kp}-\bar{X}_p)(X_{k2}-\bar{X}_2) & \cdots & \sum\limits_{k=1}^{n}(X_{kp}-\bar{X}_p)^2
\end{pmatrix} \\
&= \frac{1}{n-1}\sum_{k=1}^{n}\begin{pmatrix} X_{k1}-\bar{X}_1 \\ X_{k2}-\bar{X}_2 \\ \vdots \\ X_{kp}-\bar{X}_p \end{pmatrix}\left(X_{k1}-\bar{X}_1, X_{k2}-\bar{X}_2,\cdots,X_{kp}-\bar{X}_p\right) \\
&= \frac{1}{n-1}\sum_{k=1}^{n}(\boldsymbol{X}_k-\bar{\boldsymbol{X}})(\boldsymbol{X}_k-\bar{\boldsymbol{X}})^{\mathrm{T}}
\end{aligned}
$$

下面计算 $\sum\limits_{k=1}^{n}(\boldsymbol{X}_k-\bar{\boldsymbol{X}})(\boldsymbol{X}_k-\bar{\boldsymbol{X}})^{\mathrm{T}}$, 由于 $\sum\limits_{k=1}^{n}\boldsymbol{X}_k=n\bar{\boldsymbol{X}}$, $\sum\limits_{k=1}^{n}\boldsymbol{X}_k^{\mathrm{T}}=n\bar{\boldsymbol{X}}^{\mathrm{T}}$, 所以

$$
\begin{aligned}
\sum_{k=1}^{n}(\boldsymbol{X}_k-\bar{\boldsymbol{X}})(\boldsymbol{X}_k-\bar{\boldsymbol{X}})^{\mathrm{T}} &= \sum_{k=1}^{n}\boldsymbol{X}_k\boldsymbol{X}_k^{\mathrm{T}}-\sum_{k=1}^{n}\bar{\boldsymbol{X}}\boldsymbol{X}_k^{\mathrm{T}}-\sum_{k=1}^{n}\boldsymbol{X}_k\bar{\boldsymbol{X}}^{\mathrm{T}}+\sum_{k=1}^{n}\bar{\boldsymbol{X}}\bar{\boldsymbol{X}}^{\mathrm{T}} \\
&= \sum_{k=1}^{n}\boldsymbol{X}_k\boldsymbol{X}_k^{\mathrm{T}}-n\bar{\boldsymbol{X}}\bar{\boldsymbol{X}}^{\mathrm{T}}
\end{aligned}
$$

由于对任意随机向量 $\boldsymbol{V}$,

$$
\begin{aligned}
E(\boldsymbol{V}\boldsymbol{V}^{\mathrm{T}}) &= E\left\{[\boldsymbol{V}-E(\boldsymbol{V})+E(\boldsymbol{V})][\boldsymbol{V}-E(\boldsymbol{V})+E(\boldsymbol{V})]^{\mathrm{T}}\right\} \\
&= E\left\{[\boldsymbol{V}-E(\boldsymbol{V})][\boldsymbol{V}-E(\boldsymbol{V})]^{\mathrm{T}}\right\}+E\{E(\boldsymbol{V})[\boldsymbol{V}-E(\boldsymbol{V})]^{\mathrm{T}}\}+ \\
&\quad E\left\{[\boldsymbol{V}-E(\boldsymbol{V})][E(\boldsymbol{V})]^{\mathrm{T}}\right\}+E(\boldsymbol{V})[E(\boldsymbol{V})]^{\mathrm{T}} \\
&= \mathrm{cov}(\boldsymbol{V})+E(\boldsymbol{V})[E(\boldsymbol{V})]^{\mathrm{T}}
\end{aligned}
$$

所以,

$$
\begin{aligned}
E(\boldsymbol{S}) &= \frac{1}{n-1}\left[\sum_{k=1}^{n}E(\boldsymbol{X}_k\boldsymbol{X}_k^{\mathrm{T}})-nE(\bar{\boldsymbol{X}}\bar{\boldsymbol{X}}^{\mathrm{T}})\right] \\
&= \frac{1}{n-1}\left\{\sum_{k=1}^{n}[\mathrm{cov}(\boldsymbol{X}_k)+E(\boldsymbol{X}_k)\cdot(E(\boldsymbol{X}_k))^{\mathrm{T}}]-n[\mathrm{cov}(\bar{\boldsymbol{X}})+E(\bar{\boldsymbol{X}})\cdot(E(\bar{\boldsymbol{X}}))^{\mathrm{T}}]\right\} \\
&= \frac{1}{n-1}\left[\sum_{k=1}^{n}(\boldsymbol{\Sigma}+\boldsymbol{\mu}\boldsymbol{\mu}^{\mathrm{T}})-n(\frac{1}{n}\boldsymbol{\Sigma}+\boldsymbol{\mu}\boldsymbol{\mu}^{\mathrm{T}})\right] \\
&= \frac{1}{n-1}\left[n\boldsymbol{\Sigma}+n\boldsymbol{\mu}\boldsymbol{\mu}^{\mathrm{T}}-\boldsymbol{\Sigma}-n\boldsymbol{\mu}\boldsymbol{\mu}^{\mathrm{T}}\right] \\
&= \boldsymbol{\Sigma}
\end{aligned}
$$

习　题　1

1. 常用的多元统计分析方法有哪些? 每一种方法有何用途?

2. 设 n 维向量 $\boldsymbol{X}$ 的协方差矩阵 $\mathrm{cov}(\boldsymbol{X})=\boldsymbol{\Sigma}$, 设 $\boldsymbol{A}$ 为 $m\times n$ 阶矩阵, $\boldsymbol{b}$ 为 m 维向量, 试求 $\mathrm{cov}(\boldsymbol{AX}+\boldsymbol{b})$.

3. 列出常用的统计软件, 并说明 R 软件的优点.

4. 如何用 R 命令读取文本数据?

5. 设三维随机列向量 $\boldsymbol{X}\sim N_3(\boldsymbol{\mu},2\boldsymbol{I}_3)$, 已知

$$
\boldsymbol{\mu}=\begin{pmatrix}2\\0\\0\end{pmatrix}\quad \boldsymbol{A}=\begin{pmatrix}0.5 & -1 & 0.5\\ -0.5 & 0 & -0.5\end{pmatrix}\quad \boldsymbol{d}=\begin{pmatrix}1\\2\end{pmatrix}
$$

试求 $\boldsymbol{Y}=\boldsymbol{AX}+\boldsymbol{d}$ 的数学期望和协方差矩阵.

6. 设 $\boldsymbol{X}\sim N_3(\boldsymbol{\mu},\boldsymbol{\Sigma})$, 其中 $\boldsymbol{X}=(X_1,X_2,X_3)^{\mathrm{T}},\boldsymbol{\mu}=(2,-3,1)^{\mathrm{T}}$,

$$
\boldsymbol{\Sigma}=\begin{pmatrix}1 & 1 & 1\\ 1 & 3 & 2\\ 1 & 2 & 2\end{pmatrix}
$$

试求 $3X_1-2X_2+X_3$ 的数学期望和方差.

7. 设 $\boldsymbol{X}$ 有协方差矩阵

$$\boldsymbol{\Sigma}=\begin{pmatrix}25 & -2 & 4\\ -2 & 4 & 1\\ 4 & 1 & 9\end{pmatrix}$$

试求 $\boldsymbol{X}$ 的相关系数矩阵.

8. 测得 12 名学生的生长发育指标身高 (x_1) 和体重 (x_2) 的数据如下所示:

$$x_1\ (\mathrm{cm}): 171, 175, 159, 155, 152, 158, 154, 164, 168, 166, 159, 164$$
$$x_2\ (\mathrm{kg}): 57, 64, 41, 38, 35, 44, 41, 51, 57, 49, 47, 46$$

试计算身高和体重数据的样本均值、样本协方差矩阵和样本相关系数矩阵.

9. 已知 5 名学生的考试成绩数据如下表所示, 试将下表写成一个纯文本文件, 用 read.table 语句读取该文件, 然后采用 R 软件计算每位学生的平均成绩, 并分别计算这 5 名学生语文、数学和英语课程的平均成绩.

题 9 表

考试成绩				
编号	性别	语文	数学	英语
1	男	85	92	86
2	男	75	83	77
3	女	88	91	86
4	男	73	75	70
5	女	92	95	98

10. 某单位对 100 名女员工的血清总蛋白含量 (g/L) 进行了测定, 数据如下:

74.3	78.8	68.8	78.0	70.4	80.5	80.5	69.7	71.2	73.5
79.5	75.6	75.0	78.8	72.0	72.0	72.0	74.3	71.2	72.0
75.0	73.5	78.8	74.3	75.8	65.0	74.3	71.2	69.7	68.0
73.5	75.0	72.0	64.3	75.8	80.3	69.7	74.3	73.5	73.5
75.8	75.8	68.8	76.5	70.4	71.2	81.2	75.0	70.4	68.0
70.4	72.0	76.5	74.3	76.5	77.6	67.3	72.0	75.0	74.3
73.5	79.5	73.5	74.7	65.0	76.5	81.6	75.4	72.7	72.7
67.2	76.5	72.7	70.4	77.2	68.8	67.3	67.3	67.3	72.7
75.8	73.5	75.0	73.5	73.5	73.5	72.7	81.6	70.3	74.3
73.5	79.5	70.4	76.5	72.7	77.2	84.3	75.0	76.5	70.4

试采用 R 软件计算 100 名女员工血清总蛋白含量数据的样本均值、样本方差和样本标准差.

第 2 章　多元正态分布

多元正态分布是多元统计分析中一个非常重要的部分, 多元统计分析中很多重要的分布、理论和方法都是直接或者间接地建立在多元正态分布的基础上。可以说, 多元正态分布是多元统计分析的基础.

2.1　多元正态分布的定义及性质

2.1.1　多元正态分布的定义

先来回顾一元正态分布, 其密度函数为

$$f(x)=\frac{1}{\sqrt{2\pi}\sigma}\mathrm{e}^{-\frac{(x-\mu)^2}{2\sigma^2}} \quad -\infty<x<+\infty \tag{2.1}$$

为了与多元正态分布的密度函数作比较, 将上式改写为

$$f(x)=\frac{1}{(2\pi)^{1/2}(\sigma^2)^{1/2}}\exp[-\frac{1}{2}(x-\mu)^{\mathrm{T}}(\sigma^2)^{-1}(x-\mu)]$$

其中, $(x-\mu)^{\mathrm{T}}(x-\mu)$ 即为 $(x-\mu)^2$. 下面依照这种形式, 将一元正态分布推广到多元正态分布.

定义 2.1　若 p 维随机向量 $\boldsymbol{X}=(X_1,X_2,\cdots,X_p)^{\mathrm{T}}$ 的密度函数为

$$f(\boldsymbol{x})=\frac{1}{(2\pi)^{p/2}|\boldsymbol{\Sigma}|^{1/2}}\exp[-\frac{1}{2}(\boldsymbol{x}-\boldsymbol{\mu})^{\mathrm{T}}\boldsymbol{\Sigma}^{-1}(\boldsymbol{x}-\boldsymbol{\mu})] \tag{2.2}$$

其中, $\boldsymbol{x}=(x_1,x_2,\cdots,x_p)^{\mathrm{T}}$, $\boldsymbol{\mu}$ 是 p 维非随机向量, $\boldsymbol{\Sigma}$ 是 p 阶正定矩阵, 则称 $\boldsymbol{X}$ 服从 p 元正态分布, 称 $\boldsymbol{X}$ 为 p 维正态随机向量, 简记为 $\boldsymbol{X}\sim N_p(\boldsymbol{\mu},\boldsymbol{\Sigma})$.

显然, 当 $p=1$ 时, 为一元正态分布密度函数. 下面以 $p=2$ 即二元正态分布为例, 给出其密度函数.

设变量 X_1 与 X_2 的均值分别为 μ_1 和 μ_2, 方差分别为 σ_{11} 和 σ_{22}, X_1 与 X_2 的协方差为 $\sigma_{12}(=\sigma_{21})$, 相关系数为 ρ, 则 X_1 与 X_2 的协方差矩阵为

$$\boldsymbol{\Sigma}=\begin{pmatrix}\sigma_{11} & \sigma_{12}\\ \sigma_{21} & \sigma_{22}\end{pmatrix}$$

其行列式为

$$|\boldsymbol{\Sigma}|=\sigma_{11}\sigma_{22}-\sigma_{12}^2=\sigma_{11}\sigma_{22}(1-\rho^2)$$

所以二元正态分布的密度函数为

$$f(x_1,x_2)=\frac{1}{2\pi\sqrt{\sigma_{11}\sigma_{22}(1-\rho^2)}}\exp\left\{-\frac{1}{2(1-\rho^2)}\left[\left(\frac{x_1-\mu_1}{\sqrt{\sigma_{11}}}\right)^2-\right.\right.$$
$$\left.\left.2\rho\left(\frac{x_1-\mu_1}{\sqrt{\sigma_{11}}}\right)\left(\frac{x_2-\mu_2}{\sqrt{\sigma_{22}}}\right)+\left(\frac{x_2-\mu_2}{\sqrt{\sigma_{22}}}\right)^2\right]\right\}$$

二元正态分布中含有 5 个参数, 即若 $\boldsymbol{X}=(X_1,X_2)^{\mathrm{T}}$ 服从二元正态分布, 则可简记为 $\boldsymbol{X}\sim N_2(\mu_1,\sigma_1^2,\mu_2,\sigma_2^2;\rho)$.

用 R 软件作二元正态分布密度函数图, 具体程序如下.

R 程序及输出结果

```
> x=seq(-7,7,length=80)
> y=x
> mu1=0
> mu2=0
> sigma1=1
> sigma2=2
> rho=0.8
> f=function(x,y){
+ (2*pi*sigma1*sigma2*sqrt(1-rho^2))^(-1)*exp(-(2*(1-rho^2))^(-1)
+ *((x-mu1)^2/sigma1^2-2*rho*(x-mu1)*(y-mu2)/(sigma1*sigma2)
+ +(y-mu2)^2/sigma2^2))
+ }
> z=outer(x,y,f)
> persp(x,y,z,theta=60,phi=30)
```

由程序得到的二元正态密度函数图如图 2.1所示. (此类图均由程序直接生成, 本书直接使用, 后同)

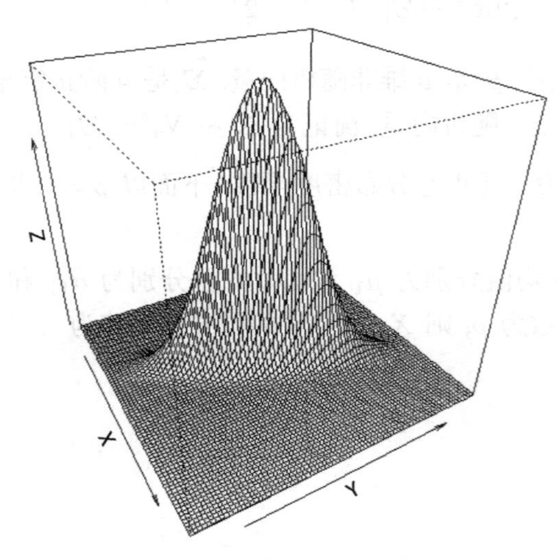

图 2.1　二元正态密度函数图

2.1.2　多元正态分布的性质

在讨论多元统计分析的一些理论与方法时, 经常会用到多元正态分布的一些性质, 利用这些性质可以使正态分布的处理更加容易、方便.

性质 2.1　若 $\boldsymbol{X} \sim N_p(\boldsymbol{\mu}, \boldsymbol{\Sigma})$, 则对于任意的 p 维向量 $\boldsymbol{a}$, 有 $\boldsymbol{a}^{\mathrm{T}}\boldsymbol{X} \sim N_p(\boldsymbol{a}^{\mathrm{T}}\boldsymbol{\mu}, \boldsymbol{a}^{\mathrm{T}}\boldsymbol{\Sigma}\boldsymbol{a})$. 反之也同样成立, 即若对于任意的 p 维向量 $\boldsymbol{a}$, 有 $\boldsymbol{a}^{\mathrm{T}}\boldsymbol{X} \sim N_p(\boldsymbol{a}^{\mathrm{T}}\boldsymbol{\mu}, \boldsymbol{a}^{\mathrm{T}}\boldsymbol{\Sigma}\boldsymbol{a})$, 则得到 $\boldsymbol{X} \sim N_p(\boldsymbol{\mu}, \boldsymbol{\Sigma})$.

推论 2.1　正态随机向量的任意一个分量都是正态随机变量, 任意两个分量的和与差也为正态随机变量. 即若 $\boldsymbol{X} \sim N_p(\boldsymbol{\mu}, \boldsymbol{\Sigma})$, 则对任意的 i, 有 $X_i \sim N(\mu_i, \sigma_{ii})$, $i = 1, 2, \cdots, p$, 且有 $X_i \pm X_j \sim N(\mu_i \pm \mu_j, \sigma_{ii} + \sigma_{jj} \pm 2\sigma_{ij})$.

性质 2.2　多元正态向量的任意线性变换仍服从多元正态分布. 设 $\boldsymbol{X} \sim N_p(\boldsymbol{\mu}, \boldsymbol{\Sigma})$, 而 m 维随机向量 $\boldsymbol{Z}_m = \boldsymbol{A}\boldsymbol{X} + \boldsymbol{b}$, 其中 $\boldsymbol{A}$ 是 $m \times p$ 阶的常数矩阵, $\boldsymbol{b}$ 是 m 维常数向量, 则 m 维随机向量 $\boldsymbol{Z}$ 是服从多元正态分布的, 且有 $\boldsymbol{Z} \sim N_m(\boldsymbol{A}\boldsymbol{\mu} + \boldsymbol{b}, \boldsymbol{A}\boldsymbol{\Sigma}\boldsymbol{A}^{\mathrm{T}})$.

推论 2.2　若 $\boldsymbol{X} \sim N_p(\boldsymbol{\mu}, \boldsymbol{\Sigma})$, 则有 $\boldsymbol{Z} = \boldsymbol{\Sigma}^{-\frac{1}{2}}(\boldsymbol{X} - \boldsymbol{\mu}) \sim N_p(0, \boldsymbol{I})$.

推论 2.3　若 $\boldsymbol{X} \sim N_p(\boldsymbol{\mu}, \boldsymbol{\Sigma})$, 则有 $\boldsymbol{Z} = (\boldsymbol{X} - \boldsymbol{\mu})^{\mathrm{T}}\boldsymbol{\Sigma}^{-1}(\boldsymbol{X} - \boldsymbol{\mu}) \sim \chi_p^2$.

性质 2.3　p 维正态随机向量的任意分量子集, 如由 $m(0 < m < p)$ 个向量组成的向量集合服从 m 元正态分布. 即若 $\boldsymbol{X} \sim N_p(\boldsymbol{\mu}, \boldsymbol{\Sigma})$,

$$\begin{pmatrix} \boldsymbol{X}^{(1)} \\ \boldsymbol{X}^{(2)} \end{pmatrix} \begin{matrix} m \\ p-m \end{matrix} \quad \boldsymbol{\mu} = \begin{pmatrix} \boldsymbol{\mu}^{(1)} \\ \boldsymbol{\mu}^{(2)} \end{pmatrix} \begin{matrix} m \\ p-m \end{matrix} \quad \boldsymbol{\Sigma} = \begin{pmatrix} \boldsymbol{\Sigma}_{11} & \boldsymbol{\Sigma}_{12} \\ \boldsymbol{\Sigma}_{21} & \boldsymbol{\Sigma}_{22} \end{pmatrix} \begin{matrix} m \\ p-m \end{matrix}$$

则有 $\boldsymbol{X}^{(1)} \sim N_m(\boldsymbol{\mu}^{(1)}, \boldsymbol{\Sigma}_{11})$, $\boldsymbol{X}^{(2)} \sim N_{p-m}(\boldsymbol{\mu}^{(2)}, \boldsymbol{\Sigma}_{22})$.

性质 2.4　p 元正态随机向量的任意协方差为 0 的分量之间相互独立. 即若

$$\begin{pmatrix} \boldsymbol{X}^{(1)} \\ \boldsymbol{X}^{(2)} \end{pmatrix} \begin{matrix} m \\ p-m \end{matrix} \sim N_p(\boldsymbol{\mu}, \boldsymbol{\Sigma}),$$

则 $\boldsymbol{X}^{(1)}$ 与 $\boldsymbol{X}^{(2)}$ 相互独立等价于 $\boldsymbol{\Sigma}_{12} = \boldsymbol{0}$.

对于多元正态分布而言, 不相关与独立的含义是相同的.

性质 2.5　设 $\boldsymbol{X}^{(1)} \sim N_m(\boldsymbol{\mu}^{(1)}, \boldsymbol{\Sigma}_{11})$, $\boldsymbol{X}^{(2)} \sim N_k(\boldsymbol{\mu}^{(2)}, \boldsymbol{\Sigma}_{22})$, 且 $\boldsymbol{X}^{(1)}$ 与 $\boldsymbol{X}^{(2)}$ 相互独立, 则有

$$\begin{pmatrix} \boldsymbol{X}^{(1)} \\ \boldsymbol{X}^{(2)} \end{pmatrix} \sim N_{m+k}\left(\begin{pmatrix} \boldsymbol{\mu}^{(1)} \\ \boldsymbol{\mu}^{(2)} \end{pmatrix}, \begin{pmatrix} \boldsymbol{\Sigma}_{11} & \boldsymbol{0} \\ \boldsymbol{0} & \boldsymbol{\Sigma}_{22} \end{pmatrix}\right)$$

推论 2.4　设 $\boldsymbol{X} \sim N_p(\boldsymbol{\mu}, \boldsymbol{\Sigma})$, $\boldsymbol{X}_1, \boldsymbol{X}_2, \cdots, \boldsymbol{X}_n$ 为来自 $\boldsymbol{X}$ 的样本, 则有

$$\begin{pmatrix} \boldsymbol{X}_1 \\ \boldsymbol{X}_2 \\ \vdots \\ \boldsymbol{X}_n \end{pmatrix} \sim N_{np}\left(\begin{pmatrix} \boldsymbol{\mu} \\ \boldsymbol{\mu} \\ \vdots \\ \boldsymbol{\mu} \end{pmatrix}_{np\times 1}, \begin{pmatrix} \boldsymbol{\Sigma} & & & \\ & \boldsymbol{\Sigma} & & \\ & & \ddots & \\ & & & \boldsymbol{\Sigma} \end{pmatrix}_{np\times np}\right)$$

进一步, 如果 $\boldsymbol{X}_i \sim N_p(\boldsymbol{\mu}_i, \boldsymbol{\Sigma}_i)$, $i = 1, 2, \cdots, n$, 且相互独立, 则有

$$\begin{pmatrix} \boldsymbol{X}_1 \\ \boldsymbol{X}_2 \\ \vdots \\ \boldsymbol{X}_n \end{pmatrix} \sim N_{np}\left(\begin{pmatrix} \boldsymbol{\mu}_1 \\ \boldsymbol{\mu}_2 \\ \vdots \\ \boldsymbol{\mu}_n \end{pmatrix}_{np\times 1}, \begin{pmatrix} \boldsymbol{\Sigma}_1 & & & \\ & \boldsymbol{\Sigma}_2 & & \\ & & \ddots & \\ & & & \boldsymbol{\Sigma}_n \end{pmatrix}_{np\times np}\right)$$

类似于上述多元正态分布的性质, 进一步给出正态随机向量线性组合的性质.

性质 2.6　若 $\boldsymbol{X}_i \sim N_p(\boldsymbol{\mu}_i, \boldsymbol{\Sigma}_i)$, $i = 1, 2, \cdots, n$, 且相互独立, 则有

$$a_1\boldsymbol{X}_1 + a_2\boldsymbol{X}_2 + \cdots + a_n\boldsymbol{X}_n \sim N_p\left(\sum_{i=1}^n a_i\boldsymbol{\mu}_i, \sum_{i=1}^n a_i^2\boldsymbol{\Sigma}_i\right)$$

性质 2.7　若 $\boldsymbol{X}_i \sim N_p(\boldsymbol{\mu}_i, \boldsymbol{\Sigma}_i)$, $i = 1, 2, \cdots, n$, 且相互独立, 令 $\boldsymbol{Y} = \sum\limits_{i=1}^n a_i\boldsymbol{X}_i$, $\boldsymbol{Z} = \sum\limits_{i=1}^n b_i\boldsymbol{X}_i$, 则有

$$\begin{pmatrix} \boldsymbol{Y} \\ \boldsymbol{Z} \end{pmatrix} \sim N_{2p}\left(\begin{pmatrix} \sum\limits_{i=1}^n a_i\boldsymbol{\mu}_i \\ \sum\limits_{i=1}^n b_i\boldsymbol{\mu}_i \end{pmatrix}, \begin{pmatrix} \sum\limits_{i=1}^n a_i^2\boldsymbol{\Sigma}_i & \sum\limits_{i=1}^n a_ib_i\boldsymbol{\Sigma}_i \\ \sum\limits_{i=1}^n a_ib_i\boldsymbol{\Sigma}_i & \sum\limits_{i=1}^n b_i^2\boldsymbol{\Sigma}_i \end{pmatrix}\right)$$

上述多元正态分布的性质在本书后面的章节中也会经常用到.

例 2.1　设 U 和 V 是两个独立的服从 $N(0,1)$ 的随机变量, 定义二维向量 (X, Y) 如下:

$$X = \begin{cases} U & uv \geqslant 0 \\ -U & uv < 0 \end{cases}$$

$$Y = V$$

则有

(1) X 和 Y 的分布均服从 $N(0,1)$, 但它们的联合分布不是二元正态的;

(2) X^2 和 Y^2 是独立的, 但 X 和 Y 不是独立的.

证明　(1) 由 X,Y 的定义, 有

$$\begin{aligned} P(X \leqslant t) &= \begin{cases} P(|U| \geqslant |t|, V < 0) & t < 0 \\ P(V < 0) + P(|U| \leqslant t, V \geqslant 0) & t \geqslant 0 \end{cases} \\ &= \begin{cases} \dfrac{1}{2}[2\Phi(t)] & t < 0 \\ \dfrac{1}{2} + \dfrac{1}{2}[2\Phi(t) - 1] & t \geqslant 0 \end{cases} \\ &= \Phi(t) \end{aligned}$$

其中, $\Phi(t)$ 为 $N(0,1)$ 的分布函数, 故 $X \sim N(0,1)$.

显然也有 $Y \sim N(0,1)$, 但是 (X,Y) 不是联合正态的. 首先注意 X 和 Y 不是退化分布, 因为 X、Y 为连续分布, 而且有

$$P(X<0,Y<0)=P\ (U \text{ 任意}, V<0)=\frac{1}{2}$$
$$P(X>0,Y>0)=P\ (U \text{ 任意}, V>0)=\frac{1}{2}$$

所以有 $P(X<0,Y>0)=P(X>0,Y<0)=0$. 如果 (X,Y) 是联合正态的, 则 (X,Y) 在任何非空开矩形内取正概率, 而现在在两个象限内均取 0 概率, 这是不可能的, 则 (1) 得证.

(2) 因为 $X^2=U^2$, $Y^2=V^2$, 又由 U 和 V 的独立性可得 X^2 和 Y^2 是独立的. 然而 X、Y 不独立, 这是因为 $P(X<0,Y<0)=\dfrac{1}{2}\neq\dfrac{1}{4}=P(X<0)P(Y<0)$. 注意, X、Y 并非 X^2、Y^2 的函数.

例 2.2　设 $\boldsymbol{X}\sim N_3(\boldsymbol{\mu},\boldsymbol{\Sigma})$, 其中

$$\boldsymbol{\Sigma}=\begin{pmatrix}5&-1&0\\-1&2&0\\0&0&3\end{pmatrix}$$

则 X_1 和 X_2 是否独立? (X_1,X_2) 和 X_3 是否独立?

证明　因为 X_1 和 X_2 的协方差 $\sigma_{12}=-1$, 所以它们不是独立的. 然而, 将 $\boldsymbol{X}$ 和 $\boldsymbol{\Sigma}$ 划分为

$$\boldsymbol{X}=\begin{pmatrix}X_1\\X_2\\\hdashline X_3\end{pmatrix}\qquad\boldsymbol{\Sigma}=\left(\begin{array}{cc:c}5&-1&0\\-1&2&0\\\hdashline 0&0&3\end{array}\right)=\begin{pmatrix}\boldsymbol{\Sigma}_{11}&\boldsymbol{\Sigma}_{12}\\\boldsymbol{\Sigma}_{21}&\boldsymbol{\Sigma}_{22}\end{pmatrix}$$

看到 (X_1,X_2) 和 X_3 的协方差矩阵 $\boldsymbol{\Sigma}_{12}=\begin{pmatrix}0\\0\end{pmatrix}$. 因此, (X_1,X_2) 和 X_3 是独立的, 这意味着 X_3 对 X_1 独立, 对 X_2 也独立.

例 2.3　若 $\boldsymbol{X}=(X_1,X_2,X_3)^{\mathrm{T}}\sim N_3(\boldsymbol{\mu},\boldsymbol{\Sigma})$, 其中

$$\boldsymbol{\mu}=\begin{pmatrix}\mu_1\\\mu_2\\\mu_3\end{pmatrix}\qquad\boldsymbol{\Sigma}=\begin{pmatrix}\sigma_{11}&\sigma_{12}&\sigma_{13}\\\sigma_{21}&\sigma_{22}&\sigma_{23}\\\sigma_{31}&\sigma_{32}&\sigma_{33}\end{pmatrix}$$

设

$$\boldsymbol{a}=\begin{pmatrix}0\\1\\0\end{pmatrix}\qquad\boldsymbol{A}=\begin{pmatrix}-1&0&0\\0&0&1\end{pmatrix}$$

则求: (1) $\boldsymbol{a}^{\mathrm{T}}\boldsymbol{X}$ 的分布; (2) $\boldsymbol{AX}$ 的分布; (3) $(X_1,X_2)^{\mathrm{T}}$ 的分布.

解　由多元正态分布性质, 有

(1)
$$\boldsymbol{a}^{\mathrm{T}}\boldsymbol{X}=(0,1,0)\begin{pmatrix}X_1\\X_2\\X_3\end{pmatrix}=X_2\sim N(\boldsymbol{a}^{\mathrm{T}}\boldsymbol{\mu},\boldsymbol{a}^{\mathrm{T}}\boldsymbol{\Sigma}\boldsymbol{a})$$

其中,

$$\boldsymbol{a}^{\mathrm{T}}\boldsymbol{\mu}=(0,1,0)\begin{pmatrix}\mu_1\\\mu_2\\\mu_3\end{pmatrix}=\mu_2$$

$$\boldsymbol{a}^{\mathrm{T}}\boldsymbol{\Sigma}\boldsymbol{a}=(0,1,0)\begin{pmatrix}\sigma_{11}&\sigma_{12}&\sigma_{13}\\\sigma_{21}&\sigma_{22}&\sigma_{23}\\\sigma_{31}&\sigma_{32}&\sigma_{33}\end{pmatrix}\begin{pmatrix}0\\1\\0\end{pmatrix}=\sigma_{22}$$

(2)
$$\boldsymbol{A}\boldsymbol{X}=\begin{pmatrix}-1&0&0\\0&0&1\end{pmatrix}\begin{pmatrix}X_1\\X_2\\X_3\end{pmatrix}=\begin{pmatrix}-X_1\\X_3\end{pmatrix}\sim N(\boldsymbol{A}\boldsymbol{\mu},\boldsymbol{A}\boldsymbol{\Sigma}\boldsymbol{A}^{\mathrm{T}})$$

其中,

$$\boldsymbol{A}\boldsymbol{\mu}=\begin{pmatrix}-1&0&0\\0&0&1\end{pmatrix}\begin{pmatrix}\mu_1\\\mu_2\\\mu_3\end{pmatrix}=\begin{pmatrix}-\mu_1\\\mu_3\end{pmatrix}$$

$$\boldsymbol{A}\boldsymbol{\Sigma}\boldsymbol{A}^{\mathrm{T}}=\begin{pmatrix}-1&0&0\\0&0&1\end{pmatrix}\begin{pmatrix}\sigma_{11}&\sigma_{12}&\sigma_{13}\\\sigma_{21}&\sigma_{22}&\sigma_{23}\\\sigma_{31}&\sigma_{32}&\sigma_{33}\end{pmatrix}\begin{pmatrix}-1&0\\0&0\\0&1\end{pmatrix}=\begin{pmatrix}\sigma_{11}&-\sigma_{13}\\-\sigma_{31}&\sigma_{33}\end{pmatrix}$$

(3) 对 $\boldsymbol{X}$ 进行分块, 记

$$\boldsymbol{X}=\begin{pmatrix}X_1\\X_2\\\hdashline X_3\end{pmatrix}=\begin{pmatrix}\boldsymbol{X}^{(1)}\\\hdashline\boldsymbol{X}^{(2)}\end{pmatrix}\quad\boldsymbol{\mu}=\begin{pmatrix}\mu_1\\\mu_2\\\hdashline\mu_3\end{pmatrix}=\begin{pmatrix}\boldsymbol{\mu}^{(1)}\\\hdashline\boldsymbol{\mu}^{(2)}\end{pmatrix}$$

$$\boldsymbol{\Sigma}=\left(\begin{array}{cc:c}\sigma_{11}&\sigma_{12}&\sigma_{13}\\\sigma_{21}&\sigma_{22}&\sigma_{23}\\\hdashline\sigma_{31}&\sigma_{32}&\sigma_{33}\end{array}\right)=\begin{pmatrix}\boldsymbol{\Sigma}_{11}&\boldsymbol{\Sigma}_{12}\\\boldsymbol{\Sigma}_{21}&\boldsymbol{\Sigma}_{22}\end{pmatrix}$$

则有

$$\boldsymbol{X}^{(1)}=\begin{pmatrix}X_1\\X_2\end{pmatrix}\sim N_2(\boldsymbol{\mu}^{(1)},\boldsymbol{\Sigma}_{11})$$

其中,

$$\boldsymbol{\mu}^{(1)}=\begin{pmatrix}\mu_1\\\mu_2\end{pmatrix}\quad\boldsymbol{\Sigma}_{11}=\begin{pmatrix}\sigma_{11}&\sigma_{12}\\\sigma_{21}&\sigma_{22}\end{pmatrix}$$

例 2.4　设 $\boldsymbol{X}=\begin{pmatrix}X_1\\X_2\\X_3\end{pmatrix}\sim N_3(\boldsymbol{\mu},\boldsymbol{\Sigma})$, 其中 $\boldsymbol{\mu}=\begin{pmatrix}2\\1\\-1\end{pmatrix}$, $\boldsymbol{\Sigma}=\begin{pmatrix}1&-1&1\\-1&2&0\\1&0&3\end{pmatrix}$, $\boldsymbol{X}_1,\boldsymbol{X}_2,\boldsymbol{X}_3,\boldsymbol{X}_4$ 是来自 $\boldsymbol{X}$ 的样本. 求:

(1) $\boldsymbol{a}^{\mathrm{T}}\boldsymbol{X}=a_1X_1+a_2X_2+a_3X_3$ 的分布;

(2) $\frac{1}{2}\boldsymbol{X}_1+\frac{1}{2}\boldsymbol{X}_2+\frac{1}{2}\boldsymbol{X}_3+\frac{1}{2}\boldsymbol{X}_4$ 和 $\boldsymbol{X}_1+\boldsymbol{X}_2+\boldsymbol{X}_3-3\boldsymbol{X}_4$ 的分布以及它们的联合分布.

解　(1) 由 $\boldsymbol{X}\sim N_3(\boldsymbol{\mu},\boldsymbol{\Sigma})$, 可以得到 $\boldsymbol{a}^{\mathrm{T}}\boldsymbol{X}\sim N_3(\boldsymbol{a}^{\mathrm{T}}\boldsymbol{\mu},\boldsymbol{a}^{\mathrm{T}}\boldsymbol{\Sigma}\boldsymbol{a})$, 而

$$\boldsymbol{a}^{\mathrm{T}}\boldsymbol{\mu}=2a_1+a_2-a_3$$

$$\boldsymbol{a}^{\mathrm{T}}\boldsymbol{\Sigma}\boldsymbol{a}=(a_1,a_2,a_3)\begin{pmatrix}1&-1&1\\-1&2&0\\1&0&3\end{pmatrix}\begin{pmatrix}a_1\\a_2\\a_3\end{pmatrix}=a_1^2+2a_2^2+3a_3^2-2a_1a_2+2a_1a_3$$

所以有

$$\boldsymbol{a}^{\mathrm{T}}\boldsymbol{X}\sim N_3(2a_1+a_2-a_3,a_1^2+2a_2^2+3a_3^2-2a_1a_2+2a_1a_3)$$

(2) 令

$$\boldsymbol{Y}=\frac{1}{2}\boldsymbol{X}_1+\frac{1}{2}\boldsymbol{X}_2+\frac{1}{2}\boldsymbol{X}_3+\frac{1}{2}\boldsymbol{X}_4=\left(\frac{1}{2}\boldsymbol{I},\frac{1}{2}\boldsymbol{I},\frac{1}{2}\boldsymbol{I},\frac{1}{2}\boldsymbol{I}\right)\begin{pmatrix}\boldsymbol{X}_1\\\boldsymbol{X}_2\\\boldsymbol{X}_3\\\boldsymbol{X}_4\end{pmatrix}$$

$$\boldsymbol{W}=\boldsymbol{X}_1+\boldsymbol{X}_2+\boldsymbol{X}_3-3\boldsymbol{X}_4=(\boldsymbol{I},\boldsymbol{I},\boldsymbol{I},-3\boldsymbol{I})\begin{pmatrix}\boldsymbol{X}_1\\\boldsymbol{X}_2\\\boldsymbol{X}_3\\\boldsymbol{X}_4\end{pmatrix}$$

则有

$$\begin{pmatrix}\boldsymbol{Y}\\\boldsymbol{W}\end{pmatrix}=\begin{pmatrix}\frac{1}{2}\boldsymbol{I}&\frac{1}{2}\boldsymbol{I}&\frac{1}{2}\boldsymbol{I}&\frac{1}{2}\boldsymbol{I}\\\boldsymbol{I}&\boldsymbol{I}&\boldsymbol{I}&-3\boldsymbol{I}\end{pmatrix}\begin{pmatrix}\boldsymbol{X}_1\\\boldsymbol{X}_2\\\boldsymbol{X}_3\\\boldsymbol{X}_4\end{pmatrix}$$

其中, $\boldsymbol{I}$ 为 3 阶单位矩阵, 则有 $\begin{pmatrix}\boldsymbol{Y}\\\boldsymbol{W}\end{pmatrix}$ 服从 6 元正态分布, 其中均值向量为

$$E\begin{pmatrix}\boldsymbol{Y}\\\boldsymbol{W}\end{pmatrix}=\begin{pmatrix}\frac{1}{2}\boldsymbol{I}&\frac{1}{2}\boldsymbol{I}&\frac{1}{2}\boldsymbol{I}&\frac{1}{2}\boldsymbol{I}\\\boldsymbol{I}&\boldsymbol{I}&\boldsymbol{I}&-3\boldsymbol{I}\end{pmatrix}\begin{pmatrix}\boldsymbol{\mu}\\\boldsymbol{\mu}\\\boldsymbol{\mu}\\\boldsymbol{\mu}\end{pmatrix}=\begin{pmatrix}2\boldsymbol{\mu}\\\boldsymbol{0}\end{pmatrix}=\begin{pmatrix}4\\2\\-2\\0\\0\\0\end{pmatrix}$$

而协方差矩阵为

$$\text{cov}\begin{pmatrix} \boldsymbol{Y} \\ \boldsymbol{W} \end{pmatrix} = \begin{pmatrix} \frac{1}{2}\boldsymbol{I} & \frac{1}{2}\boldsymbol{I} & \frac{1}{2}\boldsymbol{I} & \frac{1}{2}\boldsymbol{I} \\ \boldsymbol{I} & \boldsymbol{I} & \boldsymbol{I} & -3\boldsymbol{I} \end{pmatrix} \begin{pmatrix} \boldsymbol{\Sigma} & & & \\ & \boldsymbol{\Sigma} & & \\ & & \boldsymbol{\Sigma} & \\ & & & \boldsymbol{\Sigma} \end{pmatrix} \begin{pmatrix} \frac{1}{2}\boldsymbol{I} & \boldsymbol{I} \\ \frac{1}{2}\boldsymbol{I} & \boldsymbol{I} \\ \frac{1}{2}\boldsymbol{I} & \boldsymbol{I} \\ \frac{1}{2}\boldsymbol{I} & -3\boldsymbol{I} \end{pmatrix}$$

$$= \begin{pmatrix} \boldsymbol{\Sigma} & \boldsymbol{0} \\ \boldsymbol{0} & 12\boldsymbol{\Sigma} \end{pmatrix}$$

$$= \begin{pmatrix} 1 & -1 & 1 & 0 & 0 & 0 \\ -1 & 2 & 0 & 0 & 0 & 0 \\ 1 & 0 & 3 & 0 & 0 & 0 \\ 0 & 0 & 0 & 12 & -12 & 12 \\ 0 & 0 & 0 & -12 & 24 & 0 \\ 0 & 0 & 0 & 12 & 0 & 36 \end{pmatrix}$$

从而有 $\boldsymbol{Y} \sim N_3(2\boldsymbol{\mu}, \boldsymbol{\Sigma})$, $\boldsymbol{W} \sim N_3(\boldsymbol{0}, 12\boldsymbol{\Sigma})$. 又因为 $\text{cov}(\boldsymbol{Y}, \boldsymbol{W}) = \boldsymbol{0}$, 所以随机向量 $\boldsymbol{Y}$ 与 $\boldsymbol{W}$ 相互独立.

2.2 多元正态分布的参数估计

在实际问题中, 正态分布的参数通常是未知的, 需要用样本进行估计. 一般, 我们将通过样本来估计总体参数的方法称为参数估计, 最常用的参数估计方法是最大似然估计法, 其具有很多优良的性质. 下面给出最大似然估计的定义.

定义 2.2 设 $\boldsymbol{X} \sim f(\boldsymbol{X}, \boldsymbol{\theta})$, $\boldsymbol{\theta}$ 为未知的参数向量, $\boldsymbol{X}_1, \boldsymbol{X}_2, \cdots, \boldsymbol{X}_n$ 是来自总体 $\boldsymbol{X}$ 的样本, 似然函数 $L(\boldsymbol{\theta}) = \prod\limits_{i=1}^{n} f(\boldsymbol{X}_i, \boldsymbol{\theta})$, 若存在 $\boldsymbol{\theta}^* = \sup_{\boldsymbol{\theta}\in\Theta} L(\boldsymbol{\theta})$, 其中 Θ 为参数空间, 则称 $\boldsymbol{\theta}^*$ 为参数 $\boldsymbol{\theta}$ 的最大似然估计 (Maximum Likelihood Estimator), 简记为 MLE.

2.2.1 一元正态分布的最大似然估计

以一元正态分布为例, 给出参数估计的方法.

设 $X \sim N(\mu, \sigma^2)$, $X_1, X_2, \cdots, X_n$ 是来自总体 X 的样本, 则似然函数为

$$L(\mu, \sigma^2) = \prod_{i=1}^{n} f(X_i, \mu, \sigma^2) = \left(\frac{1}{\sqrt{2\pi}\sigma}\right)^n \exp\left\{-\sum_{i=1}^{n} \frac{(X_i - \mu)^2}{2\sigma^2}\right\} \tag{2.3}$$

上式两边分别取对数, 则对数似然函数为

$$\ln L(\mu, \sigma^2) = -\frac{n}{2}\ln(2\pi) - \frac{n}{2}\ln\sigma^2 - \frac{1}{2\sigma^2}\sum_{i=1}^{n}(X_i - \mu)^2 \tag{2.4}$$

对式 (2.4) 分别关于参数 μ,σ^2 求偏导数, 则似然方程组为

$$\begin{cases}\dfrac{\partial \ln L(\mu,\sigma^2)}{\partial \mu}=\dfrac{1}{\sigma^2}\sum\limits_{i=1}^{n}(X_i-\mu)=0\\ \dfrac{\partial \ln L(\mu,\sigma^2)}{\partial \sigma^2}=-\dfrac{n}{2\sigma^2}+\dfrac{1}{2\sigma^4}\sum\limits_{i=1}^{n}(X_i-\mu)^2=0\end{cases}\tag{2.5}$$

求解方程组 (2.5), 从而解得

$$\hat{\mu}=\bar{X}\quad \hat{\sigma}^2=\frac{1}{n}\sum_{i=1}^{n}(X_i-\bar{X})^2=\frac{n-1}{n}s^2$$

2.2.2 多元正态分布的最大似然估计

设 $\boldsymbol{X}_1, \boldsymbol{X}_2, \cdots, \boldsymbol{X}_n$ 是来自正态总体 $N_p(\boldsymbol{\mu},\boldsymbol{\Sigma})$ 的容量为 n 的样本, 构造似然函数

$$L(\boldsymbol{\mu},\boldsymbol{\Sigma})=\prod_{i=1}^{n}f(\boldsymbol{X}_i,\boldsymbol{\mu},\boldsymbol{\Sigma})=\frac{1}{(2\pi)^{pn/2}|\boldsymbol{\Sigma}|^{n/2}}\exp[-\frac{1}{2}\sum_{i=1}^{n}(\boldsymbol{X}_i-\boldsymbol{\mu})^{\mathrm{T}}\boldsymbol{\Sigma}^{-1}(\boldsymbol{X}_i-\boldsymbol{\mu})]\tag{2.6}$$

为了求出使式 (2.6) 取极值的 $\boldsymbol{\mu}$ 和 $\boldsymbol{\Sigma}$ 的值, 对式 (2.6) 两边取对数, 有

$$\ln L(\boldsymbol{\mu},\boldsymbol{\Sigma})=-\frac{pn}{2}\ln(2\pi)-\frac{n}{2}\ln|\boldsymbol{\Sigma}|-\frac{1}{2}\sum_{i=1}^{n}(\boldsymbol{X}_i-\boldsymbol{\mu})^{\mathrm{T}}\boldsymbol{\Sigma}^{-1}(\boldsymbol{X}_i-\boldsymbol{\mu})\tag{2.7}$$

进一步, 对式 (2.7) 分别关于 $\boldsymbol{\mu}$ 和 $\boldsymbol{\Sigma}$ 求偏导数, 由矩阵代数理论, 对于实对称矩阵 $\boldsymbol{A}$, 有 $\dfrac{\partial(\boldsymbol{X}^{\mathrm{T}}\boldsymbol{A}\boldsymbol{X})}{\partial \boldsymbol{X}}=2\boldsymbol{A}\boldsymbol{X}$, $\dfrac{\partial(\boldsymbol{X}^{\mathrm{T}}\boldsymbol{A}\boldsymbol{X})}{\partial \boldsymbol{A}}=\boldsymbol{X}^{\mathrm{T}}\boldsymbol{X}$, $\dfrac{\partial \ln|\boldsymbol{A}|}{\partial \boldsymbol{A}}=\boldsymbol{A}^{-1}$, 则有

$$\begin{cases}\dfrac{\partial \ln L(\boldsymbol{\mu},\boldsymbol{\Sigma})}{\partial \boldsymbol{\mu}}=\sum\limits_{i=1}^{n}\boldsymbol{\Sigma}^{-1}(\boldsymbol{X}_i-\boldsymbol{\mu})=\boldsymbol{0}\\ \dfrac{\partial \ln L(\boldsymbol{\mu},\boldsymbol{\Sigma})}{\partial \boldsymbol{\Sigma}}=-\dfrac{n}{2}\boldsymbol{\Sigma}^{-1}+\dfrac{1}{2}\sum\limits_{i=1}^{n}(\boldsymbol{X}_i-\boldsymbol{\mu})(\boldsymbol{X}_i-\boldsymbol{\mu})^{\mathrm{T}}(\boldsymbol{\Sigma}^{-1})^2=\boldsymbol{0}\end{cases}\tag{2.8}$$

求解方程组 (2.8), 可得 $\boldsymbol{\mu}$ 和 $\boldsymbol{\Sigma}$ 的最大似然估计为

$$\begin{cases}\hat{\boldsymbol{\mu}}=\dfrac{1}{n}\sum\limits_{i=1}^{n}\boldsymbol{X}_i=\bar{\boldsymbol{X}}\\ \hat{\boldsymbol{\Sigma}}=\dfrac{1}{n}\sum\limits_{i=1}^{n}(\boldsymbol{X}_i-\bar{\boldsymbol{X}})(\boldsymbol{X}_i-\bar{\boldsymbol{X}})^{\mathrm{T}}=\dfrac{n-1}{n}\boldsymbol{S}\end{cases}$$

综上, 多元正态总体的均值向量 $\boldsymbol{\mu}$ 的最大似然估计就是样本均值向量, 协方差矩阵 $\boldsymbol{\Sigma}$ 的最大似然估计就是样本协方差矩阵.

众所周知, 参数的最大似然估计有很多良好的性质, 如 $\bar{\boldsymbol{X}}$ 和 $\boldsymbol{S}$ 分别是 $\boldsymbol{\mu}$ 和 $\boldsymbol{\Sigma}$ 的无偏估计、有效估计和一致估计 (相合估计) 等. 最大似然估计具有不变性, 即若 $\hat{\theta}$ 是 θ 的最大似然估计, 则 $g(\hat{\theta})$ 也是 $g(\theta)$ 的最大似然估计.

例 2.5 设 p 维正态随机向量 $\boldsymbol{X}=(X_1,X_2,\cdots,X_p)^{\mathrm{T}}$,$X_i$, X_j 的相关系数为

$$\rho_{ij}=\frac{\operatorname{cov}(X_i,X_j)}{\sqrt{\operatorname{var}(X_i)\cdot\operatorname{var}(X_j)}}=\frac{\sigma_{ij}}{\sqrt{\sigma_{ii}\cdot\sigma_{jj}}}$$

其中, σ_{ij} 是协方差矩阵 $\boldsymbol{\Sigma}$ 的第 i 行第 j 列元素. 试求 ρ_{ij} 的最大似然估计 r_{ij}.

解 给定样本 $\boldsymbol{X}_k, k=1,2,\cdots,n$, 则 $\boldsymbol{\Sigma}$ 的最大似然估计为

$$\hat{\boldsymbol{\Sigma}}=\frac{1}{n}\sum_{k=1}^{n}(\boldsymbol{X}_k-\bar{\boldsymbol{X}})(\boldsymbol{X}_k-\bar{\boldsymbol{X}})^{\mathrm{T}}=\frac{n-1}{n}\boldsymbol{S}$$

其中, $s_{ij}=\dfrac{1}{n-1}\sum\limits_{k=1}^{n}(X_{ki}-\bar{X}_i)(X_{kj}-\bar{X}_j)$, 因而 $\boldsymbol{\Sigma}$ 的元素 σ_{ij} 的最大似然估计为

$$\hat{\sigma}_{ij}=\frac{1}{n}\sum_{k=1}^{n}(X_{ki}-\bar{X}_i)(X_{kj}-\bar{X}_j)=\frac{n-1}{n}s_{ij}$$

则相关系数 ρ_{ij} 的最大似然估计为

$$r_{ij}=\frac{\hat{\sigma}_{ij}}{\sqrt{\hat{\sigma}_{ii}\cdot\hat{\sigma}_{jj}}}=\frac{s_{ij}}{\sqrt{s_{ii}\cdot s_{jj}}}$$

2.3 几种常用的抽样分布

设 $\boldsymbol{X}_1,\boldsymbol{X}_2,\cdots,\boldsymbol{X}_n$ 是来自总体 $N_p(\boldsymbol{\mu},\boldsymbol{\Sigma})$ 的样本, 样本均值 $\bar{\boldsymbol{X}}$ 和样本协方差矩阵 $\boldsymbol{S}$ 包含了样本的很多信息, 所以可通过 $\bar{\boldsymbol{X}}$ 和 $\boldsymbol{S}$ 推断总体的一些性质. 我们把 $\bar{\boldsymbol{X}}$ 和 $\boldsymbol{S}$ 所服从的分布称作抽样分布.

2.3.1 威沙特（Wishart）分布

为了给出协方差矩阵 $\boldsymbol{S}$ 的分布, 我们先定义威沙特（Wishart）分布.

定义 2.3 设 $\boldsymbol{X}_j\sim N_p(\boldsymbol{0},\boldsymbol{\Sigma}), j=1,2,\cdots,m$, 且相互独立, 则称随机矩阵

$$\boldsymbol{W}=\sum_{j=1}^{m}\boldsymbol{X}_j\boldsymbol{X}_j^{\mathrm{T}}$$

所服从的分布是自由度为 m 的威沙特分布, 记作 $\boldsymbol{W}_m(\boldsymbol{\Sigma})$. 当 $\boldsymbol{\Sigma}=\boldsymbol{I}$ 时, 称为标准威沙特分布.

当 $p=1$ 时, $X_j\sim N(0,\sigma^2)$, 则

$$W=\sum_{j=1}^{m}X_j^2\sim\sigma^2\chi_m^2$$

即 $W_m(\sigma^2)$ 就是自由度为 m 的卡方分布, 即 $\sigma^2\chi_m^2$. 特别地, 当 $\sigma^2=1$ 时, $W_m(1)$ 就是自由度为 m 的 χ_m^2, 因此威沙特分布就是一元卡方分布在 p 元正态分布情况下的推广.

一般地, 设 $\boldsymbol{X}_j \sim N_p(\boldsymbol{\mu}_j, \boldsymbol{\Sigma}), j=1,2,\cdots,m$, 且相互独立, 记

$$\boldsymbol{Z}=\sum_{j=1}^{m}\boldsymbol{\mu}_j\boldsymbol{\mu}_j^{\mathrm{T}}$$

则称随机矩阵 $\boldsymbol{W}=\sum\limits_{j=1}^{m}\boldsymbol{X}_j\boldsymbol{X}_j^{\mathrm{T}}$ 服从非中心参数为 $\boldsymbol{Z}$ 的非中心威沙特分布, 记作 $\boldsymbol{W}_m(\boldsymbol{\Sigma},\boldsymbol{Z})$.

威沙特分布是以统计学家约翰 · 威沙特的名字命名的.

下面给出威沙特分布的一些性质.

(1) 设 $\boldsymbol{X}_i \sim N_p(\boldsymbol{\mu}, \boldsymbol{\Sigma}), i=1,2,\cdots,n$, 且相互独立, 则样本协方差矩阵 $\boldsymbol{S}$ 服从威沙特分布, 即

$$(n-1)\boldsymbol{S}=\sum_{i=1}^{n}(\boldsymbol{X}_i-\bar{\boldsymbol{X}})(\boldsymbol{X}_i-\bar{\boldsymbol{X}})^{\mathrm{T}} \sim \boldsymbol{W}_{n-1}(\boldsymbol{\Sigma})$$

其中, $\bar{\boldsymbol{X}}=\dfrac{1}{n}\sum\limits_{i=1}^{n}\boldsymbol{X}_i$.

(2) 可加性. 设 $\boldsymbol{W}_i \sim \boldsymbol{W}_{n_i}(\boldsymbol{\Sigma}), i=1,2,\cdots,k$, 且相互独立, 则有

$$\sum_{i=1}^{k}\boldsymbol{W}_i \sim \boldsymbol{W}_{n_1+n_2+\cdots+n_k}(\boldsymbol{\Sigma})$$

(3) 设 p 阶随机矩阵 $\boldsymbol{W} \sim \boldsymbol{W}_n(\boldsymbol{\Sigma})$, $\boldsymbol{C}$ 是一个 $m\times p$ 的常数矩阵, 则有 m 阶随机矩阵 $\boldsymbol{CWC}^{\mathrm{T}}$ 服从威沙特分布, 即

$$\boldsymbol{CWC}^{\mathrm{T}} \sim \boldsymbol{W}_n(\boldsymbol{C\Sigma C}^{\mathrm{T}})$$

特别地有, 当 $a>0$ 为常数时, 有 $a\boldsymbol{W} \sim \boldsymbol{W}_n(a\boldsymbol{\Sigma})$.

(4) 随机矩阵 $\boldsymbol{W} \sim \boldsymbol{W}_n(\boldsymbol{\Sigma})$, 则 $E(\boldsymbol{W})=n\boldsymbol{\Sigma}$.

2.3.2　霍特林 (Hotelling) T^2 分布

霍特林 T^2 分布是 t 分布在多维情况下的推广.

定义 2.4　设 $\boldsymbol{X} \sim N_p(\boldsymbol{0}, \boldsymbol{\Sigma})$, p 阶随机矩阵 $\boldsymbol{W} \sim \boldsymbol{W}_n(\boldsymbol{I})$ ($\boldsymbol{\Sigma} \succ 0$[①], $n \geqslant p$), 且 $\boldsymbol{X}$ 与随机矩阵 $\boldsymbol{W}$ 相互独立, 则称统计量 $T^2=n\boldsymbol{X}^{\mathrm{T}}\boldsymbol{W}^{-1}\boldsymbol{X}$ 为霍特林 T^2 统计量, 其分布称为自由度为 n 的 T^2 分布, 记为 $T^2 \sim T_n^2$.

一般地, 若 $\boldsymbol{X} \sim N_p(\boldsymbol{\mu}, \boldsymbol{\Sigma})(\boldsymbol{\mu} \neq \boldsymbol{0})$, 则称 T^2 的分布为非中心霍特林 T^2 分布, 记为 $T^2 \sim T_n^2(\boldsymbol{\mu})$.

下面给出霍特林 T^2 分布的一些简单性质.

(1) 设 $\boldsymbol{X}_i, i=1,2,\cdots,n$ 是来自 p 元总体 $N_p(\boldsymbol{\mu}, \boldsymbol{\Sigma})$ 的随机样本, $\bar{\boldsymbol{X}}$ 和 $\boldsymbol{S}$ 分别是正态总体 $N_p(\boldsymbol{\mu}, \boldsymbol{\Sigma})$ 的样本均值向量和样本协方差矩阵, 则统计量

$$T^2=n(\bar{\boldsymbol{X}}-\boldsymbol{\mu})^{\mathrm{T}}\boldsymbol{S}^{-1}(\bar{\boldsymbol{X}}-\boldsymbol{\mu}) \sim T_{n-1}^2$$

在这里值得注意, T^2 统计量的分布只与 p 和 n 有关, 而与 $\boldsymbol{\Sigma}$ 无关.

(2) 设 $T^2 \sim T_{n-1}^2$, 则有

$$\frac{n-p}{(n-1)p}T^2 \sim F_{p,n-p}$$

当 $p=1$ 时, 正是一元 F 分布.

① 矩阵 $\boldsymbol{\Sigma} \succ 0$ 表示 $\boldsymbol{\Sigma}$ 是正定的.

2.3.3 威尔克斯（Wilks）分布

在多元统计中, 有时会遇到协方差矩阵的检验问题, 为此我们给出威尔克斯分布.

定义 2.5 设 $\boldsymbol{X} \sim N_p(\boldsymbol{\mu}, \boldsymbol{\Sigma})$, $\boldsymbol{X}_i, i = 1,2,\cdots,n$ 是来自总体的样本, 定义 $\boldsymbol{A} = \sum\limits_{i=1}^{n}(\boldsymbol{X}_i - \bar{\boldsymbol{X}})(\boldsymbol{X}_i - \bar{\boldsymbol{X}})^{\mathrm{T}} = (n-1)\boldsymbol{S}$ 为样本的离差阵.

定义 2.6 设 $\boldsymbol{A}_1, \boldsymbol{A}_2$ 为 p 阶样本离差阵, $\boldsymbol{A}_1 \sim \boldsymbol{W}_{n_1}(\boldsymbol{\Sigma})$, $\boldsymbol{A}_2 \sim \boldsymbol{W}_{n_2}(\boldsymbol{\Sigma})$ $(\boldsymbol{\Sigma} \succ 0, n_1 \geqslant p)$, 且 $\boldsymbol{A}_1$ 和 $\boldsymbol{A}_2$ 相互独立, 则称

$$\boldsymbol{\Lambda} = \frac{|\boldsymbol{A}_1|}{|\boldsymbol{A}_1 + \boldsymbol{A}_2|}$$

为威尔克斯统计量或 $\boldsymbol{\Lambda}$ 统计量, 其分布称为威尔克斯分布, 记为 $\boldsymbol{\Lambda} \sim \boldsymbol{\Lambda}_{n_1,n_2}$, 其中 n_1, n_2 为自由度.

当 $p=1$ 时, $\boldsymbol{\Lambda}$ 统计量的分布正是一元统计中的参数为 $n_1/2$, $n_2/2$ 的 β 分布, 即 $\beta(n_1/2, n_2/2)$.

在实际应用中, 通常把 $\boldsymbol{\Lambda}$ 统计量转化为 T^2 统计量进而转化为 F 统计量, 从而利用 F 统计量来解决多元统计分析中的相关问题.

2.3.4 抽样分布

由前面给出的分布和性质, 我们可以总结样本均值和样本协方差矩阵的性质如下.

1. 正态总体

设 $\boldsymbol{X} \sim N_p(\boldsymbol{\mu}, \boldsymbol{\Sigma})$, $\boldsymbol{\Sigma} \succ 0$, $\boldsymbol{X}_1$, $\boldsymbol{X}_2$, $\cdots$, $\boldsymbol{X}_n$ 是从总体 $\boldsymbol{X}$ 中抽取的样本, $\bar{\boldsymbol{X}} = \frac{1}{n}\sum\limits_{i=1}^{n}\boldsymbol{X}_i$, $\boldsymbol{S} = \frac{1}{n-1}\sum\limits_{i=1}^{n}(\boldsymbol{X}_i - \bar{\boldsymbol{X}})(\boldsymbol{X}_i - \bar{\boldsymbol{X}})^{\mathrm{T}}$, 则有

(1) $\bar{\boldsymbol{X}} \sim N_p(\boldsymbol{\mu}, \boldsymbol{\Sigma})$;

(2) $(n-1)\boldsymbol{S} \sim \boldsymbol{W}_{n-1}(\boldsymbol{\Sigma})$;

(3) $\bar{\boldsymbol{X}}$ 与 $\boldsymbol{S}$ 相互独立.

2. 非正态总体（$\bar{\boldsymbol{X}}$ 和 $\boldsymbol{S}$ 的大样本特性）

在实际生活中, 有很多总体是非正态的且不能用正态分布来近似. 这种情况下, 我们通过类似一元情况下使用中心极限定理来解决问题. 在一元情况下, 无论总体的分布类型是什么, 由中心极限定理可知, 只要样本的容量 n 充分大, 样本均值就近似服从正态分布. 这个结论对多元情况也是成立的.

定理 2.1 (多元中心极限定理) 设 $\boldsymbol{X}_1$, $\boldsymbol{X}_2$, $\cdots$, $\boldsymbol{X}_n$ 是来自总体 $\boldsymbol{X}$ 的样本, 该总体均值和协方差矩阵分别为 $\boldsymbol{\mu}$ 和 $\boldsymbol{\Sigma}$, 则当 n 很大且 n 相对于 p 也很大时, 有

$$\sqrt{n}(\bar{\boldsymbol{X}} - \boldsymbol{\mu}) \dot{\sim} N_p(\boldsymbol{0}, \boldsymbol{\Sigma})$$

又因为当 n 充分大时, $\boldsymbol{S}$ 依概率收敛于 $\boldsymbol{\Sigma}$, 从而有

$$\sqrt{n}(\bar{\boldsymbol{X}} - \boldsymbol{\mu})^{\mathrm{T}}\boldsymbol{S}^{-1}(\bar{\boldsymbol{X}} - \boldsymbol{\mu}) \dot{\sim} \chi_p^2$$

2.4　正态性检验

在多元统计分析中, 我们所介绍的统计方法都是基于多元正态总体的假定而得到的. 因此, 在实际问题中, 我们做出的判断是否正确, 在很大程度上依赖于实际总体与正态总体的接近程度, 因而对于数据的正态性检验就显得尤为必要. 由多元正态分布的性质可知, 若 $\boldsymbol{X}$ 是 p 元正态分布, 则其任意分量或分量组合仍是正态的, 反之则不一定成立. 但是利用其逆否命题, 我们可以判断一个多元总体不是正态的.

本节分别给出一元正态数据和 p 元正态数据的检验方法.

2.4.1　一元数据的正态性检验

1. 比例法

若总体 $X \sim N(\mu, \sigma^2)$, 则根据 "3σ" 原则, 有

$$p_k = P\{\mu - k\sigma < X < \mu + k\sigma\} = \begin{cases} 0.683 & k=1 \\ 0.954 & k=2 \\ 0.997 & k=3 \end{cases} \tag{2.9}$$

若 $X_1, X_2, \cdots, X_n$ 是来自正态总体 X 的样本 (假设样本容量 n 足够大), 则样本点落在区间 $(\mu - k\sigma, \mu + k\sigma)$ 的比例 $\hat{p}_k$ 应与式 (2.9) 中的 p_k 很接近.

下面给出具体方法:

(1) 计算样本 $X_1, X_2, \cdots, X_n$ 的样本均值 $\bar{X}$ 和样本标准差 s;

(2) 计算样本落在区间 $(\bar{X} - s, \bar{X} + s)$, $(\bar{X} - 2s, \bar{X} + 2s)$, $(\bar{X} - 3s, \bar{X} + 3s)$ 的比例 $\hat{p}_1, \hat{p}_2, \hat{p}_3$;

(3) 若 $\hat{p}_1, \hat{p}_2, \hat{p}_3$ 大约是 68.3%, 95.4%, 99.7%, 则认为样本近似服从正态分布, 但是若有

$$|\hat{p}_1 - 0.683| > 3\sqrt{\frac{0.683 \times 0.317}{n}} = \frac{1.396}{\sqrt{n}}$$

或者

$$|\hat{p}_2 - 0.954| > 3\sqrt{\frac{0.954 \times 0.046}{n}} = \frac{0.628}{\sqrt{n}}$$

则认为样本是偏离正态总体的, 当 $\hat{p}_1$ 和 $\hat{p}_2$ 都比较小时, 则表示样本的分布相对于正态分布有较重的尾部.

2. 直方图法

直方图 (Histogram), 又称质量分布图, 它是用一系列高度不等的矩形或条线段来表示数据的分布情况, 它是总体密度的一种近似.

作直方图的具体步骤如下.

(1) 设 $X_1, X_2, \cdots, X_n$ 是取自总体的样本, $x_1, x_2, \cdots, x_n$ 是样本的一组观测值, 找出样本观测值的最大值 $x_{\max}$ 和最小值 $x_{\min}$.

(2) 找到一个区间 $[a,b] \supset [x_{\min}, x_{\max}]$, 并将 $[a,b]$ m 等分, 记 $h=(b-a)/m$ 为组距, 各分点为 $a=c_0<c_1<\cdots<c_m=b$.

(3) 数出样本观测值落在各区间 $(c_{i-1},c_i]$ 中的个数 n_i, n_i 称为第 i 组组频数, 记 $f_i=n_i/n$ 为第 i 组的组频率.

(4) 分组后, 同一组的数据都看成是相同的, 都等于组中值, 即 $(c_{i-1}+c_i)/2$.

(5) 作图, 在 x 轴上标出点 $c_i, i=0,1,\cdots,m$, 以各区间 $(c_{i-1},c_i]$ 为底, 组频率与组距之比 $y_i=f_i/h=n_i/n/h$ 为高作矩形, 由此得到的图形即为频率直方图.

在这里有几点需要注意. ① 直方图是密度函数的一种近似, 通过直方图的近似形状可以直观地判断数据的分布, 不仅限于正态分布. ② 分组的多少应与样本大小 n 相适应, 分组过少会使结果太粗而丢失一些有用的信息, 分组过多会突出随机性的影响而降低稳定性. 分组多少还与总体的分布性质有关, 一般以 $7\sim 18$ 组为宜. 此外, 有一种经验方法, 即 $m=1+3.32\lg n$.

例 2.6　用 R 软件随机生成两组数据, 画其直方图.

R 程序及输出结果

```
> par(mfrow=c(1,2))
> x<-rnorm(100,2,4) # 随机生成正态分布数据
> hist(x,freq=FALSE,breaks=6)
> curve(dnorm(x,2,4),add=TRUE)
> y<-runif(100,0,1) # 随机生成（0, 1）区间均匀分布数据
> hist(y,freq=FALSE,breaks=6)
> curve(dunif(x,0,1),add=TRUE)
```

在 R 软件中用 hist() 命令画直方图, 由图 2.2中第一组数据可以看到数据呈现正态分布的特征, 即中间多两边少, 呈对称状, 则有理由认为数据来自正态总体; 第二组数据明显呈现均匀分布的特征. 所以, 直方图是通过图形呈现的特征对其分布进行一个主观的判定. 可能不同的人对同一幅图感觉不同, 因而会有不同的判断. 后面我们还会进一步介绍定量的检验方法.

3. Q-Q (Quantile-Quantile) 图检验法

Q-Q 图检验法也是常用的检验数据分布的方法, 它是用数据分布的分位数与所指定分布的分位数之间的关系曲线来进行判定的.

设 $X_1,X_2,\cdots,X_n$ 是取自总体的样本, $x_1,x_2,\cdots,x_n$ 是样本的一组观测值, 由小到大排序

$$x_{(1)}\leqslant x_{(2)}\leqslant\cdots\leqslant x_{(n)}$$

根据经验分布函数

$$F_n(x)=\begin{cases}0 & x<x_{(1)}\\ \dfrac{i}{n} & x_{(i)}\leqslant x<x_{(i+1)}\quad i=1,2,\cdots,n-1\\ 1 & x\geqslant x_{(n)}\end{cases}$$

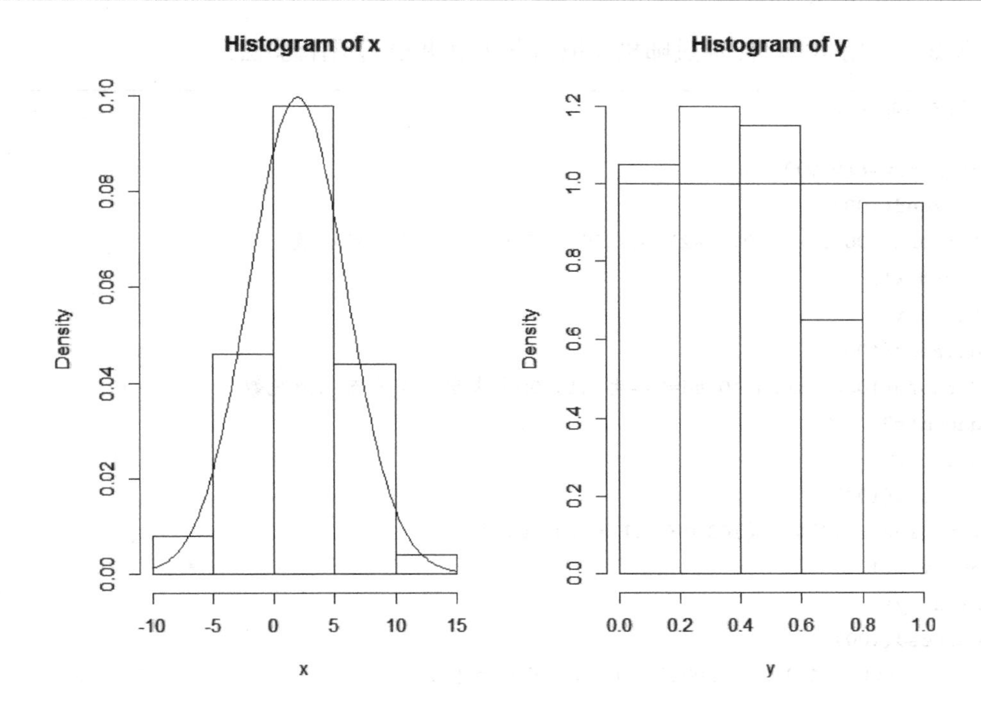

图 2.2　直方图

若 $X \sim N(\mu, \sigma^2)$, 则应有

$$P(X \leqslant x_{(i)}) = P(\frac{X-\mu}{\sigma} \leqslant \frac{x_{(i)}-\mu}{\sigma}) = \frac{i}{n} \quad i = 1, 2, \cdots, n-1$$

又因为 $\dfrac{X-\mu}{\sigma} \sim N(0,1)$, 则由分位数定义

$$\int_{-\infty}^{q_i} \frac{1}{\sqrt{2\pi}} \mathrm{e}^{-\frac{x^2}{2}} \,\mathrm{d}x = \frac{i}{n} \tag{2.10}$$

可确定理论分位数 q_i.

注意: 为了避免出现积分值为 1 的情况, 将式 (2.10) 中 $\dfrac{i}{n}$ 修正为 $\dfrac{i-\frac{1}{2}}{n}$ 或 $\dfrac{i}{n+1}$, 从而 $q_i = \dfrac{x_{(i)}-\mu}{\sigma}$, 即理论分位数 q_i 与实际分位数 $x_{(i)}$ 具有线性相关关系.

下面给出 Q-Q 图检验法的具体步骤:

(1) 将原始观测数据从小到大排序, 即 $x_{(1)} \leqslant x_{(2)} \leqslant \cdots \leqslant x_{(n)}$;

(2) 计算样本分位数对应的概率 $\dfrac{1-\frac{1}{2}}{n}, \dfrac{2-\frac{1}{2}}{n}, \cdots, \dfrac{n-\frac{1}{2}}{n}$;

(3) 计算相应的标准正态分布分位数 q_i, 使其满足 $\varPhi(q_i) = \dfrac{i-\frac{1}{2}}{n}, i = 1, 2, \cdots, n$;

(4) 将数对 $(q_i, x_{(i)})(i = 1, 2, \cdots, n)$ 画在坐标平面上, 并观察它们是否呈直线, 若呈直线状, 则认为该数据是正态的, 否则认为该数据是非正态的.

例 2.7 用 R 软件, 通过随机模拟的方法说明 Q-Q 图检验法.

R 程序及输出结果

```
> par(mfrow=c(2,2))
> set.seed(100)
> x1=rnorm(100,mean=10,sd=2)#生成100个来自正态分布的随机数
> qqnorm(x1)
> qqline(x1)
> set.seed(100)
> x2=rnorm(10000,mean=10,sd=2)#生成10000个来自正态分布的随机数
> qqnorm(x2)
> qqline(x2)
> set.seed(100)
> y1=rf(100,2,10)#生成100个来自F分布的随机数
> qqnorm(y1)
> qqline(y1)
> set.seed(100)
> y2=rf(10000,2,10)#生成10000个来自F分布的随机数
> qqnorm(y2)
> qqline(y2)
```

R 软件中的 qqnorm() 命令是用于画出数据理论分位数和实际分位数的散点图, qqline() 命令是画出其相应直线, 若点主要集中在直线上, 则认为数据来自正态总体.

随机生成四组数据, 如图 2.3所示, 前两组数据主要集中在直线上, 并且没有其他趋势, 因此可以认为数据是来自正态总体; 而后两组数据由于呈现非线性趋势, 特别是第四组非

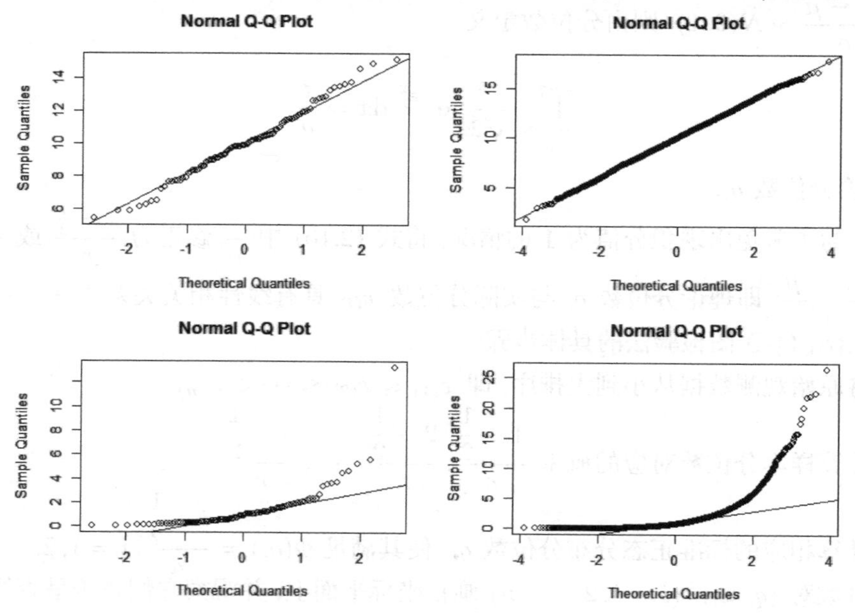

图 2.3 Q-Q 图检验

线性趋势非常明显, 因此有理由认为后两组数据不是来自正态总体. 此外, 由图 2.3 也可以看到数据越多, 趋势越明显, 越容易判定.

4. W (Wilks) 检验

W 检验全称 Shapiro-Wilk 检验, 是由 S. S. Shapiro 与 M. B. Wilk 提出用顺序统计量 W 来检验分布正态性的一种检验方法. W 检验法是一种定量的方法, 其检验步骤如下.

(1) 提出假设 H_0: 样本来自正态总体.

(2) 将数据从小到大排序 $X_{(1)}, X_{(2)}, \cdots, X_{(n)}$.

(3) 查 Shapiro-Wilk 系数 a_i 表, 查出对应于 n 的各 a_i 的值.

(4) 计算统计量 W 的值

$$W = \frac{\left(\sum_{i=1}^{n} a_i X_{(i)}\right)^2}{\sum_{i=1}^{n}(X_i - \bar{X})} \tag{2.11}$$

其中, 常数 $(a_1, a_2, \cdots, a_n) = (\boldsymbol{m}^{\mathrm{T}}\boldsymbol{V}^{-1}\boldsymbol{V}^{-1}\boldsymbol{m})^{-1/2}\boldsymbol{m}^{\mathrm{T}}\boldsymbol{V}^{-1}$,$\boldsymbol{m} = (m_1, m_2, \cdots, m_n)^{\mathrm{T}}$ 和 $\boldsymbol{V}$ 分别是样本大小为 n 的随机标准正态样本次序统计量的向量均值和协方差矩阵.

(5) 给定检验水平 α(通常取 $\alpha = 0.1, 0.05, 0.01$), 按 n 和 α 查出对应的 $W(n, \alpha)$ 的值.

(6) 若 $W \leqslant W(n, \alpha)$, 则否定 H_0, 即认为样本不是来自正态总体; 若 $W > W(n, \alpha)$, 一般来说则接受 H_0, 即认为样本来自正态总体.

在 R 软件中用 shapiro.test() 进行 W 检验, 利用统计软件进行检验, 通常根据返回的 p 值与 α 比较进行判定, 当 $p < \alpha$ 时, 拒绝原假设; 反之, 则接受原假设.

例 2.8　用 R 软件随机生成两组数据, 用 W 检验法检验其正态性.

首先, 由 rnorm() 随机生成一组正态数据, 进行正态性检验, 得到 W 值为 0.990 15, p 值为 0.676 9 $\gg$ 0.1, 因此认为该组数据的分布为正态分布; 然后, 用 runif() 随机生成一组均匀分布数据, 经检验, p 值为 0.000 135 2 $\ll$ 0.01, 即认为数据不是来自正态总体.

R 程序及输出结果

```
> library(stats)
> shapiro.test(rnorm(100, mean = 5, sd = 3))
        Shapiro-Wilk normality test
data:  rnorm(100, mean = 5, sd = 3)
W = 0.99015, p-value = 0.6769
> shapiro.test(runif(100, min = 2, max = 4))
        Shapiro-Wilk normality test
data:  runif(100, min = 2, max = 4)
W = 0.93745, p-value = 0.0001352
```

除了 W 检验法, 检验一元正态性的方法还有 D 检验法、KS 检验法等, 在这里就不一一详述了. 任何一种检验的方法都不能保证百分百正确, 建议图形法和定量检验的方法结合起来使用, 更易于做出准确的判定.

2.4.2 p 元数据的正态性检验

如果样本来自多元正态总体, 则任意二元分量仍是正态随机向量, 其常数密度轮廓线应为椭圆, 因而散点图应显示为一个近乎椭圆的形状. 下面先介绍一种二元正态分布检验的方法.

1. 等概椭圆检验法

若二维随机向量 $\boldsymbol{X}=(X_1,X_2)^{\mathrm{T}}\sim N_2(\boldsymbol{\mu},\boldsymbol{\Sigma})$, 令 $f(X_1,X_2)=c$, 则 $\boldsymbol{X}$ 的概率密度等高线可简写为

$$(\boldsymbol{X}-\boldsymbol{\mu})^{\mathrm{T}}\boldsymbol{\Sigma}^{-1}(\boldsymbol{X}-\boldsymbol{\mu})=b^2$$

它是中心在 (μ_1,μ_2) 的椭圆.

由正态分布性质, 有

$$(\boldsymbol{X}-\boldsymbol{\mu})^{\mathrm{T}}\boldsymbol{\Sigma}^{-1}(\boldsymbol{X}-\boldsymbol{\mu})\sim\chi_2^2$$

对任意的 $\alpha\in(0,1)$, 则有 $P\left\{(\boldsymbol{X}-\boldsymbol{\mu})^{\mathrm{T}}\boldsymbol{\Sigma}^{-1}(\boldsymbol{X}-\boldsymbol{\mu})\leqslant\chi_2^2(\alpha)\right\}=1-\alpha$, 由于 $\bar{\boldsymbol{X}}$ 和 $\boldsymbol{S}$ 分别是 $\boldsymbol{\mu}$ 和 $\boldsymbol{\Sigma}$ 的无偏估计, 故代替有

$$P\left\{(\boldsymbol{X}-\bar{\boldsymbol{X}})^{\mathrm{T}}\boldsymbol{S}^{-1}(\boldsymbol{X}-\bar{\boldsymbol{X}})\leqslant\chi_2^2(\alpha)\right\}=1-\alpha$$

因而, 若数据来自正态总体, 则有理由认为落在该椭圆内的样本观测值有相同的百分比, 否则对正态假定产生怀疑.

等概椭圆检验法具体步骤如下:

(1) 计算二维样本点 $\boldsymbol{X}_i, i=1,2,\cdots,n$ 的样本均值 $\bar{\boldsymbol{X}}$ 和样本协方差矩阵 $\boldsymbol{S}$;

(2) 计算样本点 $\boldsymbol{X}_i$ 到 $\bar{\boldsymbol{X}}$ 的距离平方

$$d_i^2=(\boldsymbol{X}_i-\bar{\boldsymbol{X}})^{\mathrm{T}}\boldsymbol{S}^{-1}(\boldsymbol{X}_i-\bar{\boldsymbol{X}})\quad i=1,2,\cdots,n$$

(3) 给定 α 值, 设距离 $d_i^2\leqslant\chi_2^2(\alpha)$ 的个数占样本总数的比例为 p, 若 $p\approx1-\alpha$, 即样本点落入指定的椭圆内的概率约为 $1-\alpha$, 则有理由认为数据来自二元正态总体.

例 2.9 表 2.1 给出 15 名学生的数学成绩 X_1 和语文成绩 X_2 所组成的二维向量 $(X_1,X_2)^{\mathrm{T}}$ 的观测数据, 试问这些二元数据可否认为是来自二元正态总体.

表 2.1 15 名学生的考试成绩

序号	数学 (X_1)	语文 (X_2)
1	100	100
2	90	86
3	93	100
4	82	80
5	80	78
6	75	97
7	97	89
8	68	88
9	76	84
10	62	39

续表

序号	数学 (X_1)	语文 (X_2)
11	77	78
12	54	57
13	78	87
14	80	69
15	95	80

解 (1) 根据数据, 计算样本均值和样本协方差矩阵为

$$\bar{\boldsymbol{X}} = (80.466\,7, 80.800\,0)^{\mathrm{T}}$$

$$\boldsymbol{S} = \begin{pmatrix} 170.123\,8 & 142.742\,9 \\ 142.742\,9 & 261.742\,9 \end{pmatrix}$$

(2) 计算每个学生的两门课成绩 $\boldsymbol{X}_i$ 到中心点 $\bar{\boldsymbol{X}}^{\mathrm{T}} = (\bar{X}_1, \bar{X}_2)^{\mathrm{T}} = (80.466\,7, 80.800\,0)^{\mathrm{T}}$ 的距离, 即

$$(\boldsymbol{X}_i - \bar{\boldsymbol{X}})^{\mathrm{T}} \boldsymbol{S}^{-1} (\boldsymbol{X}_i - \bar{\boldsymbol{X}}) \quad i = 1, 2, \cdots, 15$$

其结果分别为 2.298 4, 0.589 4, 1.454 5, 0.044 5, 0.042 1, 3.219 1, 1.833 4, 3.110 3, 0.457 3, 6.878 5, 0.070 7, 4.135 4, 0.517 5, 0.918 0, 2.430 9.

(3) 取 $\alpha = 0.5$, 查表得 $\chi_2^2(0.5) = 1.386\,3$, 距离小于或等于 1.386 3 的个数为 7 个, 占样品总数的比例为 46.67%, 这和 0.5 相差不多, 且因样本容量 $n = 15$ 较小, 因此根据所得结果有理由认为数据是来自二元正态总体.

此方法类似于一元正态性检验中的比例法, 通过比例的比较进行判定, 相对比较粗糙, 且只适用于 $p = 2$ 的情况, 接下来介绍一种 χ^2 图检验法, 对于 $p \geqslant 2$ 维向量均适用.

2. χ^2 图检验法

设 $\boldsymbol{X}_i = (X_{i1}, X_{i2}, \cdots, X_{ip})^{\mathrm{T}}, i = 1, 2, \cdots, n$ 为来自 p 元总体 $\boldsymbol{X}$ 的随机样本, 则广义距离平方为

$$d_i^2 = (\boldsymbol{X}_i - \bar{\boldsymbol{X}})^{\mathrm{T}} \boldsymbol{S}^{-1} (\boldsymbol{X}_i - \bar{\boldsymbol{X}}) \quad i = 1, 2, \cdots, n$$

若总体 $\boldsymbol{X}$ 是多元正态总体, 当 n 与 $n-p$ 都很大时, 则有 d^2 服从自由度为 p 的卡方分布, 即

$$d^2 = (\boldsymbol{X} - \bar{\boldsymbol{X}})^{\mathrm{T}} \boldsymbol{S}^{-1} (\boldsymbol{X} - \bar{\boldsymbol{X}}) \sim \chi_p^2$$

下面给出 χ^2 图检验法的具体步骤:

(1) 提出假设 H_0: 样本来自多元正态总体;

(2) 计算广义距离平方 $d_i^2, i = 1, 2, \cdots, n$, 并排序得 $d_{(1)}^2 \leqslant d_{(2)}^2 \leqslant \cdots \leqslant d_{(n)}^2$;

(3) 计算样本分位数对应的概率 $\dfrac{1-0.5}{n}, \dfrac{2-0.5}{n}, \cdots, \dfrac{n-0.5}{n}$;

(4) 确定分位数点 $q_{(i)}$, 使

$$\int_0^{q_{(i)}} \chi_p^2(x) \mathrm{d}x = \frac{i-0.5}{n} \quad i = 1, 2, \cdots, n$$

其中, $\chi_p^2(x)$ 表示自由度为 p 的卡方分布的密度函数;

(5) 将数对 $(d^2_{(i)}, q_{(i)}), i = 1, 2, \cdots, n$ 画在直角坐标系内, 若这些点散布在一条通过原点且斜率为 1 的直线上, 即认为这些数据来自多元正态总体, 否则认为不是来自正态总体.

值得注意, 若图形呈非线性趋势, 则表明数据缺乏正态性; 若图形中有一个或几个远离直线的点, 或是异常值, 则有待进一步探讨.

例 2.10 (续例 2.9) 应用 χ^2 图检验法对 15 名学生的成绩进行检验.

下面直接给出程序. 由图 2.4 可以看到学生成绩数据对集中落在直线两侧, 因此我们有理由认为其来自正态总体.

R 程序及输出结果

```
> data<-read.table("e:/data/chengji.txt",header=T)#读取学生的成绩数据
> meanvalue=colMeans(data)
> covmatrix=cov(data)
> inversematrix=solve(cov(data))
> distance=sort(diag(t(t(data)-meanvalue)%*%inversematrix%*%
+ (t(data)-meanvalue)))
> qc=(1:dim(data)[1]-0.5)/dim(data)[1]
> p=dim(data)[2]
> kf=qchisq(qc,p)
> plot(kf,distance,xlab="quantile of chisq", ylab="distance",
+ main="chisq figure")
> abline(0,1)
```

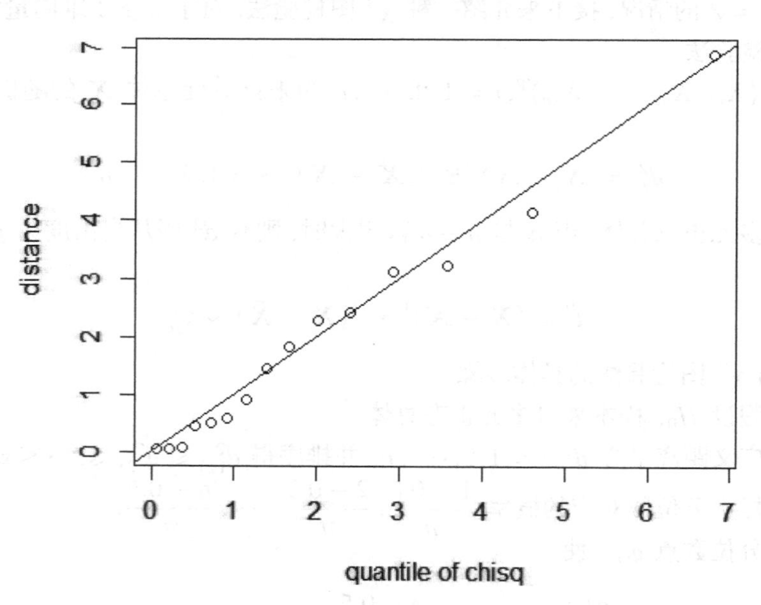

图 2.4　学生成绩的卡方图检验

χ^2 图检验法不仅适用于 $p=2$ 的情况, 也适用于 $p>2$ 的情况.

例 2.11　设 $\boldsymbol{X}=(X_1,X_2,X_3)$ 是三维随机向量, 随机生成一组数据, 判定 $\boldsymbol{X}$ 是否来自三元正态总体.

下面用 R 软件, 通过随机模拟的方法进行验证. 首先, 随机生成样本大小为 100 的一组数据, X_1 来自 F 分布、X_2 来自 t 分布以及 X_3 来自标准正态分布, 用 cbind() 构造三维随机向量 $\boldsymbol{X}$ 的样本数据; 其次, 分别用 colMeans() 和 cov() 求 $\boldsymbol{X}$ 的样本均值和协方差矩阵, 并计算 d^2; 再次, 用 qchisq() 计算卡方分布对应的分位数; 最后, 根据 d^2 值和分位数画图.

R 程序及输出结果

```
> X1=rf(100,2,5)
> X2=rt(100,1)
> X3=rnorm(100)
> X=data.frame(cbind(X1,X2,X3))
> meanvalue=colMeans(X)
> covmatrix=cov(X)
> inversematrix=solve(cov(X))
> distance=sort(diag(t(t(X)-meanvalue)%*%inversematrix%*%
+ (t(X)-meanvalue)))
> qc=(1:dim(X)[1]-0.5)/dim(X)[1]
> p=dim(X)[2]
> kf=qchisq(qc,p)
> plot(kf,distance,xlab="quantile of chisq", ylab="distance",
+ main="chisq figure")
> abline(0,1)
```

由图 2.5 可以看到, 数据明显偏离直线, 因此可以认为数据不是来自三元正态总体, 由此得以判定.

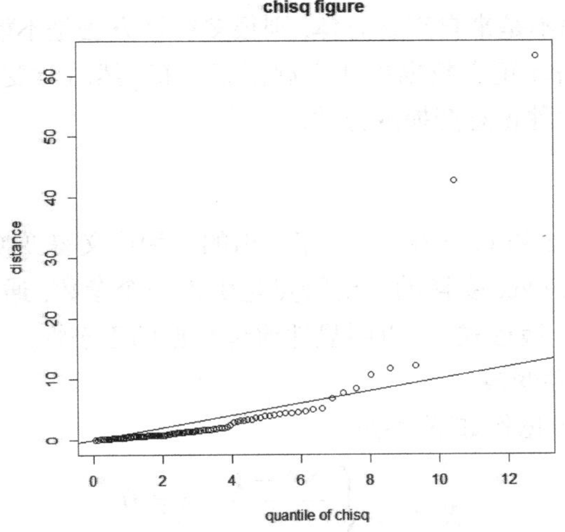

图 2.5　三元卡方图检验

3. 多元 S-W 检验法

设 $\boldsymbol{X} \sim N_p(\boldsymbol{\mu}, \boldsymbol{\Sigma})$, $\boldsymbol{X}_1, \boldsymbol{X}_2, \cdots, \boldsymbol{X}_n$ 为来自总体的样本, 则由多元正态分布的性质, 有 $\boldsymbol{Z}_i = \boldsymbol{S}^{-1/2}(\boldsymbol{X} - \bar{\boldsymbol{X}})$ 近似服从 $N(\boldsymbol{0}, \boldsymbol{I})$, $i = 1, 2, \cdots, n$, $\boldsymbol{Z}_i = (Z_{i1}, Z_{i2}, \cdots, Z_{ip})^{\mathrm{T}}$.

具体检验步骤如下:

(1) 提出假设: $\boldsymbol{X}_1, \boldsymbol{X}_2, \cdots, \boldsymbol{X}_n$ 是来自多元正态总体的样本;

(2) 计算检验统计量

$$W = \frac{1}{p}\sum_{j=1}^{p} W_{Z_j}$$

其中, W_{Z_j} 是第 j 个分量的 S-W 检验统计量, 样本观测值为 $Z_{1j}, Z_{2j}, \cdots, Z_{nj}, j=1, 2, \cdots, p$;

(3) 当原假设成立时, W 值应接近 1, 因为每个 W_{Z_j} 接近 1, $j=1, 2, \cdots, p$.

在 R 软件中, 可用命令 mshapiro.test() 对多元数据的正态性进行检验, 此方法适用于 $p \geqslant 3$ 的情况.

例 2.12 用多元 S-W 检验法对例 2.11 中的三元数据进行正态性检验.

R 程序及输出结果

```
> library(mvnormtest)
> mshapiro.test(t(X))
        Shapiro-Wilk normality test
data:  Z
W = 0.075272, p-value < 2.2e-16
```

由程序返回的结果可以看到 W 值很小, 且 p 值很小, 因而我们有理由拒绝原假设, 即认为数据不是来自三元正态总体. 由此, 我们在基于图形判断的基础上, 进一步用定量的方法加以判断, 从而肯定了检验结果.

2.5 正态性变换

一般来说, 如果数据不是来自正态总体, 则很多统计方法是不能直接使用的, 一般会考虑对数据进行变换, 使得非正态数据更加接近正态分布, 然后对变换后的数据进行常规的统计分析. 接下来介绍两种正态变换的方法.

2.5.1 Box-Cox 变换

Box-Cox 变换是 Box 和 Cox 在 1964 年提出的一种广义幂变换方法, 是统计建模中常用的一种数据变换. Box-Cox 变换的主要特点是引入一个参数, 通过数据本身估计该参数进而确定应采取的数据变换形式, 可以明显地改善数据的正态性.

1. 一元数据的正态性变换

Box-Cox 变换是对数据作如下变换:

$$X^{(\lambda)} = \begin{cases} \dfrac{X^{\lambda} - 1}{\lambda} & \lambda \neq 0 \\ \ln X & \lambda = 0 \end{cases} \tag{2.12}$$

在这里 λ 是一个待定变换参数. 对于不同的 λ, 所作的变换也不相同, 所以 Box-Cox 变换是一族变换, 当 $\lambda=0.5$ 时为平方根变换, 当 $\lambda=0$ 时为对数变换, 当 $\lambda=-1$ 时为倒数变换等.

我们可以用最大似然法来估计 λ, 即对给定的样本值 $X_1, X_2, \cdots, X_n$, 选择合适的 λ, 使得似然函数达到最大.

假定选择的 λ 使得 $X_i^{(\lambda)} \sim N(\mu,\sigma^2), i=1,2,\cdots,n$. 由式 (2.12), 可计算得 $\dfrac{\mathrm{d}X^{(\lambda)}}{\mathrm{d}X}=X^{\lambda-1}$, 则似然函数和对数似然函数分别为

$$L(\lambda,\mu,\sigma^2)=\left(\frac{1}{2\pi\sigma^2}\right)^{\frac{n}{2}}\exp\left\{-\frac{1}{2\sigma^2}\sum_{i=1}^{n}(X_i^{(\lambda)}-\mu)^2\right\}\cdot\prod_{i=1}^{n}X_i^{\lambda-1} \tag{2.13}$$

$$\ln L(\lambda,\mu,\sigma^2)=-\frac{n}{2}\ln(2\pi\sigma^2)-\frac{1}{2\sigma^2}\sum_{i=1}^{n}(X_i^{(\lambda)}-\mu)^2+\ln\prod_{i=1}^{n}X_i^{\lambda-1} \tag{2.14}$$

对对数似然函数式 (2.14) 关于参数 μ 和 σ^2 求偏导数, 并令偏导数为 0, 有

$$\begin{cases}\dfrac{\partial\ln L(\lambda,\mu,\sigma^2)}{\partial\mu}=0\\[2ex]\dfrac{\partial\ln L(\lambda,\mu,\sigma^2)}{\partial\sigma^2}=0\end{cases} \tag{2.15}$$

解方程组 (2.15) 得

$$\begin{cases}\hat{\mu}=\overline{X^{(\lambda)}}=\dfrac{1}{n}\displaystyle\sum_{i=1}^{n}X_i^{(\lambda)}\\[2ex]\hat{\sigma}^2=\dfrac{1}{n}\displaystyle\sum_{i=1}^{n}(X_i^{(\lambda)}-\overline{X^{(\lambda)}})^2\end{cases} \tag{2.16}$$

进一步, 将 $\hat{\mu}$ 和 $\hat{\sigma}^2$ 代入式 (2.14), 则有

$$\begin{aligned}l(\lambda)\triangleq\ln L(\lambda,\hat{\mu},\hat{\sigma}^2)&=-\frac{n}{2}\ln 2\pi-\frac{n}{2}\ln\frac{1}{n}\sum_{i=1}^{n}(X_i^{(\lambda)}-\overline{X^{(\lambda)}})^2-\frac{n}{2}+\ln\left(\prod_{i=1}^{n}X_i\right)^{\lambda-1}\\&=-\frac{n}{2}\ln 2\pi-\frac{n}{2}-\frac{n}{2}\left[\ln\frac{1}{n}\sum_{i=1}^{n}(X_i^{(\lambda)}-\overline{X^{(\lambda)}})^2-\frac{2}{n}\ln\left(\prod_{i=1}^{n}X_i\right)^{\lambda-1}\right]\\&=-\frac{n}{2}\ln 2\pi-\frac{n}{2}-\frac{n}{2}\ln\frac{1}{n}\frac{\displaystyle\sum_{i=1}^{n}(X_i^{(\lambda)}-\overline{X^{(\lambda)}})^2}{\left(\displaystyle\prod_{i=1}^{n}X_i\right)^{\frac{2(\lambda-1)}{n}}}\\&=-\frac{n}{2}\ln 2\pi-\frac{n}{2}-\frac{n}{2}\ln\frac{1}{n}\sum_{i=1}^{n}\left[\frac{X_i^{(\lambda)}}{\left(\displaystyle\prod_{i=1}^{n}X_i\right)^{\frac{\lambda-1}{n}}}-\frac{\overline{X^{(\lambda)}}}{\left(\displaystyle\prod_{i=1}^{n}X_i\right)^{\frac{\lambda-1}{n}}}\right]^2\end{aligned} \tag{2.17}$$

如果要令 $l(\lambda)$ 达到最大, 根据式 (2.17) 只需令

$$\frac{1}{n}\sum_{i=1}^{n}\left[\frac{X_i^{(\lambda)}}{\left(\prod\limits_{i=1}^{n}X_i\right)^{\frac{\lambda-1}{n}}}-\frac{\overline{X^{(\lambda)}}}{\left(\prod\limits_{i=1}^{n}X_i\right)^{\frac{\lambda-1}{n}}}\right]^2 \triangleq \frac{1}{n}\sum_{i=1}^{n}(Y_i-\bar{Y})^2$$

达到最小, 其中 $Y_i=\dfrac{X_i^{\lambda}-1}{\lambda(\prod\limits_{i=1}^{n}X_i)^{\frac{\lambda-1}{n}}}$, $i=1,2,\cdots,n$.

因此, 我们的问题就转化为求使 $S_\lambda^2=\frac{1}{n}\sum\limits_{i=1}^{n}(Y_i-\bar{Y})^2$ 达到最小的 λ 值, 具体操作如下:

(1) 给定一系列的 λ 值, 根据样本值 $X_1, X_2, \cdots, X_n$ 计算相应的 Y_i, $i=1,2,\cdots,n$;

(2) 计算 $S_\lambda^2=\frac{1}{n}\sum\limits_{i=1}^{n}(Y_i-\bar{Y})^2$;

(3) 以 λ 作为横坐标, S_λ^2 作为纵坐标, 用 (λ, S_λ^2) 作图;

(4) 从图像上找到使 S_λ^2 达到最小时的 $\hat{\lambda}$.

例 2.13　随机生成一组非正态数据, 利用 Box-Cox 变换进行正态性变换, 并进行检验.

首先, 我们随机生成了一组 F 分布的数据, 对其进行正态性检验, 由图 2.6中第一幅图可以直观地看到数据明显不是正态的, 并且由 W 检验法进一步验证了这个结果.

R 程序及输出结果

```
> par(mfrow=c(1,2))
> x=rf(100,4,3)
> qqnorm(x)
> qqline(x)
> shapiro.test(x)
        Shapiro-Wilk normality test
data:  x
W = 0.41478, p-value < 2.2e-16
```

因此, 接下来我们作 Box-Cox 变换, 由 R 命令 powerTransform() 得到 λ 估计值, 将其代入进行变换, 对得到的新数据再次进行正态性检验, 由图 2.6中第二幅图可以直观地看到数据集中在直线上及两侧, 进一步由 W 检验法返回的 p 值 $=0.186\,8>0.1$, 我们有理由认为在显著性水平 0.1 下转换后的数据是正态的.

R 程序及输出结果

```
> library(car)
> library(carData)
> powerTransform(x)
Estimated transformation parameter
```

```
          x
-0.0287698
> y=(x^-0.0288-1)/-0.0288
> qqnorm(y)
> qqline(y)
> shapiro.test(y)
        Shapiro-Wilk normality test
data:  y
W = 0.98191, p-value = 0.1868
```

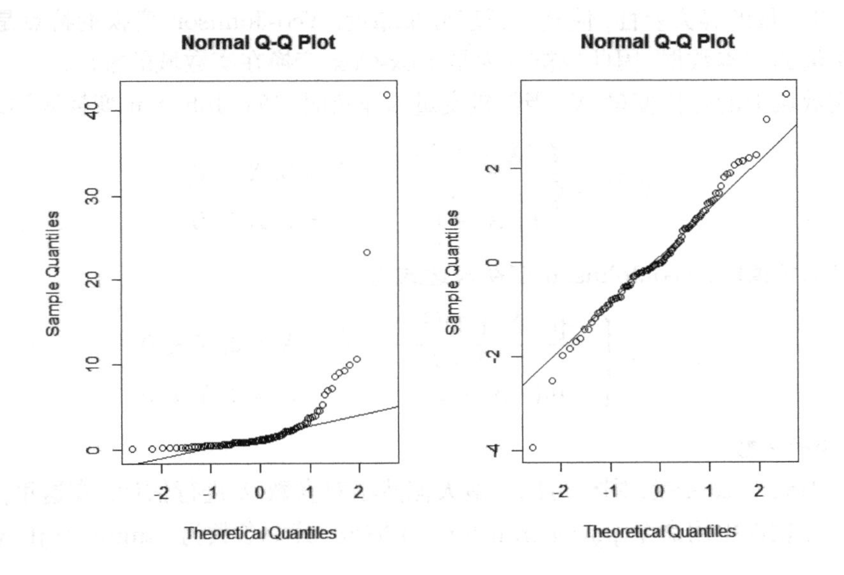

图 2.6　一元正态性变换

在这里值得注意的是, Box-Cox 变换仅用于正值的情况.

2. 多元数据的正态性变换

多元数据的正态性变换是基于一元数据的正态性变换. 对于 p 维随机向量, 要对每一个变量选择一个合适的幂变换. 设 λ_1, λ_2, $\cdots$, λ_p 是对于 p 个测量特征的幂变换, 类似于一元数据的正态变换, 每个 λ_k 通过使 $S_{\lambda_k}^2=\dfrac{1}{n}\sum\limits_{i=1}^{n}\left(Y_i^{(\lambda_k)}-\overline{Y^{(\lambda_k)}}\right)^2$ 达到最小而得到, 其中

$$Y_i^{(\lambda_k)}=\frac{X_{ik}^{\lambda_k}-1}{\lambda_k\left(\prod\limits_{i=1}^{n}X_{ik}\right)^{\frac{\lambda_k-1}{n}}}\quad i=1,2,\cdots,n$$

$$\overline{Y^{(\lambda_k)}}=\frac{1}{n}\sum_{i=1}^{n}Y_i^{(\lambda_k)}\quad k=1,2,\cdots,p$$

当给定样本观测值 $X_{1k}, X_{2k}, \cdots, X_{nk}$ 时, $k = 1, 2, \cdots, p$, 则有

$$\boldsymbol{X}^{(\lambda)} = \begin{pmatrix} X_1^{(\lambda_1)} \\ \vdots \\ X_p^{(\lambda_p)} \end{pmatrix} = \begin{pmatrix} \dfrac{X_1^{\lambda_1} - 1}{\lambda_1} \\ \vdots \\ \dfrac{X_p^{\lambda_p} - 1}{\lambda_p} \end{pmatrix}$$

2.5.2 Yeo-Johnson 变换

Yeo-Johnson 变换也是幂变换的一种, 通过构造一组单调函数对随机变量进行数据变换, 减小随机变量的异方差性, 使其向正态分布靠近. Yeo-Johnson 变换的特点是可被应用于包含非正值的样本数据, 因此也被认为是 Box-Cox 变换在实数域的推广.

给定实数域上的随机变量 X, 当随机变量为非负时, Yeo-Johnson 变换表达式为

$$X^{(\lambda)} = \begin{cases} \dfrac{(X+1)^{\lambda} - 1}{\lambda} & \lambda \neq 0, X \geqslant 0 \\ \ln(X+1) & \lambda = 0, X \geqslant 0 \end{cases}$$

当随机变量取负值时, Yeo-Johnson 变换表达式为

$$X^{(\lambda)} = \begin{cases} \dfrac{-[(-X+1)^{(2-\lambda)} - 1]}{2-\lambda} & \lambda \neq 2, X \leqslant 0 \\ -\ln(-X+1) & \lambda = 2, X \leqslant 0 \end{cases}$$

其中, λ 是变换参数.

类似于 Box-Cox 变换, 同样可以用最大似然法对参数 λ 进行估计. 在这里, 就不详细介绍了. 在 R 软件中用命令 powerTransform() 完成, 其中参数为 family="yjPower" 即可.

习 题 2

1. 设随机向量 $\boldsymbol{X} = (X_1, X_2, X_3)^{\mathrm{T}} \sim N_3(\boldsymbol{\mu}, 3\boldsymbol{I}_3)$, 已知 $\boldsymbol{\mu} = (1, 1, 3)^{\mathrm{T}}$, $\boldsymbol{d} = (1, -1)^{\mathrm{T}}$,

$$\boldsymbol{A} = \begin{pmatrix} 0.5 & -1 & 0.5 \\ -0.5 & 0 & -0.5 \end{pmatrix}$$

试求 $\boldsymbol{Y} = \boldsymbol{A}\boldsymbol{X} + \boldsymbol{d}$ 的分布.

2. 设 $\boldsymbol{X} = (X_1, X_2)^{\mathrm{T}} \sim N_2(\boldsymbol{\mu}, \boldsymbol{\Sigma})$, 其中 $\boldsymbol{\mu} = (\mu_1, \mu_2)^{\mathrm{T}}$, $\boldsymbol{\Sigma} = \sigma^2 \begin{pmatrix} 1 & \rho \\ \rho & 1 \end{pmatrix}$.

(1) 求 $(X_1 + X_2, X_1 - X_2)^{\mathrm{T}}$ 的分布;

(2) 求 $X_1 + X_2$ 与 $X_1 - X_2$ 的分布.

3. 设 $X_1 \sim N(0, 1)$, 令

$$X_2 = \begin{cases} -X_1 & \text{当} -1 \leqslant X_1 \leqslant 1 \text{ 时} \\ X_1 & \text{其他} \end{cases}$$

证明: (1) $X_2 \sim N(0,1)$; (2) (X_1, X_2) 不是二元正态分布.

4. 随机抽取 12 名小学生, 获得数据如下表. 试据此计算样本均值、样本协方差矩阵和样本相关阵.

题 4 表

身高 X_1(cm)	147	149	139	152	141	140	145	138	142	132	151	147
年龄 X_2(岁)	9	11	7	12	9	8	11	10	11	7	13	10
体重 X_3(kg)	34	41	23	37	25	28	47	27	26	21	46	38

5. 设 $\boldsymbol{X}_1, \boldsymbol{X}_2, \cdots, \boldsymbol{X}_n$ 是来自 $N_p(\boldsymbol{\mu}, \boldsymbol{\Sigma})$ 的随机样本, $c_i \geqslant 0, i = 1, 2, \cdots, n, \sum\limits_{i=1}^{n} c_i = 1$, 令 $\boldsymbol{Z} = \sum\limits_{i=1}^{n} c_i \boldsymbol{X}_i$. 试证明:

(1) $\boldsymbol{Z}$ 是 $\boldsymbol{\mu}$ 的无偏估计量;

(2) $\boldsymbol{Z} \sim N_p(\boldsymbol{\mu}, \boldsymbol{c}^{\mathrm{T}}\boldsymbol{c}\boldsymbol{\Sigma})$, 其中 $\boldsymbol{c} = (c_1, c_2, \cdots, c_n)^{\mathrm{T}}$;

(3) 当 $\boldsymbol{c} = \dfrac{1}{n}\boldsymbol{1}_n$ 时, $\boldsymbol{Z}$ 的协方差矩阵在非负定意义下达到极小.

6. 试证明威沙特分布的性质 (3).

7. 用 R 软件检验下表给出的观测数据是否来自四元正态总体.

题 7 表

X_1	X_2	X_3	X_4
240	87	45	18
170	65	39	17
270	110	39	24
205	130	34	23
190	69	27	15
200	46	45	15
250	117	21	20
200	107	28	20
225	130	36	11
210	125	26	17
170	64	31	14
270	76	33	13
190	60	34	16
280	81	20	18
310	119	25	1
270	57	31	8
250	67	31	14
260	135	39	29

8. 对题 7 表中的第一列数据作直方图.

9. 随机生成一组样本大小为 50 的三元非正态数据, 用正态性检验法对其进行检验, 并作正态性变换.

第 3 章　单个总体参数的检验

类似于一元统计分析中单个总体均值和方差的检验，与多元统计相关的很多实际问题也需要对单个多元总体的均值向量和协方差矩阵进行检验. 例如，要考察新老生产线产品的质量指标，新引进的生产线与原生产线相比，产品质量指标有无显著差异以及质量指标的波动是否有显著差异，这些问题即可归结为总体的均值向量与协方差矩阵的检验问题.

3.1　均值向量的检验

3.1.1　多元正态分布均值向量的检验

首先，我们回顾一下一元正态总体均值的检验. 设有正态总体 $X \sim N(\mu, \sigma^2)$, $X_1, X_2, \cdots, X_n$ 是来自总体 X 的样本，现要检验假设

$$H_0: \mu = \mu_0 \quad H_1: \mu \neq \mu_0$$

当总体方差 σ^2 未知时，选取检验统计量

$$t = \frac{\bar{X} - \mu_0}{s/\sqrt{n}}$$

其中，$\bar{X} = \frac{1}{n}\sum_{i=1}^{n} X_i$ 和 $s^2 = \frac{1}{n-1}\sum_{i=1}^{n}(X_i - \bar{X})^2$ 分别为样本均值和样本方差.

当原假设 H_0 成立时，有

$$\frac{\bar{X} - \mu_0}{s/\sqrt{n}} \sim t_{n-1}$$

故对给定的显著性水平 α，检验的拒绝域为

$$\left\{|t| = \frac{|\bar{X} - \mu_0|}{s/\sqrt{n}} > t_{n-1}\left(\frac{\alpha}{2}\right)\right\}$$

由于 t^2 与 F 分布等价，因此检验统计量可等价地表示为

$$t^2 = \frac{(\bar{X} - \mu_0)^2}{s^2/n} \sim F_{1,n-1}$$

对给定的显著性水平 α，也可取检验的拒绝域为

$$\left\{t^2 = \frac{(\bar{X} - \mu_0)^2}{s^2/n} > F_{1,n-1}(\alpha)\right\}$$

下面来观察一下 t^2 检验统计量的结构

$$\begin{aligned} t^2 &= n(\bar{X} - \mu_0)(s^2)^{-1}(\bar{X} - \mu_0) \\ &= n(\bar{X} - \mu_0)\left[\frac{1}{n-1}\sum_{i=1}^{n}(X_i - \bar{X})^2\right]^{-1}(\bar{X} - \mu_0) \end{aligned}$$

我们试着把此结构推广到多元正态总体均值向量的检验问题上来.

设 $\boldsymbol{X} \sim N_p(\boldsymbol{\mu}, \boldsymbol{\Sigma})$, $\boldsymbol{X}_1, \boldsymbol{X}_2, \cdots, \boldsymbol{X}_n$ 是来自总体 $\boldsymbol{X}$ 的样本. 当 $\boldsymbol{\Sigma}$ 未知时, 对于均值向量的假设检验问题

$$H_0: \boldsymbol{\mu} = \boldsymbol{\mu}_0 \quad H_1: \boldsymbol{\mu} \neq \boldsymbol{\mu}_0 \tag{3.1}$$

可相应地构造检验统计量

$$T^2 = n(\bar{\boldsymbol{X}} - \boldsymbol{\mu}_0)^{\mathrm{T}} \left[\frac{1}{n-1}\sum_{i=1}^{n}(\boldsymbol{X}_i - \bar{\boldsymbol{X}})(\boldsymbol{X}_i - \bar{\boldsymbol{X}})^{\mathrm{T}}\right]^{-1} (\bar{\boldsymbol{X}} - \boldsymbol{\mu}_0)$$

即

$$T^2 = n(\bar{\boldsymbol{X}} - \boldsymbol{\mu}_0)^{\mathrm{T}} \boldsymbol{S}^{-1} (\bar{\boldsymbol{X}} - \boldsymbol{\mu}_0)$$

由于

$$T^2 = (n-1)\left[\sqrt{n}(\bar{\boldsymbol{X}} - \boldsymbol{\mu}_0)\right]^{\mathrm{T}} [(n-1)\boldsymbol{S}]^{-1} \left[\sqrt{n}(\bar{\boldsymbol{X}} - \boldsymbol{\mu}_0)\right]$$

且当原假设 H_0 成立时,

$$\sqrt{n}(\bar{\boldsymbol{X}} - \boldsymbol{\mu}_0) \sim N_p(\boldsymbol{0}, \boldsymbol{\Sigma})$$

$$(n-1)\boldsymbol{S} = \sum_{i=1}^{n}(\boldsymbol{X}_i - \bar{\boldsymbol{X}})(\boldsymbol{X}_i - \bar{\boldsymbol{X}})^{\mathrm{T}} \sim W_{n-1}(\boldsymbol{\Sigma})$$

故 T^2 服从自由度为 $n-1$ 的霍特林 T^2 分布, 即 $T^2 \sim T^2_{n-1}$. 利用 T^2 分布与 F 分布的等价关系

$$\frac{n-p}{(n-1)p} T^2_{n-1} \sim F_{p,n-p}$$

对给定的显著性水平 α, 当

$$T^2 = n(\bar{\boldsymbol{X}} - \boldsymbol{\mu}_0)^{\mathrm{T}} \boldsymbol{S}^{-1} (\bar{\boldsymbol{X}} - \boldsymbol{\mu}_0) > \frac{(n-1)p}{n-p} F_{p,n-p}(\alpha)$$

时, 拒绝原假设 H_0. 若采用 p 值法, 检验的 p 值为 $P(T^2 > t^2)$, 这里 t^2 为统计量的观测值, 当 $p < \alpha$ 时, 拒绝原假设 H_0.

例 3.1 某班 20 名学生的高等数学 3 次考试 (月考、期中、期末考试) 成绩见表 3.1, 考察 3 次考试的平均分是否都为 85 分?

表 3.1 高等数学考试成绩

考生	月考	期中	期末
1	87	99	96
2	89	82	83
3	84	86	88
4	93	88	93
5	94	84	94
6	78	77	74
7	92	79	82

续表

考生	月考	期中	期末
8	88	82	91
9	81	81	85
10	75	68	79
11	87	85	92
12	88	83	92
13	81	71	85
14	82	75	70
15	91	88	95
16	97	74	85
17	81	98	95
18	77	66	74
19	92	82	79
20	90	91	99

解 本题中 $n=20, p=3$, 可算得检验统计量 $T^2=4.007\,8$, $p=0.025\,07<0.05$, 所以拒绝原假设, 即认为 3 次考试的平均分不全为 85 分.

假定数据文件为 MathScore.txt, 存储于目录 “F:/data” 下, 我们先安装必要的程序包 ICSNP, 再读入数据, 然后调用 HotellingsT2 函数进行检验, 具体的 R 代码如下.

R 程序及输出结果

```
> library(ICSNP)
> MathScore=read.table(file ="F:/data/MathScore.txt",header=T)
> nullmean=c(85,85,85)
> HotellingsT2(MathScore, mu = nullmean)
          Hotelling's one sample T2-test
data:MathScore
T.2=4.0078,df1=3,df2=17,p-value=0.02507
alternative hypothesis: true location is not equal to c(85,85,85)
```

3.1.2 霍特林统计量与似然比检验统计量的关系

似然比检验 (Likelihood Ratio Test, LRT) 是一种比较通用的检验方法. 它的构造思路是比较原假设约束条件下的似然函数最大值与无约束条件下的似然函数最大值. 若二者之间的比值较小, 说明原假设对参数的约束条件会引起似然函数最大值的明显降低, 因而这个约束条件应是无效的.

下面我们来推导假设检验问题 (3.1) 的似然比检验统计量. 设 $\boldsymbol{X}\sim N_p(\boldsymbol{\mu},\boldsymbol{\Sigma})$, $\boldsymbol{X}_1,\boldsymbol{X}_2,\cdots,\boldsymbol{X}_n$ 是来自总体 $\boldsymbol{X}$ 的样本. 构造似然比检验统计量

$$\Lambda=\frac{\sup\limits_{\boldsymbol{\Sigma}}L(\boldsymbol{\mu}_0,\boldsymbol{\Sigma})}{\sup\limits_{\boldsymbol{\mu},\boldsymbol{\Sigma}}L(\boldsymbol{\mu},\boldsymbol{\Sigma})}$$

这里似然函数

$$L(\boldsymbol{\mu},\boldsymbol{\Sigma})=\frac{1}{(2\pi)^{pn/2}|\boldsymbol{\Sigma}|^{n/2}}\exp\left[-\frac{1}{2}\sum_{i=1}^{n}(\boldsymbol{X}_i-\boldsymbol{\mu})^{\mathrm{T}}\boldsymbol{\Sigma}^{-1}(\boldsymbol{X}_i-\boldsymbol{\mu})\right]$$

由多元正态分布的参数的最大似然估计的推导可知, $\boldsymbol{\mu}$ 的最大似然估计为 $\hat{\boldsymbol{\mu}}=\bar{\boldsymbol{X}}$, 当 $\boldsymbol{\mu}=\boldsymbol{\mu}_0$ 时, $\boldsymbol{\Sigma}$ 的最大似然估计为 $\dfrac{1}{n}\boldsymbol{A}_0$, 其中 $\boldsymbol{A}_0=\sum\limits_{i=1}^{n}(\boldsymbol{X}_i-\boldsymbol{\mu}_0)(\boldsymbol{X}_i-\boldsymbol{\mu}_0)^{\mathrm{T}}$; 当 $\boldsymbol{\mu}$ 未知时, $\boldsymbol{\Sigma}$ 的最大似然估计为 $\dfrac{1}{n}\boldsymbol{A}$, 其中 $\boldsymbol{A}=\sum\limits_{i=1}^{n}(\boldsymbol{X}_i-\bar{\boldsymbol{X}})(\boldsymbol{X}_i-\bar{\boldsymbol{X}})^{\mathrm{T}}$ 为样本离差阵. 容易验证 $\boldsymbol{A}_0=\boldsymbol{A}+n(\bar{\boldsymbol{X}}-\boldsymbol{\mu}_0)(\bar{\boldsymbol{X}}-\boldsymbol{\mu}_0)^{\mathrm{T}}$.

因此, 似然比 Λ 为

$$\begin{aligned}\Lambda&=\frac{L\left(\boldsymbol{\mu}_0,\dfrac{1}{n}\boldsymbol{A}_0\right)}{L\left(\bar{\boldsymbol{X}},\dfrac{1}{n}\boldsymbol{A}\right)}\\&=\frac{(2\pi)^{-\frac{np}{2}}\left|\dfrac{1}{n}\boldsymbol{A}_0\right|^{-\frac{n}{2}}\mathrm{e}^{-\frac{np}{2}}}{(2\pi)^{-\frac{np}{2}}\left|\dfrac{1}{n}\boldsymbol{A}\right|^{-\frac{n}{2}}\mathrm{e}^{-\frac{np}{2}}}=\frac{|\boldsymbol{A}|^{\frac{n}{2}}}{|\boldsymbol{A}_0|^{\frac{n}{2}}}\\&=\frac{|\boldsymbol{A}|^{\frac{n}{2}}}{\left|\boldsymbol{A}+n(\bar{\boldsymbol{X}}-\boldsymbol{\mu}_0)(\bar{\boldsymbol{X}}-\boldsymbol{\mu}_0)^{\mathrm{T}}\right|^{\frac{n}{2}}}\end{aligned}$$

当 Λ 比较小时, 应拒绝原假设, 即认为 $\boldsymbol{\mu}\neq\boldsymbol{\mu}_0$.

为推导似然比 Λ 与霍特林 T^2 之间存在的对应关系, 需要用到如下引理.

引理 3.1　对非奇异矩阵 $\boldsymbol{C}$, 有

$$\begin{vmatrix}\boldsymbol{C}&\boldsymbol{y}\\\boldsymbol{y}^{\mathrm{T}}&1\end{vmatrix}=|\boldsymbol{C}-\boldsymbol{y}\boldsymbol{y}^{\mathrm{T}}|=\begin{vmatrix}1&\boldsymbol{y}^{\mathrm{T}}\\\boldsymbol{y}&\boldsymbol{C}\end{vmatrix}=|\boldsymbol{C}|(1-\boldsymbol{y}^{\mathrm{T}}\boldsymbol{C}^{-1}\boldsymbol{y})$$

应用引理 3.1, 可得

$$\begin{aligned}\Lambda^{2/n}&=\frac{|\boldsymbol{A}|}{\left|\boldsymbol{A}+\sqrt{n}(\bar{\boldsymbol{X}}-\boldsymbol{\mu}_0)\cdot\sqrt{n}(\bar{\boldsymbol{X}}-\boldsymbol{\mu}_0)^{\mathrm{T}}\right|}\\&=\frac{1}{1+\sqrt{n}(\bar{\boldsymbol{X}}-\boldsymbol{\mu}_0)^{\mathrm{T}}\boldsymbol{A}^{-1}\sqrt{n}(\bar{\boldsymbol{X}}-\boldsymbol{\mu}_0)}\\&=\frac{1}{1+\dfrac{T^2}{n-1}}\end{aligned}$$

因而似然比 Λ 与霍特林 T^2 之间存在如下对应关系

$$\Lambda^{\frac{2}{n}}=\left(1+\frac{T^2}{n-1}\right)^{-1}$$

由此可得到 T^2 统计量的另一种计算方式

$$T^2=\frac{(n-1)\left|\sum_{i=1}^{n}(\boldsymbol{X}_i-\boldsymbol{\mu}_0)(\boldsymbol{X}_i-\boldsymbol{\mu}_0)^{\mathrm{T}}\right|}{\left|\sum_{i=1}^{n}(\boldsymbol{X}_i-\bar{\boldsymbol{X}})(\boldsymbol{X}_i-\bar{\boldsymbol{X}})^{\mathrm{T}}\right|}-(n-1)$$

在实际应用中, 人们更多是采用霍特林 T^2 统计量对假设检验问题 (3.1) 进行检验.

3.2 置信域与联合置信区间

3.2.1 置信域

在一元统计中, 讨论均值的假设检验问题与求均值的置信区间实质上是等价的. 下面介绍单个多元正态总体均值向量置信域的有关概念, 它可以作为一元统计中置信区间的推广.

首先, 回顾一元情形下的置信区间的求解问题. 设 $X\sim N(\mu,\Sigma^2)$, 方差 Σ^2 未知, $X_1,X_2,\cdots,X_n$ 是来自总体 X 的样本, 对任意给定的 $\alpha>0$, 由于

$$P\left(\left|\frac{\bar{X}-\mu}{s/\sqrt{n}}\right|\leqslant t_{n-1}\left(\frac{\alpha}{2}\right)\right)=1-\alpha$$

即

$$P\left[\bar{X}-t_{n-1}\left(\frac{\alpha}{2}\right)\frac{s}{\sqrt{n}}\leqslant\mu\leqslant\bar{X}+t_{n-1}\left(\frac{\alpha}{2}\right)\frac{s}{\sqrt{n}}\right]=1-\alpha$$

故 μ 的置信水平为 $1-\alpha$ 的置信区间为

$$\left[\bar{X}-t_{n-1}\left(\frac{\alpha}{2}\right)\frac{s}{\sqrt{n}},\bar{X}+t_{n-1}\left(\frac{\alpha}{2}\right)\frac{s}{\sqrt{n}}\right]$$

现在来考虑多元情形下均值向量 $\boldsymbol{\mu}$ 的置信水平为 $1-\alpha$ 的置信域.

设 $\boldsymbol{X}\sim N_p(\boldsymbol{\mu},\boldsymbol{\Sigma})$, $\boldsymbol{X}_1,\boldsymbol{X}_2,\cdots,\boldsymbol{X}_n$ 是来自总体 $\boldsymbol{X}$ 的样本. 因为

$$T^2=n(\bar{\boldsymbol{X}}-\boldsymbol{\mu}_0)^{\mathrm{T}}S^{-1}(\bar{\boldsymbol{X}}-\boldsymbol{\mu}_0)\sim\frac{(n-1)p}{n-p}F_{p,n-p}$$

对给定的显著性水平 $\alpha>0$, 由于

$$P\left[T^2\leqslant\frac{(n-1)p}{n-p}F_{p,n-p}(\alpha)\right]=1-\alpha$$

故均值向量 $\boldsymbol{\mu}$ 的置信水平为 $1-\alpha$ 的置信域为

$$\left\{\boldsymbol{\mu}:n(\bar{\boldsymbol{X}}-\boldsymbol{\mu})^{\mathrm{T}}\boldsymbol{S}^{-1}(\bar{\boldsymbol{X}}-\boldsymbol{\mu})\leqslant\frac{(n-1)p}{n-p}F_{p,n-p}(\alpha)\right\}$$

它是一个以 $\bar{\boldsymbol{X}}$ 为中心的椭球, 故也称为置信椭球, 其轴为

$$\pm\sqrt{\Lambda_i}\sqrt{\frac{(n-1)p}{(n-p)n}F_{p,n-p}(\alpha)}\boldsymbol{e}_i$$

其中, Λ_i, $\boldsymbol{e}_i$ 分别为 $\boldsymbol{S}$ 的特征根与特征向量, 即 $\boldsymbol{S}\boldsymbol{e}_i = \Lambda_i \boldsymbol{e}_i$, $i = 1, 2, \cdots, p$.

当检验 $H_0 : \boldsymbol{\mu} = \boldsymbol{\mu}_0$ 时, 若 $\boldsymbol{\mu}_0$ 落在该置信椭球内, 则在显著水平 α 下, 接受 H_0; 若 $\boldsymbol{\mu}_0$ 没有落入该置信椭球内, 则拒绝 H_0. 因此, 也可以说均值向量的假设检验问题本质上等价于求均值向量的置信椭球问题.

例 3.2　表 3.2 列出了 27 名糖尿病人的相关数据, 包括血清总胆固醇 X_1、甘油 X_2、空腹胰岛素 X_3 和糖化血红蛋白 X_4.

表 3.2　糖尿病人数据

病人	X_1(mmol/L)	X_2(mmol/L)	X_3(μU/L)	X_4(%)
1	5.68	1.90	4.53	8.2
2	3.79	1.64	7.32	6.9
3	6.02	3.56	6.95	10.8
4	4.85	1.07	5.88	8.3
5	4.60	2.32	4.05	7.5
6	6.05	0.64	1.42	13.6
7	4.90	8.50	12.6	8.5
8	7.08	3.00	6.75	11.5
9	3.85	2.11	16.28	7.9
10	4.65	0.63	6.59	7.1
11	4.59	1.97	3.61	8.7
12	4.29	1.97	6.61	7.8
13	7.97	1.93	7.57	9.9
14	6.19	1.18	1.42	6.9
15	6.13	2.06	10.35	10.5
16	5.71	1.78	8.53	8.0
17	6.4	2.40	4.53	10.3
18	6.06	3.67	12.79	7.1
19	5.09	1.03	2.53	8.9
20	6.13	1.71	5.28	9.9
21	5.78	3.36	2.96	8.0
22	5.43	1.13	4.31	11.3
23	6.50	6.21	3.47	12.3
24	7.98	7.92	3.37	9.8
25	11.54	10.89	1.20	10.5
26	5.84	0.92	8.61	6.4
27	3.84	1.20	6.45	9.6

(1) 求观测数据的 4 个总体均值的 95% 置信椭球;

(2) 仅考虑空腹胰岛素 X_3 和糖化血红蛋白 X_4 两个变量, 试构造并画出总体均值 μ_3 和 μ_4 的 95% 置信椭圆.

解　(1) 本题中 $n=27$, $p=4$, 可算得 $\dfrac{(n-1)p}{(n-p)n}F_{p,n-p}(0.05)=0.468\,2$,

$$\bar{\boldsymbol{X}}=(5.81,2.84,6.15,9.12)^{\mathrm{T}}$$

$$\boldsymbol{S}^{-1}=\begin{pmatrix}0.860\,8 & -0.307\,5 & 0.099\,5 & -0.151\,3\\ -0.307\,5 & 0.268\,5 & -0.039\,7 & 0.002\,2\\ 0.099\,5 & -0.039\,7 & 0.094\,9 & 0.039\,2\\ -0.151\,3 & 0.002\,2 & 0.039\,2 & 0.381\,0\end{pmatrix}$$

故 4 个总体均值的 95% 置信椭球为

$$(5.81-\mu_1,2.84-\mu_2,6.15-\mu_3,9.12-\mu_4)\boldsymbol{S}^{-1}\begin{pmatrix}5.81-\mu_1\\ 2.84-\mu_2\\ 6.15-\mu_3\\ 9.12-\mu_4\end{pmatrix}\leqslant 0.468\,2$$

R 程序及输出结果

```
> Data =read.table(file ="E:data/Diabetes.txt",header=T)  %读入数据
> n=dim(Data)[1]
> p=dim(Data)[2]
> mean=apply(Data,2,mean)    %求均值向量
> s=cov(Data)             %求协方差矩阵
> InverseS=solve(s)       %求协方差矩阵的逆矩阵
> alpha=0.05
> F=qf(1-alpha,p,n-p)    %求F分位数
> C=p*(n-1)*F/(n*(n-p))
> InverseS
           x1           x2          x3           x4
x1  0.8608352 -0.307480744  0.09946510 -0.151280626
x2 -0.3074807  0.268479576 -0.03972091  0.002195071
x3  0.0994651 -0.039720914  0.09488000  0.039176088
x4 -0.1512806  0.002195071  0.03917609  0.381012213
> mean
      x1       x2       x3       x4
5.812593 2.840741 6.146667 9.118519
> C
[1] 0.468174
```

(2) 此时 $n=27$, $p=2$, 可算得 $\dfrac{(n-1)p}{(n-p)n}F_{p,n-p}(0.05)=0.260\,8$,

$$(\bar{X}_3,\bar{X}_4)=(6.15,9.12)^{\mathrm{T}}$$

$$\boldsymbol{S}^{-1}=\begin{pmatrix}0.083\,3 & 0.055\,3\\ 0.055\,3 & 0.337\,5\end{pmatrix}$$

故 μ_3 和 μ_4 的 95% 置信椭圆为

$$(6.15-\mu_3, 9.12-\mu_4)\begin{pmatrix}0.0833 & 0.0553\\ 0.0553 & 0.3375\end{pmatrix}\begin{pmatrix}6.15-\mu_3\\ 9.12-\mu_4\end{pmatrix}\leqslant 0.2608$$

其图形如图 3.1 所示.

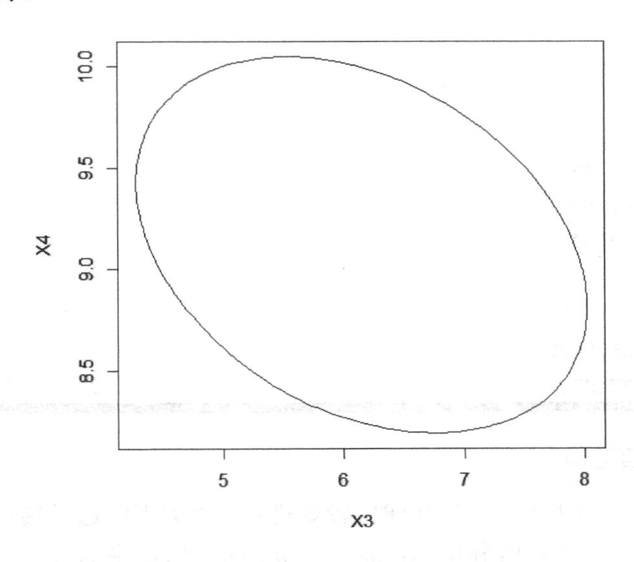

图 3.1　μ_3 和 μ_4 的 95% 置信椭圆

R 程序及输出结果

```
> Diabetes=read.table(file ="E:data/Diabetes.txt",header=T)
> X3=Diabetes[,3]        %提取第3列数据
> X4=Diabetes[,4]        %提取第4列数据
> Data=data.frame(X3,X4)
> n=dim(Data)[1]
> p=dim(Data)[2]
> mean=apply(Data,2,mean)
> s=cov(Data)
> InverseS=solve(s)
> lamda=eigen(s)$values     %求特征值
> e=eigen(s)$vectors        %求特征向量
> alpha=0.05
> F=qf(1-alpha,p,n-p)        %求F分位数
> C=p*(n-1)*F/(n*(n-p))
> c=sqrt(p*(n-1)*F/(n-p))
> r=c*sqrt(lamda/n)
> v=seq(0,2*pi,by=0.01*pi)
> x=mean[1]+e[1,1]*r[1]*cos(v)+e[1,2]*r[2]*sin(v)  %斜椭圆的参数方程
```

```
> y=mean[2]+e[2,1]*r[1]*cos(v)+e[2,2]*r[2]*sin(v)
> plot(x, y, xlab="X3", ylab="X4", type="l")        %画出置信椭圆
> C
[1] 0.260785
> c
[1] 2.653525
> mean
X3        X4
6.146667 9.118519
> s
           X3        X4
X3 13.473485 -2.207167
X4 -2.207167  3.324644
> InverseS
            X3         X4
X3 0.08327650 0.05528566
X4 0.05528566 0.33748717
```

3.2.2 T^2 联合置信区间

当数据的维数 p 较大时, 置信椭球比较难进行实际应用, 通常转而考虑 p 个均值分量的联合置信区间. p 个均值分量 $\mu_1, \mu_2, \cdots, \mu_p$ 的置信水平为 $1-\alpha$ 的联合置信区间 $\{(\hat{\mu}_{iL}, \hat{\mu}_{iU}), i=1,2,\cdots,p\}$ 满足

$$P\left(\bigcap_{i=1}^{p} \hat{\mu}_{iL} \leqslant \mu_i \leqslant \hat{\mu}_{iU}\right) \geqslant 1-\alpha$$

我们先来考虑更一般的情形, 如何构造所有的线性组合 $\{\boldsymbol{a}^{\mathrm{T}}\boldsymbol{\mu}, \boldsymbol{a} \in \mathbb{R}^p\}$ 的 $1-\alpha$ 联合置信区间.

设 $\boldsymbol{X} \sim N_p(\boldsymbol{\mu}, \boldsymbol{\Sigma})$, $\boldsymbol{a} = (a_1, a_2, \cdots, a_p)^{\mathrm{T}}$. 考虑线性组合

$$Z = \boldsymbol{a}^{\mathrm{T}}\boldsymbol{X} = a_1X_1 + a_2X_2 + \cdots + a_pX_p$$

易见 $Z \sim N(\boldsymbol{a}^{\mathrm{T}}\boldsymbol{\mu}, \boldsymbol{a}^{\mathrm{T}}\boldsymbol{\Sigma}\boldsymbol{a})$.

设 $\boldsymbol{X}_1, \boldsymbol{X}_2, \cdots, \boldsymbol{X}_n$ 是来自总体 $\boldsymbol{X}$ 的样本, 其样本均值和样本协方差矩阵分别为 $\bar{\boldsymbol{X}}$,$\boldsymbol{S}$, 则总体 Z 相应的样本为

$$Z_j = \boldsymbol{a}^{\mathrm{T}}\boldsymbol{X}_j \quad j=1,2,\cdots,n$$

其样本均值和样本方差分别为

$$\bar{Z} = \boldsymbol{a}^{\mathrm{T}}\bar{\boldsymbol{X}} \quad s_z^2 = \boldsymbol{a}^{\mathrm{T}}\boldsymbol{S}\boldsymbol{a}$$

假定 Z 的方差 $\boldsymbol{a}^{\mathrm{T}}\boldsymbol{\Sigma}\boldsymbol{a}$ 未知, 利用 t 统计量

$$t = \frac{\bar{Z}-\mu_z}{s_z/\sqrt{n}} = \frac{\sqrt{n}(\boldsymbol{a}^{\mathrm{T}}\bar{\boldsymbol{X}} - \boldsymbol{a}^{\mathrm{T}}\boldsymbol{\mu})}{\sqrt{\boldsymbol{a}^{\mathrm{T}}\boldsymbol{S}\boldsymbol{a}}} \sim t_{n-1}$$

对于给定的置信水平 $1-\alpha$, 由于

$$P\left(\left|\frac{\sqrt{n}(\boldsymbol{a}^{\mathrm{T}}\bar{\boldsymbol{X}}-\boldsymbol{a}^{\mathrm{T}}\boldsymbol{\mu})}{\sqrt{\boldsymbol{a}^{\mathrm{T}}\boldsymbol{S}\boldsymbol{a}}}\right|\leqslant t_{n-1}\left(\frac{\alpha}{2}\right)\right)=1-\alpha$$

故 Z 的均值 $\boldsymbol{a}^{\mathrm{T}}\boldsymbol{\mu}$ 的置信水平为 $1-\alpha$ 的置信区间为

$$\left[\boldsymbol{a}^{\mathrm{T}}\bar{\boldsymbol{X}}-t_{n-1}\left(\frac{\alpha}{2}\right)\sqrt{\frac{\boldsymbol{a}^{\mathrm{T}}\boldsymbol{S}\boldsymbol{a}}{n}},\boldsymbol{a}^{\mathrm{T}}\bar{\boldsymbol{X}}+t_{n-1}\left(\frac{\alpha}{2}\right)\sqrt{\frac{\boldsymbol{a}^{\mathrm{T}}\boldsymbol{S}\boldsymbol{a}}{n}}\right] \tag{3.2}$$

特别地, 若取 $\boldsymbol{a}^{\mathrm{T}}=(0,\cdots,0,1,0,\cdots,0)$, 则 $\boldsymbol{a}^{\mathrm{T}}\boldsymbol{\mu}=\mu_i, i=1,2,\cdots,p$, 便可得到 $\boldsymbol{\mu}$ 的分量 μ_i 的置信水平为 $1-\alpha$ 的置信区间为

$$\left[\bar{\boldsymbol{X}}_i-t_{n-1}\left(\frac{\alpha}{2}\right)\sqrt{\frac{s_{ii}}{n}},\bar{\boldsymbol{X}}_i+t_{n-1}\left(\frac{\alpha}{2}\right)\sqrt{\frac{s_{ii}}{n}}\right]\quad i=1,2,\cdots,p$$

由于以上每个单一区间的置信水平为 $1-\alpha$, 故此时总的置信水平, 即这 p 个区间都同时包含各自 μ_i 的概率不再是 $1-\alpha$, 通常比 $1-\alpha$ 要低. 要使所有由 $\boldsymbol{a}$ 所生成的单一置信区间同时包含各自 $\boldsymbol{a}^{\mathrm{T}}\boldsymbol{\mu}$ 的概率仍为 $1-\alpha$, 一个很自然的想法就是将区间 (3.2) 的长度放大, 将其中的 $t_{n-1}\left(\frac{\alpha}{2}\right)$ 以相对较大的常数代替.

依照区间 (3.2) 的形式, 取 $\{\boldsymbol{a}^{\mathrm{T}}\boldsymbol{\mu},\boldsymbol{a}\in\mathbb{R}^p\}$ 的联合置信区间为

$$\left[\boldsymbol{a}^{\mathrm{T}}\bar{\boldsymbol{X}}-c\sqrt{\frac{\boldsymbol{a}^{\mathrm{T}}\boldsymbol{S}\boldsymbol{a}}{n}},\boldsymbol{a}^{\mathrm{T}}\bar{\boldsymbol{X}}+c\sqrt{\frac{\boldsymbol{a}^{\mathrm{T}}\boldsymbol{S}\boldsymbol{a}}{n}}\right]$$

其中, c 待定以满足

$$P\left(\bigcap_{\boldsymbol{a}\in\mathbb{R}^p}\left\{\left|\frac{\sqrt{n}(\boldsymbol{a}^{\mathrm{T}}\bar{\boldsymbol{X}}-\boldsymbol{a}^{\mathrm{T}}\boldsymbol{\mu})}{\sqrt{\boldsymbol{a}^{\mathrm{T}}\boldsymbol{S}\boldsymbol{a}}}\right|\leqslant c\right\}\right)\geqslant 1-\alpha$$

或等价地满足

$$P\left(\max_{\boldsymbol{a}\in\mathbb{R}^p}\left|\frac{\sqrt{n}(\boldsymbol{a}^{\mathrm{T}}\bar{\boldsymbol{X}}-\boldsymbol{a}^{\mathrm{T}}\boldsymbol{\mu})}{\sqrt{\boldsymbol{a}^{\mathrm{T}}\boldsymbol{S}\boldsymbol{a}}}\right|\leqslant c)\right)\geqslant 1-\alpha$$

为确定 c, 先来求

$$\max_{\boldsymbol{a}\in\mathbb{R}^p}t^2(\boldsymbol{a})=\frac{n(\boldsymbol{a}^{\mathrm{T}}\bar{\boldsymbol{X}}-\boldsymbol{a}^{\mathrm{T}}\boldsymbol{\mu})^2}{\boldsymbol{a}^{\mathrm{T}}\boldsymbol{S}\boldsymbol{a}}$$

这需要用到如下的引理.

引理 3.2　设 $\boldsymbol{B}$ 为正定矩阵, $\boldsymbol{d}\in\mathbb{R}^p$, 则

$$\max_{\boldsymbol{x}\in\mathbb{R}^p,\boldsymbol{x}\neq\boldsymbol{0}}\frac{(\boldsymbol{x}^{\mathrm{T}}\boldsymbol{d})^2}{\boldsymbol{x}^{\mathrm{T}}\boldsymbol{B}\boldsymbol{x}}=\boldsymbol{d}^{\mathrm{T}}\boldsymbol{B}^{-1}\boldsymbol{d}$$

当 $\boldsymbol{x}=k\boldsymbol{B}^{-1}\boldsymbol{d}$ 时, 取得最大值, 其中 k 为任意非零常数.

根据引理 3.2 及霍特林 T^2 分布的定义, 可得

$$\max_{\boldsymbol{a}\in\mathbb{R}^p}t^2(\boldsymbol{a})=n(\bar{\boldsymbol{X}}-\boldsymbol{\mu})^{\mathrm{T}}\boldsymbol{S}^{-1}(\bar{\boldsymbol{X}}-\boldsymbol{\mu})\sim T^2_{n-1}$$

考虑到霍特林 T^2 分布与 F 分布的关系, 故可取 c 为

$$c=\sqrt{\frac{(n-1)p}{n-p}F_{p,n-p}(\alpha)}$$

对给定的 $\alpha>0$, 有

$$P\left(\bigcap_{\boldsymbol{a}\in\mathbb{R}^p}\left\{\left|\frac{\sqrt{n}(\boldsymbol{a}^{\mathrm{T}}\bar{\boldsymbol{X}}-\boldsymbol{a}^{\mathrm{T}}\boldsymbol{\mu})}{\sqrt{\boldsymbol{a}^{\mathrm{T}}\boldsymbol{S}\boldsymbol{a}}}\right|\leqslant c\right\}\right)\geqslant 1-\alpha$$

故所有线性组合 $\{\boldsymbol{a}^{\mathrm{T}}\boldsymbol{\mu},\boldsymbol{a}\in\mathbb{R}^p\}$ 的 $1-\alpha$ 联合置信区间为

$$\left[\boldsymbol{a}^{\mathrm{T}}\bar{\boldsymbol{X}}-c\sqrt{\frac{\boldsymbol{a}^{\mathrm{T}}\boldsymbol{S}\boldsymbol{a}}{n}},\boldsymbol{a}^{\mathrm{T}}\bar{\boldsymbol{X}}+c\sqrt{\frac{\boldsymbol{a}^{\mathrm{T}}\boldsymbol{S}\boldsymbol{a}}{n}}\right]\quad \boldsymbol{a}\in\mathbb{R}^p \tag{3.3}$$

其中, $c^2=\dfrac{(n-1)p}{n-p}F_{p,n-p}(\alpha)$.

由于置信概率由 T^2 分布确定, 故区间 (3.3) 称为 T^2 联合置信区间. 它与区间 (3.2) 的形式相同, 只是临界值不同.

在 T^2 联合置信区间中, 若取 $\boldsymbol{a}^{\mathrm{T}}=(0,\cdots,0,1,0,\cdots,0)$, 即可以得到总置信水平 $1-\alpha$ 同时包含各自 μ_i 的 T^2 联合置信区间为

$$\left[\bar{\boldsymbol{X}}_i-c\sqrt{\frac{s_{ii}}{n}},\bar{\boldsymbol{X}}_i+c\sqrt{\frac{s_{ii}}{n}}\right]\quad i=1,2,\cdots,p \tag{3.4}$$

例 3.3 利用例 3.2 中的数据, 仅考虑空腹胰岛素 X_3 和糖化血红蛋白 X_4 两个变量, 试构造总体均值 μ_3 和 μ_4 的 $95\%T^2$ 联合置信区间.

解 在构造置信椭圆的过程中, 已经算得 $c=2.653\,5$, $(\bar{X}_3,\bar{X}_4)=(6.15,9.12)^{\mathrm{T}}$,

$$\boldsymbol{S}=\begin{pmatrix}13.473\,5 & -2.207\,2\\ -2.207\,2 & 3.324\,6\end{pmatrix}$$

利用区间 (3.3), 进而可得总体均值 μ_3 和 μ_4 的 $95\%T^2$ 联合置信区间为 $[4.272\,2, 8.021\,1]$ 和 $[8.187\,4, 10.049\,7]$.

在已绘制置信椭圆的图 3.1 上, 在置信区间上下限位置画出相应两组虚线, 从而得到图 3.2. 由图 3.2 可以看出, $95\%T^2$ 联合置信区间为 95% 置信椭圆在其均值分量轴上的投影.

接着例 3.2 中计算和绘制置信椭圆的 R 程序, 我们需要添加如下 R 代码. 这里所调用的 abline 函数可在当前图形中添加直线, 其常用格式为 abline(a=NULL, b=NULL, h=NULL, v=NULL, col=, lty=, lwd=, $\cdots$), 其中 a,b 分别为直线的截距和斜率, h 为水平直线的 y 值, v 为垂直直线的 x 值, 图形参数 col、lty、lwd 可控制直线的颜色、类型和宽度.

R 程序及输出结果

```
> CI3=c(mean[1]-c*sqrt(s[1,1]/n),mean[1]+c*sqrt(s[1,1]/n))
> CI4=c(mean[2]-c*sqrt(s[2,2]/n),mean[2]+c*sqrt(s[2,2]/n))
```

```
> abline(v=mean[1]-c*sqrt(s[1,1]/n), lty=3)
> abline(v=mean[1]+c*sqrt(s[1,1]/n), lty=3)
> abline(h=mean[2]-c*sqrt(s[2,2]/n), lty=3)
> abline(h=mean[2]+c*sqrt(s[2,2]/n), lty=3)
> CI3
      X3       X3
4.272185 8.021149
> CI4
       X4        X4
 8.187381 10.049656
```

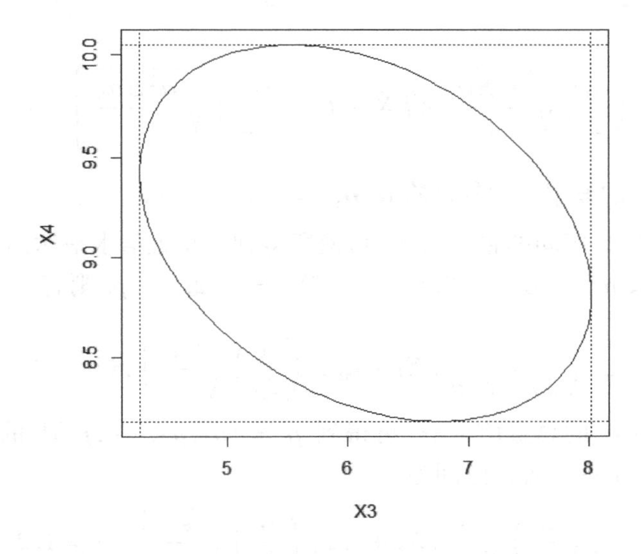

图 3.2　μ_3 和 μ_4 的 95% T^2 联合置信区间和 95% 置信椭圆

3.2.3　庞弗罗尼置信区间

从图 3.2 可看出, T^2 联合置信区间所围的矩形包含了整个 95% 置信椭圆, 因此该矩形包含两个均值分量的概率要大于 0.95. 可见, 如果只考虑 p 个均值分量, 那么 T^2 联合置信区间似乎过宽了, 这就促使我们去寻求比 T^2 联合置信区间更为精确的联合置信区间.

首先, 考虑如何构造有限个线性组合 $\boldsymbol{a}_i^{\mathrm{T}}\boldsymbol{\mu}, i=1,2,\cdots,m$ 的联合置信区间.

由庞弗罗尼 (Bonferroni) 不等式

$$P\left(\bigcup_{i=1}^{p} A_i\right) \leqslant \sum_{i=1}^{p} P(A_i)$$

有

$$P\left(\bigcap_{i=1}^{p} A_i\right) = 1 - P\left(\bigcup_{i=1}^{p} A_i^c\right) \geqslant 1 - \sum_{i=1}^{p} P(A_i^c)$$

由区间 (3.2) 知, $\boldsymbol{a}_i^{\mathrm{T}}\boldsymbol{\mu}$ 的置信水平为 $1-\alpha_i$ 的单一置信区间为

$$\left[\boldsymbol{a}_i^{\mathrm{T}}\bar{\boldsymbol{X}}-t_{n-1}\left(\frac{\alpha_i}{2}\right)\sqrt{\frac{\boldsymbol{a}_i^{\mathrm{T}}\boldsymbol{S}\boldsymbol{a}_i}{n}},\boldsymbol{a}_i^{\mathrm{T}}\bar{\boldsymbol{X}}+t_{n-1}\left(\frac{\alpha_i}{2}\right)\sqrt{\frac{\boldsymbol{a}_i^{\mathrm{T}}\boldsymbol{S}\boldsymbol{a}_i}{n}}\right]$$

故

$$P\left(\boldsymbol{a}_i^{\mathrm{T}}\boldsymbol{\mu}\in\left[\boldsymbol{a}_i^{\mathrm{T}}\bar{\boldsymbol{X}}\mp t_{n-1}\left(\frac{\alpha_i}{2}\right)\sqrt{\frac{\boldsymbol{a}_i^{\mathrm{T}}\boldsymbol{S}\boldsymbol{a}_i}{n}}\right]\right)=1-\alpha_i\quad i=1,2,\cdots,m$$

根据庞弗罗尼不等式, 有

$$P\left(\boldsymbol{a}_i^{\mathrm{T}}\boldsymbol{\mu}\in\left[\boldsymbol{a}_i^{\mathrm{T}}\bar{\boldsymbol{X}}\mp t_{n-1}\left(\frac{\alpha_i}{2}\right)\sqrt{\frac{\boldsymbol{a}_i^{\mathrm{T}}\boldsymbol{S}\boldsymbol{a}_i}{n}}\right],i=1,2,\cdots,m\right)\geqslant 1-\sum_{i=1}^{m}\alpha_i$$

即区间

$$\left[\boldsymbol{a}_i^{\mathrm{T}}\bar{\boldsymbol{X}}-t_{n-1}\left(\frac{\alpha_i}{2}\right)\sqrt{\frac{\boldsymbol{a}_i^{\mathrm{T}}\boldsymbol{S}\boldsymbol{a}_i}{n}},\boldsymbol{a}_i^{\mathrm{T}}\bar{\boldsymbol{X}}+t_{n-1}\left(\frac{\alpha_i}{2}\right)\sqrt{\frac{\boldsymbol{a}_i^{\mathrm{T}}\boldsymbol{S}\boldsymbol{a}_i}{n}}\right]\quad i=1,2,\cdots,m$$

以不小于 $1-\sum\limits_{i=1}^{m}\alpha_i$ 的概率包含各自的 $\boldsymbol{a}_i^{\mathrm{T}}\boldsymbol{\mu},i=1,2,\cdots,m$.

通过调整每个单一区间的置信水平, 可使所得到的总置信水平达到预先设定的值. 特别地, 取 $\alpha_i=\dfrac{\alpha}{p}$, 取 $\boldsymbol{a}_i^{\mathrm{T}}=(0,\cdots,0,1,0,\cdots,0)$, $i=1,2,\cdots,p$, 则有

$$P\left(\mu_i\in\left[\bar{X}_i-t_{n-1}\left(\frac{\alpha}{2p}\right)\sqrt{\frac{s_{ii}}{n}},\bar{X}_i+t_{n-1}\left(\frac{\alpha}{2p}\right)\sqrt{\frac{s_{ii}}{n}}\right],i=1,2,\cdots,p\right)\geqslant 1-\alpha$$

因此, 以不小于 $1-\alpha$ 的总置信水平, 可得到 $\boldsymbol{\mu}=(\mu_1,\mu_2,\cdots,\mu_p)^{\mathrm{T}}$ 的 p 个分量 $\mu_i,i=1,2,\cdots,p$ 的庞弗罗尼联合置信区间为

$$\left[\bar{X}_i-t_{n-1}\left(\frac{\alpha}{2p}\right)\sqrt{\frac{s_{ii}}{n}},\bar{X}_i+t_{n-1}\left(\frac{\alpha}{2p}\right)\sqrt{\frac{s_{ii}}{n}}\right]\quad i=1,2,\cdots,p \tag{3.5}$$

将庞弗罗尼联合置信区间 (3.5) 与 T^2 联合置信区间 (3.4) 进行比较, 可以发现两种区间具有相同的结构, 只是临界值不同, 区间 (3.5) 以 $t_{n-1}\left(\dfrac{\alpha}{2p}\right)$ 替代了区间 (3.4) 中的 c.

例 3.4 利用例 3.2 中的数据, 构造总体均值 μ_3 和 μ_4 的 95% 庞弗罗尼联合置信区间.

解 对 $n=27,p=2$, 有 $t_{n-1}\left(\dfrac{\alpha}{2p}\right)=2.378\,8$, 从而可算得 μ_3 和 μ_4 的 95% 庞弗罗尼联合置信区间为 $[4.466\,26,7.827\,1]$ 和 $[8.283\,8,9.953\,2]$.

R 程序及输出结果

```
> tBon=qt(1-alpha/(2*p),n-1)
> BonCI3=c(mean[1]-tBon*sqrt(s[1,1]/n),mean[1]+tBon*sqrt(s[1,1]/n))
> BonCI4=c(mean[2]-tBon*sqrt(s[2,2]/n),mean[2]+tBon*sqrt(s[2,2]/n))
> abline(v=mean[1]-tBon*sqrt(s[1,1]/n))
> abline(v=mean[1]+tBon*sqrt(s[1,1]/n))
> abline(h=mean[2]-tBon*sqrt(s[2,2]/n))
```

```
> abline(h=mean[2]+tBon*sqrt(s[2,2]/n))
> tBon
[1] 2.378786
> BonCI3
      X3       X3
4.466263 7.827070
> BonCI4
      X4       X4
8.283788 9.953249
```

在图 3.2 上, 在庞弗罗尼联合置信区间上下限位置再画出相应两组实线, 从而得到图 3.3 . 由图 3.3 可看出, 庞弗罗尼联合置信区间所围的实线矩形包含在 T^2 联合置信区间所围的虚线矩形之内. 若只关注均值分量, 则庞弗罗尼联合置信区间比 T^2 联合置信区间更加精确.

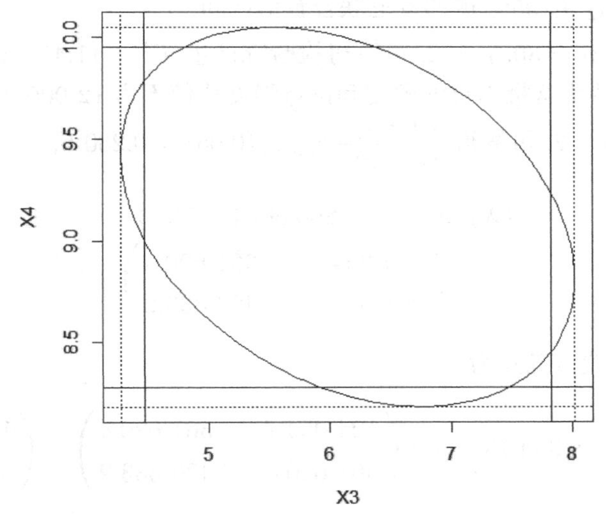

图 3.3 μ_3 和 μ_4 的 95% T^2 联合置信区间, 95% 庞弗罗尼联合置信区间, 95% 置信椭圆

例 3.5 30 根特定等级的木材的测量值见表 3.3, 其中 X_1 为硬度, X_2 为抗弯强度 (lb/in^2, 磅/英寸^2), 利用表中的数据解答如下问题.

表 3.3 木材数据 (lbf)

X_1	X_2	X_1	X_2
1 232	4 175	1 712	7 749
1 115	6 652	1 932	6 818
2 205	7 612	1 820	9 307
1 897	10 914	1 900	6 457
1 932	10 850	2 426	10 102
1 612	7 627	1 558	7 414
1 598	6 954	1 470	7 556
1 804	8 365	1 858	7 833

续表

X_1	X_2	X_1	X_2
1 752	9 469	1 587	8 309
2 067	6 410	2 208	9 559
2 365	10 327	1 487	6 255
1 646	7 320	2 206	10 723
1 579	8 196	2 332	5 430
1 880	9 709	2 540	12 090
1 773	10 370	2 322	10 072

(1) 检验假设 $H_0 : \boldsymbol{\mu}^{\mathrm{T}} = (2\ 000, 10\ 000)$. $H_1 : \boldsymbol{\mu}^{\mathrm{T}} \neq (2\ 000, 10\ 000)$, 显著性水平为 $\alpha = 0.05$.

(2) 构造并画出 μ_1 和 μ_2 的 95% 置信椭圆.

(3) 构造 μ_1 和 μ_2 的 95% T^2 联合置信区间.

(4) 构造 μ_1 和 μ_2 的 95% 庞弗罗尼联合置信区间.

解　(1) 本题中 $n = 30$, $p = 2$, 可算得检验统计量 $T^2 = 11.416$, $p = 0.000\ 2 < 0.05$, 所以拒绝原假设, 即认为这批木材的硬度和抗弯强度均值不为 $(2\ 000, 10\ 000)$.

(2) 对 $n = 30$, $p = 2$, 可算得 $\dfrac{(n-1)p}{(n-p)n}F_{p,n-p}(0.05) = 0.230\ 6$,

$$(\bar{X}_1, \bar{X}_2) = (1\ 860.50,\ 8\ 354.13)^{\mathrm{T}}$$

$$\boldsymbol{S} = \begin{pmatrix} 124\ 054.7 & 361\ 620.4 \\ 361\ 620.4 & 3\ 486\ 333.2 \end{pmatrix}$$

故 μ_1 和 μ_2 的 95% 置信椭圆为

$$(1\ 860.50 - \mu_1, 8\ 354.13 - \mu_2)\begin{pmatrix} 124\ 054.7 & 361\ 620.4 \\ 361\ 620.4 & 3\ 486\ 333.2 \end{pmatrix}^{-1}\begin{pmatrix} 1\ 860.50 - \mu_1 \\ 8\ 354.13 - \mu_2 \end{pmatrix}$$

$\leqslant 0.230\ 6$

(3) 可算得 $c = 2.630\ 5$, 进而可得 μ_1 和 μ_2 的 95%T^2 联合置信区间为

$$\mu_1 : [1\ 691.35,\ 2\ 029.65]$$

$$\mu_2 : [7\ 457.41,\ 9\ 250.85]$$

(4) 可算得 $t_{n-1}\left(\dfrac{0.05}{2p}\right) = 2.363\ 8$, 进而可得 μ_1 和 μ_2 的 95% 庞弗罗尼联合置信区间为

$$\mu_1 : [1\ 708.49,\ 2\ 012.51]$$

$$\mu_2 : [7\ 548.30,\ 9\ 159.96]$$

μ_1 和 μ_2 的 95% 置信椭圆, 95%T^2 联合置信区间所形成的矩形 (虚线), 庞弗罗尼联合置信区间所形成的矩形 (实线) 如图 3.4 所示.

R 程序及输出结果

```
> lumber=read.table(file ="E:data/lumber.txt",header=T)
> library(ICSNP)
> nullmean=c(2000,10000)
> HotellingsT2(lumber, mu = nullmean)

        Hotelling's one sample T2-test

data:  lumber
T.2 = 11.416, df1 = 2, df2 = 28, p-value = 0.0002367
alternative hypothesis: true location is not equal to c(2000,10000)

> n=dim(lumber)[1]
> p=dim(lumber)[2]
> mean=apply(lumber,2,mean)
> s=cov(lumber)
> lamda=eigen(s)$values
> e=eigen(s)$vectors
> alpha=0.05
> F=qf(1-alpha,p,n-p)
> C=p*(n-1)*F/(n*(n-p))
> c=sqrt(p*(n-1)*F/(n-p))
> r=c*sqrt(lamda/n)
> v=seq(0,2*pi,by=0.01*pi)
> x=mean[1]+e[1,1]*r[1]*cos(v)+e[1,2]*r[2]*sin(v)
> y=mean[2]+e[2,1]*r[1]*cos(v)+e[2,2]*r[2]*sin(v)
> plot(x, y, xlab="X1", ylab="X2", type="l")
> CI3=c(mean[1]-c*sqrt(s[1,1]/n),mean[1]+c*sqrt(s[1,1]/n))
> CI4=c(mean[2]-c*sqrt(s[2,2]/n),mean[2]+c*sqrt(s[2,2]/n))
> abline(v=mean[1]-c*sqrt(s[1,1]/n),lty=3)
> abline(v=mean[1]+c*sqrt(s[1,1]/n),lty=3)
> abline(h=mean[2]-c*sqrt(s[2,2]/n),lty=3)
> abline(h=mean[2]+c*sqrt(s[2,2]/n),lty=3)
> tBon=qt(1-alpha/(2*p),n-1)
> BonCI3=c(mean[1]-tBon*sqrt(s[1,1]/n),mean[1]+tBon*sqrt(s[1,1]/n))
> BonCI4=c(mean[2]-tBon*sqrt(s[2,2]/n),mean[2]+tBon*sqrt(s[2,2]/n))
> abline(v=mean[1]-tBon*sqrt(s[1,1]/n))
> abline(v=mean[1]+tBon*sqrt(s[1,1]/n))
> abline(h=mean[2]-tBon*sqrt(s[2,2]/n))
> abline(h=mean[2]+tBon*sqrt(s[2,2]/n))
> C
[1] 0.2306457
> c
```

```
[1] 2.63047
> mean
      X1       X2
1860.500 8354.133
> s
          X1         X2
X1 124054.7  361620.4
X2 361620.4 3486333.2
> CI3
      X1       X1
1691.347 2029.653
> CI4
      X2       X2
7457.413 9250.854
> tBon
[1] 2.363846
> BonCI3
      X1       X1
1708.492 2012.508
> BonCI4
      X2       X2
7548.304 9159.963
```

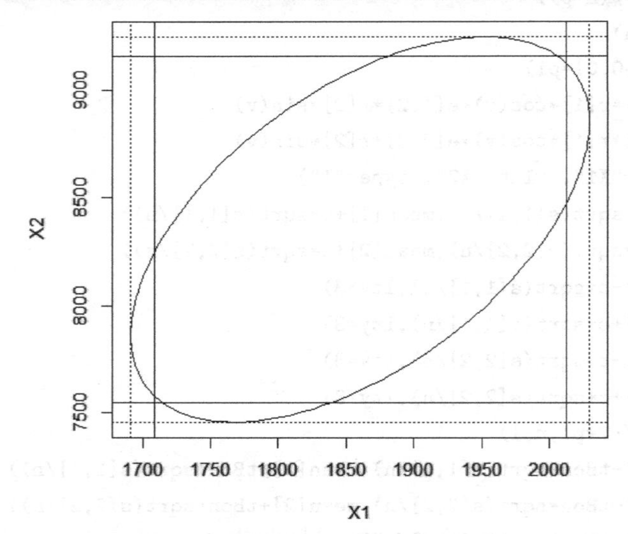

图 3.4　μ_1 和 μ_2 的 95% 置信椭圆, 95% T^2 联合置信区间, 95% 庞弗罗尼联合置信区间

3.3　均值向量的大样本推断

当样本容量很大时, 不需要总体的正态性假设就可以构造均值向量 $\boldsymbol{\mu}$ 的假设检验及置信域, 它们都是建立在 χ^2 分布的基础之上.

3.3.1 大样本情形下均值向量的检验

设 $\boldsymbol{X}_1, \boldsymbol{X}_2, \cdots, \boldsymbol{X}_n$ 是来自总体均值为 $\boldsymbol{\mu}$, 协方差矩阵为正定矩阵 $\boldsymbol{\Sigma}$ 的随机样本, 其样本均值和样本协方差矩阵分别为 $\bar{\boldsymbol{X}}$ 和 $\boldsymbol{S}$, 在大样本情形下, 当 n 远大于 p 时, 有

$$\sqrt{n}(\bar{\boldsymbol{X}}-\boldsymbol{\mu})\dot{\sim}N_p(\boldsymbol{0},\boldsymbol{\Sigma})$$

$$n(\bar{\boldsymbol{X}}-\boldsymbol{\mu})^{\mathrm{T}}\boldsymbol{S}^{-1}(\bar{\boldsymbol{X}}-\boldsymbol{\mu})\dot{\sim}\chi_p^2$$

所以

$$P\left[n(\bar{\boldsymbol{X}}-\boldsymbol{\mu})^{\mathrm{T}}\boldsymbol{S}^{-1}(\bar{\boldsymbol{X}}-\boldsymbol{\mu})\leqslant\chi_p^2(\alpha)\right]\doteq 1-\alpha \tag{3.6}$$

依然考虑均值向量的假设检验问题

$$H_0:\boldsymbol{\mu}=\boldsymbol{\mu}_0 \quad H_1:\boldsymbol{\mu}\neq\boldsymbol{\mu}_0$$

对给定的显著性水平 $\alpha>0$, 若观测值

$$n(\bar{\boldsymbol{X}}-\boldsymbol{\mu}_0)^{\mathrm{T}}\boldsymbol{S}^{-1}(\bar{\boldsymbol{X}}-\boldsymbol{\mu}_0)>\chi_p^2(\alpha)$$

则拒绝 H_0.

如果采用 p 值法, 检验的 p 值为 $p=P(\chi_p^2>\chi^2_{p\text{观测值}})$, 当 $p<\alpha$ 时, 拒绝 H_0.

3.3.2 大样本情形下的联合置信域

设 $\boldsymbol{X}_1, \boldsymbol{X}_2, \cdots, \boldsymbol{X}_n$ 是来自总体均值为 $\boldsymbol{\mu}$, 协方差矩阵为正定矩阵 $\boldsymbol{\Sigma}$ 的随机样本, 其样本均值和样本协方差矩阵分别为 $\bar{\boldsymbol{X}}$ 和 $\boldsymbol{S}$. 当 n 远大于 p 时, 依然以式 (3.6) 为基础, 不加证明地给出如下大样本情形下的置信域的相关结论.

(1) 对所有 $(\mu_i,\mu_k), i,k=1,2,\cdots,p$, 以样本均值 $(\bar{X}_i,\bar{X}_k)$ 为中心的, 置信水平近似为 $1-\alpha$ 的置信椭圆为

$$n(\bar{X}_i-\mu_i,\bar{X}_k-\mu_k)\begin{pmatrix}s_{ii} & s_{ik}\\ s_{ik} & s_{kk}\end{pmatrix}^{-1}\begin{pmatrix}\bar{X}_i-\mu_i\\ \bar{X}_k-\mu_k\end{pmatrix}\leqslant\chi_p^2(\alpha)$$

(2) 均值分量 $\mu_i, i=1,2,\cdots,p$ 的置信水平为 $1-\alpha$ 的单一置信区间为

$$\left[\bar{X}_i-U\left(\frac{\alpha}{2}\right)\sqrt{\frac{s_{ii}}{n}},\bar{X}_i+U\left(\frac{\alpha}{2}\right)\sqrt{\frac{s_{ii}}{n}}\right] \quad i=1,2,\cdots,p$$

其中, $U(\alpha/2)$ 表示标准正态分布的 $\alpha/2$ 上侧分位数.

(3) 对所有的 $\boldsymbol{a}$, 区间

$$\left[\boldsymbol{a}^{\mathrm{T}}\bar{\boldsymbol{X}}-\sqrt{\chi_p^2(\alpha)}\sqrt{\frac{\boldsymbol{a}^{\mathrm{T}}\boldsymbol{S}\boldsymbol{a}}{n}},\boldsymbol{a}^{\mathrm{T}}\bar{\boldsymbol{X}}+\sqrt{\chi_p^2(\alpha)}\sqrt{\frac{\boldsymbol{a}^{\mathrm{T}}\boldsymbol{S}\boldsymbol{a}}{n}}\right]$$

包含 $\boldsymbol{a}^{\mathrm{T}}\boldsymbol{\mu}$ 的概率近似为 $1-\alpha$. 特别地, 当 $\boldsymbol{a}^{\mathrm{T}}=(0,\cdots,0,1,0,\cdots,0)$ 时, 可得到置信水平为 $1-\alpha$ 的各分量 $\mu_i, i=1,2,\cdots,p$ 的联合置信区间为

$$\left[\bar{X}_i-\sqrt{\chi_p^2(\alpha)}\sqrt{\frac{s_{ii}}{n}},\bar{X}_i+\sqrt{\chi_p^2(\alpha)}\sqrt{\frac{s_{ii}}{n}}\right] \quad i=1,2,\cdots,p$$

(4) 均值分量 $\mu_i, i=1,2,\cdots,p$ 的庞弗罗尼联合置信区间为

$$\left[\bar{X}_i - U(\frac{\alpha}{2p})\sqrt{\frac{s_{ii}}{n}}, \bar{X}_i + U(\frac{\alpha}{2p})\sqrt{\frac{s_{ii}}{n}}\right] \quad i=1,2,\cdots,p$$

例 3.6 有孔虫是一种有着 5 亿多年历史的带壳海洋单细胞生物, 至今种类繁多. 有孔虫的壳一般为多房室, 最早形成的房室叫初房, 最后一个房室叫终室. 在一项针对有孔虫的测试中, 研究者测量了尼日利亚沿海地表下的坎帕诺-马斯特里赫特的一种有孔虫的 7 个部位的尺寸, 包括长度 X_1, 最大宽度 X_2, 倒数第二房室的高度 X_3 和宽度 X_4, 终室的高度 X_5 和宽度 X_6 以及初房的直径 X_7. 观测的 70 只有孔虫的前 5 个尺寸的汇总统计数据如下:

样本均值

$$\bar{\boldsymbol{X}} = [73.516, 31.306, 25.241, 15.980, 14.543]$$

样本协方差矩阵为

$$\boldsymbol{S} = \begin{pmatrix} 448.026\,7 & 65.360\,2 & 72.479\,7 & 31.349\,7 & 37.857\,3 \\ 65.360\,2 & 20.625\,3 & 15.581\,9 & 7.894\,3 & 9.941\,5 \\ 72.479\,7 & 15.581\,9 & 17.486\,8 & 7.849\,9 & 9.538\,6 \\ 31.349\,7 & 7.894\,3 & 7.849\,9 & 9.286\,3 & 4.068\,7 \\ 37.857\,3 & 9.941\,5 & 9.538\,6 & 4.068\,7 & 10.043\,1 \end{pmatrix}$$

(1) 求倒数第二房室的高度 X_3 和宽度 X_4 的均值的大样本 95% 置信椭圆.

(2) 求这 5 个总体均值的大样本 95% 联合置信区间.

(3) 求这 5 个总体均值的大样本 95% 庞弗罗尼联合置信区间.

解 (1) 本题中 $n=70$, $p=5$, 可求得 $\chi_p^2(0.05)=11.070\,5$, $(\bar{X}_3,\bar{X}_4)=(25.241, 15.980)^{\mathrm{T}}$, 进而得到 X_3 和 X_4 的均值的大样本 95% 置信椭圆为

$$70(25.241-\mu_3, 15.980-\mu_4)\begin{pmatrix} 17.486\,8 & 7.849\,9 \\ 7.849\,9 & 9.286\,3 \end{pmatrix}^{-1}\begin{pmatrix} 25.241-\mu_3 \\ 15.980-\mu_4 \end{pmatrix} \leqslant 11.070\,5$$

其图形如图 3.5 所示.

(2) 由 $\chi_p^2(0.05)=11.070\,5$, 可算得这 5 个总体均值的大样本 95% 联合置信区间为

$$\mu_1 : [65.098, 81.934]$$

$$\mu_2 : [29.500, 33.112]$$

$$\mu_3 : [23.578, 26.904]$$

$$\mu_4 : [14.768, 17.192]$$

$$\mu_5 : [13.283, 15.803]$$

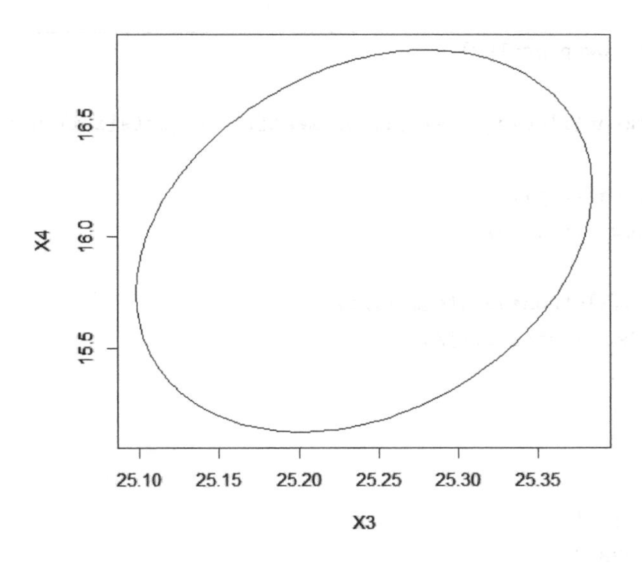

图 3.5　μ_3 和 μ_4 的 95% 置信椭圆

(3) 由 $U\left(\dfrac{0.05}{2p}\right)=2.575\,8$, 可算得这 5 个总体均值的大样本 95% 庞弗罗尼联合置信区间为

$$\mu_1:[66.999,80.033]$$

$$\mu_2:[29.908,32.704]$$

$$\mu_3:[23.954,26.528]$$

$$\mu_4:[15.042,16.918]$$

$$\mu_5:[13.567,15.519]$$

R 程序及输出结果

```
> n=70
> mean=c(73.516,31.306,25.241,15.980,14.543)
> s=read.table(file="E:/data/CovAfrobol.txt",header=T) %读入样本协方差矩阵
> p=dim(s)[2]
> alpha=0.05
> Chisq=qchisq(1-alpha,p)
> c=sqrt(Chisq)
> lamda=eigen(s)$values
> e=eigen(s)$vectors
> r=c*sqrt(lamda/n)
> v=seq(0,2*pi,by=0.01*pi)
> x=mean[3]+e[3,3]*r[3]*cos(v)+e[3,4]*r[4]*sin(v)
> y=mean[4]+e[4,3]*r[3]*cos(v)+e[4,4]*r[4]*sin(v)
> plot(x, y, xlab="X3", ylab="X4", type="l")
```

```
> SimulCI=matrix(nrow=p,ncol=2)
> for (i in 1:5) {
+  SimulCI[i,]=c(mean[i]-c*sqrt(s[i,i]/n),mean[i]+c*sqrt(s[i,i]/n))
+  }
> tBon=qnorm(1-alpha/(2*p))
> BonCI=matrix(nrow=p,ncol=2)
> for (i in 1:5) {
+ BonCI[i,]=c(mean[i]-tBon*sqrt(s[i,i]/n),
+     + mean[i]+tBon*sqrt(s[i,i]/n))
+ }
> Chisq
[1] 11.0705
> SimulCI
         [,1]     [,2]
[1,] 65.09843 81.93357
[2,] 29.49993 33.11207
[3,] 23.57801 26.90399
[4,] 14.76813 17.19187
[5,] 13.28272 15.80328
> tBon
[1] 2.575829
> BonCI
         [,1]     [,2]
[1,] 66.99942 80.03258
[2,] 29.90780 32.70420
[3,] 23.95357 26.52843
[4,] 15.04181 16.91819
[5,] 13.56733 15.51867
```

3.4 单个总体协方差矩阵的检验

3.4.1 协方差矩阵等于已知正定矩阵的检验

设 $\boldsymbol{X} \sim N_p(\boldsymbol{\mu}, \boldsymbol{\Sigma})$, $\boldsymbol{X}_1, \boldsymbol{X}_2, \cdots, \boldsymbol{X}_n$ 是来自总体 $\boldsymbol{X}$ 的样本. 在 $\boldsymbol{\mu}$ 未知的情形下, 考虑假设检验问题

$$H_0: \boldsymbol{\Sigma} = \boldsymbol{\Sigma}_0 \quad H_1: \boldsymbol{\Sigma} \neq \boldsymbol{\Sigma}_0 \tag{3.7}$$

其中, $\boldsymbol{\Sigma}_0$ 为已知正定矩阵. 由于

$$\boldsymbol{\Sigma}_0^{-1/2}\boldsymbol{X}_i \sim N_p\left(\boldsymbol{\Sigma}_0^{-1/2}\boldsymbol{\mu}, \boldsymbol{\Sigma}_0^{-1/2}\boldsymbol{\Sigma}\boldsymbol{\Sigma}_0^{-1/2}\right) \quad i = 1, 2, \cdots, n$$

故仅需讨论 $\boldsymbol{\Sigma}_0 = \boldsymbol{I}_p$ 时的检验问题

$$H_0: \boldsymbol{\Sigma} = \boldsymbol{I}_p \quad H_1: \boldsymbol{\Sigma} \neq \boldsymbol{I}_p \tag{3.8}$$

即可.

由似然比方法构造检验统计量

$$\Lambda = \frac{\sup\limits_{\boldsymbol{\mu}} L(\boldsymbol{\mu}, \boldsymbol{I}_p)}{\sup\limits_{\boldsymbol{\mu}, \boldsymbol{\Sigma} \succ 0} L(\boldsymbol{\mu}, \boldsymbol{\Sigma})}$$

这里似然函数

$$L(\boldsymbol{\mu}, \boldsymbol{\Sigma}) = \frac{1}{(2\pi)^{pn/2}|\boldsymbol{\Sigma}|^{n/2}} \exp\left[-\frac{1}{2}\sum_{i=1}^{n}(\boldsymbol{X}_i - \boldsymbol{\mu})^{\mathrm{T}}\boldsymbol{\Sigma}^{-1}(\boldsymbol{X}_i - \boldsymbol{\mu})\right]$$

可算得 $\boldsymbol{\mu}$ 的最大似然估计总为 $\hat{\boldsymbol{\mu}} = \bar{\boldsymbol{X}}$. 当 $\boldsymbol{\Sigma}$ 未知时, $\boldsymbol{\Sigma}$ 的最大似然估计为 $\tilde{\boldsymbol{\Sigma}} = \dfrac{1}{n}\boldsymbol{A}$, 其中 $\boldsymbol{A} = \sum\limits_{i=1}^{n}(\boldsymbol{X}_i - \bar{\boldsymbol{X}})(\boldsymbol{X}_i - \bar{\boldsymbol{X}})^{\mathrm{T}}$ 为样本离差阵. 将这些最大似然估计代入 Λ 中, 有

$$\Lambda = \frac{L(\bar{\boldsymbol{X}}, \boldsymbol{I}_p)}{L\left(\bar{\boldsymbol{X}}, \dfrac{1}{n}\boldsymbol{A}\right)} = \left(\frac{\mathrm{e}}{n}\right)^{\frac{np}{2}} |\boldsymbol{A}|^{\frac{n}{2}} \exp\left\{-\frac{1}{2}\mathrm{tr}(\boldsymbol{A})\right\} \tag{3.9}$$

当 Λ 比较小时, 应拒绝原假设, 即认为 $\boldsymbol{\Sigma} \neq \boldsymbol{I}_p$.

由似然比统计量的极限分布定理, 当原假设 $\boldsymbol{\Sigma} = \boldsymbol{I}_p$ 成立, 且 n 充分大时, 有近似的 χ^2 分布

$$-2\ln \Lambda \dot{\sim} \chi^2_{p(p+1)/2}$$

故对给定的显著性水平 $\alpha > 0$, 若观测值

$$-2\ln \Lambda > \chi^2_{p(p+1)/2}(\alpha)$$

则拒绝 H_0. 如果采用 p 值法, 检验的近似 p 值为 $p = P\left(\chi^2_{p(p+1)/2} > -2\ln \Lambda_{\text{观测值}}\right)$, 当 $p < \alpha$ 时, 则拒绝 H_0.

将式 (3.9) 直接应用于更一般的检验问题 (3.7), 可得相应似然比检验统计量

$$\Lambda_1 = \left(\frac{\mathrm{e}}{n}\right)^{\frac{np}{2}} |\boldsymbol{A}\boldsymbol{\Sigma}_0^{-1}|^{\frac{n}{2}} \exp\left\{-\frac{1}{2}\mathrm{tr}(\boldsymbol{A}\boldsymbol{\Sigma}_0^{-1})\right\} \tag{3.10}$$

当原假设 $\boldsymbol{\Sigma} = \boldsymbol{\Sigma}_0$ 成立, 且 n 充分大时, 仍有近似的 χ^2 分布

$$-2\ln \Lambda_1 \dot{\sim} \chi^2_{p(p+1)/2}$$

检验的近似 p 值仍为 $p = P\left(\chi^2_{p(p+1)/2} > -2\ln \Lambda_{1\text{观测值}}\right)$.

3.4.2　协方差矩阵与已知正定矩阵成比例的检验

仍在 $\boldsymbol{\mu}$ 未知的情形下, 我们来考虑假设检验问题

$$H_0: \boldsymbol{\Sigma} = \sigma^2\boldsymbol{\Sigma}_0 \quad H_1: \boldsymbol{\Sigma} \neq \sigma^2\boldsymbol{\Sigma}_0$$

其中, $\sigma^2 > 0$ 未知.

由于

$$\boldsymbol{\Sigma}_0^{-1/2}\boldsymbol{X}_i \sim N_p\left(\boldsymbol{\Sigma}_0^{-1/2}\boldsymbol{\mu}, \boldsymbol{\Sigma}_0^{-1/2}\boldsymbol{\Sigma}\boldsymbol{\Sigma}_0^{-1/2}\right) \quad i=1,2,\cdots,n$$

故仅需讨论 $\boldsymbol{\Sigma}_0 = \sigma^2\boldsymbol{I}_p$ 时的检验问题

$$H_0: \boldsymbol{\Sigma} = \sigma^2\boldsymbol{I}_p \quad H_1: \boldsymbol{\Sigma} \neq \sigma^2\boldsymbol{I}_p \tag{3.11}$$

即可. 因为 p 元正态分布 $N_p(\boldsymbol{\mu}, \sigma^2\boldsymbol{I}_p)$ 的密度等高曲面是 p 维欧式空间中的超球面, 故检验问题 (3.8) 常被称为球形检验 (Sphericity Test).

由似然比方法构造检验统计量

$$\Lambda_2 = \frac{\sup\limits_{\boldsymbol{\mu},\sigma^2>0} L(\boldsymbol{\mu}, \sigma^2\boldsymbol{I}_p)}{\sup\limits_{\boldsymbol{\mu},\boldsymbol{\Sigma}} L(\boldsymbol{\mu}, \boldsymbol{\Sigma})}$$

这里似然函数

$$L(\boldsymbol{\mu}, \sigma^2\boldsymbol{I}_p) = \frac{1}{(2\pi)^{pn/2}(\sigma^2)^{pn/2}}\exp\left\{-\frac{1}{2\sigma^2}\boldsymbol{A}\right\}$$

可算得当 $\boldsymbol{\Sigma} = \sigma^2\boldsymbol{I}_p$ 但 $\sigma^2 > 0$ 未知时, $\boldsymbol{\mu}$ 和 σ^2 的极大似然估计分别为 $\bar{\boldsymbol{X}}$ 与 $\dfrac{1}{np}\mathrm{tr}(\boldsymbol{A})$; 当 $\boldsymbol{\Sigma}$ 未知时, $\boldsymbol{\mu}$ 与 $\boldsymbol{\Sigma}$ 的极大似然估计分别为 $\bar{\boldsymbol{X}}$ 和 $\dfrac{1}{n}\boldsymbol{A}$. 将它们代入 Λ_2 中, 得到

$$\Lambda_2 = \frac{L\left[\bar{\boldsymbol{X}}, \dfrac{1}{np}\mathrm{tr}(\boldsymbol{A})\right]}{L\left(\bar{\boldsymbol{X}}, \dfrac{1}{n}\boldsymbol{A}\right)} = \frac{|\boldsymbol{A}|^{n/2}}{[\mathrm{tr}(\boldsymbol{A})/p]^{np/2}} \tag{3.12}$$

当 Λ_2 比较小时, 应拒绝原假设, 即认为 $\boldsymbol{\Sigma} \neq \sigma^2\boldsymbol{I}_p$.

当假设 $\boldsymbol{\Sigma} = \sigma^2\boldsymbol{I}_p$ 成立, 且 n 充分大时, 有近似的 χ^2 分布

$$-2\ln \Lambda_2 \dot{\sim} \chi^2_{p(p+1)/2-1}$$

将式 (3.12) 直接应用于检验更一般的情形 $H_0: \boldsymbol{\Sigma} = \sigma^2\boldsymbol{\Sigma}_0$, 可得

$$\Lambda_3 = \frac{|\boldsymbol{\Sigma}_0^{-1}\boldsymbol{A}|^{n/2}}{[\mathrm{tr}(\boldsymbol{\Sigma}_0^{-1}\boldsymbol{A})/p]^{np/2}} \tag{3.13}$$

当 n 充分大时, 仍有

$$-2\ln \Lambda_3 \dot{\sim} \chi^2_{p(p+1)/2-1}$$

习 题 3

1. 数据 $\boldsymbol{X} = \begin{pmatrix} 7 & 25 \\ 9 & 31 \\ 6 & 28 \\ 11 & 33 \\ 8 & 29 \end{pmatrix}$, 原假设 $H_0: \boldsymbol{\mu}^{\mathrm{T}} = (8, 30)$.

(1) 试计算 T^2 并确定其分布;

(2) 在显著性水平 $\alpha = 0.05$ 下, 检验 H_0.

2. 利用数据 $\boldsymbol{X} = \begin{pmatrix} 2 & 9 & 32 \\ 5 & 11 & 28 \\ 4 & 13 & 31 \\ 9 & 8 & 25 \end{pmatrix}$, 检验假设 $H_0 : \boldsymbol{\mu}^{\mathrm{T}} = (5, 10, 30)$.

3. 下表为 10 个人的体重和身高数据, 试检验假设 $H_0 : \boldsymbol{\mu} = (55.68, 173.60)$.

题 3 表

体重 (kg)	71.0	56.5	56.0	65.0	62.0	53.0	65.0	71.0	56.5	60.2
身高 (cm)	162.9	156.9	163.9	161.0	157.2	164.8	152.1	153.6	177.6	166.5

4. 为估计某地杨树人工林平均直径与平均树高, 测定 11 株样木, 由样本资料计算得

$$\bar{\boldsymbol{X}} = \begin{pmatrix} 7.927 \\ 9.009 \end{pmatrix}, \quad \boldsymbol{S} = \begin{pmatrix} 0.751\ 1 & 0.300\ 7 \\ 3.007 & 0.171\ 7 \end{pmatrix}$$

假设直径与树高服从二元正态分布, 试估计均值向量的 90% 的置信域.

5. 一名研究人员用 3 个指标来衡量心脏病发作的严重程度, 从某医院急诊室的 40 名心脏病患者测得这些指标, 其样本均值向量和协方差矩阵分别为

$$\bar{\boldsymbol{X}} = \begin{pmatrix} 46.1 \\ 57.3 \\ 50.4 \end{pmatrix} \quad \boldsymbol{S} = \begin{pmatrix} 101.3 & 63.0 & 71.0 \\ 63.0 & 80.2 & 55.6 \\ 71.0 & 55.6 & 97.4 \end{pmatrix}$$

试估计 $\boldsymbol{\mu}$ 的 95% 的 T^2 联合置信区间.

6. 下表中的人工数据是来自亚洲一个高海拔地区的大约两岁男孩样本. MUAC 是中臂围. 对于同一国家的同龄低地儿童, 身高、胸围、MUAC 平均值分别为 90 cm, 58 cm, 16 cm. 在多元正态性假设下, 作以下解答.

题 6 表

编号	身高 (cm)	胸围 (cm)	MUAC(cm)
1	78	60.6	16.5
2	76	58.1	12.5
3	92	63.2	14.5
4	81	59.0	14.0
5	81	60.8	15.5
6	84	59.5	14.0

(1) 试检验高海拔地区儿童拥有相同的均值 $H_0 : \boldsymbol{\mu}_0 = [90, 58, 16]$.

(2) 试构造 $\boldsymbol{\mu}$ 的 95% 的 T^2 联合置信区间.

7. 在一项旨在调查两组受试者解决问题能力的试验中, 要求试验组 (E) 和控制组 (C) 受试者按照随机顺序解决 4 个不同的数学问题. 试验记录了解决每个问题所需的时间. 所有的问题都被认为具有相同的难度, 数据汇总见下表.

题 7 表　　(min)

组别	编号	问题 1	问题 2	问题 3	问题 4
试验组	1	43	90	51	67
	2	87	36	12	14
	3	18	56	22	68
	4	34	73	34	87
	5	81	55	29	54
	6	45	58	62	44
	7	16	35	71	37
	8	43	47	87	27
	9	22	91	37	78
控制组	1	10	81	43	33
	2	58	84	35	43
	3	26	49	55	84
	4	18	30	49	44
	5	13	14	25	45
	6	12	8	40	48
	7	9	55	10	30
	8	31	45	9	66

(1) 试检验 $\boldsymbol{\mu}_1 = (30, 60, 30, 60)^{\mathrm{T}}$, 并构造其 95% 庞弗罗尼联合置信区间.

(2) 试检验 $\boldsymbol{\mu}_2 = (20, 50, 20, 50)^{\mathrm{T}}$, 并构造其 95% 庞弗罗尼联合置信区间.

8. 下表给出了一组大鼠的体重数据, 体重以 g 为单位, 每隔一周测量一次, 试检验假设 $\boldsymbol{\mu}_0 = (60, 80, 100, 120, 140)^{\mathrm{T}}$, 并构造其 95% 庞弗罗尼联合置信区间.

题 8 表

起始	第 1 次	第 2 次	第 3 次	第 4 次
57	86	114	139	172
60	93	123	146	177
52	77	111	144	185
49	67	100	129	164
56	81	104	121	151
46	70	102	131	153
51	71	94	110	141
63	91	112	130	154
49	67	90	112	140
57	82	110	139	169

9. 研究人员观察了 20 名大学年龄男性的身高和体重, 数据见下表.

题 9 表

编号	体重 (kg)	身高 (cm)	编号	体重 (kg)	身高 (cm)
1	69	173	11	72	176
2	74	175	12	79	178
3	68	165	13	74	185
4	70	174	14	67	172
5	72	172	15	66	162
6	67	168	16	71	179
7	66	164	17	74	181
8	70	177	18	75	185
9	76	180	19	75	180
10	68	163	20	76	183

(1) 试检验假设 $\boldsymbol{\mu} = (70, 170)^{\mathrm{T}}$.

(2) 试检验假设 $\boldsymbol{\Sigma} = \begin{pmatrix} 20 & 100 \\ 100 & 1\,000 \end{pmatrix}$.

第 4 章　多个正态总体参数的比较

在很多实际应用中, 需要对两个或两个以上总体的均值向量和协方差矩阵进行比较. 例如, 比较两所大学新生录取成绩有无显著性差异. 又如, 比较甲、乙、丙 3 个工厂所生产的某种产品的质量指标以及各质量指标的波动有无显著性差异. 本章将逐一讲解多元统计分析中多个均值向量和协方差矩阵的比较问题.

4.1　两个总体均值向量的比较

4.1.1　协方差矩阵相等时两个正态总体均值向量的比较

假设有两个相互独立的多元正态总体 $\boldsymbol{X}_1$ 和 $\boldsymbol{X}_2$, $\boldsymbol{X}_1 \sim N_p(\boldsymbol{\mu}_1, \boldsymbol{\Sigma})$, $\boldsymbol{X}_2 \sim N_p(\boldsymbol{\mu}_2, \boldsymbol{\Sigma})$. 又设 $\boldsymbol{X}_{11}, \boldsymbol{X}_{12}, \cdots, \boldsymbol{X}_{1n_1}$ 是来自总体 $\boldsymbol{X}_1$ 的样本, $\boldsymbol{X}_{21}, \boldsymbol{X}_{22}, \cdots, \boldsymbol{X}_{2n_2}$ 是来自总体 $\boldsymbol{X}_2$ 的样本. 在 $\boldsymbol{\Sigma}$ 未知的情形下, 考虑均值向量的假设检验问题

$$H_0: \boldsymbol{\mu}_1 = \boldsymbol{\mu}_2 \quad H_1: \boldsymbol{\mu}_1 \neq \boldsymbol{\mu}_2$$

由正态分布的性质知, 样本均值满足

$$\bar{\boldsymbol{X}}_1 \sim N_p\left(\boldsymbol{\mu}_1, \frac{1}{n_1}\boldsymbol{\Sigma}\right) \quad \bar{\boldsymbol{X}}_2 \sim N_p\left(\boldsymbol{\mu}_2, \frac{1}{n_2}\boldsymbol{\Sigma}\right)$$

其中, $\bar{\boldsymbol{X}}_1 = \dfrac{1}{n_1}\sum\limits_{i=1}^{n_1}\boldsymbol{X}_{1i}$, $\bar{\boldsymbol{X}}_2 = \frac{1}{n_2}\sum\limits_{i=1}^{n_2}\boldsymbol{X}_{2i}$. 因而有

$$\bar{\boldsymbol{X}}_1 - \bar{\boldsymbol{X}}_2 \sim N_p\left[\boldsymbol{\mu}_1 - \boldsymbol{\mu}_2, \left(\frac{1}{n_1} + \frac{1}{n_2}\right)\boldsymbol{\Sigma}\right]$$

$$\sqrt{\frac{n_1 n_2}{n_1 + n_2}}(\bar{\boldsymbol{X}}_1 - \bar{\boldsymbol{X}}_2) \sim N_p\left[\sqrt{\frac{n_1 n_2}{n_1 + n_2}}(\boldsymbol{\mu}_1 - \boldsymbol{\mu}_2), \boldsymbol{\Sigma}\right]$$

又因为样本协方差矩阵满足

$$(n_1 - 1)\boldsymbol{S}_1 \sim W_{n_1-1}(\boldsymbol{\Sigma}), (n_2 - 1)\boldsymbol{S}_2 \sim W_{n_2-1}(\boldsymbol{\Sigma})$$

这里 $\boldsymbol{S}_1 = \dfrac{1}{n_1 - 1}\sum\limits_{i=1}^{n_1}(\boldsymbol{X}_{1i} - \bar{\boldsymbol{X}}_1)(\boldsymbol{X}_{1i} - \bar{\boldsymbol{X}}_1)^{\mathrm{T}}$, $\boldsymbol{S}_2 = \dfrac{1}{n_2 - 1}\sum\limits_{i=1}^{n_2}(\boldsymbol{X}_{2i} - \bar{\boldsymbol{X}}_2)(\boldsymbol{X}_{2i} - \bar{\boldsymbol{X}}_2)^{\mathrm{T}}$. 由威沙特分布的可加性, 有

$$(n_1 - 1)\boldsymbol{S}_1 + (n_2 - 1)\boldsymbol{S}_2 \sim W_{n_1+n_2-2}(\boldsymbol{\Sigma})$$

因为 $\boldsymbol{X}_1$ 和 $\boldsymbol{X}_2$ 相互独立, $\boldsymbol{S}_i$ 与 $\bar{\boldsymbol{X}}_i$ 相互独立, $i = 1, 2$, 故 $(n_1 - 1)\boldsymbol{S}_1 + (n_2 - 1)\boldsymbol{S}_2$ 与 $\bar{\boldsymbol{X}}_1 - \bar{\boldsymbol{X}}_2$ 相互独立. 根据 T^2 统计量的意义知

$$T^2 = \frac{n_1 n_2}{n_1 + n_2}[\bar{\boldsymbol{X}}_1 - \bar{\boldsymbol{X}}_2 - (\boldsymbol{\mu}_1 - \boldsymbol{\mu}_2)]^{\mathrm{T}}\left[\frac{(n_1-1)\boldsymbol{S}_1 + (n_2-1)\boldsymbol{S}_2}{n_1+n_2-2}\right]^{-1}[\bar{\boldsymbol{X}}_1 - \bar{\boldsymbol{X}}_2 - (\boldsymbol{\mu}_1 - \boldsymbol{\mu}_2)]$$

服从自由度为 n_1+n_2-2 的霍特林分布, 即 $T^2 \sim T^2_{n_1+n_2-2}$.

由 T^2 分布与 F 分布的关系, 有

$$T^2 \sim \frac{(n_1+n_2-2)p}{n_1+n_2-p-1} F_{p,n_1+n_2-p-1} \tag{4.1}$$

故当原假设成立时, 检验统计量

$$T^2 = \frac{n_1 n_2}{n_1+n_2}(\bar{\boldsymbol{X}}_1-\bar{\boldsymbol{X}}_2)^{\mathrm{T}}\boldsymbol{S}^{-1}(\bar{\boldsymbol{X}}_1-\bar{\boldsymbol{X}}_2) \sim \frac{(n_1+n_2-2)p}{n_1+n_2-p-1}F_{p,n_1+n_2-p-1}$$

其中, $\boldsymbol{S}=\dfrac{(n_1-1)\boldsymbol{S}_1+(n_2-1)\boldsymbol{S}_2}{n_1+n_2-2}$.

对给定的显著性水平 $\alpha>0$, 当

$$\begin{aligned} T^2 &= \frac{n_1 n_2}{n_1+n_2}(\bar{\boldsymbol{X}}_1-\bar{\boldsymbol{X}}_2)^{\mathrm{T}}\boldsymbol{S}^{-1}(\bar{\boldsymbol{X}}_1-\bar{\boldsymbol{X}}_2) \\ &> \frac{(n_1+n_2-2)p}{n_1+n_2-p-1}F_{p,n_1+n_2-p-1}(\alpha) \end{aligned}$$

时, 拒绝 H_0, 从而认为两个正态总体的均值向量之间有显著性差异. 若采用 p 值法, 检验的 p 值为

$$p = P(T^2 > T^2_{观测值}) = P\left(F_{p,n_1+n_2-p-1} > \frac{n_1+n_2-p-1}{(n_1+n_2-2)p}T^2_{观测值}\right)$$

当 $p<\alpha$ 时, 拒绝 H_0.

例 4.1　表 4.1 显示的虚拟数据代表了心理咨询顾问有效性的两项指标, 客户满意度 (SA) 和客户自我接纳度 (CSA). 6 名受试者最初被随机分配给心理咨询顾问, 他们使用罗杰斯疗法或阿德勒疗法. 然而, 罗杰斯组的 3 名患者由于与治疗无关的原因无法继续治疗. 在正态性条件下, 试检验罗杰斯疗法和阿德勒疗法有无显著性差异.

表 4.1　心理咨询有效性数据

罗杰斯疗法		阿德勒疗法	
SA	CSA	SA	CSA
1	3	4	6
3	7	6	8
2	2	6	8
		5	10
		5	10
		4	6

解　本题中 $n_1=3$, $n_2=6$, $p=2$. 要检验 $H_0: \boldsymbol{\mu}_1=\boldsymbol{\mu}_2$, 先根据表中数据算得

$$\bar{\boldsymbol{X}}_1=\begin{pmatrix}2\\4\end{pmatrix}\quad \bar{\boldsymbol{X}}_2=\begin{pmatrix}5\\8\end{pmatrix}$$

$$\boldsymbol{S}=\frac{(n_1-1)\boldsymbol{S}_1+(n_2-1)\boldsymbol{S}_2}{n_1+n_2-2}=\frac{\begin{pmatrix}2&4\\4&14\end{pmatrix}+\begin{pmatrix}4&4\\4&16\end{pmatrix}}{3+6-2}=\begin{pmatrix}6/7&8/7\\8/7&30/7\end{pmatrix}$$

再计算出 $\boldsymbol{S}$ 的逆矩阵

$$\boldsymbol{S}^{-1}=\begin{pmatrix}1.811 & -0.483\\ -0.483 & 0.362\end{pmatrix}$$

故 T^2 检验统计量为

$$\begin{aligned}T^2&=\frac{n_1n_2}{n_1+n_2}(\bar{\boldsymbol{X}}_1-\bar{\boldsymbol{X}}_2)^{\mathrm{T}}\boldsymbol{S}^{-1}(\bar{\boldsymbol{X}}_1-\bar{\boldsymbol{X}}_2)\\&=\frac{3\times 6}{3+6}(2-5,4-8)\begin{pmatrix}1.811 & -0.483\\ -0.483 & 0.362\end{pmatrix}\begin{pmatrix}2-5\\4-8\end{pmatrix}=21\end{aligned}$$

查表知 $F_{2,6}(0.05)=5.14$, 由于 $\dfrac{(n_1+n_2-2)p}{n_1+n_2-p-1}F_{p,n_1+n_2-p-1}(0.05)=\dfrac{7\times 2}{9-2-1}\times 5.14=11.99<21$, 故拒绝 H_0, 认为两种疗法具有显著性差异.

可以直接调用 ICSNP 程序包中的 HotellingsT2 函数进行检验.

R 程序及输出结果

```
> library(ICSNP)   %载入ICSNP程序包
> Counselor<-read.table("e:/data/Counselor.txt",header=T)   %读入数据
> Method1=Counselor[Counselor$Method==1,-1]     %提取SA方法的数据
> Method2=Counselor[Counselor$Method==2,-1]     %提取CSA方法的数据
> HotellingsT2(Method1,Method2)
        Hotelling's two sample T2-test

data:  Method1 and Method2
T.2 = 9, df1 = 2, df2 = 6, p-value = 0.01562
alternative hypothesis: true location difference
is not equal to c(0,0)
```

例 4.2 生物学家 Grogan 和 Wirth(1981) 记录了两个新发现品种的食肉摇蚊的触须长度和翅膀长度数据见表 4.2, 试检验这两种摇蚊的触须和翅膀的平均长度是否一致.

解 本题中 $n_1=9$, $n_2=6$, $p=2$, 可算得检验统计量 $T^2=55.880\,7$, 对给定的显著性水平 $\alpha=0.05$, 由于 $p=4.519\times10^{-5}<0.05$, 所以拒绝原假设, 即认为这两个品种摇蚊的触须和翅膀长度不同.

除了直接调用 ICSNP 程序包中的 HotellingsT2 函数进行检验, 我们还可以手动编写程序.

R 程序及输出结果

```
> Midge<-read.table("e:/data/Midge.txt",header=T)  %读入数据
> attach(Midge)
> n1<-length(Species[Species==1])    %获得样本量
> n2<-length(Species[Species==2])
> Species1=Midge[Midge$Species==1,-1] %提取品种1的触须翅膀数据
```

```
> Species2=Midge[Midge$Species==2,-1]
> p<-ncol(Species1)                        %获得p的值
> mean1<-apply(Species1,2,mean)            %计算样本均值向量
> mean2<-apply(Species2,2,mean)
> Cov<-((n1-1)*var(Species1)+              %样本协方差矩阵
+ (n2-1)*var(Species2))/(n1+n2-2)
> T2<-((n1*n2)/(n1+n2))*(t(mean1-mean2)
+ %*%solve(Cov)%*%(mean1-mean2))
> Fstat <-((n1+n2-p-1)*T2)/((n1+n2-2)*p)  %F统计量的值
> pvalue<-1-pf(Fstat,p,n1+n2-p-1)          %计算p值
> print(paste("Hotelling T2=",round(T2,4)))  %输出结果
[1] "Hotelling T2= 55.8807"
> print(paste("df1=",p,"df2=",n1+n2-p-1))
[1] "df1= 2 df2= 12"
> print(paste("F=",round(Fstat,4),"P-value =",(pvalue)))
[1] "F= 25.7911 P-value = 4.51933730507559e-05"
```

表 4.2　摇蚊数据

品种	触须长度 (mm)	翅膀长度 (mm)
1	1.38	1.64
1	1.40	1.70
1	1.24	1.72
1	1.36	1.74
1	1.38	1.82
1	1.48	1.82
1	1.54	1.82
1	1.38	1.90
1	1.56	2.08
2	1.14	1.78
2	1.20	1.86
2	1.18	1.96
2	1.30	1.96
2	1.26	2.00
2	1.28	2.00

利用式 (4.1), 还可建立 $\boldsymbol{\mu}_1-\boldsymbol{\mu}_2$ 的置信域. 这里我们不加推导地直接给出下列结论.

(1) $\boldsymbol{\mu}_1-\boldsymbol{\mu}_2$ 的置信度为 $1-\alpha$ 的置信椭球为

$$\left\{\boldsymbol{\mu}_1-\boldsymbol{\mu}_2:\frac{n_1n_2}{n_1+n_2}[\bar{\boldsymbol{X}}_1-\bar{\boldsymbol{X}}_2-(\boldsymbol{\mu}_1-\boldsymbol{\mu}_2)]^{\mathrm{T}}\boldsymbol{S}^{-1}[\bar{\boldsymbol{X}}_1-\bar{\boldsymbol{X}}_2-(\boldsymbol{\mu}_1-\boldsymbol{\mu}_2)]\leqslant c^2\right\}$$

这里 $c^2=\dfrac{(n_1+n_2-2)p}{n_1+n_2-p-1}F_{p,n_1+n_2-p-1}(\alpha)$, 置信椭球的中心在 $\bar{\boldsymbol{X}}_1-\bar{\boldsymbol{X}}_2$, 轴为 $\pm\sqrt{\lambda_i}\sqrt{\dfrac{1}{n_1}+\dfrac{1}{n_2}}c\boldsymbol{e}_i$, 其中 λ_i, $\boldsymbol{e}_i$ 分别为 $\boldsymbol{S}$ 的特征根与特征向量, 即 $\boldsymbol{S}\boldsymbol{e}_i=\lambda_i\boldsymbol{e}_i$, $i=1,2,\cdots,p$.

(2) $\boldsymbol{\mu}_1-\boldsymbol{\mu}_2$ 的 $1-\alpha$ 的 T^2 联合置信区间为

$$(\bar{X}_{1i}-\bar{X}_{2i})\pm c\sqrt{\frac{1}{n_1}+\frac{1}{n_2}}\sqrt{s_{ii}}\quad i=1,2,\cdots,p \tag{4.2}$$

更一般地, 对所有的 p 维向量 $\boldsymbol{a}$, 区间

$$\boldsymbol{a}^{\mathrm{T}}(\bar{\boldsymbol{X}}_1-\bar{\boldsymbol{X}}_2)\pm c\sqrt{\frac{1}{n_1}+\frac{1}{n_2}}\sqrt{\boldsymbol{a}^{\mathrm{T}}\boldsymbol{S}\boldsymbol{a}}$$

包含 $\boldsymbol{a}^{\mathrm{T}}(\boldsymbol{\mu}_1-\boldsymbol{\mu}_2)$ 的概率为 $1-\alpha$.

(3) $\boldsymbol{\mu}_1-\boldsymbol{\mu}_2$ 的 $1-\alpha$ 庞弗罗尼联合置信区间为

$$(\bar{X}_{1i}-\bar{X}_{2i})\pm t_{n_1+n_2-2}\left(\frac{\alpha}{2p}\right)\sqrt{\frac{1}{n_1}+\frac{1}{n_2}}\sqrt{s_{ii}}\quad i=1,2,\cdots,p \tag{4.3}$$

例 4.3 瑞士银行钞票数据 (Flury 和 Riedwyl, 1988). 表 4.3 中列出了 100 张真正的钞票和 100 张伪造钞票的相关数据, 包括钞票的长度 x_1, 左侧宽度 x_2, 右侧宽度 x_3, 内框与下边框的距离 x_4, 内框与上边框的距离 x_5, 中心图片对角线的长度 x_6, 试给出真伪钞票均值分量差异的 95% 的 T^2 联合置信区间.

表 4.3 瑞士银行钞票数据 (mm)

x_1	x_2	x_3	x_4	x_5	x_6
214.8	131.0	131.1	9.0	9.7	141.0
214.6	129.7	129.7	8.1	9.5	141.7
214.8	129.7	129.7	8.7	9.6	142.2
214.8	129.7	129.6	7.5	10.4	142.0
215.0	129.6	129.7	10.4	7.7	141.8
215.7	130.8	130.5	9.0	10.1	141.4
⋮	⋮	⋮	⋮	⋮	⋮
214.9	130.3	130.5	11.6	10.6	139.8
215.0	130.4	130.3	9.9	12.1	139.6
215.1	130.3	129.9	10.3	11.5	139.7
214.8	130.3	130.4	10.6	11.1	140.0
214.7	130.7	130.8	11.2	11.2	139.4
214.3	129.9	129.9	10.2	11.5	139.6

解 这里 $n_1=n_2=100$,

$$\bar{\boldsymbol{X}}_1=(214.97,129.94,129.72,8.31,10.17,141.52)^{\mathrm{T}}$$
$$\bar{\boldsymbol{X}}_2=(214.82,130.30,130.19,10.53,11.13,139.45)^{\mathrm{T}}$$

真伪钞票均值分量差异的 95% 的 T^2 联合置信区间为

$$-0.044\,3\leqslant\mu_{11}-\mu_{21}\leqslant 0.336\,3$$
$$-0.518\,6\leqslant\mu_{12}-\mu_{22}\leqslant -0.195\,4$$
$$-0.641\,6\leqslant\mu_{13}-\mu_{23}\leqslant -0.304\,4$$
$$-2.698\,1\leqslant\mu_{14}-\mu_{24}\leqslant -1.751\,9$$
$$-1.295\,2\leqslant\mu_{15}-\mu_{25}\leqslant -0.634\,8$$
$$1.807\,2\leqslant\mu_{16}-\mu_{26}\leqslant 2.326\,8$$

$$\begin{aligned}
\operatorname{cov}(\boldsymbol{Y}_j) = & \operatorname{cov}(\boldsymbol{X}_{1j}) + \operatorname{cov}\left[\left(\frac{1}{\sqrt{n_1 n_2}} - \frac{1}{n_2} - \sqrt{\frac{n_1}{n_2}}\right)\boldsymbol{X}_{2j}\right] + \\
& \left(\frac{1}{\sqrt{n_1 n_2}} - \frac{1}{n_2}\right)^2 \operatorname{cov}\left(\sum_{k=1,k\neq j}^{n_1} \boldsymbol{X}_{2k}\right) + \frac{1}{n_2^2}\sum_{k=n_1+1}^{n_2}\operatorname{cov}(\boldsymbol{X}_{2k}) \\
= & \boldsymbol{\Sigma}_1 + \left(\frac{1}{\sqrt{n_1 n_2}} - \frac{1}{n_2} - \sqrt{\frac{n_1}{n_2}}\right)^2 \boldsymbol{\Sigma}_2 + \\
& \left(\frac{1}{\sqrt{n_1 n_2}} - \frac{1}{n_2}\right)^2 \cdot (n_1 - 1)\boldsymbol{\Sigma}_2 + \frac{1}{n_2^2}(n_2 - n_1)\boldsymbol{\Sigma}_2 \\
= & \boldsymbol{\Sigma}_1 + \frac{n_1}{n_2}\boldsymbol{\Sigma}_2
\end{aligned}$$

所以有

$$\boldsymbol{Y}_j \sim N_p(\boldsymbol{\mu}_1 - \boldsymbol{\mu}_2, \boldsymbol{\Sigma}_1 + \frac{n_1}{n_2}\boldsymbol{\Sigma}_2) \quad j = 1, 2, \cdots, n_1$$

且各 $\boldsymbol{Y}_j$ 之间相互独立. 记

$$\bar{\boldsymbol{Y}} = \frac{1}{n_1}\sum_{j=1}^{n_1}\boldsymbol{Y}_j \quad \boldsymbol{S}_{\boldsymbol{Y}} = \frac{1}{n_1 - 1}\sum_{i=1}^{n_1}(\boldsymbol{Y}_i - \bar{\boldsymbol{Y}})(\boldsymbol{Y}_i - \bar{\boldsymbol{Y}})^{\mathrm{T}}$$

根据 T^2 统计量的定义知

$$T^2 = n_1[\bar{\boldsymbol{Y}} - (\boldsymbol{\mu}_1 - \boldsymbol{\mu}_2)]^{\mathrm{T}}\boldsymbol{S}_{\boldsymbol{Y}}^{-1}[\bar{\boldsymbol{Y}} - (\boldsymbol{\mu}_1 - \boldsymbol{\mu}_2)] \sim T_{n_1-1}^2$$

由 T^2 分布与 F 分布的关系知, 当 $\boldsymbol{\mu}_1 - \boldsymbol{\mu}_2 = \boldsymbol{0}$ 成立时, 有

$$n_1\bar{\boldsymbol{Y}}^{\mathrm{T}}\boldsymbol{S}_{\boldsymbol{Y}}^{-1}\bar{\boldsymbol{Y}} \sim \frac{(n_1 - 1)p}{n_1 - p}F_{p,n_1-p}$$

故对给定的显著性水平 $\alpha > 0$, 当

$$n_1\bar{\boldsymbol{Y}}^{\mathrm{T}}\boldsymbol{S}_{\boldsymbol{Y}}^{-1}\bar{\boldsymbol{Y}} > \frac{(n_1 - 1)p}{n_1 - p}F_{p,n_1-p}(\alpha)$$

时, 拒绝 H_0, 即认为两个正态总体的均值向量之间有显著性差异.

4.1.3　大样本情形下两个总体均值向量的检验

我们已讨论了两个正态总体均值向量的检验问题. 在实际应用中, 很可能会遇到非正态总体参数的假设检验问题. 在样本容量 n_1 和 n_2 相对于 p 都很大的情形下, 我们可以采用大样本方法对两个非正态总体的均值向量进行比较.

已知 $\boldsymbol{X}_1$ 和 $\boldsymbol{X}_2$ 是两个相互独立的总体, $E(\boldsymbol{X}_1) = \boldsymbol{\mu}_1$, $\operatorname{cov}(\boldsymbol{X}_1) = \boldsymbol{\Sigma}_1$, $E(\boldsymbol{X}_2) = \boldsymbol{\mu}_2$, $\operatorname{cov}(\boldsymbol{X}_2) = \boldsymbol{\Sigma}_2$. 设 $\boldsymbol{X}_{11}, \boldsymbol{X}_{12}, \cdots, \boldsymbol{X}_{1n_1}$ 是来自总体 $\boldsymbol{X}_1$ 的样本, $\boldsymbol{X}_{21}, \boldsymbol{X}_{22}, \cdots, \boldsymbol{X}_{2n_2}$ 是来自总体 $\boldsymbol{X}_2$ 的样本. 样本容量 n_1 和 n_2 相对于 p 都很大. 现考虑均值向量的假设检验问题:

$$H_0 : \boldsymbol{\mu}_1 = \boldsymbol{\mu}_2 \quad H_1 : \boldsymbol{\mu}_1 \neq \boldsymbol{\mu}_2$$

记 $\bar{\boldsymbol{X}}_1 = \frac{1}{n_1}\sum_{i=1}^{n_1}\boldsymbol{X}_{1i}$, $\bar{\boldsymbol{X}}_2 = \frac{1}{n_2}\sum_{i=1}^{n_2}\boldsymbol{X}_{2i}$. 显然 $\bar{\boldsymbol{X}}_1$ 和 $\bar{\boldsymbol{X}}_2$ 相互独立, 且有

$$E(\bar{\boldsymbol{X}}_1 - \bar{\boldsymbol{X}}_2) = \boldsymbol{\mu}_1 - \boldsymbol{\mu}_2$$

$$\operatorname{cov}(\bar{\boldsymbol{X}}_1 - \bar{\boldsymbol{X}}_2) = \operatorname{cov}(\bar{\boldsymbol{X}}_1) + \operatorname{cov}(\bar{\boldsymbol{X}}_2) = \frac{\boldsymbol{\Sigma}_1}{n_1} + \frac{\boldsymbol{\Sigma}_2}{n_2}$$

根据中心极限定理, 当样本容量 n_1 和 n_2 足够大时, 近似地有

$$\bar{\boldsymbol{X}}_1 - \bar{\boldsymbol{X}}_2 \dot{\sim} N_p\left(\boldsymbol{\mu}_1 - \boldsymbol{\mu}_2, \frac{\boldsymbol{\Sigma}_1}{n_1} + \frac{\boldsymbol{\Sigma}_2}{n_2}\right)$$

从而有

$$[(\bar{\boldsymbol{X}}_1 - \bar{\boldsymbol{X}}_2) - (\boldsymbol{\mu}_1 - \boldsymbol{\mu}_2)]^{\mathrm{T}}\left(\frac{\boldsymbol{\Sigma}_1}{n_1} + \frac{\boldsymbol{\Sigma}_2}{n_2}\right)^{-1}[(\bar{\boldsymbol{X}}_1 - \bar{\boldsymbol{X}}_2) - (\boldsymbol{\mu}_1 - \boldsymbol{\mu}_2)] \dot{\sim} \chi_p^2$$

又因为当 n_1, n_2 足够大时, $\boldsymbol{S}_1$ 和 $\boldsymbol{S}_2$ 依概率分别收敛于 $\boldsymbol{\Sigma}_1$ 和 $\boldsymbol{\Sigma}_2$, 故可以用 $\boldsymbol{S}_1$ 和 $\boldsymbol{S}_2$ 分别代替上式中的 $\boldsymbol{\Sigma}_1$ 和 $\boldsymbol{\Sigma}_2$, 从而得到

$$[(\bar{\boldsymbol{X}}_1 - \bar{\boldsymbol{X}}_2) - (\boldsymbol{\mu}_1 - \boldsymbol{\mu}_2)]^{\mathrm{T}}\left(\frac{\boldsymbol{S}_1}{n_1} + \frac{\boldsymbol{S}_2}{n_2}\right)^{-1}[(\bar{\boldsymbol{X}}_1 - \bar{\boldsymbol{X}}_2) - (\boldsymbol{\mu}_1 - \boldsymbol{\mu}_2)] \dot{\sim} \chi_p^2 \tag{4.4}$$

故对给定的显著性水平 $\alpha > 0$, 检验的拒绝域为

$$(\bar{\boldsymbol{X}}_1 - \bar{\boldsymbol{X}}_2)^{\mathrm{T}}\left(\frac{\boldsymbol{S}_1}{n_1} + \frac{\boldsymbol{S}_2}{n_2}\right)^{-1}(\bar{\boldsymbol{X}}_1 - \bar{\boldsymbol{X}}_2) > \chi_p^2(\alpha)$$

依据式 (4.4) 还可建立 $\boldsymbol{\mu}_1 - \boldsymbol{\mu}_2$ 的各类置信域. 例如, $\boldsymbol{\mu}_1 - \boldsymbol{\mu}_2$ 的置信水平为 $1-\alpha$ 的近似置信椭球为

$$\left\{\boldsymbol{\mu}_1 - \boldsymbol{\mu}_2 : [(\bar{\boldsymbol{X}}_1 - \bar{\boldsymbol{X}}_2) - (\boldsymbol{\mu}_1 - \boldsymbol{\mu}_2)]^{\mathrm{T}}\left(\frac{\boldsymbol{S}_1}{n_1} + \frac{\boldsymbol{S}_2}{n_2}\right)^{-1}[(\bar{\boldsymbol{X}}_1 - \bar{\boldsymbol{X}}_2) - (\boldsymbol{\mu}_1 - \boldsymbol{\mu}_2)] \leqslant \chi_p^2(\alpha)\right\}$$

又如, $\boldsymbol{\mu}_1 - \boldsymbol{\mu}_2$ 的置信水平为 $1-\alpha$ 的联合置信区间为

$$(\bar{X}_{1i} - \bar{X}_{2i}) \pm \sqrt{\chi_p^2(\alpha)\left(\frac{s_{1,ii}}{n_1} + \frac{s_{2,ii}}{n_2}\right)} \quad i = 1, 2, \cdots, p$$

这里 $s_{k,ii}$ 表示矩阵 $\boldsymbol{S}_k$ 的第 i 个对角元.

例 4.4 (续例 4.3) 对于瑞士银行钞票数据 (Flury 和 Riedwyl, 1988), 用大样本方法对两个均值向量进行比较.

解 因为样本容量 $n_1 = n_2 = 100$ 对于 $p = 6$ 来说比较大, 因此用大样本方法对两个均值向量进行比较是可行的. 可算得检验统计量 $(\bar{\boldsymbol{X}}_1 - \bar{\boldsymbol{X}}_2)^{\mathrm{T}}\left(\frac{\boldsymbol{S}_1}{n_1} + \frac{\boldsymbol{S}_2}{n_2}\right)^{-1}(\bar{\boldsymbol{X}}_1 - \bar{\boldsymbol{X}}_2) =$ 2 412.45, 远大于 $\chi_6^2(0.05) = 12.591\ 6$.

进一步还可算得真伪钞票均值向量的 95% 的联合置信区间为

$$
\begin{aligned}
-0.039\,8 \leqslant \mu_{11} - \mu_{21} \leqslant 0.331\,8 \\
-0.514\,7 \leqslant \mu_{12} - \mu_{22} \leqslant -0.199\,3 \\
-0.637\,6 \leqslant \mu_{13} - \mu_{23} \leqslant -0.308\,4 \\
-2.686\,9 \leqslant \mu_{14} - \mu_{24} \leqslant -1.763\,1 \\
-1.287\,4 \leqslant \mu_{15} - \mu_{25} \leqslant -0.642\,6 \\
1.813\,3 \leqslant \mu_{16} - \mu_{26} \leqslant 2.320\,7
\end{aligned}
$$

所得结果和例 4.3 类似.

R 程序及输出结果

```
> Chisq=qchisq(1-alpha,p)
> c=sqrt(Chisq)
> SimulCI=matrix(nrow=p,ncol=2)
> for (i in 1: p) {
+ SimulCI[i,]=c(mean1[i]-mean2[i]-c*sqrt(S1[i,i]/n1+S2[i,i]/n2),mean1[i]-mean2[i]
+c*sqrt(S1[i,i]/n1+ S2[i,i]/n2))
+ }
> SimulCI
            [,1]       [,2]
[1,] -0.03982988  0.3318299
[2,] -0.51474793 -0.1992521
[3,] -0.63761311 -0.3083869
[4,] -2.68691665 -1.7630834
[5,] -1.28743079 -0.6425692
[6,]  1.81333549  2.3206645
> t(mean1-mean2)%*% solve(S1/n1+S2/n2) %*%(mean1-mean2)
         [,1]
[1,] 2412.451
```

4.2　单因素多个总体均值向量的比较

在很多实际应用中, 我们所考察的总体往往不止两个. 例如, 考察全国各省、自治区和直辖市的社会经济发展状况与全国平均水平相比较有无显著性差异, 这实质为多个正态总体均值向量的比较问题, 它可以归结为统计学中的方差分析问题. 本节和下一节, 将依次讲解单因素和双因素方差分析. 由于多元方差分析是一元方差分析的推广, 因此有必要先回顾一下一元方差分析.

4.2.1 一元单因素方差分析

1. 一元单因素方差分析模型 (One-way ANOVA)

假设试验中只有一个因素 A 变化, 其他因素保持不变, 因素 A 有 a 个不同的水平 $A_1, A_2, \cdots, A_a$. 我们想要研究因素 A 的不同水平对随机变量 X 的影响. 假定在每个水平 A_i 下, 随机变量服从正态分布

$$X_i \sim N(\mu_i, \sigma^2) \quad i = 1, 2, \cdots, a$$

其中, μ_i, σ^2 都是未知参数. 在第 i 个水平 A_i 下作独立重复试验, 得到 X_i 的观测值 $X_{i1}, X_{i2}, \cdots, X_{in_i}, i = 1, 2, \cdots, a$, 这相当于是来自总体 X_i 的随机样本, 设这 a 个样本相互独立. 上述条件可汇总为

$$\begin{cases} X_{ij} = \mu_i + \varepsilon_{ij} \\ \varepsilon_{ij} \sim N(0, \sigma^2) \quad i = 1, 2, \cdots, a; \ j = 1, 2, \cdots, n_i \end{cases} \tag{4.5}$$

我们想要比较不同水平下总体的均值是否有显著性差异, 即检验假设

$$H_0 : \mu_1 = \mu_2 = \cdots = \mu_a \tag{4.6}$$

是否成立. 若假设 H_0 成立, 则认为不同水平下总体的均值相等, 即因素 A 的不同水平之间无显著性差异.

为了更加直观地体现因素 A 的不同水平对随机变量的影响, 现将各均值 μ_i 进行分解. 记

$$n = \sum_{i=1}^{a} n_i \quad \mu = \frac{1}{n}\sum_{i=1}^{a} n_i\mu_i \quad \alpha_i = \mu_i - \mu$$

其中, μ 为总均值, α_i 称为水平 A_i 的效应 (Effect), 它表示水平 A_i 对总均值 μ 的影响. 效应 α_i 取值可正可负, 易验证 $\sum\limits_{i=1}^{a} n_i\alpha_i = 0$. 由效应 α_i 的定义, 产生了假设 (4.6) 的另一种等价形式

$$H_0 : \alpha_1 = \alpha_2 = \cdots = \alpha_a = 0 \tag{4.7}$$

将各均值 μ_i 分解后, 式 (4.5) 可相应表示为

$$\begin{cases} X_{ij} = \mu + \alpha_i + \varepsilon_{ij} \\ \varepsilon_{ij} \sim N(0, \sigma^2) \quad i = 1, 2, \cdots, a; \ j = 1, 2, \cdots, n_i \\ \sum\limits_{i=1}^{a} n_i\alpha_i = 0 \end{cases} \tag{4.8}$$

称式 (4.8) 为单因素方差分析模型 (One-way ANOVA).

2. 一元单因素方差分析方法

下面通过平方和分解的方法导出检验假设 (4.6) 的统计量. 平方和分解法是将数据的总偏差平方和按照其来源进行分解, 得到因素平方和以及误差平方和, 然后基于因素平方和与误差平方和的比较进行统计分析.

记 $\bar{X}_i = \dfrac{1}{n_i}\sum\limits_{j=1}^{n_i} X_{ij}$, $\bar{X} = \dfrac{1}{n}\sum\limits_{i=1}^{a}\sum\limits_{j=1}^{n_i} X_{ij}$, 其中 $\bar{X}$ 为所有 a 个样本的平均值, 称为总平均, $\bar{X}_i$ 是来自第 i 个总体的样本均值, 称为组平均. 考虑

$$SS_T = \sum_{i=1}^{a}\sum_{j=1}^{n_i}(X_{ij} - \bar{X})^2$$

它称为总偏差平方和, 描述了所有 a 组观测数据的离散程度, 现将它进行分解.

$$\begin{aligned}
SS_T &= \sum_{i=1}^{a}\sum_{j=1}^{n_i}(X_{ij} - \bar{X})^2 \\
&= \sum_{i=1}^{a}\sum_{j=1}^{n_i}(X_{ij} - \bar{X}_i + \bar{X}_i - \bar{X})^2 \\
&= \sum_{i=1}^{a}\sum_{j=1}^{n_i}(X_{ij} - \bar{X}_i)^2 + \sum_{i=1}^{a}\sum_{j=1}^{n_i}(\bar{X}_i - \bar{X})^2 \\
&= \sum_{i=1}^{a}\sum_{j=1}^{n_i}(X_{ij} - \bar{X}_i)^2 + \sum_{i=1}^{a} n_i(\bar{X}_i - \bar{X})^2 \\
&= SS_E + SS_A
\end{aligned}$$

其中,

$$SS_A = \sum_{i=1}^{a} n_i(\bar{X}_i - \bar{X})^2$$

表示因素 A 的不同水平引起的观测数据的偏差平方和, 称为因素 A 的平方和或者组间平方和, 它反映了来自不同总体的样本之间的差异; 而

$$SS_E = \sum_{i=1}^{a}\sum_{j=1}^{n_i}(X_{ij} - \bar{X}_i)^2$$

表示除了因素 A 之外的其他随机因素引起的偏差平方和, 称为误差平方和或者组内平方和.

构造检验统计量

$$F = \frac{SS_A/(a-1)}{SS_E/(n-a)} = \frac{MS_A}{MS_E}$$

该 F 统计量的直观意义较为明显, 就是要把反映因素 A 各水平影响的组间平方和与反映随机误差影响的误差平方和进行比较, 具体采用的是各自的均方. 在原假设成立时, F 值不应太大, 当 F 值很大时, 则可以认为假设 (4.6) 不成立.

可以证明, 当 H_0 成立时, $\dfrac{SS_A}{\sigma^2} \sim \chi^2_{a-1}$, $\dfrac{SS_E}{\sigma^2} \sim \chi^2_{n-a}$, 且二者互相独立, 从而

$$F = \frac{SS_A/(a-1)}{SS_E/(n-a)} \sim F_{a-1,n-a} \tag{4.9}$$

对给定的显著性水平 $\alpha > 0$, 当

$$F = \frac{SS_A/(a-1)}{SS_E/(n-a)} > F_{a-1,n-a}(\alpha)$$

时, 拒绝原假设 H_0, 即认为因素 A 的不同水平之间有显著性差异. 若采用 p 值法, 检验的 p 值为 $P(F > F_{\text{观测值}})$, 当 $p < \alpha$ 时, 拒绝 H_0.

为方便应用, 通常将上述结论列成表格, 见表 4.4, 称为一元方差分析表.

表 4.4 一元方差分析表

偏差来源	平方和	自由度	均方和	F统计量	p值
因素A	SS_A	$a-1$	$MS_A = SS_A/(a-1)$	$F = \frac{MS_A}{MS_E}$	$P(F > \frac{MS_A}{MS_E})$
误差	SS_E	$n-a$	$MS_E = SS_E/(n-a)$		
总和	SS_T	$n-1$			

例 4.5 某地方银行有三家分行. 该银行有一项宽松的病假制度, 一位副总裁担心员工会利用这项制度, 他认为员工利用此病假制度的倾向性取决于其所在的分行. 为了解各分行员工请病假的时间是否存在差异, 她让每个分行经理随机抽样调查员工, 并记录 2010 年员工请病假的天数, 其中 10 名员工的数据见表 4.5. 试判断三家分行员工请病假天数有无显著性差异.

表 4.5 银行员工请病假数据

分行	请病假天数			
Ⅰ	15	20	19	14
Ⅱ	11	15	12	
Ⅲ	18	19	23	

解 R 软件中的 aov 函数可进行方差分析, 其调用格式为 aov(formula,data=dataframe), 其中 formula 为方差分析模型的公式, 在单因素情形中, 其形式为 $Y \sim A$, 其中 Y 为因变量, A 代表因素. 由 aov 函数进行方差分析后, 再调用提取函数 summary, 即可给出方差分析表的详细结果.

本题中 $a = 3$, $n_1 = 4$, $n_2 = 3$, $n_3 = 3$, 总样本量 $n = 10$, 可算得 F 统计量的值 $F = 5.878$, 检验的 $p = 0.031\,8 < 0.05$, 故认为三家分行的员工请病假天数有显著性差异.

为直观展示组间差异, 可调用 R 软件中的 boxplot 函数绘制箱线图. 箱线图是一种用于显示数据位置和分散情况的统计图, 因形状如箱子而得名, 该图只用 5 个点. 对数据集做简单总结, 从下到上展示的是最小值、下四分位数 (箱子下边线)、中位数 (箱子内部线)、上四分位数 (箱子上边线)、最大值. 从图 4.1 中可以看到, 不同分行之间员工请病假天数的区别非常明显, 与利用方差分析进行检验所得到的结论一致.

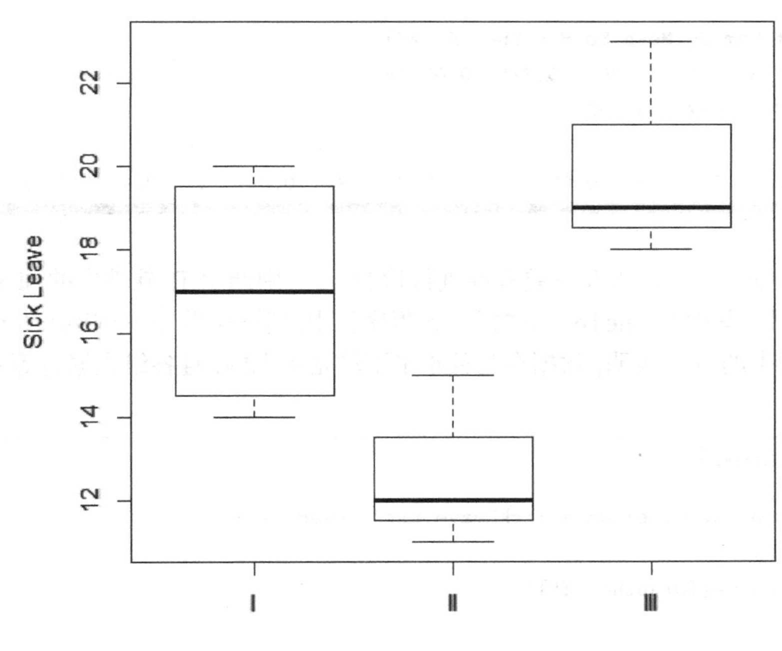

图 4.1　请病假数据箱线图

R 程序及输出结果

```
> data <- read.table("e:/data/SickLeave.txt", header=T)
> leave.aov<-aov(day~Branch,data)
> summary(leave.aov)
            Df Sum Sq Mean Sq F value Pr(>F)
Branch       2  81.73   40.87   5.878 0.0318 *
Residuals    7  48.67    6.95
---
Signif. codes:  0  '***'  0.001  '**'  0.01  '*'  0.05  '.'  0.1  '.'  1
> boxplot(day~Branch,data,ylab="Sick Leave")
```

除了 aov 函数, 方差分析还可以通过线性模型函数 lm 进行. 这里不详细阐述方差分析和线性模型的关系, 而直接给出这种方式. 首先调用 lm 函数, 然后再由 anova 函数提取出方差分析表.

R 程序及输出结果

```
> data <- read.table("e:/data/SickLeave.txt", header=T)
> attach(data)
> anova(lm(day~Branch))
Analysis of Variance Table

Response: day
```

```
          Df Sum Sq Mean Sq F value  Pr(>F)
Branch     2 81.733  40.867  5.8781 0.03176 *
Residuals  7 48.667   6.952
---
Signif. codes:  0 ‘***’ 0.001 ‘**’ 0.01 ‘*’ 0.05 ‘.’ 0.1 ‘ ’ 1
```

若要对数据的正态性以及方差齐性进行检验,可分别调用 R 软件中的 shapiro.test 和 leveneTest 函数. 其中 leveneTest 函数在 car 程序包中,其格式为 leveneTest (formula,data). 以下输出结果中的 p 值表明, 数据在三种水平下均是正态的, 且各组数据是等方差的.

R 程序及输出结果

```
> data <- read.table("e:/data/SickLeave.txt", header=T)
> attach(data)
> shapiro.test(day[Branch=="I"])

        Shapiro-Wilk normality test

data:  day[Branch == "I"]
W = 0.88207, p-value = 0.3476

> shapiro.test(day[Branch=="II"])

        Shapiro-Wilk normality test

data:  day[Branch == "II"]
W = 0.92308, p-value = 0.4633

> shapiro.test(day[Branch=="III"])

        Shapiro-Wilk normality test

data:  day[Branch == "III"]
W = 0.89286, p-value = 0.3631

> library(carData)
> library(car)
> leveneTest(day~Branch,data)
Levene's Test for Homogeneity of Variance (center = median)
      Df F value Pr(>F)
group  2  0.6267 0.5618
       7
```

4.2.2 多元单因素方差分析 (One-way MANOVA)

现将一元单因素方差分析方法推广到 p 元数据的情形. 设 $\boldsymbol{X}_i \sim N_p(\boldsymbol{\mu}_i, \boldsymbol{\Sigma})$, $i = 1,2,\cdots,a$, 且相互独立. $\boldsymbol{X}_{i1}, \boldsymbol{X}_{i2}, \cdots, \boldsymbol{X}_{in_i}$ 是来自总体 $\boldsymbol{X}_i$ 的样本, 则 p 元单因素方差分析模型可表示为

$$\begin{cases} \boldsymbol{X}_{ij} = \boldsymbol{\mu} + \boldsymbol{\alpha}_i + \boldsymbol{\varepsilon}_{ij} \\ \boldsymbol{\varepsilon}_{ij} \sim N_p(\boldsymbol{0}, \boldsymbol{\Sigma}) \quad i = 1,2,\cdots,a;\ j = 1,2,\cdots,n_i \\ \sum\limits_{i=1}^{a} n_i \boldsymbol{\alpha}_i = \boldsymbol{0} \end{cases} \tag{4.10}$$

其中, $n = \sum\limits_{i=1}^{a} n_i$; 向量 $\boldsymbol{\mu} = \dfrac{1}{n}\sum\limits_{i=1}^{a} n_i \boldsymbol{\mu}_i$ 表示总均值; $\boldsymbol{\alpha}_i = \boldsymbol{\mu}_i - \boldsymbol{\mu}$ 表示第 i 个效应.

对于 a 个总体均值向量的假设检验问题

$$H_0: \boldsymbol{\mu}_1 = \boldsymbol{\mu}_2 = \cdots = \boldsymbol{\mu}_a \tag{4.11}$$

或等价地

$$H_0: \boldsymbol{\alpha}_1 = \boldsymbol{\alpha}_2 = \cdots = \boldsymbol{\alpha}_a = \boldsymbol{0}$$

依然运用平方和分解法, 只需将诸平方和变为离差阵.

记 $\bar{\boldsymbol{X}}_i = \dfrac{1}{n_i}\sum\limits_{j=1}^{n_i} \boldsymbol{X}_{ij}$, $\bar{\boldsymbol{X}} = \dfrac{1}{n}\sum\limits_{i=1}^{a}\sum\limits_{j=1}^{n_i} \boldsymbol{X}_{ij}$, $n = \sum\limits_{i=1}^{a} n_i$, 则总离差阵可分解为

$$\begin{aligned} & \sum_{i=1}^{a}\sum_{j=1}^{n_i}(\boldsymbol{X}_{ij} - \bar{\boldsymbol{X}})(\boldsymbol{X}_{ij} - \bar{\boldsymbol{X}})^{\mathrm{T}} \\ = & \sum_{i=1}^{a}\sum_{j=1}^{n_i}(\boldsymbol{X}_{ij} - \bar{\boldsymbol{X}}_i + \bar{\boldsymbol{X}}_i - \bar{\boldsymbol{X}})(\boldsymbol{X}_{ij} - \bar{\boldsymbol{X}}_i + \bar{\boldsymbol{X}}_i - \bar{\boldsymbol{X}})^{\mathrm{T}} \\ = & \sum_{i=1}^{a}\sum_{j=1}^{n_i}(\boldsymbol{X}_{ij} - \bar{\boldsymbol{X}}_i)(\boldsymbol{X}_{ij} - \bar{\boldsymbol{X}}_i)^{\mathrm{T}} + \sum_{i=1}^{a} n_i(\bar{\boldsymbol{X}}_i - \bar{\boldsymbol{X}})(\bar{\boldsymbol{X}}_i - \bar{\boldsymbol{X}})^{\mathrm{T}} \\ = & \boldsymbol{W} + \boldsymbol{B} \end{aligned}$$

其中, $\boldsymbol{B} = \sum\limits_{i=1}^{a} n_i(\bar{\boldsymbol{X}}_i - \bar{\boldsymbol{X}})(\bar{\boldsymbol{X}}_i - \bar{\boldsymbol{X}})^{\mathrm{T}}$ 为组间离差阵; $\boldsymbol{W} = \sum\limits_{i=1}^{a}\sum\limits_{j=1}^{n_i}(\boldsymbol{X}_{ij} - \bar{\boldsymbol{X}}_i)(\boldsymbol{X}_{ij} - \bar{\boldsymbol{X}}_i)^{\mathrm{T}}$ 为组内离差阵. 组内离差阵还可表示为

$$\boldsymbol{W} = (n_1 - 1)\boldsymbol{S}_1 + (n_2 - 1)\boldsymbol{S}_2 + \cdots + (n_a - 1)\boldsymbol{S}_a$$

可见组内离差阵是两样本情形中 $(n_1 - 1)\boldsymbol{S}_1 + (n_2 - 1)\boldsymbol{S}_2$ 的推广.

可以证明, 当 H_0 成立时, $\boldsymbol{B} \sim W_{a-1}(\boldsymbol{\Sigma})$, 不论 H_0 是否成立, $\boldsymbol{W} \sim W_{n-a}(\boldsymbol{\Sigma})$, 且 $\boldsymbol{W}$ 与 $\boldsymbol{B}$ 相互独立.

类似于一元方差分析, 通过比较组内离差阵 $\boldsymbol{W}$ 和组间离差阵 $\boldsymbol{B}$, 或等价地比较 $\boldsymbol{W}$ 与总离差阵 $\boldsymbol{B} + \boldsymbol{W}$, 可对假设 H_0 进行检验.

威尔克斯采用广义方差之比, 提出了检验假设 H_0 的统计量为

$$\Lambda=\frac{|\boldsymbol{W}|}{|\boldsymbol{B}+\boldsymbol{W}|}=\frac{\left|\sum_{i=1}^{a}\sum_{j=1}^{n_i}(\boldsymbol{X}_{ij}-\bar{\boldsymbol{X}}_i)(\boldsymbol{X}_{ij}-\bar{\boldsymbol{X}}_i)^{\mathrm{T}}\right|}{\left|\sum_{i=1}^{a}\sum_{j=1}^{n_i}(\boldsymbol{X}_{ij}-\bar{\boldsymbol{X}})(\boldsymbol{X}_{ij}-\bar{\boldsymbol{X}})^{\mathrm{T}}\right|}$$

称为威尔克斯 (Wilks)Λ 统计量, 其中 $|\boldsymbol{W}|$ 表示矩阵 $\boldsymbol{W}$ 的行列式. 当 Λ 较小时, 则拒绝 H_0, 即认为因素 A 的不同水平之间有显著性差异.

通常情形下, Λ 的临界值不易求出, 但对一些特殊的 a 和 p, Λ 可以化为 F 分布来使用. 表 4.6 给出了某些 Λ 的精确分布. 对于其他情形, 在大样本条件下, 巴特利特 (Bartlett) 提出可以用 χ^2 分布来近似. 巴特利特证明了, 若假设 H_0 成立, 且 $\sum\limits_{i=1}^{a}n_i=n$ 充分大, 则

$$-\left(n-1-\frac{a+p}{2}\right)\ln\Lambda=-\left(n-1-\frac{a+p}{2}\right)\ln\frac{|\boldsymbol{W}|}{|\boldsymbol{B}+\boldsymbol{W}|}\dot{\sim}\chi^2_{p(a-1)}$$

于是当 n 充分大时, 对于给定的显著性水平 α, 若

$$-\left(n-1-\frac{a+p}{2}\right)\ln\frac{|\boldsymbol{W}|}{|\boldsymbol{B}+\boldsymbol{W}|}>\chi^2_{p(a-1)}(\alpha)$$

则拒绝 H_0, 其中 $\chi^2_{p(a-1)}(\alpha)$ 表示自由度为 $p(a-1)$ 的 χ^2 分布的 α 上侧分位数.

表 4.6　威尔克斯 Λ 的分布

p	a	抽样分布
1	$\geqslant 2$	$\frac{n-a}{a-1}\cdot\frac{1-\Lambda}{\Lambda}\sim F_{a-1,n-a}$
2	$\geqslant 2$	$\frac{n-a-1}{a-1}\cdot\frac{1-\sqrt{\Lambda}}{\sqrt{\Lambda}}\sim F_{2(a-1),2(n-a-1)}$
$\geqslant 1$	2	$\frac{n-p-1}{p}\cdot\frac{1-\Lambda}{\Lambda}\sim F_{p,n-p-1}$
$\geqslant 1$	3	$\frac{n-p-2}{p}\cdot\frac{1-\sqrt{\Lambda}}{\sqrt{\Lambda}}\sim F_{2p,2(n-p-2)}$

例 4.6　某项研究欲检验两种药物对心率的影响, 30 名妇女被随机分为 3 组, 每组 10 人, 每人都注射了一针. 根据她们的组别不同, 分别接受无效对照剂、药剂 A 或药剂 B 的注射. 在注射 2 min 后, 每隔 5 min 重复测量她们的心率, 对每个人都进行了 4 次测量, 心率数据见表 4.7, 试检验 3 种药剂对心率的影响有无差异.

表 4.7　心率数据　(次/min)

无效对照剂				药剂 A				药剂 B			
1 次	2 次	3 次	4 次	1 次	2 次	3 次	4 次	1 次	2 次	3 次	4 次
80	77	73	69	81	81	82	82	76	83	85	79
64	66	68	71	82	83	80	81	75	81	85	73
75	73	73	69	81	77	80	80	75	82	80	77
72	70	74	73	84	86	85	85	68	73	72	69
74	74	71	67	88	90	88	86	78	87	86	77
71	71	72	70	83	82	86	85	81	85	81	74

续表

无效对照剂				药剂 A				药剂 B			
1 次	2 次	3 次	4 次	1 次	2 次	3 次	4 次	1 次	2 次	3 次	4 次
76	78	74	71	85	83	87	86	67	73	75	66
73	68	64	64	81	85	86	85	68	73	73	66
76	73	74	76	87	89	87	82	68	75	79	69
77	78	77	73	77	75	73	77	73	78	80	70

解　本题中 $p=4$, $k=3$, $n_1=n_2=n_3=10$, 总样本量 $n=30$, 可算得组内离差阵为

$$\boldsymbol{W}=\begin{pmatrix}479.4 & 483.7 & 363.0 & 237.5\\ 483.7 & 610.5 & 475.6 & 319.7\\ 363.0 & 475.6 & 540.8 & 366.4\\ 237.5 & 319.7 & 366.4 & 381.0\end{pmatrix}$$

组间离差阵为

$$\boldsymbol{B}=\begin{pmatrix}612.1 & 430.5 & 449.7 & 740.4\\ 430.5 & 537.8 & 600.4 & 616.7\\ 449.7 & 600.4 & 673.9 & 659.9\\ 740.4 & 616.7 & 659.9 & 934.9\end{pmatrix}$$

威尔克斯检验统计量的值为 $\Lambda=0.062\,801$, 根据表 4.6, 计算

$$F=\frac{n-p-2}{p}\cdot\frac{1-\sqrt{\Lambda}}{\sqrt{\Lambda}}=17.942$$

进而可得检验的 p 值为 $p=P(F_{8,48}\geqslant 17.942)=4.824\times 10^{-12}$, p 值极小, 故认为 3 种药剂对心率的影响有差异.

应用 R 软件进行单因素多元方差分析, 可通过先后调用线性模型函数 lm 和 car 程序包中的 Manova 函数来实现. 此种方法默认输出包括 Wilk 检验在内的 4 种检验结果.

R 程序及输出结果

```
> library(car)
> data <- read.table("e:/data/HeartRate.txt", header=T)
> attach(data)
> data.fit<-lm(cbind(time1,time2,time3,time4) ~ group)
> table<- Manova(data.fit)
> summary(table,multivariate=TRUE)
Type II MANOVA Tests:
Sum of squares and products for error:
      time1 time2 time3 time4
time1 479.4 483.7 363.0 237.5
time2 483.7 610.5 475.6 319.7
time3 363.0 475.6 540.8 366.4
time4 237.5 319.7 366.4 381.0
------------------------------------------
```

```
Term: group
Sum of squares and products for the hypothesis:
        time1 time2    time3    time4
time1 612.0667 430.5 449.6667 740.4333
time2 430.5000 537.8 600.4000 616.7000
time3 449.6667 600.4 673.8667 659.9333
time4 740.4333 616.7 659.9333 934.8667
Multivariate Tests: group
                 Df test stat approx F num Df den Df     Pr(>F)
Pillai            2  1.437149 15.95836      8     50 2.1807e-11 ***
Wilks             2  0.062801 17.94242      8     48 4.8238e-12 ***
Hotelling-Lawley  2  6.962455 20.01706      8     46 1.3168e-12 ***
Roy               2  5.520367 34.50229      4     25 7.6810e-10 ***
---
Signif.codes: 0 '***' 0.001 '**' 0.01 '*' 0.05 '.' 0.1 '.' 1
```

此外, 也可以直接调用 manova 函数, 所得结果与借助于 lm 函数进行方差分析的结果一致.

R 程序及输出结果

```
> data <- read.table("e:/data/HeartRate.txt", header=T)
> attach(data)
> data.manova <- manova(cbind(time1,time2,time3,time4) ~ group)
> summary(data.manova, test="Wilks")
          Df    Wilks approx F num Df den Df    Pr(>F)
group      2 0.062801   17.942      8     48 4.824e-12 ***
Residuals 27
---
Signif.codes: 0 '***' 0.001 '**' 0.01 '*' 0.05 '.' 0.1 ' ' 1
```

4.3 双因素多个总体均值向量的比较

在实际应用中, 影响随机变量的因素往往不止一个. 例如, 产品生产过程中, 原材料等级和操作工人技术水平都可能影响产品的质量. 又如, 农业生产中, 肥料和种子品种都可能影响农作物的产量. 本节我们就来介绍双因素多个总体均值向量的比较, 即多元双因素方差分析.

下面我们先对一元双因素方差分析作简单回顾, 然后将其推广到多元情形.

4.3.1 一元双因素方差分析 (Two-way ANOVA)

假设在试验中, 有两个因素 A 和 B 在变化, 其他因素保持不变. 设因素 A 有 a 个不同的水平, 因素 B 有 b 个不同的水平, 共有 ab 种水平组合. 在每种不同的水平组合 (A_i, B_j)

下作 c 次独立观测, 并将其看作是来自正态总体 $N(\mu_{ij},\sigma^2)$ 的一个样本. 以 X_{ijk} 表示在水平组合 (A_i,B_j) 下得到的第 k 个观测值, 则 X_{ijk} 满足

$$\begin{cases} X_{ijk}=\mu_{ij}+\varepsilon_{ijk} \\ \varepsilon_{ijk}\sim N(0,\sigma^2)\ \text{且相互独立} \\ i=1,2,\cdots,a;\ j=1,2,\cdots,b;\ k=1,2,\cdots,c \end{cases} \tag{4.12}$$

为研究问题方便, 仍如单因素方差分析一般, 将水平组合 (A_i,B_j) 下的总体均值 μ_{ij} 作适当的分解. 记

$$\begin{cases} \mu=\dfrac{1}{ab}\displaystyle\sum_{i=1}^{a}\sum_{j=1}^{b}\mu_{ij} \\ \bar{\mu}_{i\cdot}=\dfrac{1}{b}\displaystyle\sum_{j=1}^{b}\mu_{ij}\quad \alpha_i=\bar{\mu}_{i\cdot}-\mu\quad i=1,2,\cdots,a \\ \bar{\mu}_{\cdot j}=\dfrac{1}{a}\displaystyle\sum_{i=1}^{a}\mu_{ij}\quad \beta_j=\bar{\mu}_{\cdot j}-\mu\quad j=1,2,\cdots,b \end{cases} \tag{4.13}$$

这里 μ 为总平均, α_i 和 β_j 分别表示水平 A_i 和水平 B_j 的效应,

在某些双因素试验中, 除了单个因素对试验结果的影响, 不同因素之间还可能会联合起来对试验结果产生影响, 这种影响就是交互作用. 交互作用的存在使得 $\mu_{ij}-\mu$ 并不简单等于水平 A_i 的效应 α_i 和水平 B_j 的效应 β_j 之和. 记

$$\gamma_{ij}=(\mu_{ij}-\mu)-\alpha_i-\beta_j\quad i=1,2,\cdots,a;\ j=1,2,\cdots,b$$

称 γ_{ij} 为 A_i 和 B_j 的交互效应. 易验证 α_i, β_j 和 γ_{ij} 满足关系式

$$\sum_{i=1}^{a}\alpha_i=0\quad \sum_{j=1}^{b}\beta_j=0$$

$$\sum_{i=1}^{a}\gamma_{ij}=0\quad j=1,2,\cdots,b$$

$$\sum_{j=1}^{b}\gamma_{ij}=0\quad i=1,2,\cdots,a$$

下面我们根据方差分析模型中是否存在交互效应, 分两种情况进行讨论.

1. 无交互效应的双因素方差分析

假设 $\gamma_{ij}=0, i=1,2,\cdots,a, j=1,2,\cdots,b$, 即不存在交互效应, 此时 $\mu_{ij}=\mu+\alpha_i+\beta_j$, 即水平组合 (A_i,B_j) 下的总体平均值 μ_{ij} 可视为总平均 μ 与各水平效应 α_i 和 β_j 的简单叠加. 对于无交互效应的双因素方差分析模型, 在水平组合 (A_i,B_j) 下不必进行重复试验, 只作一次试验即可, 即 $c=1$, 此时模型可表示为

$$\begin{cases} X_{ij}=\mu+\alpha_i+\beta_j+\varepsilon_{ij} \\ \varepsilon_{ij}\sim N(0,\sigma^2)\ \ \text{且相互独立}\quad i=1,2,\cdots,a;\ j=1,2,\cdots,b \\ \displaystyle\sum_{i=1}^{a}\alpha_i=0\quad \sum_{j=1}^{b}\beta_j=0 \end{cases}$$

称为无交互效应的双因素方差分析模型.

由式 (4.13) 知, 判断因素 A 和因素 B 各水平的影响是否有显著性差异, 等价于检验假设

$$H_{01}: \alpha_1 = \alpha_2 = \cdots = \alpha_a$$

或者

$$H_{02}: \beta_1 = \beta_2 = \cdots = \beta_b$$

下面依然采用平方和分解的方法推导检验统计量. 记

$$\bar{X} = \frac{1}{ab}\sum_{i=1}^{a}\sum_{j=1}^{b} X_{ij}$$

$$\bar{X}_{i\cdot} = \frac{1}{b}\sum_{j=1}^{b} X_{ij}$$

$$\bar{X}_{\cdot j} = \frac{1}{a}\sum_{i=1}^{a} X_{ij}$$

对总偏差平方和 SS_T 进行如下分解:

$$\begin{aligned}
SS_T &= \sum_{i=1}^{a}\sum_{j=1}^{b}(X_{ij} - \bar{X})^2 \\
&= \sum_{i=1}^{a}\sum_{j=1}^{b}[(X_{ij} - \bar{X}_{i\cdot} - \bar{X}_{\cdot j} + \bar{X}) + (\bar{X}_{i\cdot} - \bar{X}) + (\bar{X}_{\cdot j} - \bar{X})]^2 \\
&= \sum_{i=1}^{a}\sum_{j=1}^{b}(X_{ij} - \bar{X}_{i\cdot} - \bar{X}_{\cdot j} + \bar{X})^2 + \sum_{i=1}^{a} b(\bar{X}_{i\cdot} - \bar{X})^2 + \sum_{j=1}^{b} a(\bar{X}_{\cdot j} - \bar{X})^2 \\
&= SS_E + SS_A + SS_B
\end{aligned}$$

其中, SS_E 称为误差平方和, 反映了除因素 A, B 之外的随机因素所引起的偏差; SS_A 和 SS_B 分别称为因素 A 和因素 B 的偏差平方和, 反映了因素 A、B 的水平变化引起的差异.

可以证明 $SS_E/\sigma^2 \sim \chi^2_{(a-1)(b-1)}$, 还可证明当 H_{01} 成立时, $SS_A/\sigma^2 \sim \chi^2_{a-1}$, 且与 SS_E 相互独立. 因此, 当 H_{01} 成立时, 检验统计量

$$F_A = \frac{MS_A}{MS_E} = \frac{SS_A/(a-1)}{SS_E/[(a-1)(b-1)]} \sim F_{a-1,(a-1)(b-1)}$$

对给定的显著性水平 α, 当 $F_A > F_{a-1,(a-1)(b-1)}(\alpha)$ 时, 拒绝假设 H_{01}, 即认为因素 A 的不同水平的效应之间有显著性差异. 若采用 p 值法, 检验的 p 值为 $P(F > F_{A\text{观测值}})$, 当 $p < \alpha$ 时, 拒绝 H_0.

同样, 当 H_{02} 成立时, 有

$$F_B = \frac{MS_B}{MS_E} = \frac{SS_B/(b-1)}{SS_E/[(a-1)(b-1)]} \sim F_{b-1,(a-1)(b-1)}$$

对给定的显著性水平 α, 当 $F_B > F_{b-1,(a-1)(b-1)}(\alpha)$ 时, 拒绝假设 H_{02}, 即认为因素 B 的不同水平的效应之间有显著性差异. 检验的 p 值为 $P(F > F_{B\text{观测值}})$.

将上述结论总结于方差分析表表 4.8 中.

表 4.8 无交互效应的双因素方差分析表

偏差来源	平方和	自由度	均方和	F统计量	p值
因素A	SS_A	$a-1$	$MS_A=\dfrac{SS_A}{a-1}$	$F_A=\dfrac{MS_A}{MS_E}$	$P(F>F_{A观测值})$
因素B	SS_B	$b-1$	$MS_B=\dfrac{SS_B}{b-1}$	$F_B=\dfrac{MS_B}{MS_E}$	$P(F>F_{B观测值})$
误差	SS_E	$(a-1)(b-1)$	$MS_E=\dfrac{SS_E}{(a-1)(b-1)}$		
总和	SS_T	$ab-1$			

例 4.7 为了考察高温合金中碳的含量 (因素 A) 和锑与铝的含量之和 (因素 B) 对合金强度的影响, 因素 A 取 3 个水平 0.03, 0.04, 0.05 (表示碳的含量占合金总量的百分比), 因素 B 取 4 个水平 3.3, 3.4, 3.5, 3.6(表示锑与铝的含量占合金总量的百分比), 在每个水平组合下各作一次试验, 结果见表 4.9, 检验因素 A, 因素 B 的不同水平之间对合金强度的影响是否有显著性差异.

表 4.9 合金强度数据

碳含量	锑与铝的含量			
	3.3	3.4	3.5	3.5
0.03	63.1	63.9	65.6	66.8
0.04	65.1	66.4	67.8	69.0
0.05	67.2	71.0	71.9	73.5

解 本题的方差分析表见表 4.10, $F_A=70.05$, p 值 $=6.927\times10^{-5}$, $F_B=21.92$, p 值 $=0.001\ 237$, 故对显著性水平 $\alpha=0.05$, 因素 A 和因素 B 的不同水平对合金强度的影响有显著性差异, 即因素 A 和因素 B 都是显著的.

表 4.10 无交互效应的双因素方差分析表

偏差来源	平方和	自由度	均方和	F统计量	p 值
因素A	74.91	2	37.46	$F_A=70.05$	6.927×10^{-5}
因素B	35.17	3	11.72	$F_B=21.92$	0.001 237
误差	3.21	6	0.535		
总和	113.29	11			

R 程序及输出结果

```
> data <- read.table("e:/data/Alloy.txt", header=T)
> attach(data)
> anova(lm(Strength~A+B))
Analysis of Variance Table
Response: Strength
          Df Sum Sq Mean Sq F value    Pr(>F)
A          2 74.912  37.456  70.047 6.927e-05 ***
B          3 35.169  11.723  21.924  0.001237 **
Residuals  6  3.208   0.535
```

```
---
Signif.codes: 0 '***' 0.001 '**' 0.01 '*' 0.05 '.' 0.1 ' ' 1
```

2. 有交互效应的双因素方差分析

现假设 $\gamma_{ij}\neq 0, i=1,2,\cdots,a, j=1,2,\cdots,b$, 即存在交互效应. 当研究因素间的交互效应时, 需要在各水平组合下作重复试验, 即每种组合下的试验次数 $c\geqslant 2$. 此时模型可表示为

$$\begin{cases} X_{ijk}=\mu+\alpha_i+\beta_j+\gamma_{ij}+\varepsilon_{ijk} \\ \varepsilon_{ijk}\sim N(0,\sigma^2) \ \text{且相互独立} \quad i=1,2,\cdots,a;\ j=1,2,\cdots,b;\ k=1,2,\cdots,c \\ \sum\limits_{i=1}^{a}\alpha_i=0 \quad \sum\limits_{j=1}^{b}\beta_j=0 \\ \sum\limits_{i=1}^{a}\gamma_{ij}=0 \quad j=1,2,\cdots,b \quad \sum\limits_{j=1}^{b}\gamma_{ij}=0 \quad i=1,2,\cdots,a \end{cases} \tag{4.14}$$

称为有交互效应的一元双因素方差分析模型.

在模型 (4.14) 中, 除了要检验 H_{01} 和 H_{02} 外, 还需考虑交互效应是否存在的检验, 即

$$H_{03}:\gamma_{ij}=0 \quad i=1,2,\cdots,a;\ j=1,2,\cdots,b$$

我们仍采用类似的平方和分解方法. 记

$$\bar{X}=\frac{1}{abc}\sum_{i=1}^{a}\sum_{j=1}^{b}\sum_{k=1}^{c}X_{ijk}$$

$$\bar{X}_{ij\cdot}=\frac{1}{c}\sum_{k=1}^{c}X_{ijk} \quad i=1,2,\cdots,a;\ j=1,2,\cdots,b$$

$$\bar{X}_{i\cdot\cdot}=\frac{1}{bc}\sum_{j=1}^{b}\sum_{k=1}^{c}X_{ijk} \quad i=1,2,\cdots,a$$

$$\bar{X}_{\cdot j\cdot}=\frac{1}{ac}\sum_{i=1}^{a}\sum_{k=1}^{c}X_{ijk} \quad j=1,2,\cdots,b$$

总偏差平方和可分解为

$$\begin{aligned} SS_T&=\sum_{i=1}^{a}\sum_{j=1}^{b}\sum_{k=1}^{c}(X_{ijk}-\bar{X})^2 \\ &=\sum_{i=1}^{a}\sum_{j=1}^{b}\sum_{k=1}^{c}[(X_{ijk}-\bar{X}_{ij\cdot})+(\bar{X}_{i\cdot\cdot}-\bar{X})+(\bar{X}_{\cdot j\cdot}-\bar{X})+(\bar{X}_{ij\cdot}-\bar{X}_{i\cdot\cdot}-\bar{X}_{\cdot j\cdot}+\bar{X})]^2 \\ &=\sum_{i=1}^{a}\sum_{j=1}^{b}\sum_{k=1}^{c}(X_{ijk}-\bar{X}_{ij\cdot})^2+bc\sum_{i=1}^{a}(\bar{X}_{i\cdot\cdot}-\bar{X})^2+ \\ &\quad ac\sum_{j=1}^{b}(\bar{X}_{\cdot j\cdot}-\bar{X})^2+c\sum_{i=1}^{a}\sum_{j=1}^{b}(\bar{X}_{ij\cdot}-\bar{X}_{i\cdot\cdot}-\bar{X}_{\cdot j\cdot}+\bar{X})^2 \\ &=SS_E+SS_A+SS_B+SS_{A\times B} \end{aligned}$$

其中, SS_E 为误差平方和, 它反映了试验的误差; $SS_A, SS_B, SS_{A\times B}$ 分别称为因素 A、因素 B、交互效应 $A\times B$ 的偏差平方和, 反映了因素 A、因素 B、交互效应 $A\times B$ 的不同水平引起的偏差.

可以证明 $SS_E/\sigma^2 \sim \chi^2_{ab(c-1)}$.

当 H_{01} 成立时, $SS_A/\sigma^2 \sim \chi^2_{a-1}$, 且与 SS_E 相互独立, 检验统计量

$$F_A = \frac{MS_A}{MS_E} = \frac{SS_A/(a-1)}{SS_E/[ab(c-1)]} \sim F_{a-1,ab(c-1)}$$

当 H_{02} 成立时, $SS_B/\sigma^2 \sim \chi^2_{b-1}$, 且与 SS_E 相互独立, 检验统计量

$$F_B = \frac{MS_B}{MS_E} = \frac{SS_B/(b-1)}{SS_E/[ab(c-1)]} \sim F_{b-1,ab(c-1)}$$

当 H_{03} 成立时, $SS_{A\times B}/\sigma^2 \sim \chi^2_{(a-1)(b-1)}$, 且与 SS_E 相互独立, 检验统计量

$$F_{A\times B} = \frac{SS_{A\times B}/[(a-1)(b-1)]}{SS_E/[ab(c-1)]} \sim F_{(a-1)(b-1),ab(c-1)}$$

上述结果总结于方差分析表表 4.11 中. 对给定的显著性水平 α, 通常先检验交互效应. 当 $F_{A\times B} > F_{(a-1)(b-1),ab(c-1)}(\alpha)$ 时, 拒绝假设 H_{03}, 认为因素 A 与因素 B 的交互效应存在. 当 $F_{A\times B} < F_{(a-1)(b-1),ab(c-1)}(\alpha)$ 时, 则接受假设 H_{03}, 认为因素 A 与因素 B 的交互效应不存在, 此时可进一步分别检验因素 A 与因素 B 的效应.

表 4.11　有交互效应的双因素方差分析表

偏差来源	平方和	自由度	均方和	F统计量	p值
因素A	SS_A	$a-1$	$MS_A = \frac{SS_A}{a-1}$	$F_A = \frac{MS_A}{MS_E}$	$P(F > F_{A观测值})$
因素B	SS_B	$b-1$	$MS_B = \frac{SS_B}{b-1}$	$F_B = \frac{MS_B}{MS_E}$	$P(F > F_{B观测值})$
交互$A\times B$	$SS_{A\times B}$	$(a-1)(b-1)$	$MS_{A\times B} = \frac{SS_{A\times B}}{(a-1)(b-1)}$	$F_{A\times B} = \frac{MS_{A\times B}}{MS_E}$	$P(F > F_{A\times B观测值})$
误差	SS_E	$ab(c-1)$	$MS_E = \frac{SS_E}{ab(c-1)}$		
总和	SS_T	$abc-1$			

例 4.8　某项研究调查了生物反馈和药物治疗对高血压的影响, 生物反馈 (因素 A) 存在与否取为 2 个水平, 药物类型 (因素 B) 取 X, Y, Z 型 3 个水平, 每个水平组合下重复 5 次试验, 所得数据见表 4.12, 试检验因素 A、因素 B 以及交互效应 $A\times B$ 的影响是否显著.

表 4.12　血压数据　　　(mmHg)

存在生物反馈			无生物反馈		
X	Y	Z	X	Y	Z
170	186	180	173	189	202
175	194	187	194	194	228
165	201	199	197	217	190
180	215	170	190	206	206
160	219	204	176	199	224

解 本题的方差分析表见表 4.13, 可算得 $F_A = 6.934\ 2$, $F_B = 10.979\ 1$, $F_{A\times B} = 2.504\ 0$, 因素 A 与因素 B 的 p 值分别为 0.014 6 与 0.000 4, 交互效应 $A \times B$ 的 p 值为 0.102 9, 所以当显著性水平 $\alpha = 0.05$ 时, 因素 A 以及因素 B 的不同水平之间的影响都是显著的, 而交互效应 $A \times B$ 的影响不显著.

表 4.13 有交互效应的双因素方差分析表

偏差来源	平方和	自由度	均方和	F统计量	p 值
因素A	1 080	1	1 080.00	$F_A = 6.934\ 2$	0.014 6
因素B	3 420	2	1 710.00	$F_B = 10.979\ 1$	0.000 4
交互$A \times B$	780	2	390.00	$F_{A\times B} = 2.504\ 0$	0.102 9
误差	3 738	24	155.75		
总和	9 018	29			

R 程序及输出结果

```
> data <- read.table("e:/data/Hypertension.txt", header=T)
> attach(data)
> anova(lm(BloodPressure~Biofeedback*Drug))
Analysis of Variance Table
Response: BloodPressure
                 Df Sum Sq Mean Sq F value    Pr(>F)
Biofeedback       1   1080 1080.00  6.9342 0.0145635 *
Drug              2   3420 1710.00 10.9791 0.0004113 ***
Biofeedback:Drug  2    780  390.00  2.5040 0.1028767
Residuals        24   3738  155.75
---
Signif.codes: 0  '***'  0.001  '**'  0.01  '*'  0.05  '.'  0.1  ' '  1
```

4.3.2 多元双因素方差分析 (Two-way MANOVA)

当随机变量为 p 元时, 可类似建立如下多元双因素方差分析模型:

$$\begin{cases} \boldsymbol{X}_{ijk} = \boldsymbol{\mu} + \boldsymbol{\alpha}_i + \boldsymbol{\beta}_j + \boldsymbol{\gamma}_{ij} + \boldsymbol{\varepsilon}_{ijk} \\ \boldsymbol{\varepsilon}_{ijk} \sim N_p(\boldsymbol{0}, \boldsymbol{\Sigma}) \text{ 且相互独立} \quad i = 1,2,\cdots,a;\ j = 1,2,\cdots,b;\ k = 1,2,\cdots,c \\ \sum_{i=1}^{a} \boldsymbol{\alpha}_i = \boldsymbol{0} \quad \sum_{j=1}^{b} \boldsymbol{\beta}_j = \boldsymbol{0} \\ \sum_{i=1}^{a} \boldsymbol{\gamma}_{ij} = 0 \quad j = 1,2,\cdots,b \quad \sum_{j=1}^{b} \boldsymbol{\gamma}_{ij} = 0 \quad i = 1,2,\cdots,a \end{cases}$$

其中,

$$\boldsymbol{\mu} = \frac{1}{ab} \sum_{i=1}^{a} \sum_{j=1}^{b} \boldsymbol{\mu}_{ij}$$

$$\bar{\boldsymbol{\mu}}_{i\cdot}=\frac{1}{b}\sum_{j=1}^{b}\boldsymbol{\mu}_{ij}\quad \boldsymbol{\alpha}_i=\bar{\boldsymbol{\mu}}_{i\cdot}-\boldsymbol{\mu}$$

$$\bar{\boldsymbol{\mu}}_{\cdot j}=\frac{1}{a}\sum_{i=1}^{a}\boldsymbol{\mu}_{ij}\quad \boldsymbol{\beta}_j=\bar{\boldsymbol{\mu}}_{\cdot j}-\boldsymbol{\mu}$$

$$\boldsymbol{\gamma}_{ij}=(\boldsymbol{\mu}_{ij}-\boldsymbol{\mu})-\boldsymbol{\alpha}_i-\boldsymbol{\beta}_j\quad i=1,2,\cdots,a;\ j=1,2,\cdots,b$$

依然采用离差阵分解的方法, 记

$$\bar{\boldsymbol{X}}=\frac{1}{abc}\sum_{i=1}^{a}\sum_{j=1}^{b}\sum_{k=1}^{c}\boldsymbol{X}_{ijk}$$

$$\bar{\boldsymbol{X}}_{ij\cdot}=\frac{1}{c}\sum_{k=1}^{c}\boldsymbol{X}_{ijk}\quad i=1,2,\cdots,a;\ j=1,2,\cdots,b$$

$$\bar{\boldsymbol{X}}_{i\cdot\cdot}=\frac{1}{bc}\sum_{j=1}^{b}\sum_{k=1}^{c}\boldsymbol{X}_{ijk}\quad i=1,2,\cdots,a$$

$$\bar{\boldsymbol{X}}_{\cdot j\cdot}=\frac{1}{ac}\sum_{i=1}^{a}\sum_{k=1}^{c}\boldsymbol{X}_{ijk}\quad j=1,2,\cdots,b$$

则总离差阵 $SSCP_T$ 可分解为

$$\begin{aligned}SSCP_T&=\sum_{i=1}^{a}\sum_{j=1}^{b}\sum_{k=1}^{c}(\boldsymbol{X}_{ijk}-\bar{\boldsymbol{X}})(\boldsymbol{X}_{ijk}-\bar{\boldsymbol{X}})^{\mathrm{T}}\\&=\sum_{i=1}^{a}\sum_{j=1}^{b}\sum_{k=1}^{c}(\boldsymbol{X}_{ijk}-\bar{\boldsymbol{X}}_{ij\cdot})(\boldsymbol{X}_{ijk}-\bar{\boldsymbol{X}}_{ij\cdot})^{\mathrm{T}}+\\&\quad bc\sum_{i=1}^{a}(\bar{\boldsymbol{X}}_{i\cdot\cdot}-\bar{\boldsymbol{X}})(\bar{\boldsymbol{X}}_{i\cdot\cdot}-\bar{\boldsymbol{X}})^{\mathrm{T}}+ac\sum_{j=1}^{b}(\bar{\boldsymbol{X}}_{\cdot j\cdot}-\bar{\boldsymbol{X}})(\bar{\boldsymbol{X}}_{\cdot j\cdot}-\bar{\boldsymbol{X}})^{\mathrm{T}}+\\&\quad c\sum_{i=1}^{a}\sum_{j=1}^{b}(\bar{\boldsymbol{X}}_{ij\cdot}-\bar{\boldsymbol{X}}_{i\cdot\cdot}-\bar{\boldsymbol{X}}_{\cdot j\cdot}+\bar{\boldsymbol{X}})(\bar{\boldsymbol{X}}_{ij\cdot}-\bar{\boldsymbol{X}}_{i\cdot\cdot}-\bar{\boldsymbol{X}}_{\cdot j\cdot}+\bar{\boldsymbol{X}})^{\mathrm{T}}\\&=SSCP_E+SSCP_A+SSCP_B+SSCP_{A\times B}\end{aligned}$$

类似于多元单因素方差分析, 对假设

$$H_{01}:\quad \boldsymbol{\alpha}_1=\boldsymbol{\alpha}_2=\cdots=\boldsymbol{\alpha}_a$$

$$H_{02}:\quad \boldsymbol{\beta}_1=\boldsymbol{\beta}_2=\cdots=\boldsymbol{\beta}_b$$

$$H_{03}:\quad \boldsymbol{\gamma}_{ij}=\boldsymbol{0}\quad i=1,2,\cdots,a;\ j=1,2,\cdots,b$$

分别建立威尔克斯 $\varLambda$ 检验统计量

$$\varLambda_1^*=\frac{|SSCP_E|}{|SSCP_A+SSCP_E|}$$

$$\Lambda_2^* = \frac{|SSCP_E|}{|SSCP_B + SSCP_E|}$$
$$\Lambda_3^* = \frac{|SSCP_E|}{|SSCP_{A\times B} + SSCP_E|}$$

若 Λ_i^* 的值较小, 则拒绝相应原假设.

将上述结果总结于方差分析表表 4.14 中.

表 4.14　有交互效应的多元双因素方差分析表

偏差来源	离差阵	自由度
因素A	$SSCP_A$	$a-1$
因素B	$SSCP_B$	$b-1$
交互$A\times B$	$SSCP_{A\times B}$	$(a-1)(b-1)$
误差	$SSCP_E$	$ab(c-1)$
总和	$SSCP_T$	$abc-1$

对于大样本情形, 威尔克斯 Λ 统计量的临界值可以用 χ^2 分布的临界值来近似

$$-\left[ab(c-1)-\tfrac{p+1-(a-1)}{2}\right]\ln \Lambda_1^* \dot\sim \chi^2_{(a-1)p}$$
$$-\left[ab(c-1)-\tfrac{p+1-(b-1)}{2}\right]\ln \Lambda_2^* \dot\sim \chi^2_{(b-1)p}$$
$$-\left[ab(c-1)-\tfrac{p+1-(a-1)(b-1)}{2}\right]\ln \Lambda_3^* \dot\sim \chi^2_{(a-1)(b-1)p}$$

在大样本情形下, 对于给定的显著性水平 $\alpha > 0$, 通常先检验交互效应, 若

$$-\left[ab(c-1)-\frac{p+1-(a-1)(b-1)}{2}\right]\ln \Lambda_3^* > \chi^2_{(a-1)(b-1)p}(\alpha)$$

则拒绝 H_{03}, 否则接受 H_{03}, 即认为因素 A 与因素 B 的交互效应不存在, 此时可进一步检验因素 A 与因素 B 的效应. 若

$$-\left[ab(c-1)-\frac{p+1-(a-1)}{2}\right]\ln \Lambda_1^* > \chi^2_{(a-1)p}(\alpha)$$

则拒绝 H_{01}, 即认为因素 A 的效应显著. 若

$$-\left[ab(c-1)-\frac{p+1-(b-1)}{2}\right]\ln \Lambda_2^* > \chi^2_{(b-1)p}(\alpha)$$

则拒绝 H_{02}, 即认为因素 B 的效应显著.

例 4.9　为确定挤压塑料薄膜的最佳工艺条件进行了某项试验, 在试验中考虑挤压速度及添加剂数量这两个因素, 每个因素各取两个水平, 并在各因素水平组合下测量 3 个响应指标: X_1 = 撕裂强度, X_2 = 光泽度, X_3 = 不透明度, 所得数据列在表 4.15 中, 试检验挤压速度、添加剂数量以及交互效应的影响是否显著.

表 4.15　塑料薄膜数据

挤压速度	添加剂数量					
	低 (1.0%)			高 (1.5%)		
	X_1	X_2	X_3	X_1	X_2	X_3
低 (−10%)	6.5	9.5	4.4	6.9	9.1	5.7
	6.2	9.9	6.4	7.2	10.0	2.0
	5.8	9.6	3.0	6.9	9.9	3.9
	6.5	9.6	4.1	6.1	9.5	1.9
	6.5	9.2	0.8	6.3	9.4	5.7
高 (10%)	6.7	9.1	2.8	7.1	9.2	8.4
	6.6	9.3	4.1	7.0	8.8	5.2
	7.2	8.3	3.8	7.2	9.7	6.9
	7.1	8.4	1.6	7.5	10.1	2.7
	6.8	8.5	3.4	7.6	9.2	1.9

解　由 R 程序可得到本题的方差分析表, 见表 4.16. 在显著性水平 $\alpha = 0.05$ 下, 分别进行 Wilks 检验, 先看交互效应, 可算得 $F = 1.338\ 5$, p 值 $= 0.301\ 8 > 0.05$, 因此可认为交互效应的影响不显著. 再看两个主效应, 对于挤压速度, $F = 7.554\ 2$, p 值 $= 0.003\ 0 < 0.05$, 对于添加剂数量, $F = 4.255\ 6$, p 值 $= 0.024\ 7 < 0.05$, 故挤压速度和添加剂数量的影响都是显著的.

表 4.16　多元双因素方差分析表

偏差来源	离差阵	自由度
因素 A(挤压速度)	$SSCP_A = \begin{pmatrix} 1.740\ 5 & -1.504\ 5 & 0.855\ 5 \\ & 1.300\ 5 & -0.739\ 5 \\ & & 0.420\ 5 \end{pmatrix}$	1
因素 B(添加剂数量)	$SSCP_B = \begin{pmatrix} 0.760\ 5 & 0.682\ 5 & 1.930\ 5 \\ & 0.612\ 5 & 1.732\ 5 \\ & & 4.900\ 5 \end{pmatrix}$	1
交互 $A \times B$	$SSCP_{A\times B} = \begin{pmatrix} 0.000\ 5 & 0.016\ 5 & 0.044\ 5 \\ & 0.544\ 5 & 1.468\ 5 \\ & & 3.960\ 5 \end{pmatrix}$	1
误差	$SSCP_E = \begin{pmatrix} 1.764\ 0 & 0.020\ 0 & -3.070\ 0 \\ & 2.628\ 0 & -0.552\ 0 \\ & & 64.924\ 0 \end{pmatrix}$	16
总和	$SSCP_T = \begin{pmatrix} 4.265\ 5 & -0.785\ 5 & -0.239\ 5 \\ & 5.085\ 5 & 1.909\ 5 \\ & & 74.205\ 5 \end{pmatrix}$	19

本例中的试验数据, 除了手动输入到数据文件中以外, 也可以由以下 R 代码生成.

R 程序及输出结果

```
> tear<-c(6.5,6.2,5.8,6.5,6.5,6.9,7.2,6.9,6.1,6.3,
```

```
+ 6.7,6.6,7.2,7.1,6.8,7.1,7.0,7.2,7.5,7.6)
> gloss<-c(9.5,9.9,9.6,9.6,9.2,9.1,10.0,9.9,9.5,
+ 9.4,9.1,9.3,8.3,8.4,8.5,9.2,8.8,9.7,10.1,9.2)
> opacity <- c(4.4,6.4,3.0,4.1,0.8,5.7,2.0,3.9,1.9,
+ 5.7,2.8,4.1,3.8,1.6,3.4,8.4,5.2,6.9,2.7,1.9)
> rate<-factor(gl(2,10), labels=c("Low", "High"))
> additive <-factor(gl(2,5,len=20),labels=c("Low","High"))
> plastic<-data.frame(tear,gloss,opacity,rate,additive)
> plastic
   tear gloss opacity rate additive
1   6.5   9.5     4.4  Low      Low
2   6.2   9.9     6.4  Low      Low
3   5.8   9.6     3.0  Low      Low
4   6.5   9.6     4.1  Low      Low
5   6.5   9.2     0.8  Low      Low
6   6.9   9.1     5.7  Low     High
7   7.2  10.0     2.0  Low     High
8   6.9   9.9     3.9  Low     High
9   6.1   9.5     1.9  Low     High
10  6.3   9.4     5.7  Low     High
11  6.7   9.1     2.8 High      Low
12  6.6   9.3     4.1 High      Low
13  7.2   8.3     3.8 High      Low
14  7.1   8.4     1.6 High      Low
15  6.8   8.5     3.4 High      Low
16  7.1   9.2     8.4 High     High
17  7.0   8.8     5.2 High     High
18  7.2   9.7     6.9 High     High
19  7.5  10.1     2.7 High     High
20  7.6   9.2     1.9 High     High
```

进行方差分析的相应 R 代码如下.

R 程序及输出结果

```
> library(car)
> plastic<-read.table("e:/data/PlasticFlim.txt",header=T)
> attach(plastic)
> plastic.fit<-lm(cbind(tear,gloss,opacity)~rate*additive)
> table<-Manova(plastic.fit)
> summary(table,multivariate=TRUE)

Type II MANOVA Tests:
Sum of squares and products for error:
```

```
          tear  gloss opacity
tear     1.764  0.020  -3.070
gloss    0.020  2.628  -0.552
opacity -3.070 -0.552  64.924
------------------------------------------
Term: rate
Sum of squares and products for the hypothesis:
           tear   gloss opacity
tear     1.7405 -1.5045  0.8555
gloss   -1.5045  1.3005 -0.7395
opacity  0.8555 -0.7395  0.4205

Multivariate Tests: rate
                 Df test stat approx F num Df den Df   Pr(>F)
Pillai            1 0.6181416 7.554269      3     14 0.003034 **
Wilks             1 0.3818584 7.554269      3     14 0.003034 **
Hotelling-Lawley  1 1.6187719 7.554269      3     14 0.003034 **
Roy               1 1.6187719 7.554269      3     14 0.003034 **
---
Signif.codes: 0  '***'  0.001  '**'  0.01  '*'  0.05  '.'  0.1  ' '  1
------------------------------------------
Term: additive
Sum of squares and products for the hypothesis:
          tear  gloss opacity
tear    0.7605 0.6825  1.9305
gloss   0.6825 0.6125  1.7325
opacity 1.9305 1.7325  4.9005

Multivariate Tests: additive
                 Df test stat approx F num Df den Df   Pr(>F)
Pillai            1 0.4769651 4.255619      3     14 0.024745 *
Wilks             1 0.5230349 4.255619      3     14 0.024745 *
Hotelling-Lawley  1 0.9119183 4.255619      3     14 0.024745 *
Roy               1 0.9119183 4.255619      3     14 0.024745 *
---
Signif.codes: 0  '***'  0.001  '**'  0.01  '*'  0.05  '.'  0.1  ' '  1
------------------------------------------
Term: rate:additive
Sum of squares and products for the hypothesis:
          tear  gloss opacity
tear    0.0005 0.0165  0.0445
gloss   0.0165 0.5445  1.4685
opacity 0.0445 1.4685  3.9605
```

```
Multivariate Tests: rate:additive
                 Df test stat approx F num Df den Df  Pr(>F)
Pillai            1 0.2228942 1.338522      3     14 0.30178
Wilks             1 0.7771058 1.338522      3     14 0.30178
Hotelling-Lawley  1 0.2868261 1.338522      3     14 0.30178
Roy               1 0.2868261 1.338522      3     14 0.30178
```

4.4　多个总体协方差矩阵的比较

在均值向量的比较问题中, 一般都假设各总体具有相同的协方差矩阵, 即满足方差齐性条件. 因此, 在进行均值向量比较之前, 有必要检验各个总体的协方差矩阵是否相等.

设 $\boldsymbol{X}_i \sim N_p(\boldsymbol{\mu}_i, \boldsymbol{\Sigma}_i), i = 1, 2, \cdots, k$, 且相互独立. $\boldsymbol{X}_{i1}, \boldsymbol{X}_{i2}, \cdots, \boldsymbol{X}_{in_i}$ 是来自总体 $\boldsymbol{X}_i$ 的样本. 现考虑假设检验问题

$$H_0 : \boldsymbol{\Sigma}_1 = \boldsymbol{\Sigma}_2 = \cdots = \boldsymbol{\Sigma}_k$$

我们采用似然比方法推导检验统计量. 在原假设成立时, 即 $H_0 : \boldsymbol{\Sigma}_1 = \boldsymbol{\Sigma}_2 = \cdots = \boldsymbol{\Sigma}_k$ 时, 不妨记 $\boldsymbol{\Sigma}_1 = \boldsymbol{\Sigma}_2 = \cdots = \boldsymbol{\Sigma}_k = \boldsymbol{\Sigma}$.

构造检验统计量

$$\Lambda = \frac{\sup\limits_{\boldsymbol{\mu}_1, \cdots, \boldsymbol{\mu}_k, \boldsymbol{\Sigma}} L(\boldsymbol{\mu}_1, \cdots, \boldsymbol{\mu}_k, \boldsymbol{\Sigma})}{\sup\limits_{\boldsymbol{\mu}_1, \cdots, \boldsymbol{\mu}_k, \boldsymbol{\Sigma}_1, \cdots, \boldsymbol{\Sigma}_k} L(\boldsymbol{\mu}_1, \cdots, \boldsymbol{\mu}_k, \boldsymbol{\Sigma}_1, \cdots, \boldsymbol{\Sigma}_k)}$$

这里似然函数

$$\begin{aligned} L(\boldsymbol{\mu}_1, \cdots, \boldsymbol{\mu}_k, \boldsymbol{\Sigma}_1, \cdots, \boldsymbol{\Sigma}_k) &= \prod_{i=1}^{k} \frac{1}{(2\pi)^{pn_i/2} |\boldsymbol{\Sigma}_i|^{n_i/2}} \cdot \\ &\quad \exp\left[-\frac{1}{2} \sum_{j=1}^{n_i} (\boldsymbol{X}_{ij} - \boldsymbol{\mu}_i)^{\mathrm{T}} \boldsymbol{\Sigma}_i^{-1} (\boldsymbol{X}_{ij} - \boldsymbol{\mu}_i)\right] \\ L(\boldsymbol{\mu}_1, \cdots, \boldsymbol{\mu}_k, \boldsymbol{\Sigma}) &= \frac{1}{(2\pi)^{pn/2} |\boldsymbol{\Sigma}|^{n/2}} \cdot \\ &\quad \exp\left[-\frac{1}{2} \sum_{i=1}^{k} \sum_{j=1}^{n_i} (\boldsymbol{X}_{ij} - \boldsymbol{\mu}_i)^{\mathrm{T}} \boldsymbol{\Sigma}^{-1} (\boldsymbol{X}_{ij} - \boldsymbol{\mu}_i)\right] \end{aligned}$$

其中, $n = \sum\limits_{i=1}^{k} n_i$.

可算得 $\boldsymbol{\mu}_i$ 的最大似然估计总是 $\hat{\boldsymbol{\mu}}_i = \bar{\boldsymbol{X}}_i$. 在原假设成立时, 即 $\boldsymbol{\Sigma}_1 = \cdots = \boldsymbol{\Sigma}_k = \boldsymbol{\Sigma}$ 时, $\boldsymbol{\Sigma}$ 的最大似然估计为 $\tilde{\boldsymbol{\Sigma}} = \dfrac{1}{n} \sum\limits_{i=1}^{k} \boldsymbol{A}_i$, 其中 $\boldsymbol{A}_i = \sum\limits_{j=1}^{n_i} (\boldsymbol{X}_{ij} - \bar{\boldsymbol{X}}_i)(\boldsymbol{X}_{ij} - \bar{\boldsymbol{X}}_i)^{\mathrm{T}}$ 是第 i 个总体的样本离差阵. 在原假设不成立时, $\boldsymbol{\Sigma}_i$ 的最大似然估计为 $\tilde{\boldsymbol{\Sigma}}_i = \dfrac{1}{n_i} \boldsymbol{A}_i$.

由此, 似然比检验统计量为

$$\Lambda=\frac{\prod_{i=1}^{k}\left|\frac{1}{n_i}\boldsymbol{A}_i\right|^{\frac{n_i}{2}}}{\left|\frac{1}{n}\sum_{i=1}^{k}\boldsymbol{A}_i\right|^{\frac{n}{2}}}=\frac{n^{\frac{pn}{2}}\prod_{i=1}^{k}|\boldsymbol{A}_i|^{\frac{n_i}{2}}}{\prod_{i=1}^{k}n_i^{\frac{pn_i}{2}}\left|\sum_{i=1}^{k}\boldsymbol{A}_i\right|^{\frac{n}{2}}}$$

当 Λ 比较小时, 应拒绝原假设, 即认为 $\boldsymbol{\Sigma}_1,\cdots,\boldsymbol{\Sigma}_k$ 不全相等.

由似然比统计量的极限分布定理, 当原假设 $\boldsymbol{\Sigma}_1=\cdots=\boldsymbol{\Sigma}_k$ 成立, 且 n 充分大时, 有近似的 χ^2 分布

$$-2\ln\Lambda\dot{\sim}\chi^2_{p(p+1)(k-1)/2}$$

检验的近似 p 值为 $P(\chi^2_{p(p+1)(k-1)/2}>-2\ln\Lambda_{\text{观测值}})$.

巴特莱特 (Bartlett) 提出将每一总体的样本容量 n_i 替换为 n_i-1, 这样可得到修正后的似然比检验统计量

$$\Lambda^*=\frac{(n-k)^{\frac{(n-k)p}{2}}\prod_{i=1}^{k}|\boldsymbol{A}_i|^{\frac{n_i-1}{2}}}{\prod_{i=1}^{k}(n_i-1)^{\frac{(n_i-1)p}{2}}\left|\sum_{i=1}^{k}\boldsymbol{A}_i\right|^{\frac{n-k}{2}}}$$

当 k 个总体的样本容量全都相等时, 修正后的 Λ^* 与 Λ 是等价的.

当原假设成立且 n 充分大时, 修正后的 Λ^* 仍有近似的 χ^2 分布

$$-2\ln\Lambda^*\dot{\sim}\chi^2_{p(p+1)(k-1)/2}$$

对 Λ^* 取对数, 并令 $M=-2\ln\Lambda^*$, 即

$$M=-2\ln\Lambda^*=(n-k)\ln\left|\frac{\boldsymbol{A}}{n-k}\right|-\sum_{i=1}^{k}(n_i-1)\ln\left|\frac{\boldsymbol{A}_i}{n_i-1}\right|$$

鲍克斯 (Box) 给出了 M 的 χ^2 近似分布

$$(1-d)M=-2(1-d)\ln\Lambda^*\dot{\sim}\chi^2_f$$

其中,

$$f=\frac{1}{2}p(p+1)(k-1)$$

$$d=\frac{2p^2+3p-1}{6(p+1)(k-1)}\left[\sum_{i=1}^{k}\frac{1}{n_i-1}-\frac{1}{n-k}\right]$$

故对给定的显著性水平 $\alpha>0$, 当 $(1-d)M>\chi^2_f(\alpha)$ 时, 拒绝 H_0.

当 $n_i>20$, $p,k<6$ 时, 鲍克斯的 χ^2 近似效果不错. 当上述条件不满足时, 鲍克斯 (Box) 给出了如下 F 近似分布

$$M/b\dot{\sim}F_{f_1,f_2}$$

其中

$$f_1 = f \quad f_2 = \frac{f_1 + 2}{d_2 - d_1^2} \quad b = \frac{f_1}{1 - d_1 - f_1/f_2}$$

$$d_1 = d \quad d_2 = \frac{(p-1)(p+2)}{6(k-1)} \left[\sum_{i=1}^{k} \frac{1}{(n_i - 1)^2} - \frac{1}{(n-k)^2} \right]$$

例 4.10 (续例 4.6) 对表 4.7 中的心率数据, 试检验 3 种药剂的协方差矩阵是否相同.

解 可调用 biotools 程序包中的 boxM 函数进行检验. 由于 $p = 0.225 > 0.05$, 故认为三组数据具有共同的协方差矩阵.

R 程序及输出结果

```
> library(biotools)
> boxM(data[,1:4], group)
        Box's M-test for Homogeneity of Covariance Matrices
data:  data[, 1:4]
Chi-Sq (approx.) = 24.408, df = 20, p-value = 0.225
```

习 题 4

1. 考虑下表中的数据, 在正态性假设下试检验两组均值向量是否相等.

题 1 表

组别	编号		x_1	x_2	x_3
1	1		3	4	11
	2		9	8	10
	3		3	9	6
		$\bar{x}_1$	5.0	7.0	9.0
2	1		10	9	11
	2		11	9	10
	3		6	9	12
		$\bar{x}_2$	9.0	9.0	11.0
		$\bar{x}$	7.0	8.0	10.0

2. 调查西安市某中学 16 岁男女生若干名, 测量其身高、体重和胸围, 结果见下表, 试检验该中学全体 16 岁男女生身体发育状况的差别有无统计学意义.

题 2 表

男生				女生			
编号	身高 (cm)	体重 (kg)	胸围 (cm)	编号	身高 (cm)	体重 (kg)	胸围 (cm)
1	171.0	58.5	81.0	1	152.0	44.8	74.0
2	175.0	65.0	87.0	2	153.0	46.5	80.0

续表

男生				女生			
编号	身高 (cm)	体重 (kg)	胸围 (cm)	编号	身高 (cm)	体重 (kg)	胸围 (cm)
3	159.0	38.0	71.0	3	158.0	48.5	73.5
4	155.3	45.0	74.0	4	150.0	50.5	87.0
5	152.0	35.0	63.0	5	144.0	36.3	68.0
6	158.3	44.5	75.0	6	160.5	54.7	96.0
7	154.8	44.5	75.0	7	158.0	49.0	84.0
8	164.0	51.0	72.0	8	154.0	50.8	76.0
9	165.2	55.0	79.0	9	153.0	40.0	70.0
10	164.5	46.0	71.0	10	159.6	52.0	76.0
11	159.1	48.0	72.5				
12	164.2	46.5	73.0				

3. 下表列出了两个品种的跳甲 (一种昆虫) 的身体尺寸数据, 试检验两品种跳甲的尺寸均值是否相同.

X_1 : 横沟到前胸后缘的距离 (μm)
X_2 : 鞘翅的长度 (0.01 mm)
X_3 : 第二触角关节的长度 (μm)
X_4 : 第三触角关节的长度 (μm)

题 3 表

品种	X_1	X_2	X_3	X_4	品种	X_1	X_2	X_3	X_4
1	189	245	137	163	2	181	305	184	209
1	192	260	132	217	2	158	237	133	188
1	217	276	141	192	2	184	300	166	231
1	221	299	142	213	2	171	273	162	213
1	171	239	128	158	2	181	297	163	224
1	192	262	147	173	2	181	308	160	223
1	213	278	136	201	2	177	301	166	221
1	192	255	128	185	2	198	308	141	197
1	170	244	128	192	2	180	286	146	214
1	201	276	146	186	2	177	299	171	192
1	195	242	128	192	2	176	317	166	213
1	205	263	147	192	2	192	312	166	209
1	180	252	121	167	2	176	285	141	200
1	192	283	138	183	2	169	287	162	214
1	200	294	138	188	2	164	265	147	192
1	192	277	150	177	2	181	308	157	204
1	200	287	136	173	2	192	276	154	209
1	181	255	146	183	2	181	278	149	235
1	192	287	141	198	2	175	271	140	192
					2	197	303	170	205

数据来源: Lubischew(1962)

4. 在巴哈马比米尼泻湖的 3 个地点 (A, B, C) 每一处取样. 每个试验装置的盐度以百万分之一 (ppm) 为单位测量, 结果数据见下表. 利用方差分析检验 3 个地点平均盐度相同的原假设.

题 4 表

A	37.54	37.01	36.71	37.03	37.32	37.01	37.03	37.70
	37.36	36.75	37.45	38.85				
B	40.17	40.80	39.76	39.70	40.79	40.44	39.79	39.38
C	39.04	39.21	39.05	38.24	38.53	38.71	38.89	38.66
	38.51	40.08						

5. 假设某公司有 3 种生产方法供员工执行生产任务时使用, 公司试图研究生产方法对完成生产任务的影响, 为此选择 4 个不同的生产任务, 并随机挑选 30 名员工, 从这 30 名员工中随机挑选 10 人, 让他们用方法 1 去完成这 4 个生产任务, 然后从剩下的 20 名员工中随机挑选 10 人, 让他们用方法 2 去完成这 4 个生产任务, 最后剩下的 10 名员工, 让他们用方法 3 去完成这 4 个生产任务, 他们完成生产任务所花的时间见下表, 试检验这 3 种生产方法对完成生产任务有无差异?

题 5 表

生产方法 1				生产方法 2				生产方法 3			
X_1	X_2	X_3	X_4	X_1	X_2	X_3	X_4	X_1	X_2	X_3	X_4
5.3	8.3	10.2	5.4	10.4	9.1	16.4	14.2	10.8	13.5	11.3	12.5
4.5	7.0	5.4	4.4	8.2	11.5	14.3	12.6	20.5	20.9	24.5	22.4
4.7	5.5	4.4	4.7	7.4	7.2	10.7	9.6	18.1	21.1	18.4	21.2
12.1	17.7	18.8	10.9	17.8	17.0	23.1	20.1	17.8	21.3	20.7	22.2
15.9	16.3	18.6	11.0	12.7	13.7	18.2	20.2	19.0	22.9	20.9	24.6
12.7	15.9	17.9	12.6	17.8	17.8	27.5	23.9	5.9	12.1	11.6	11.7
9.4	9.4	9.9	10.4	13.0	17.7	23.9	22.5	15.6	22.1	21.3	21.6
14.8	18.0	15.2	12.1	9.9	10.5	14.2	11.6	20.1	23.7	24.4	23.7
9.9	11.3	14.2	13.5	5.9	6.6	10.7	9.8	11.3	18.1	17.4	17.2
17.7	18.7	20.3	18.1	5.9	9.5	17.7	11.9	8.6	10.9	9.0	10.0

6. 对 3 种不同的处理方式重复进行试验, 分别观测了欲考察的 2 个指标的值, 见下表.

(1) 列出单因素多元方差分析表.

(2) 计算检验统计量 Λ 的值, 分别用 F 分布以及近似 χ^2 分布检验 3 种处理方式效果是否相同 ($\alpha = 0.01$), 并比较二者结论是否一致.

题 6 表

	两指标值				
处理 1	6	5	8	4	7
	7	9	6	9	9
处理 2	3	1	2		
	3	6	3		
处理 3	2	5	3	2	
	3	1	1	3	

7. 设下表中的 3 组数据来自 3 个三元正态总体, 运用单因素多元方差分析, 检验 3 个正态总体均值是否相等.

题 7 表

第一组			第二组			第三组		
2.0	2.5	2.5	1.5	3.5	2.5	1.0	2.0	1.0
1.5	2.0	1.5	1.0	4.5	2.5	1.0	2.0	1.5
2.0	3.0	2.5	3.0	3.0	3.0	1.5	1.0	1.0
2.5	4.0	3.0	4.5	4.5	4.5	2.0	2.5	2.0
1.0	2.0	1.0	1.5	4.5	3.5	2.0	3.0	2.5
1.5	3.5	2.5	2.5	4.0	3.0	2.5	3.0	2.5
4.0	3.0	3.0	3.0	4.0	3.5	2.0	2.5	2.5
3.0	4.0	3.5	4.0	5.0	5.0	1.0	1.0	1.0
3.5	3.5	3.5				1.0	1.5	1.5
1.0	1.0	1.0				2.0	3.5	2.5
1.0	2.5	2.0						

8. 为了考察某种电池的最大输出电压受板极材料与使用电池的环境温度的影响, 材料类型 (因素 A) 取 3 个水平, 温度 (因素 B) 也取 3 个水平, 在每个水平组合下重复 4 次试验, 所得数据见下表, 检验因素 A、因素 B 以及交互效应 $A\times B$ 的影响是否显著.

题 8 表 (V)

材料类型	温度					
	15 °C		25 °C		35 °C	
材料 1	130	155	34	40	20	70
	174	180	80	75	82	58
材料 2	150	188	136	122	25	70
	159	126	106	115	58	45
材料 3	138	110	174	120	96	104
	168	160	150	139	82	60

9. 在一项针对阅读理解力和阅读速度的试验中, 随机挑选 30 名学生, 把他们随机均分为 6 组, 每组随机指定 3 名教师 (因素 A) 和两种班级类型 (因素 B), 所得数据见下表, 检验教师、班级类型以及交互效应的影响是否显著.

题 9 表

教师	契约式班级		非契约式班级	
	阅读速度	阅读理解力	阅读速度	阅读理解力
教师 1	10	21	9	14
	12	22	8	15
	9	19	11	16
	10	21	9	17
	14	23	9	17
教师 2	11	23	11	15
	14	27	12	18
	14	17	12	18
	15	26	9	17
	14	24	9	18

续表

教师	契约式班级		非契约式班级	
	阅读速度	阅读理解力	阅读速度	阅读理解力
教师 3	8	17	9	22
	7	12	8	18
	10	18	10	17
	8	17	9	19
	7	19	8	19

10. 测量 15 名两周岁婴儿的身高、胸围、上半臂围的数据见下表, 假定男女婴三项指标均服从正态分布, 试在显著性水平 $\alpha = 0.05$ 下作如下检验.

(1) 检验男性婴幼儿与女性婴幼儿身材指标总体的协方差矩阵是否相等.

(2) 检验男女婴幼儿的这 3 项指标是否有差异.

题 10 表

性别 (cm)	身高 (cm)	胸围 (cm)	上半臂围 (cm)
男	78	60.6	16.5
男	76	58.1	12.5
男	92	63.2	14.5
男	81	59.0	16.0
男	81	60.8	14.0
男	84	59.5	15.0
女	80	58.4	14.0
女	75	59.2	13.0
女	78	60.3	14.0
女	75	57.4	12.0
女	79	59.5	12.5
女	78	58.1	14.0
女	75	58.0	12.5
女	64	55.5	11.0
女	80	59.2	12.5

11. 有来自 3 个四元总体的样本, 样本容量均为 50, 其样本协方差矩阵分别为

$$\boldsymbol{A}_1 = \begin{pmatrix} 13.055\,2 & 4.174\,0 & 8.962\,0 & 2.733\,2 \\ & 4.825\,0 & 4.050\,0 & 2.019\,0 \\ & & 10.820\,0 & 3.582\,0 \\ & & & 1.916\,2 \end{pmatrix}$$

$$\boldsymbol{A}_2 = \begin{pmatrix} 6.088\,2 & 4.861\,6 & 0.801\,4 & 0.506\,2 \\ & 7.040\,8 & 0.573\,2 & 0.455\,6 \\ & & 1.477\,8 & 0.297\,4 \\ & & & 0.544\,2 \end{pmatrix}$$

$$\boldsymbol{A}_3 = \begin{pmatrix} 19.812\,8 & 4.594\,4 & 14.861\,2 & 2.405\,6 \\ & 5.096\,2 & 3.497\,6 & 2.333\,8 \\ & & 14.924\,8 & 2.392\,4 \\ & & & 3.696\,2 \end{pmatrix}$$

(1) 在显著性水平 $\alpha = 0.05$ 下, 检验 $\boldsymbol{\Sigma}_1 = \boldsymbol{\Sigma}_2$.

(2) 在显著性水平 $\alpha = 0.05$ 下, 检验 $\boldsymbol{\Sigma}_1 = \boldsymbol{\Sigma}_2 = \boldsymbol{\Sigma}_3$.

12. 在地质勘探中, 在 3 个不同地区 (A,B 和 C) 采集了一些岩石, 测得它们的化学成分见下表, 假定这 3 个地区岩石的 3 种成分服从 $N_3(\boldsymbol{\mu}_i, \boldsymbol{\Sigma}_i), i = 1, 2, 3$.

(1) 检验 $H_0 : \boldsymbol{\Sigma}_1 = \boldsymbol{\Sigma}_2 = \boldsymbol{\Sigma}_3$.

(2) 检验 $H_0 : \boldsymbol{\mu}_1 = \boldsymbol{\mu}_2$.

(3) 检验 $H_0 : \boldsymbol{\mu}_1 = \boldsymbol{\mu}_2 = \boldsymbol{\mu}_3$.

(4) 给出 $\boldsymbol{\mu}_1 - \boldsymbol{\mu}_2$ 的 95% 置信椭球.

题 12 表　(%)

A			B			C		
SiO_2	FeO	K_2O	SiO_2	FeO	K_2O	SiO_2	FeO	K_2O
47.22	5.06	0.10	54.33	6.22	0.12	43.12	10.33	0.05
47.45	4.35	0.15	56.17	3.31	0.15	42.05	9.67	0.08
47.52	6.85	0.12	48.40	2.43	0.22	42.50	9.62	0.02
47.86	4.19	0.17	52.62	5.92	0.12	40.77	9.68	0.04
47.31	7.57	0.18						

第 5 章　线性回归模型

回归分析 (Regression Analysis) 是统计学的一个重要组成部分, 是研究因变量与自变量间相关关系的有效方法. 回归分析可以建立变量之间的一个函数关系表达式即回归方程, 并通过它对因变量进行预测或控制. 随着计算机技术的日益广泛应用, 回归分析愈加成为各个领域科技工作者分析数据的常用工具.

回归分析有多种类型, 根据自变量的个数, 可分为简单回归分析和多重回归分析; 按照因变量的个数, 可分为一元回归分析和多元回归分析; 根据因变量和自变量的函数关系表达式, 可分为线性回归分析和非线性回归分析. 其中, 线性回归是最为人熟知也是最为成熟的回归技术. 本章将介绍多元统计分析中所涉及的线性回归模型, 首先讨论只有一个因变量的多重回归模型, 然后将这个模型进行推广, 讨论多个因变量的多元多重回归模型.

5.1　一元多重线性回归

在现实生活中, 某些量的变化很可能与多个因素相关. 例如一个产品的销售额往往与产品价格、对产品的广告投入相关; 人的血压值与年龄、性别、劳动强度、饮食习惯、家族史等因素相关. 因此, 在回归分析中, 研究因变量 (响应变量) 与两个或两个以上自变量 (解释变量) 的相关关系是非常有实际意义的. 若因变量与自变量之间还存在线性关系, 则这样的回归称为多重线性回归. 本节先来讨论只包含一个因变量的情形.

假设因变量 y 与 $p-1$ 个自变量 $x_1, x_2, \cdots, x_{p-1}$ 存在线性相关关系

$$y = \beta_0 + \beta_1 x_1 + \cdots + \beta_{p-1} x_{p-1} + \varepsilon \tag{5.1}$$

其中, ε 是一个随机变量, 表示在数据观测过程中的测量误差或者其他被忽略的偶然因素. 这里假定 $E(\varepsilon) = 0$, $\mathrm{var}(\varepsilon) = \sigma^2$, $\sigma^2 \in (0, +\infty)$, σ^2 未知. 式 (5.1) 即称为一元多重线性回归模型, ε 称为误差项, $\beta_0, \beta_1, \cdots, \beta_{p-1}$ 为未知参数, β_0 称为常数项, 也称为截距 (Intercept), $\beta_1, \cdots, \beta_{p-1}$ 称为回归系数, $\beta_0 + \beta_1 x_1 + \cdots + \beta_{p-1} x_{p-1}$ 表示 y 的期望值或平均值如何依赖于自变量 $x_1, x_2, \cdots, x_{p-1}$, 即

$$E(y) = \beta_0 + \beta_1 x_1 + \cdots + \beta_{p-1} x_{p-1}$$

称为回归方程.

若进一步假定 $\varepsilon \sim N(0, \sigma^2)$, 则模型称为一元多重正态线性回归模型.

为了对模型中的未知参数进行估计以及后续研究其他有关的统计推断问题, 需要进行若干次试验. 我们假设试验总次数 n 不小于模型 (5.1) 所包含的未知参数个数, 即 $n \geqslant p$. 设第 i 次试验的观测值为

$$(x_{i1}, x_{i2}, \cdots, x_{i,p-1}, y_i) \quad i = 1, 2, \cdots, n$$

由模型 (5.1), 观测值满足关系式

$$\begin{cases} y_i = \beta_0 + \beta_1 x_{i1} + \cdots + \beta_{p-1} x_{i,p-1} + \varepsilon_i \\ E(\varepsilon_i) = 0 \quad \text{var}(\varepsilon_i) = \sigma^2 \quad i = 1, 2, \cdots, n \\ \varepsilon_1, \varepsilon_2, \cdots, \varepsilon_n \text{ 互不相关} \end{cases} \tag{5.2}$$

在多重回归中, 为了便于应用线性代数中的知识, 也可采用矩阵来表示回归模型和进行随后的分析, 尤其在因变量个数较多的情形下, 矩阵表示法显得更加简洁有效. 若记

$$\boldsymbol{Y} = \begin{pmatrix} y_1 \\ y_2 \\ \vdots \\ y_n \end{pmatrix} \quad \boldsymbol{X} = \begin{pmatrix} 1 & x_{11} & \cdots & x_{1,p-1} \\ 1 & x_{21} & \cdots & x_{2,p-1} \\ \vdots & \vdots & \ddots & \vdots \\ 1 & x_{n1} & \cdots & x_{n,p-1} \end{pmatrix}$$

$$\boldsymbol{\beta} = \begin{pmatrix} \beta_0 \\ \beta_1 \\ \vdots \\ \beta_{p-1} \end{pmatrix} \quad \boldsymbol{\varepsilon} = \begin{pmatrix} \varepsilon_1 \\ \varepsilon_2 \\ \vdots \\ \varepsilon_n \end{pmatrix}$$

则模型 (5.2) 可表示成矩阵形式

$$\begin{cases} \boldsymbol{Y} = \boldsymbol{X\beta} + \boldsymbol{\varepsilon} \\ E(\boldsymbol{\varepsilon}) = \boldsymbol{0} \quad \text{cov}(\boldsymbol{\varepsilon}, \boldsymbol{\varepsilon}) = \sigma^2 \boldsymbol{I}_n \end{cases} \tag{5.3}$$

这里 $\boldsymbol{Y}$ 表示因变量 y 的 n 次观测值所组成的列向量, 称为观测向量; $\boldsymbol{X}$ 是 $p-1$ 个自变量在 n 次试验中的取值所组成的矩阵, 称为设计矩阵 (Design Matrix); $\boldsymbol{\beta}$ 是未知参数向量, $\boldsymbol{\varepsilon}$ 是随机误差向量, $\boldsymbol{I}_n$ 为 n 阶单位矩阵. 此外, 矩阵形式下的正态性条件表示为

$$\boldsymbol{\varepsilon} \sim N_n(\boldsymbol{0}, \sigma^2 \boldsymbol{I}_n) \tag{5.4}$$

5.1.1 未知参数 $\beta_0, \beta_1, \cdots, \beta_{p-1}$ 的最小二乘估计

获得模型中参数向量 $\boldsymbol{\beta}$ 的估计方法有多种, 这里我们讨论其中一个非常重要的方法: 最小二乘法. 由式 (5.3) 知, 随机误差向量可表示为

$$\boldsymbol{\varepsilon} = \boldsymbol{Y} - \boldsymbol{X\beta}$$

很自然的想法是希望它“最小”, 而最小二乘法的主要思路正是寻找 $\boldsymbol{\beta}$ 的估计, 使得误差向量 $\boldsymbol{Y} - \boldsymbol{X\beta}$ 的长度的平方 $\|\boldsymbol{Y} - \boldsymbol{X\beta}\|^2$ 达到最小, 其直观意义也是很明显的, 由式 (5.2) 知, 对于每一组自变量的取值 $(x_{i1}, x_{i2}, \cdots, x_{i,p-1})$, 观测值 y_i 与由线性回归方程所决定的均值 $\tilde{y}_i = \beta_0 + \beta_1 x_{i1} + \cdots + \beta_{p-1} x_{i,p-1}$ 的差异为 $y_i - \tilde{y}_i$, 设其平方和为

$$Q(\boldsymbol{\beta}) = \sum_{i=1}^{n} (y_i - \beta_0 - \beta_1 x_{i1} - \cdots - \beta_{p-1} x_{i,p-1})^2 = \|\boldsymbol{Y} - \boldsymbol{X\beta}\|^2$$

易见 $Q(\boldsymbol{\beta})$ 刻画了全部观测值与均值 $\tilde{y}_i$ 的偏离程度. 选取使 $Q(\boldsymbol{\beta})$ 达到最小的 $\boldsymbol{\beta}$ 作为未知参数向量 $\boldsymbol{\beta}$ 的估计值 $\hat{\boldsymbol{\beta}}$, 即

$$Q(\hat{\boldsymbol{\beta}})=\min_{\boldsymbol{\beta}}Q(\boldsymbol{\beta})=\min_{\boldsymbol{\beta}}\|\boldsymbol{Y}-\boldsymbol{X}\boldsymbol{\beta}\|^2 \tag{5.5}$$

称 $\hat{\boldsymbol{\beta}}$ 为 $\boldsymbol{\beta}$ 的最小二乘估计 (Least Squares Estimate), 简记为 LS 估计. 称这种求估计量的方法为最小二乘法.

最小二乘法将 $\boldsymbol{\beta}$ 的估计问题转化为多元函数极值问题 (5.5), 可利用微分法求解. 因为

$$\begin{aligned}Q(\boldsymbol{\beta})&=\|\boldsymbol{Y}-\boldsymbol{X}\boldsymbol{\beta}\|^2\\&=(\boldsymbol{Y}-\boldsymbol{X}\boldsymbol{\beta})^{\mathrm{T}}(\boldsymbol{Y}-\boldsymbol{X}\boldsymbol{\beta})\\&=\boldsymbol{Y}^{\mathrm{T}}\boldsymbol{Y}-2\boldsymbol{\beta}^{\mathrm{T}}\boldsymbol{X}^{\mathrm{T}}\boldsymbol{Y}+\boldsymbol{\beta}^{\mathrm{T}}\boldsymbol{X}^{\mathrm{T}}\boldsymbol{X}\boldsymbol{\beta}\end{aligned}$$

两边分别关于 $\boldsymbol{\beta}$ 求偏导数, 并且令其为零, 得到

$$\frac{\partial Q}{\partial \boldsymbol{\beta}}=-2\boldsymbol{X}^{\mathrm{T}}\boldsymbol{Y}+2\boldsymbol{X}^{\mathrm{T}}\boldsymbol{X}\boldsymbol{\beta}=0$$

经整理后得到方程组

$$\boldsymbol{X}^{\mathrm{T}}\boldsymbol{X}\boldsymbol{\beta}=\boldsymbol{X}^{\mathrm{T}}\boldsymbol{Y} \tag{5.6}$$

称这个方程组为正则方程组. 正则方程组 (5.6) 存在唯一解的充要条件是系数矩阵 $\boldsymbol{X}^{\mathrm{T}}\boldsymbol{X}$ 的秩为 p, 即 $\boldsymbol{X}^{\mathrm{T}}\boldsymbol{X}$ 为满秩. 因为若 $\mathrm{rank}(\boldsymbol{X})=p$, 即 $\boldsymbol{X}$ 列满秩, 则 $\boldsymbol{X}^{\mathrm{T}}\boldsymbol{X}$ 满秩, 故在接下来的讨论中, 一般都假定 $\mathrm{rank}(\boldsymbol{X})=p$ 这个条件是满足的.

关于正则方程组 (5.6) 的解和极值问题 (5.5) 的解的关系, 我们直接给出如下结论.

定理 5.1 (1) 正则方程组 (5.6) 的解必是极值问题 (5.5) 的解;

(2) 极值问题 (5.5) 的解必为正则方程组 (5.6) 的解.

此定理说明正则方程组 (5.6) 的解和 $\boldsymbol{\beta}$ 的最小二乘估计 $\hat{\boldsymbol{\beta}}$ 是一致的, 即

$$\hat{\boldsymbol{\beta}}=(\boldsymbol{X}^{\mathrm{T}}\boldsymbol{X})^{-1}\boldsymbol{X}^{\mathrm{T}}\boldsymbol{Y} \tag{5.7}$$

接下来我们讨论最小二乘估计 $\hat{\boldsymbol{\beta}}$ 的性质.

5.1.2 最小二乘估计的性质

定理 5.2 对于线性回归模型 (5.3), $\boldsymbol{\beta}$ 的最小二乘估计 $\hat{\boldsymbol{\beta}}$ 具有下列性质:

(1) $\hat{\boldsymbol{\beta}}$ 是 $\boldsymbol{\beta}$ 的线性无偏估计;

(2) $\mathrm{cov}(\hat{\boldsymbol{\beta}},\hat{\boldsymbol{\beta}})=\sigma^2(\boldsymbol{X}^{\mathrm{T}}\boldsymbol{X})^{-1}$.

证明 (1) 由表达式 $\hat{\boldsymbol{\beta}}=(\boldsymbol{X}^{\mathrm{T}}\boldsymbol{X})^{-1}\boldsymbol{X}^{\mathrm{T}}\boldsymbol{Y}$, $\hat{\boldsymbol{\beta}}$ 显然是线性估计, 又因为 $E(\boldsymbol{Y})=\boldsymbol{X}\boldsymbol{\beta}$, 所以

$$E(\hat{\boldsymbol{\beta}})=E[(\boldsymbol{X}^{\mathrm{T}}\boldsymbol{X})^{-1}\boldsymbol{X}^{\mathrm{T}}\boldsymbol{Y}]=(\boldsymbol{X}^{\mathrm{T}}\boldsymbol{X})^{-1}\boldsymbol{X}^{\mathrm{T}}E(\boldsymbol{Y})=(\boldsymbol{X}^{\mathrm{T}}\boldsymbol{X})^{-1}\boldsymbol{X}^{\mathrm{T}}\boldsymbol{X}\boldsymbol{\beta}=\boldsymbol{\beta}$$

(2) 因为 $\mathrm{cov}(\boldsymbol{Y},\boldsymbol{Y})=\mathrm{cov}(\boldsymbol{\varepsilon},\boldsymbol{\varepsilon})=\sigma^2\boldsymbol{I}_n$, 所以

$$\begin{aligned}\mathrm{cov}(\hat{\boldsymbol{\beta}},\hat{\boldsymbol{\beta}})&=\mathrm{cov}\left[(\boldsymbol{X}^{\mathrm{T}}\boldsymbol{X})^{-1}\boldsymbol{X}^{\mathrm{T}}\boldsymbol{Y},(\boldsymbol{X}^{\mathrm{T}}\boldsymbol{X})^{-1}\boldsymbol{X}^{\mathrm{T}}\boldsymbol{Y}\right]\\&=(\boldsymbol{X}^{\mathrm{T}}\boldsymbol{X})^{-1}\boldsymbol{X}^{\mathrm{T}}\mathrm{cov}(\boldsymbol{Y},\boldsymbol{Y})\boldsymbol{X}(\boldsymbol{X}^{\mathrm{T}}\boldsymbol{X})^{-1}\\&=(\boldsymbol{X}^{\mathrm{T}}\boldsymbol{X})^{-1}\boldsymbol{X}^{\mathrm{T}}(\sigma^2\boldsymbol{I}_n)\boldsymbol{X}(\boldsymbol{X}^{\mathrm{T}}\boldsymbol{X})^{-1}\\&=\sigma^2(\boldsymbol{X}^{\mathrm{T}}\boldsymbol{X})^{-1}\end{aligned}$$

由 $\boldsymbol{\beta}$ 的最小二乘估计可定义一些新的量. 将 $\hat{\boldsymbol{\beta}}$ 替换到模型 (5.1) 中, 记

$$\hat{y}=\hat{\beta}_0+\hat{\beta}_1x_1+\cdots+\hat{\beta}_{p-1}x_{p-1}$$

它称为经验回归方程或拟合方程. 在模型 (5.3) 中, 用 $\hat{\boldsymbol{\beta}}$ 代替其中的 $\boldsymbol{\beta}$, 并记

$$\hat{\boldsymbol{Y}}=(\hat{y}_1,\cdots,\hat{y}_n)^{\mathrm{T}}=\boldsymbol{X}\hat{\boldsymbol{\beta}}$$

称 $\hat{\boldsymbol{Y}}$ 为拟合值向量, 其第 i 个分量 $\hat{y}_i$ 为第 i 个拟合值, 又记

$$\hat{\boldsymbol{\varepsilon}}=(\hat{\varepsilon}_1,\cdots,\hat{\varepsilon}_n)^{\mathrm{T}}=\boldsymbol{Y}-\hat{\boldsymbol{Y}}=\boldsymbol{Y}-\boldsymbol{X}\hat{\boldsymbol{\beta}}$$

则 $\hat{\boldsymbol{\varepsilon}}$ 表示实际观测值向量 $\boldsymbol{Y}$ 与拟合值向量 $\hat{\boldsymbol{Y}}$ 之差, 称其为残差向量, 其第 i 个分量

$$\hat{\varepsilon}_i=y_i-\hat{y}_i=y_i-(\hat{\beta}_0+\hat{\beta}_1x_{i1}+\cdots+\hat{\beta}_{p-1}x_{i,p-1})$$

称为第 i 次观测的残差 (Residual). 这里要注意随机误差 ε_i 和残差 $\hat{\varepsilon}_i$ 的区别, ε_i 是不可观测的, 而 $\hat{\varepsilon}_i$ 是可以观测的.

为给出残差向量 $\hat{\boldsymbol{\varepsilon}}$ 的性质, 将其表示为如下形式

$$\begin{aligned}\hat{\boldsymbol{\varepsilon}}&=\boldsymbol{Y}-\boldsymbol{X}\hat{\boldsymbol{\beta}}=\boldsymbol{Y}-\boldsymbol{X}(\boldsymbol{X}^{\mathrm{T}}\boldsymbol{X})^{-1}\boldsymbol{X}^{\mathrm{T}}\boldsymbol{Y}\\&=[\boldsymbol{I}_n-\boldsymbol{X}(\boldsymbol{X}^{\mathrm{T}}\boldsymbol{X})^{-1}\boldsymbol{X}^{\mathrm{T}}]\boldsymbol{Y}\end{aligned}\tag{5.8}$$

记

$$\boldsymbol{A}=\boldsymbol{I}_n-\boldsymbol{X}(\boldsymbol{X}^{\mathrm{T}}\boldsymbol{X})^{-1}\boldsymbol{X}^{\mathrm{T}}$$

易验证 $\boldsymbol{A}$ 是 n 阶对称幂等矩阵, 即满足 $\boldsymbol{A}^{\mathrm{T}}=\boldsymbol{A},\boldsymbol{A}^2=\boldsymbol{A}$. 由式 (5.8) 不难验证, 残差向量 $\hat{\boldsymbol{\varepsilon}}$ 具有下列重要性质.

定理 5.3 (1) $E(\hat{\boldsymbol{\varepsilon}})=\boldsymbol{0}$;

(2) $\mathrm{cov}(\hat{\boldsymbol{\varepsilon}},\hat{\boldsymbol{\varepsilon}})=\sigma^2[\boldsymbol{I}_n-\boldsymbol{X}(\boldsymbol{X}^{\mathrm{T}}\boldsymbol{X})^{-1}\boldsymbol{X}^{\mathrm{T}}]$;

(3) $\mathrm{cov}(\hat{\boldsymbol{\beta}},\hat{\boldsymbol{\varepsilon}})=\boldsymbol{0}$;

记残差向量 $\hat{\boldsymbol{\varepsilon}}$ 的长度平方为

$$SSE=\|\hat{\boldsymbol{\varepsilon}}\|^2=\hat{\boldsymbol{\varepsilon}}^{\mathrm{T}}\hat{\boldsymbol{\varepsilon}}=\sum_{i=1}^{n}\hat{\varepsilon}_i^2$$

称其为残差平方和 (Residual Sum of Squares) 或者误差平方和 (Sum of Squared Errors, SSE), 它是所有实际观测值 y_i 和对应拟合值 $\hat{y}_i$ 的离差平方和, 反映了试验的随机误差.

注意到, 在线性回归模型 (5.3) 中, 除了未知参数向量 $\boldsymbol{\beta}$, 随机误差方差 σ^2 是另外一个重要的未知参数. 既然 SSE 反映了试验的随机误差, 那么基于 SSE 来构造 σ^2 的估计应是合理的. 为此, 先借由式 (5.8), 将 SSE 表示为另外一种形式

$$\begin{aligned} SSE &= \hat{\boldsymbol{\varepsilon}}^{\mathrm{T}}\hat{\boldsymbol{\varepsilon}} = (\boldsymbol{Y} - \boldsymbol{X}\hat{\boldsymbol{\beta}})^{\mathrm{T}}(\boldsymbol{Y} - \boldsymbol{X}\hat{\boldsymbol{\beta}}) \\ &= (\boldsymbol{AY})^{\mathrm{T}}(\boldsymbol{AY}) = \boldsymbol{Y}^{\mathrm{T}}\boldsymbol{AY} \\ &= \boldsymbol{Y}^{\mathrm{T}}\boldsymbol{Y} - \hat{\boldsymbol{\beta}}^{\mathrm{T}}\boldsymbol{X}^{\mathrm{T}}\boldsymbol{X}\hat{\boldsymbol{\beta}} \\ &= \boldsymbol{Y}^{\mathrm{T}}\boldsymbol{Y} - \hat{\boldsymbol{Y}}^{\mathrm{T}}\boldsymbol{X}\hat{\boldsymbol{\beta}} = \boldsymbol{Y}^{\mathrm{T}}\boldsymbol{Y} - \hat{\boldsymbol{Y}}^{\mathrm{T}}\hat{\boldsymbol{Y}} \end{aligned}$$

为了进一步得到 σ^2 的无偏估计, 需要计算 SSE 的均值, 这需要用到如下引理, 请读者自行验证.

引理 5.1 设 $\boldsymbol{Y}$ 为 n 维随机向量, $E(\boldsymbol{Y}) = \boldsymbol{a}$, $\mathrm{cov}(\boldsymbol{Y}, \boldsymbol{Y}) = \boldsymbol{V}$, 又设 $\boldsymbol{B}$ 为 n 阶常数矩阵, 则

$$E(\boldsymbol{Y}^{\mathrm{T}}\boldsymbol{BY}) = \boldsymbol{a}^{\mathrm{T}}\boldsymbol{Ba} + \mathrm{tr}(\boldsymbol{BV})$$

特别地, 当 $\mathrm{cov}(\boldsymbol{Y}, \boldsymbol{Y}) = \sigma^2\boldsymbol{I}_n$ 时, 有

$$E(\boldsymbol{Y}^{\mathrm{T}}\boldsymbol{BY}) = \boldsymbol{a}^{\mathrm{T}}\boldsymbol{Ba} + \sigma^2\mathrm{tr}(\boldsymbol{B}) \tag{5.9}$$

这里 $\mathrm{tr}(\boldsymbol{B}) = \sum\limits_{i=1}^{n} b_{ii}$ 表示矩阵 $\boldsymbol{B}$ 的迹 (Trace).

对 SSE 应用该引理, 我们可得如下结论.

定理 5.4 记 $\hat{\sigma}^2 = \dfrac{SSE}{n-p}$, 则有 $E(\hat{\sigma}^2) = \sigma^2$.

证明 因为 $E(\boldsymbol{Y}) = \boldsymbol{X\beta}$, $\mathrm{cov}(\boldsymbol{Y}, \boldsymbol{Y}) = \sigma^2\boldsymbol{I}_n$, 由式 (5.9) 有

$$E(SSE) = E(\boldsymbol{Y}^{\mathrm{T}}\boldsymbol{AY}) = \boldsymbol{\beta}^{\mathrm{T}}\boldsymbol{X}^{\mathrm{T}}\boldsymbol{AX\beta} + \sigma^2\mathrm{tr}(\boldsymbol{A})$$

因为

$$\boldsymbol{AX} = [\boldsymbol{I}_n - \boldsymbol{X}(\boldsymbol{X}^{\mathrm{T}}\boldsymbol{X})^{-1}\boldsymbol{X}^{\mathrm{T}}]\boldsymbol{X} = \boldsymbol{0}$$

所以

$$\begin{aligned} E(SSE) &= \sigma^2\mathrm{tr}(\boldsymbol{A}) \\ &= \sigma^2\mathrm{tr}[\boldsymbol{I}_n - \boldsymbol{X}(X^{\mathrm{T}}\boldsymbol{X})^{-1}\boldsymbol{X}^{\mathrm{T}}] \\ &= \sigma^2\{n - \mathrm{tr}[\boldsymbol{X}(X^{\mathrm{T}}\boldsymbol{X})^{-1}\boldsymbol{X}^{\mathrm{T}}]\} \\ &= \sigma^2\{n - \mathrm{tr}[(\boldsymbol{X}^{\mathrm{T}}\boldsymbol{X})^{-1}\boldsymbol{X}^{\mathrm{T}}\boldsymbol{X}]\} \\ &= \sigma^2[n - \mathrm{tr}(\boldsymbol{I}_p)] = \sigma^2(n-p) \end{aligned}$$

由此可得

$$E\left(\frac{SSE}{n-p}\right) = \sigma^2$$

故 $\hat{\sigma}^2 = \dfrac{SSE}{n-p}$ 是 σ^2 的无偏估计, $\hat{\sigma}^2$ 称为残差方差.

若模型 (5.3) 满足正态性条件 (5.4), 则 $\hat{\boldsymbol{\beta}}$ 和 $\hat{\sigma}^2$ 具有如下更强的性质, 这些性质在后续对回归参数作假设检验和构造置信区间时有重要作用.

定理 5.5 在正态性条件 $\boldsymbol{\varepsilon} \sim N_n(\mathbf{0}, \sigma^2 \boldsymbol{I}_n)$ 下, 有

(1) $\hat{\boldsymbol{\beta}} \sim N_p(\boldsymbol{\beta}, \sigma^2(\boldsymbol{X}^{\mathrm{T}}\boldsymbol{X})^{-1})$;

(2) $\hat{\boldsymbol{\varepsilon}} \sim N_n(\mathbf{0}, \sigma^2[\boldsymbol{I}_n - \boldsymbol{X}(\boldsymbol{X}^{\mathrm{T}}\boldsymbol{X})^{-1}\boldsymbol{X}^{\mathrm{T}}])$;

(3) $\dfrac{SSE}{\sigma^2} \sim \chi^2_{n-p}$;

(4) $\hat{\boldsymbol{\beta}}$ 与 SSE 相互独立.

例 5.1 回归分析中经典的 Hald 水泥问题. 某种水泥在凝固时放出的热量 y(cal/g) 与水泥中的 4 种化学成分的含量有关, 设

x_1 : 铝酸三钙 $3CaO \cdot Al_2O_3$ 的含量(%)

x_2 : 硅酸三钙 $3CaO \cdot SiO_2$ 的含量(%)

x_3 : 铁铝酸四钙 $4CaO \cdot Al_2O_3 \cdot Fe_2O_3$ 的含量(%)

x_4 : 硅酸二钙 $2CaO \cdot SiO_2$ 的含量(%)

其 13 组试验数据见表 5.1.

表 5.1 Hald 水泥问题试验数据表

编号	x_1	x_2	x_3	x_4	y
1	7	26	6	60	78.5
2	1	29	15	52	74.3
3	11	56	8	20	104.3
4	11	31	8	47	87.6
5	7	52	6	33	95.9
6	11	55	9	22	109.2
7	3	71	17	6	102.7
8	1	31	22	44	72.5
9	2	54	18	22	93.1
10	21	47	4	26	115.9
11	1	40	23	34	83.8
12	11	66	9	12	113.3
13	10	68	8	12	109.4

(1) 求 y 关于 4 个自变量 x_1, x_2, x_3, x_4 的线性回归方程.

(2) 求 y 关于 2 个自变量 x_1, x_2 的线性回归方程.

解 R 软件中的 lm 函数是线性回归分析中最常用的函数, 其最基本的调用格式为 lm(formula, data), 其中 formula 是回归模型的符号描述, 例如 “y~x1+x2”, 表示因变量 y 对自变量 x_1, x_2 的线性回归模型, data 是用于拟合的数据框. lm 函数运行结果中的各种信息可由各访问函数提取, 例如 coef 函数可返回估计的回归系数, residuals 函数可返回残差值.

本题中, 直接调用 lm 函数, 并由 coef 函数提取回归系数, 根据输出结果可得

(1) y 关于 4 个自变量 x_1, x_2, x_3, x_4 的经验回归方程为

$$\hat{y} = 62.405\,4 + 1.551\,1x_1 + 0.510\,2x_2 + 0.101\,9x_3 - 0.144\,1x_4$$

(2) y 关于 2 个自变量 x_1, x_2 的经验回归方程为

$$\hat{y}^* = 52.577\,3 + 1.468\,3x_1 + 0.662\,3x_2$$

R 程序及输出结果

```
> cement=read.table("e:/data/cement.txt",
+ col.name=c("No.","x1", "x2", "x3", "x4", "y"))  %读入数据
> lm.reg<-lm(y~x1+x2+x3+x4, data= cement)        %"一对四"线性回归
> coef(lm.reg)                                    %提取系数
(Intercept)          x1          x2          x3          x4
 62.4053693   1.5511026   0.5101676   0.1019094  -0.1440610
> lm.reg1<-lm(y~x1+x2, data= cement)              %"一对二"线性回归
> coef(lm.reg1)
(Intercept)          x1          x2
 52.5773489   1.4683057   0.6622505
```

例 5.2　为了研究影响糖尿病患者糖化血红蛋白 (HbA1c) 的主要危险因素, 某研究者收集了在某医院内分泌科就诊的若干名糖尿病患者的临床及试验数据, 包括

$y =$ 糖化血红蛋白 (%)
$x_1 =$ 年龄 (岁)
$x_2 =$ 体重指数 (kg/m^2)
$x_3 =$ 总胆固醇 (mmol/L)
$x_4 =$ 收缩压 (mmHg)
$x_5 =$ 舒张压 (mmHg)

现从中随机抽取 20 例, 具体数据见表 5.2.

表 5.2　20 例糖尿病患者数据

编号	x_1	x_2	x_3	x_4	x_5	y
1	49	32.19	6.0	148	86	7.6
2	67	24.77	2.7	151	98	7.4
3	64	25.24	7.0	151	80	7.4
4	66	24.26	4.8	157	87	7.2
5	68	30.28	3.5	136	83	7.3
6	48	26.18	7.6	137	87	7.6
7	66	26.36	5.9	157	91	7.5
8	47	32.07	5.7	157	89	7.7
9	64	28.44	6.1	154	82	7.3

续表

编号	x_1	x_2	x_3	x_4	x_5	y
10	75	30.65	6.9	137	86	7.7
11	53	23.43	7.1	161	86	7.5
12	46	30.56	2.9	146	79	7.3
13	59	25.19	6.0	158	80	7.3
14	76	27.26	5.4	124	85	6.9
15	63	23.93	6.7	133	89	7.5
16	74	24.94	7.9	166	82	7.9
17	52	22.82	5.3	149	71	7.3
18	64	24.34	2.5	126	93	6.8
19	54	25.44	2.6	151	83	6.9
20	78	28.98	7.2	147	74	7.5

(1) 试建立 y 关于所有自变量的回归方程.

(2) 计算残差平方和, 并给出随机误差项的无偏估计.

解 (1) 根据 R 程序输出结果可得经验回归方程

$$\hat{y} = 3.876\,0 - 0.001\,5x_1 + 0.031\,9x_2 + 0.108\,3x_3 + 0.008\,5x_4 + 0.010\,6x_5$$

R 程序及输出结果

```
> Diabetes=read.table("e:/data/DiabetesData.txt", head=T)
> lm.reg<-lm(y~x1+x2+x3+x4+x5, data = Diabetes)
> coef(lm.reg)
 (Intercept)        x1        x2        x3        x4        x5
 3.875977   -0.001528 0.031925 0.108339 0.008497 0.010576
```

(2) 由访问函数 residuals 返回残差向量, 进而得到 $SSE = 0.412\,9$, 由访问函数 sigma 可算出 $\hat{\sigma}^2 = 0.029\,5$.

R 程序及输出结果

```
> sum(residuals(lm.reg)^2)  %计算残差平方和
[1] 0.4129432
> sigma(lm.reg)^2
[1] 0.02949594
```

5.1.3 回归模型的假设检验

1. 回归显著性检验

由最小二乘估计 $\hat{\beta}$ 的计算公式 (5.7) 可以看出, 对于任意给定的一组观测数据

$$(x_{i1}, x_{i2}, \cdots, x_{i,p-1}, y_i) \quad i = 1, 2, \cdots, n$$

都可算得一个 $\hat{\boldsymbol{\beta}}$, 从而建立经验回归方程

$$\hat{y} = \hat{\beta}_0 + \hat{\beta}_1 x_1 + \cdots + \hat{\beta}_{p-1} x_{p-1}$$

该方程的拟合效果如何? 因变量 y 与自变量 $x_1, x_2, \cdots, x_{p-1}$ 是否确实存在如回归方程所示的关系? 回答这类问题的一种重要途径是进行回归显著性检验. 对假设

$$H_0: \beta_1 = \beta_2 = \cdots = \beta_{p-1} = 0 \tag{5.10}$$

的检验, 即对回归系数都等于零的检验, 称为回归显著性检验.

如果检验的结论是接受原假设 H_0, 则表明回归方程拟合效果不佳, 没有什么实际意义, 这可能因为模型所选取的自变量 $x_1, x_2, \cdots, x_{p-1}$ 与因变量 y 关系甚微, 也可能由于 y 对某些自变量存在非线性依赖关系等. 如果检验的结论是拒绝原假设 H_0, 则表明自变量 $x_1, x_2, \cdots, x_{p-1}$ 整体上对因变量 y 确有影响, 这当然也可能只有一个 $\beta_i \neq 0$, 总之我们可以认为 y 至少线性依赖于某一自变量 x_i, 因此回归方程是具有一定实际意义的.

下面采用方差分析法对假设 (5.10) 进行检验. 记 y 的 n 次观测的平均值为

$$\bar{y} = \frac{1}{n} \sum_{i=1}^{n} y_i$$

我们以各个观测值 y_i 与均值 $\bar{y}$ 的偏差的平方和

$$SST = \sum_{i=1}^{n} (y_i - \bar{y})^2 = (\boldsymbol{Y} - \boldsymbol{1}\bar{y})^{\mathrm{T}} (\boldsymbol{Y} - \boldsymbol{1}\bar{y}) = \|\boldsymbol{Y} - \boldsymbol{1}\bar{y}\|^2$$

表示 y 取值的波动, 其中 $\boldsymbol{1}$ 是所有分量都为 1 的列向量. 称 SST 为总偏差平方和 (Total Sum of Squares).

现对 SST 进行如下分解

$$\begin{aligned} SST &= \|\boldsymbol{Y} - \boldsymbol{1}\bar{y}\|^2 \\ &= \|\boldsymbol{Y} - \hat{\boldsymbol{Y}} + \hat{\boldsymbol{Y}} - \boldsymbol{1}\bar{y}\|^2 \\ &= \|\boldsymbol{Y} - \hat{\boldsymbol{Y}}\|^2 + \|\hat{\boldsymbol{Y}} - \boldsymbol{1}\bar{y}\|^2 + 2(\boldsymbol{Y} - \hat{\boldsymbol{Y}})^{\mathrm{T}} (\hat{\boldsymbol{Y}} - \boldsymbol{1}\bar{y}) \end{aligned}$$

易验证 $(\boldsymbol{Y} - \hat{\boldsymbol{Y}})^{\mathrm{T}} (\hat{\boldsymbol{Y}} - \boldsymbol{1}\bar{y}) = 0$, 故有

$$SST = \|\boldsymbol{Y} - \hat{\boldsymbol{Y}}\|^2 + \|\hat{\boldsymbol{Y}} - \boldsymbol{1}\bar{y}\|^2$$

显然 $\|\boldsymbol{Y} - \hat{\boldsymbol{Y}}\|^2$ 是残差平方和 SSE. 记

$$SSR = \|\hat{\boldsymbol{Y}} - \boldsymbol{1}\bar{y}\|^2$$

称其为回归平方和 (Sum of Squares of Regression).

综上, 可得到平方和分解公式

$$SST = SSE + SSR$$

由该分解式表明, 体现 y 取值波动程度的总偏差平方和 SST 可按照来源分为两部分, 其中回归平方和 SSR 是由全体自变量 $x_1, x_2, \cdots, x_{p-1}$ 对于 y 的线性相关关系所引起的波动, 即由回归方程解释的波动; 残差平方和 SSE 是由除去线性相关关系以外的因素所引起的波动, 即未被回归方程解释的波动.

对于给定的观测值, 总偏差平方和 SST 是确定的, 即 SSE 与 SSR 的和是确定的, 二者之间是此消彼长的关系. 一个很自然的想法是通过比较残差平方和 SSE 与回归平方和 SSR 的大小来检验假设 (5.10). 回归平方和 SSR 相对于残差平方和 SSE 越大, 则回归效果越显著, 此时应拒绝假设 (5.10).

构造如下 F 检验统计量

$$F = \frac{SSR/(p-1)}{SSE/(n-p)}$$

在正态性条件下, 由定理 (5.5) 知, $\frac{SSE}{\sigma^2} \sim \chi^2_{n-p}$. 可以证明, 当 H_0 成立时, $\frac{SST}{\sigma^2} \sim \chi^2_{n-1}$, $\frac{SSR}{\sigma^2} \sim \chi^2_{p-1}$, 且 SSR 与 SSE 互相独立, 从而

$$F = \frac{SSR/(p-1)}{SSE/(n-p)} \sim F_{p-1,n-p} \tag{5.11}$$

对给定的显著性水平 $\alpha > 0$, 当检验统计量的值 $F > F_{p-1,n-p}(\alpha)$ 时, 则拒绝原假设 H_0, 认为回归方程 (5.3) 有意义, 即认为因变量 y 与自变量 $x_1, x_2, \cdots, x_{p-1}$ 之间存在显著的线性关系; 否则就接受 H_0, 即认为回归方程无意义.

以上 F 检验中有关的量可以总结在方差分析表表 5.3 中.

表 5.3　多重回归分析中的方差分析表

方差来源	平方和	自由度	均方和	F 统计量	p 值
回归	SSR	$p-1$	$MSR = SSR/(p-1)$	$F = \frac{SSR/(p-1)}{SSE/(n-p)}$	$P(F_{p-1,n-p} > F)$
残差	SSE	$n-p$	$MSE = SSE/(n-p)$		
总和	SST	$n-1$			

2. 拟合优度

拟合优度 (Goodness of Fit) 是指回归方程对观测值的拟合程度, 它也可以用来衡量回归方程的总体效果. 评估拟合优度可采用复决定系数 R^2(Coefficient of Multiple Determination)

$$R^2 = \frac{SSR}{SST} = 1 - \frac{SSE}{SST}$$

它是回归平方和在总偏差平方和中所占的比率, 反映了在因变量的总变异中, 由回归方程所能解释的部分所占的百分比, 其取值范围为 $[0, 1]$. 与 F 检验相比, R^2 更加直观地反映了拟合效果. 较高的 R^2 值是好模型的必要条件, 但是到底多大的 R^2 才能说明模型具有良好的拟合度呢? 这要视具体问题而定, 并无明确的临界值. 在实际应用中, 可结合问题的具体背景、残差图或其他统计量等综合评价 R^2 值.

由式 (5.11) 及 R^2 的定义式, 可得 F 检验统计量与 R^2 的如下关系

$$F=\frac{n-p}{p-1}\frac{R^2}{1-R^2}$$

可见, R^2 越接近于 0, F 值越小; 反之, R^2 越接近于 1, F 值越大, 二者同增同减, 具有一致性. 一般来说, 当 R^2 值较高时, F 检验通常是显著的.

R^2 的使用存在一个问题, 当模型中不断添加额外的自变量时, R^2 通常也会自动地随之增加, 但引入无关紧要的自变量只会徒增模型的复杂度. 为了权衡拟合优度与模型复杂度之间的关系, 以未知参数的个数 p 对 R^2 进行“惩罚”, 由此出现了调整的 (Adjusted) 复决定系数

$$R_{\mathrm{a}}^2=1-\frac{SSE/(n-p)}{SST/(n-1)}$$

由 R^2 与 R_{a}^2 的定义式, 易得

$$R_{\mathrm{a}}^2=1-(1-R^2)\frac{n-1}{n-p}$$

当模型中引入额外的自变量时, R_{a}^2 可能增大、减小或者不变. R_{a}^2 可能取负值, 其值总是小于或等于 R^2, 且随着因变量的增加, R_{a}^2 比 R^2 增加得慢, 故两者间的差距将会越来越大. 实际应用中, R_{a}^2 更加适合用来评估回归方程的拟合程度.

3. 回归系数的显著性检验

回归显著性检验是对回归方程的一个整体性检验. 若拒绝假设 (5.10), 只能说明因变量 y 对所选自变量 $x_1,x_2,\cdots,x_{p-1}$ 的全体有一定的线性相关关系, 但这不足以排除 y 并不依赖于其中某个自变量 x_i 的情形. 可见在拒绝假设 (5.10) 之后, 还需考虑对单个自变量进行显著性检验. 若某个自变量 x_i 对 y 的影响不显著, 则可将它从模型中去掉, 因而它的系数 β_i 应取值为 0, 故考虑检验假设

$$H_{0i}:\beta_i=0 \tag{5.12}$$

由定理 5.5 知, 当模型 (5.3) 满足正态条件 (5.4) 时, 最小二乘估计 $\hat{\boldsymbol{\beta}}$ 满足

$$\hat{\boldsymbol{\beta}}\sim N_p[\boldsymbol{\beta},\sigma^2(\boldsymbol{X}^{\mathrm{T}}\boldsymbol{X})^{-1}]$$

记 c_{ii} 为矩阵 $\boldsymbol{C}=(c_{ij})=(\boldsymbol{X}^{\mathrm{T}}\boldsymbol{X})^{-1}$ 的主对角线上的第 i 个元素, 则有

$$\hat{\beta}_i\sim N(\beta_i,\sigma^2c_{i+1,i+1})$$

又 $\dfrac{SSE}{\sigma^2}\sim\chi^2_{n-p}$, 且 $\hat{\beta}_i$ 与 SSE 相互独立, 故根据 t 分布的定义有

$$T_i=\frac{\hat{\beta}_i-\beta_i}{\sqrt{c_{i+1,i+1}}}\Big/\sqrt{\frac{SSE}{n-p}}\sim t_{n-p}$$

当 $H_{0i}:\beta_i=0$ 成立时, 有

$$T_i=\frac{\hat{\beta}_i}{\sqrt{c_{i+1,i+1}}}\Big/\sqrt{\frac{SSE}{n-p}}\sim t_{n-p}$$

或等价地有

$$F_i = \frac{\hat{\beta}_i^2}{c_{i+1,i+1}} \Big/ \frac{SSE}{n-p} \sim F_{1,n-p}$$

对给定的显著性水平 $\alpha > 0$, 当 $|T_i| > t_{n-p}\left(\dfrac{\alpha}{2}\right)$ 时 (或者 $F > F_{1,n-p}(\alpha)$ 时), 则拒绝假设 (5.12), 即认为自变量 x_i 对 y 有显著影响, 此时称 x_i 为显著因子. 若检验的结论是不拒绝假设 (5.12), 则认为自变量 x_i 对 y 无显著影响, 故应将此自变量从线性模型中剔除, 然后再将 y 对其余自变量重新作回归, 得到一个相对简单的回归模型.

对于回归系数的置信椭球与置信区间, 直接给出如下结论.

定理 5.6　在正态性条件 $\boldsymbol{\varepsilon} \sim N_n(\boldsymbol{0}, \sigma^2 \boldsymbol{I}_n)$ 下, 有

(1) $\boldsymbol{\beta}$ 的置信水平为 $1-\alpha$ 的置信椭球为

$$\{\boldsymbol{\beta} : (\boldsymbol{\beta} - \hat{\boldsymbol{\beta}})^{\mathrm{T}}(\boldsymbol{X}^{\mathrm{T}}\boldsymbol{X})(\boldsymbol{\beta} - \hat{\boldsymbol{\beta}}) \leqslant p \cdot \hat{\sigma}^2 \cdot F_{p,n-p}(\alpha)\}$$

(2) $\beta_i, i = 1, 2, \cdots, p-1$ 的联合置信区间为

$$\hat{\beta}_i \pm \hat{\sigma}\sqrt{c_{ii}} \cdot \sqrt{pF_{p,n-p}(\alpha)} \quad i = 1, 2, \cdots, p-1$$

这里 c_{ii} 为矩阵 $\boldsymbol{C} = (\boldsymbol{X}^{\mathrm{T}}\boldsymbol{X})^{-1}$ 的主对角线上的第 i 个元素.

例 5.3 (续例 5.1)　对由 Hald 水泥数据建立的两个回归方程分别进行检验.

(1) 在显著性水平 $\alpha = 0.05$ 下, 对回归方程进行显著性检验.

(2) 计算复决定系数 R^2 以及调整的复决定系数 R_{a}^2.

(3) 对各个回归系数进行显著性检验.

解　R 软件中的 summary 提取函数可以给出 lm 函数回归结果的概要信息. 本例中的 3 个子问题, 均可以在其中找到答案. 首先分析 "一对四" 的回归方程.

(1) 根据输出结果的最后两行, 由于 $F = 111.5 > F_{4,8}(0.05) = 3.837\ 9$, 或由 p 值 $= 4.756\mathrm{e}-07 < 0.05$, 认为回归方程整体是显著的.

(2) 复决定系数 $R^2 = 0.982\ 4$, 调整的复决定系数 $R_{\mathrm{a}}^2 = 0.973\ 6$, 这些值相当接近于 1, 可以认为整体拟合效果较好.

(3) 输出结果中的系数 (Coefficients) 部分列出了回归系数的方差分析表, 最后一列为 p 值, 结果显示只有自变量 x_1 的 p 值 $= 0.070\ 8 < 0.1$, 即只显著性在水平 $\alpha = 0.1$ 下是显著的, 其他自变量均不显著.

R 程序及输出结果

```
> lm.reg<-lm(y~x1+x2+x3+x4, data= cement)
> summary(lm.reg)
Call:
lm(formula = y ~ x1 + x2 + x3 + x4, data = cement)
Residuals:
    Min      1Q  Median      3Q     Max
-3.1750 -1.6709  0.2508  1.3783  3.9254
Coefficients:
```

```
            Estimate Std. Error t value Pr(>|t|)
(Intercept)  62.4054    70.0710   0.891   0.3991
x1            1.5511     0.7448   2.083   0.0708 .
x2            0.5102     0.7238   0.705   0.5009
x3            0.1019     0.7547   0.135   0.8959
x4           -0.1441     0.7091  -0.203   0.8441
---
Signif.codes: 0 '***' 0.001 '**' 0.01 '*' 0.05 '.' 0.1 ' ' 1
Residual standard error: 2.446 on 8 degrees of freedom
Multiple R-squared: 0.9824,    Adjusted R-squared: 0.9736
F-statistic: 111.5 on 4 and 8 DF,  p-value: 4.756e-07
```

再来分析“一对二”的回归方程.

(1) 根据输出结果, 由于 $F = 229.5 > F_{2,10}(0.05) = 4.102$, 或由 p 值 $= 4.407\text{e}-09 < 0.05$, 认为回归方程整体是显著的.

(2) 复决定系数 $R^2 = 0.978\,7$, 调整的复决定系数 $R_{\text{a}}^2 = 0.974\,4$, 也都相当接近于 1, 说明整体拟合效果不错.

(3) 自变量 x_1, x_2 的 p 值远远小于 0.05, 都是高度显著的.

R 程序及输出结果

```
> lm.reg1<-lm(y~x1+x2, data= cement)
> summary(lm.reg1)
Call:
lm(formula = y ~ x1 + x2, data = cement)
Residuals:
   Min     1Q Median     3Q    Max
-2.893 -1.574 -1.302  1.363  4.048
Coefficients:
            Estimate Std. Error t value Pr(>|t|)
(Intercept) 52.57735    2.28617   23.00 5.46e-10 ***
x1           1.46831    0.12130   12.11 2.69e-07 ***
x2           0.66225    0.04585   14.44 5.03e-08 ***
---
Signif.codes: 0 '***' 0.001 '**' 0.01 '*' 0.05 '.' 0.1 ' ' 1
Residual standard error: 2.406 on 10 degrees of freedom
Multiple R-squared: 0.9787,    Adjusted R-squared: 0.9744
F-statistic: 229.5 on 2 and 10 DF,  p-value: 4.407e-09
```

本题中“一对四”回归模型检验结果显示 y 与 4 个自变量整体有显著的线性关系, 但是单个自变量对 y 的影响不显著, “一对二”回归模型则表明去掉自变量 x_3, x_4 后, y 与自变量 x_1, x_2 不但保持显著的线性关系, 而且单个自变量对 y 的影响高度显著. 这个现象可能是因为 4 个自变量之间存在相关关系, 某个自变量的作用可以被其他自变量代替. 至于 4 个自变量中应当保留哪些, 剔除哪些, 这个问题将会在后面自变量选择的章节中具体讲解.

例 5.4 (续例 5.2) 对于例 5.2 所建立的 y 对所有自变量的回归模型, 作如下求解.

(1) 在显著性水平 $\alpha = 0.05$ 下, 进行方程的显著性检验以及回归系数的显著性检验.

(2) 求回归系数的 95% 置信椭球.

解 (1) 函数 summary 的输出结果中, 由 $F = 7.317 > F_{5,14}(0.05) = 2.958$, 或由 p 值$=0.001\ 462 < 0.05$, 认为回归方程整体是显著的. 由回归系数的方差分析表的最后一列, 自变量 x_2, x_3, x_4 的 p 值均小于 0.05, 即它们在显著性水平 $\alpha = 0.05$ 下是显著的, 而自变量 x_1, x_5 的 p 值全都大于 0.05, 故二者对 y 的影响均不显著.

R 程序及输出结果

```
> lm.reg<-lm(y~x1+x2+x3+x4+x5, data = Diabetes)
> summary(lm.reg)
Call:
lm(formula = y ~ x1 + x2 + x3 + x4 + x5, data = Diabetes)
Residuals:
     Min       1Q   Median       3Q      Max
-0.26767 -0.09818 -0.03327  0.14146  0.22369
Coefficients:
             Estimate Std. Error t value Pr(>|t|)
(Intercept)  3.875977   1.011151   3.833 0.001827 **
x1          -0.001528   0.004095  -0.373 0.714613
x2           0.031925   0.013478   2.369 0.032774 *
x3           0.108339   0.024514   4.419 0.000583 ***
x4           0.008497   0.003678   2.310 0.036634 *
x5           0.010576   0.006626   1.596 0.132790
---
Signif.codes: 0 ‘***’ 0.001 ‘**’ 0.01 ‘*’ 0.05 ‘.’ 0.1 ‘ ’ 1
Residual standard error: 0.1717 on 14 degrees of freedom
Multiple R-squared:  0.7232,    Adjusted R-squared:  0.6244
F-statistic: 7.317 on 5 and 14 DF,  p-value: 0.001462
```

由于 x_1, x_5 对 y 的影响均不显著, 现剔除它们, 仅以 3 个自变量 x_2, x_3, x_4 重新建立回归模型. R 软件中的 update 函数可用于更新回归模型, 其基本调用格式为 update(object, formula), 其中 object 是由 lm 函数返回的原有结果, formula 则表明对原回归方程作何种改变.

根据输出结果, 更新的只含有 3 个自变量的经验回归方程为

$$\hat{y} = 4.798\ 6 + 0.031\ 1x_2 + 0.097\ 3x_3 + 0.008\ 2x_4$$

对此模型的检验结果显示, 回归方程整体以及单个自变量都是显著的.

R 程序及输出结果

```
> lm.reg<-lm(y~x1+x2+x3+x4+x5, data=Diabetes)  %原"一对五"模型
> reduced.reg=update(lm.reg, ~.-x1-x5)      %更新模型, 剔去x1,x5
> summary(reduced.reg)
Call:
lm(formula = y ~ x2 + x3 + x4, data = Diabetes)
Residuals:
     Min       1Q   Median       3Q      Max
-0.29181 -0.11012  0.00756  0.10551  0.32621
Coefficients:
            Estimate Std. Error t value Pr(>|t|)
(Intercept) 4.798554   0.667070   7.193 2.14e-06 ***
x2          0.031100   0.013599   2.287 0.036165 *
x3          0.097291   0.023588   4.125 0.000794 ***
x4          0.008226   0.003600   2.285 0.036312 *
---
Signif.codes: 0  '***'  0.001  '**'  0.01  '*'  0.05  '.'  0.1  ' '  1
Residual standard error: 0.1751 on 16 degrees of freedom
Multiple R-squared:  0.6712,    Adjusted R-squared:  0.6096
F-statistic: 10.89 on 3 and 16 DF,  p-value: 0.0003833
```

(2) 前面例 5.2已算得最小二乘估计

$$\hat{\boldsymbol{\beta}}^{\mathrm{T}} = (3.876\,0,\ -0.001\,5,\ 0.031\,9,\ 0.108\,3,\ 0.008\,5,\ 0.010\,6)$$

因为 $F_{6,14}(0.05) = 2.847\,7$, $\hat{\sigma}^2 = 0.029\,5$, 故 $p \cdot \hat{\sigma}^2 \cdot F_{6,14}(0.05) = 0.504\,0$, 再有

$$\boldsymbol{X}^{\mathrm{T}}\boldsymbol{X} = \begin{pmatrix} 20.0 & 1\,233.0 & 537.3 & 109.8 & 2\,946.0 & 1\,691.0 \\ 1\,233.0 & 77\,983.0 & 33\,072.3 & 6\,826.1 & 181\,181.0 & 104\,294.0 \\ 537.3 & 33\,072.3 & 14\,604.6 & 2\,948.7 & 79\,067.0 & 45\,413.7 \\ 109.8 & 6\,826.1 & 2\,948.7 & 661.7 & 16\,271.7 & 9\,227.9 \\ 2\,946.0 & 181\,181.0 & 79\,067.0 & 16\,271.7 & 436\,512.0 & 248\,859.0 \\ 1\,691.0 & 104\,294.0 & 45\,413.7 & 9\,227.9 & 248\,859.0 & 143\,711.0 \end{pmatrix}$$

故回归系数的 95% 置信椭球为

$$\{\boldsymbol{\beta} : (\boldsymbol{\beta} - \hat{\boldsymbol{\beta}})^{\mathrm{T}}(\boldsymbol{X}^{\mathrm{T}}\boldsymbol{X})(\boldsymbol{\beta} - \hat{\boldsymbol{\beta}}) \leqslant 0.504\,0\}$$

R 软件中的 car 程序包提供了大量函数, 可以方便地处理很多回归分析的相关问题. car 程序包中的 confidenceEllipse 函数可以画出两个回归系数的置信椭圆, 其最基本调用格式为 confidence.ellipse(model, which.coef, levels), 其中二元向量 which.coef 是系数的标号, 注意 β_0 是 1 号, $c(2,5)$ 表示对系数 β_1 与 β_4 绘制置信椭圆. 图 5.1 是 β_1 与 β_5 的 95%

置信椭圆, 此置信椭圆包含了 (0,0) 点与 (1) 对回归系数显著性检验的结果相符.

R 程序及输出结果

```
> library(car)
> confidenceEllipse(lm.reg,c(2,6),levels=.95,col="black")
```

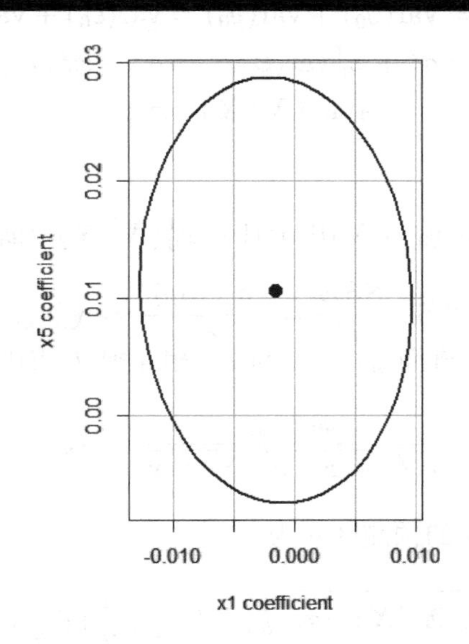

图 5.1　β_1 与 β_5 的 95% 置信椭圆

5.1.4　利用回归方程进行预测

经检验具有实际意义的回归模型, 除了可用来描述自变量与因变量之间的相关关系外, 还有一项重要的应用就是预测. 所谓预测, 是指当自变量取为某组特定值时, 预期得到的因变量的可能取值情况, 包括点预测和区间预测.

当自变量取值为 $(x_{01}, x_{02}, \cdots, x_{0,p-1})$ 时, 所对应的因变量为

$$y_0 = \beta_0 + \beta_1 x_{01} + \cdots + \beta_{p-1} x_{0,p-1} + \varepsilon_0$$

这里 $E(\varepsilon_0) = 0$, $\mathrm{var}(\varepsilon_0) = \sigma^2$, 且 ε_0 与 $\varepsilon_1, \cdots, \varepsilon_n$ 相互独立, 即在点 $(x_{01}, x_{02}, \cdots, x_{0,p-1})$ 处所作试验与已作试验独立.

点预测就是对 y_0 进行点估计, 很自然地想到利用经验回归方程

$$\hat{y} = \hat{\beta}_0 + \hat{\beta}_1 x_1 + \cdots + \hat{\beta}_{p-1} x_{p-1}$$

给出 y_0 的预测值. 记 $\boldsymbol{x}_0 = (1, x_{01}, x_{02}, \cdots, x_{0,p-1})^{\mathrm{T}}$, 则预测值

$$\hat{y}_0 = \boldsymbol{x}_0^{\mathrm{T}} \hat{\boldsymbol{\beta}} \tag{5.13}$$

由最小二乘估计 $\hat{\boldsymbol{\beta}}$ 的无偏性知, $E(y_0 - \hat{y}_0) = \boldsymbol{x}_0^{\mathrm{T}}\boldsymbol{\beta} - \boldsymbol{x}_0^{\mathrm{T}}\boldsymbol{\beta} = 0$, 即预测 $\hat{y}_0$ 是 y_0 的无偏估计.

为考察这个预测的精度，需要进行区间预测. 所谓区间预测，就是在给定的置信系数下，给出 y_0 的一个预测值范围.

因为在点 $(x_{01}, x_{02}, \cdots, x_{0,p-1})$ 处所作试验与前面已作的 n 次试验是独立的，故 y_0 与 $\hat{y}_0$ 相互独立，因此预测误差 $y_0 - \hat{y}_0$ 的方差为

$$\begin{aligned}\mathrm{var}(y_0 - \hat{y}_0) &= \mathrm{var}(y_0) + \mathrm{var}(\hat{y}_0) = \mathrm{var}(\varepsilon_0) + \mathrm{var}(\boldsymbol{x}_0^{\mathrm{T}}\hat{\boldsymbol{\beta}}) \\ &= \sigma^2 + \boldsymbol{x}_0^{\mathrm{T}}\mathrm{var}(\hat{\boldsymbol{\beta}})\boldsymbol{x}_0 = \sigma^2 + \boldsymbol{x}_0^{\mathrm{T}}[\sigma^2(\boldsymbol{X}^{\mathrm{T}}\boldsymbol{X})^{-1}]\boldsymbol{x}_0 \\ &= \sigma^2[1 + \boldsymbol{x}_0^{\mathrm{T}}(\boldsymbol{X}^{\mathrm{T}}\boldsymbol{X})^{-1}\boldsymbol{x}_0]\end{aligned}$$

故在正态性条件下

$$y_0 - \hat{y}_0 \sim N\left(0, \sigma^2[1 + \boldsymbol{x}_0^{\mathrm{T}}(\boldsymbol{X}^{\mathrm{T}}\boldsymbol{X})^{-1}\boldsymbol{x}_0]\right)$$

另一方面，由定理 (5.5) 可知，$\dfrac{SSE}{\sigma^2} = \dfrac{(n-p)\hat{\sigma}^2}{\sigma^2} \sim \chi^2_{n-p}$. 因为 $\hat{\sigma}^2$ 由已作试验的结果算得，故 y_0 与 $\hat{\sigma}^2$ 相互独立，进而 $y_0 - \hat{y}_0$ 与 $\hat{\sigma}^2$ 相互独立，因此有

$$\frac{y_0 - \hat{y}_0}{\hat{\sigma}\sqrt{1 + \boldsymbol{x}_0^{\mathrm{T}}(\boldsymbol{X}^{\mathrm{T}}\boldsymbol{X})^{-1}\boldsymbol{x}_0}} \sim t_{n-p}$$

所以 y_0 的置信系数为 $1-\alpha$ 的预测区间为

$$\left(\hat{y}_0 - t_{n-p}\left(\frac{\alpha}{2}\right)\hat{\sigma}\sqrt{1 + \boldsymbol{x}_0^{\mathrm{T}}(\boldsymbol{X}^{\mathrm{T}}\boldsymbol{X})^{-1}\boldsymbol{x}_0}, \hat{y}_0 + t_{n-p}\left(\frac{\alpha}{2}\right)\hat{\sigma}\sqrt{1 + \boldsymbol{x}_0^{\mathrm{T}}(\boldsymbol{X}^{\mathrm{T}}\boldsymbol{X})^{-1}\boldsymbol{x}_0}\right) \tag{5.14}$$

其中，$t_{n-p}\left(\dfrac{\alpha}{2}\right)$ 为自由度 $n-p$ 的 t 分布的上 $\alpha/2$ 分位数.

除了上述预测因变量的一个新观测值 y_0，在实际应用中，还可能需要估计因变量在某特定点处的平均值

$$E(y_0|x_{01}, x_{02}, \cdots, x_{0,p-1}) = \beta_0 + \beta_1 x_{01} + \cdots + \beta_{p-1}x_{0,p-1} = \boldsymbol{x}_0^{\mathrm{T}}\boldsymbol{\beta}$$

易见，$E(y_0|\boldsymbol{x}_0)$ 的无偏点估计仍为式 (5.13) 中的 $\boldsymbol{x}_0^{\mathrm{T}}\hat{\boldsymbol{\beta}}$. 但是 $E(y_0|\boldsymbol{x}_0)$ 的置信区间与 y_0 的预测区间 (5.14) 略有不同.

由于平均值 $E(y_0|\boldsymbol{x}_0)$ 是一个数，其无偏估计的方差 $\mathrm{var}(\boldsymbol{x}_0^{\mathrm{T}}\hat{\boldsymbol{\beta}}) = \sigma^2\boldsymbol{x}_0^{\mathrm{T}}(\boldsymbol{X}^{\mathrm{T}}\boldsymbol{X})^{-1}\boldsymbol{x}_0$，故在正态性条件下

$$\boldsymbol{x}_0^{\mathrm{T}}\hat{\boldsymbol{\beta}}_0 - E(y_0|\boldsymbol{x}_0) \sim N\left[0, \sigma^2\boldsymbol{x}_0^{\mathrm{T}}(\boldsymbol{X}^{\mathrm{T}}\boldsymbol{X})^{-1}\boldsymbol{x}_0\right]$$

进而可得 $E(y_0|\boldsymbol{x}_0)$ 的置信系数为 $1-\alpha$ 的置信区间为

$$\left(\boldsymbol{x}_0^{\mathrm{T}}\hat{\boldsymbol{\beta}} - t_{n-p}\left(\frac{\alpha}{2}\right)\hat{\sigma}\sqrt{\boldsymbol{x}_0^{\mathrm{T}}(\boldsymbol{X}^{\mathrm{T}}\boldsymbol{X})^{-1}\boldsymbol{x}_0}, \boldsymbol{x}_0^{\mathrm{T}}\hat{\boldsymbol{\beta}} + t_{n-p}\left(\frac{\alpha}{2}\right)\hat{\sigma}\sqrt{\boldsymbol{x}_0^{\mathrm{T}}(\boldsymbol{X}^{\mathrm{T}}\boldsymbol{X})^{-1}\boldsymbol{x}_0}\right) \tag{5.15}$$

通过比较发现，y_0 的预测区间 (5.14) 宽于其平均值 $E(y_0|\boldsymbol{x}_0)$ 的置信区间 (5.15)，这是因为预测的目标 y_0 是一个随机变量，其误差项 ε_0 增加了一定的不确定性.

例 5.5 (续例 5.1) 利用例 5.1 所建立的"一对二"经验回归方程，给出当 $x_1 = 10, x_2 = 50$ 时，热量 y 的预测值以及 95% 预测区间.

解 R 软件中的 predict 函数可用于预测, 较基本的调用格式为 predict (object, newdata, interval = c("none", "confidence", "prediction"), level = 0.95), 其中 newdata 是需要预测的数据框, interval 可选 3 种预测方式, “none” 仅返回预测值, “confidence” 返回均值的置信区间, “prediction” 返回预测区间.

根据输出结果, 当 $x_1 = 10, x_2 = 50$ 时, 由 $\hat{y}^* = 52.577\,3 + 1.468\,3x_1 + 0.662\,3x_2$ 得到的预测值为 $\hat{y}^* = 100.372\,9$, 其 95% 预测区间为 $[94.768\,85, 105.977]$.

R 程序及输出结果

```
> lm.reg1<-lm(y~x1+x2, data=cement)
> new<-data.frame(x1=10,x2=50)   %生成数据框
> lm.pred<-predict(lm.reg1,new,interval="prediction",level=0.95)
> lm.pred
       fit      lwr     upr
1 100.3729 94.76885 105.977
```

5.2 回归诊断与自变量选择

5.2.1 回归诊断

回归诊断是对回归模型基本假设的合理性进行考察以及分析试验数据对参数估计或预测等统计推断影响的大小.

从已讲解的一元多重线性回归模型的基本结果中可以看到, 那些关于假设检验和置信区间的结论只有当对模型的基本假设满足时才是有意义的. 回归诊断的任务之一就是检验模型的基本假设是否满足, 若不满足, 则进一步探讨修正的方法, 以使原始观测数据满足或近似满足模型的假设. 另一方面, 由于回归分析中对未知参数的估计是由试验数据计算来的, 我们自然希望这些估计不能过分依赖某些个别数据, 否则当剔除这些数据后, 未知参数估计的巨大变化将导致差异很大的回归方程. 针对于此, 回归诊断的另一任务就是探查试验数据中是否存在异常数据, 若存在, 则给出相应的处理方法.

1. 残差分析 (Residual Analysis)

残差蕴含了有关模型假设的很多重要信息, 故对回归模型基本假设的合理性考察通常是利用残差进行的, 因而这部分工作也称为残差分析.

对线性回归模型的基本假设包括:

(1) 因变量 y 与 $p-1$ 个自变量 $x_1, x_2, \cdots, x_{p-1}$ 存在线性相关关系;

(2) $E(\boldsymbol{\varepsilon}) = \mathbf{0}, \mathrm{cov}(\boldsymbol{\varepsilon}, \boldsymbol{\varepsilon}) = \sigma^2 \boldsymbol{I}_n$, 即 ε_i 均值为 0, 具有相同的未知方差 σ^2(称为方差齐性假设), 且 $\varepsilon_1, \varepsilon_2, \cdots, \varepsilon_n$ 互不相关, 回归系数与误差方差的估计问题在这种假设下即可进行;

(3) 正态性假设 $\boldsymbol{\varepsilon} \sim N_n(\mathbf{0}, \sigma^2 \boldsymbol{I}_n)$, 即 $\varepsilon_1, \varepsilon_2, \cdots, \varepsilon_n$ 独立同分布于 $N(0, \sigma^2)$, 假设检验、置信区间、预测等问题需要附加正态性假设.

对回归模型 (5.3), 残差向量

$$\hat{\boldsymbol{\varepsilon}} = (\hat{\varepsilon}_1, \cdots, \hat{\varepsilon}_n)^{\mathrm{T}} = \boldsymbol{Y} - \hat{\boldsymbol{Y}} = [\boldsymbol{I}_n - \boldsymbol{X}(\boldsymbol{X}^{\mathrm{T}}\boldsymbol{X})^{-1}\boldsymbol{X}^{\mathrm{T}}]\boldsymbol{Y}$$

由定理 5.3, 有

$$E(\hat{\boldsymbol{\varepsilon}}) = \boldsymbol{0} \quad \mathrm{cov}(\hat{\boldsymbol{\varepsilon}}, \hat{\boldsymbol{\varepsilon}}) = \sigma^2[\boldsymbol{I}_n - \boldsymbol{X}(\boldsymbol{X}^{\mathrm{T}}\boldsymbol{X})^{-1}\boldsymbol{X}^{\mathrm{T}}]$$

在正态性假设下, 进一步有

$$\hat{\boldsymbol{\varepsilon}} \sim N\{\boldsymbol{0}, \sigma^2[\boldsymbol{I}_n - \boldsymbol{X}(\boldsymbol{X}^{\mathrm{T}}\boldsymbol{X})^{-1}\boldsymbol{X}^{\mathrm{T}}]\}$$

观察到矩阵 $\boldsymbol{X}(\boldsymbol{X}^{\mathrm{T}}\boldsymbol{X})^{-1}\boldsymbol{X}^{\mathrm{T}}$ 与残差紧密相联, 记 $\boldsymbol{H} = \boldsymbol{X}(\boldsymbol{X}^{\mathrm{T}}\boldsymbol{X})^{-1}\boldsymbol{X}^{\mathrm{T}}$, 易见 $\boldsymbol{H}$ 是对称幂等矩阵, 即 $\boldsymbol{H}^{\mathrm{T}} = \boldsymbol{H}, \boldsymbol{H}^2 = \boldsymbol{H}$. 由于

$$\boldsymbol{H}\boldsymbol{Y} = \boldsymbol{X}(\boldsymbol{X}^{\mathrm{T}}\boldsymbol{X})^{-1}\boldsymbol{X}^{\mathrm{T}}\boldsymbol{Y} = \boldsymbol{X}\hat{\boldsymbol{\beta}} = \hat{\boldsymbol{Y}}$$

即 $\boldsymbol{H}$ 作用在观测值向量 $\boldsymbol{Y}$ 上的结果是 $\boldsymbol{Y}$ 多了个 "帽子", 故称 $\boldsymbol{H}$ 为帽子矩阵 (Hat Matrix).

由于 $\mathrm{cov}(\hat{\boldsymbol{\varepsilon}}, \hat{\boldsymbol{\varepsilon}}) = \sigma^2(\boldsymbol{I}_n - \boldsymbol{H})$, 故各残差的方差完全由帽子矩阵 $\boldsymbol{H}$ 确定

$$\mathrm{var}(\hat{\varepsilon}_i) = \sigma^2(1 - h_{ii}) \quad i = 1, 2, \cdots, n$$

其中,h_{ii} 为 $\boldsymbol{H}$ 的第 i 个对角元. 易见 $\mathrm{var}(\hat{\varepsilon}_i)$ 一般不相等, 为使得各残差的方差相等, 将它们标准化, 得到

$$z_i = \frac{\hat{\varepsilon}_i}{\sigma\sqrt{1 - h_{ii}}}$$

因其均值为 0, 标准差为 1, 故称为标准化残差. 由于标准化残差所依赖的 σ 是未知的, 故用估计 $\hat{\sigma}$ 代替 σ, 得到

$$r_i = \frac{\hat{\varepsilon}_i}{\hat{\sigma}\sqrt{1 - h_{ii}}}$$

称为学生化残差 (Studentized Residual). 学生化残差的分布较复杂, 且各 r_i 间并不相互独立, 不过当样本容量 n 较大时, 在模型假设条件下可近似地认为它们相互独立, 且都服从标准正态分布 $N(0,1)$, 因而这些学生化残差落在区间 $[-1.96, 1.96]$ 以内的概率大约应为 95.4%, 如若模型的某些假设不成立, $\boldsymbol{\varepsilon}$ 分布的变化将会导致 r_i 分布的变化, 故可依据 r_i 的种种表现, 对模型假设的合理性进行诊断.

为了更直观地显示出残差的各种趋势, 可采用残差图. 所谓残差图, 是指以残差为纵坐标, 以其他适宜的量为横坐标的散点图. 利用残差图中点的散布规律进行诊断是模型诊断的最有效的方法之一. 常见的残差图有:

(1) 以拟合值 $\hat{y}_i$ 为横坐标;

(2) 以某个自变量 x_i 或者某些自变量的线性组合为横坐标;

(3) 如果观测值是按照时间顺序或者某种空间顺序获得的, 则可取观测时间或观测序号为横坐标.

如果关于模型的假设满足, 这些残差图中的点应随机地散布在以 0 为中心, 宽度约为 4 的水平带状区域内, 若残差图中的点出现任何可辨识的模式, 则表明用于拟合数据的模型无效, 应对模型的假设提出怀疑.

以学生化残差对拟合值的残差图为例, 图 5.2 显示了残差图可能出现的几种情况. 图 5.2(a) 是令人满意的, 显示模型假设条件满足. 图 5.2(b) 显示模型的线性假设可能不合适. 图 5.2(c) 和 (d) 中, 散点从一端向另一端逐渐散开呈现漏斗状, 这是残差的方差不相等的征兆, 故怀疑模型方差齐性假设有问题.

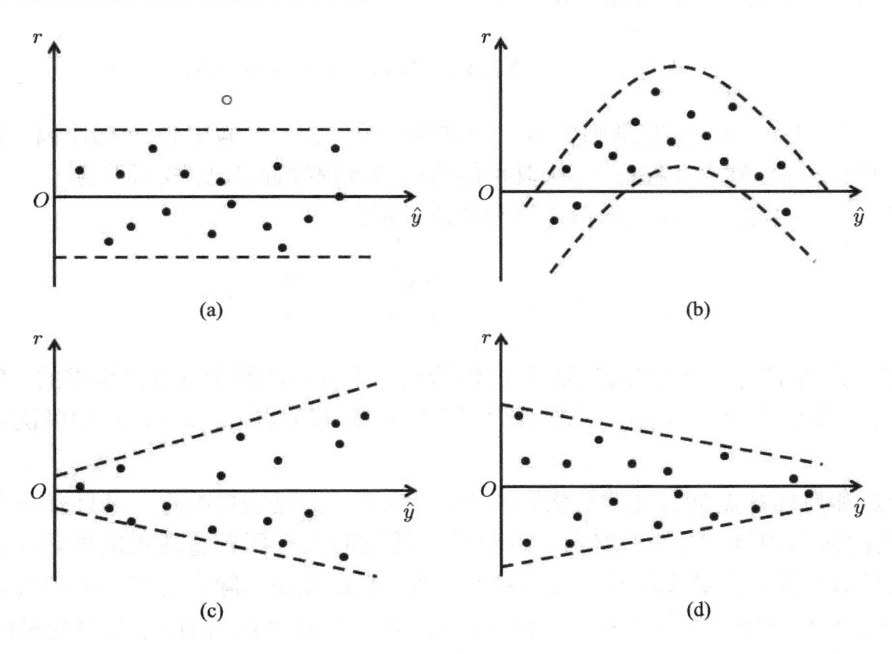

图 5.2　学生化残差关于拟合值的残差图

除了上述残差图, 还有一种以残差的次序统计量 $r_{(1)},\cdots,r_{(n)}$ 为纵坐标, 以标准正态分布的理论分位数为横坐标的正态 QQ 图. 在正态性假设下, 图上的散点应大致在一条截距为 0, 斜率为 1 的直线上.

2. 影响分析 (Influence Analysis)

强影响点 (Influential Point) 是指对模型有较大影响的点, 模型中包含该点与不包含该点会使求得的回归系数相差很大, 进而影响后续其他统计推断. 可见, 分析试验数据的影响大小, 进而探测其中的强影响点是非常有必要的, 我们称这部分工作为影响分析.

因变量取值异常, 或者自变量取值异常, 都可能显著影响回归结果. 因变量取值异常的点称为离群点 (Outlier) 或者异常值点. 离群点的残差相较于其他点而言比较大. 残差分析是鉴别离群点的常用方法. 对于小到中等规模的数据集, 如果某点的标准化残差超出 $[-2,2]$ 这个区间, 则将它标记为离群点; 在非常大的数据集中, 可把这个区间范围扩大到 $[-4,4]$, 以免过多的点被标记为潜在的离群点. 图 5.2(a) 中带状区域上方的那个空心点, 可视为离群点.

自变量取值异常的点称为高杠杆点 (High Leverage Point), 帽子矩阵 $\boldsymbol{H}=\boldsymbol{X}(\boldsymbol{X}^{\mathrm{T}}\boldsymbol{X})^{-1}\boldsymbol{X}^{\mathrm{T}}$

可以探测高杠杆点的存在. 若记

$$\boldsymbol{x}_i^{\mathrm{T}} = (x_{i1}, \cdots, x_{i,p-1}) \quad \bar{\boldsymbol{x}} = \frac{1}{n}\sum_{i=1}^{n} \boldsymbol{x}_i \quad \boldsymbol{X}_* = \begin{pmatrix} (\boldsymbol{x}_1 - \bar{\boldsymbol{x}})^{\mathrm{T}} \\ (\boldsymbol{x}_2 - \bar{\boldsymbol{x}})^{\mathrm{T}} \\ \vdots \\ (\boldsymbol{x}_n - \bar{\boldsymbol{x}})^{\mathrm{T}} \end{pmatrix}$$

则帽子矩阵 $\boldsymbol{H}$ 的第 i 个对角元可表示为

$$h_{ii} = \frac{1}{n} + (\boldsymbol{x}_i - \bar{\boldsymbol{x}})^{\mathrm{T}}(\boldsymbol{X}_*^{\mathrm{T}}\boldsymbol{X}_*)^{-1}(\boldsymbol{x}_i - \bar{\boldsymbol{x}}) \quad i = 1, 2, \cdots, n \tag{5.16}$$

称 h_{ii} 为杠杆 (Leverage), 它刻画了第 i 个试验点距离整个试验中心 $\bar{\boldsymbol{x}}$ 的距离. 若 h_{ii} 相对较大, 则 $(\boldsymbol{x}_i^{\mathrm{T}}, y_i)$ 称为高杠杆点, 因其可能将回归方程拉近自己, 故而得名.

杠杆 $h_{ii}, i = 1, 2, \cdots, n$ 的取值范围与均值分别为

$$0 \leqslant h_{ii} \leqslant 1 \quad \frac{1}{n}\sum_{i=1}^{n} h_{ii} = \frac{p}{n}$$

可见, 相对较大的杠杆值应该比较靠近 1, 但给出一个统一的判别标准是困难的. 在实际应用中, 一个常用的临界值为 $2p/n$, 即杠杆均值的 2 倍, 若某点 $h_{ii} > 2p/n$, 则可认为该点为高杠杆点.

离群点和高杠杆点都有可能是强影响点, 但也不一定是强影响点. 以只有一个自变量的简单线性回归为例, 图 5.3 展示了观测异常的试验点对回归直线可能的影响. 图 5.3 中, 实线是对全部观测数据的最小二乘拟合直线, 而虚线是删除实心点后的拟合直线. 图 5.3(a) 中的实心点残差相较于其他点而言较大, 视为异常值点, 但由于其自变量的取值大致落在试验中心, 因此该实心点对回归直线影响较小. 图 5.3(b) 中的实心点远离试验中心, 具有高杠杆值, 但由于其基本落在回归直线上, 故该实心点对回归直线基本上也没有影响. 图 5.3(c) 中的实心点既是高杠杆点也是异常值点, 含此点与不含此点所得的回归直线相差明显, 强力影响了回归结果, 故该点是强影响点.

可见, 探测强影响点, 仅凭残差或仅凭杠杆值是不够的, 还需要更加有效的工具来度量观测点的影响. 观测点的影响由在拟合过程中删除它所导致的后果来度量. 现有文献中有多种影响度量, 这里我们主要介绍其中使用最为广泛的一种度量, Cook 距离 (Cook's Distance).

从线性回归模型 (5.2) 中删除第 i 组数据, 并以 $\boldsymbol{Y}_{(i)}$,$\boldsymbol{X}_{(i)}$ 和 $\boldsymbol{\varepsilon}_{(i)}$ 分别表示从 $\boldsymbol{Y}$, $\boldsymbol{X}$ 和 $\boldsymbol{\varepsilon}$ 删除第 i 行所得到的向量或矩阵, 则剩余的 $n-1$ 组数据的线性回归模型为

$$\begin{cases} \boldsymbol{Y}_{(i)} = \boldsymbol{X}_{(i)}\boldsymbol{\beta} + \boldsymbol{\varepsilon}_{(i)} \\ E(\boldsymbol{\varepsilon}_{(i)}) = \boldsymbol{0} \quad \mathrm{cov}(\boldsymbol{\varepsilon}_{(i)}, \boldsymbol{\varepsilon}_{(i)}) = \sigma^2 \boldsymbol{I}_{n-1} \end{cases} \tag{5.17}$$

将从模型 (5.17) 算出的 $\boldsymbol{\beta}$ 的最小二乘估计记为 $\hat{\boldsymbol{\beta}}_{(i)}$, 则

$$\hat{\boldsymbol{\beta}}_{(i)} = (\boldsymbol{X}_{(i)}^{\mathrm{T}}\boldsymbol{X}_{(i)})^{-1}\boldsymbol{X}_{(i)}^{\mathrm{T}}\boldsymbol{Y}_{(i)}$$

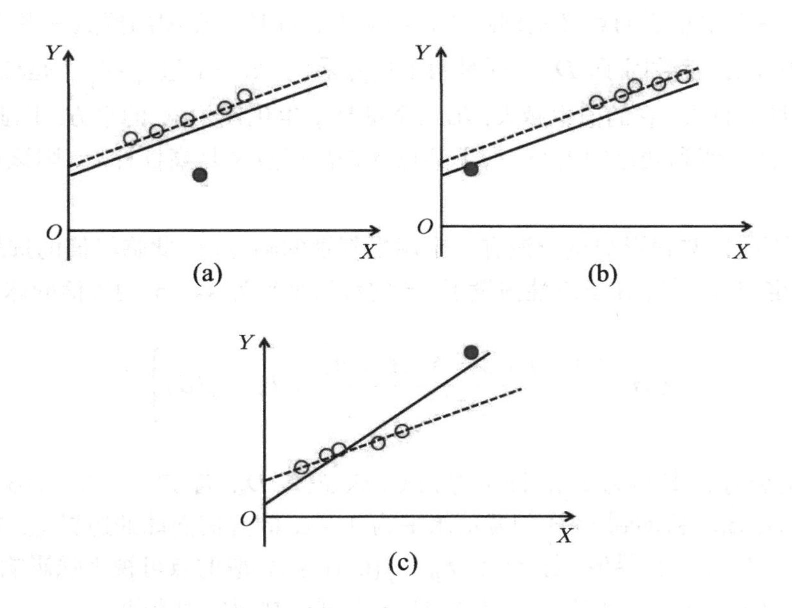

图 5.3 异常值点和高杠杆点的影响

记剔除第 i 组数据后在 n 个试验点的拟合值向量为

$$\hat{\boldsymbol{Y}}_{(i)}=(\hat{y}_{1(i)},\cdots,\hat{y}_{n(i)})=\boldsymbol{X}\hat{\boldsymbol{\beta}}_{(i)}$$

其中,

$$\hat{y}_{j(i)}=\hat{\beta}_{0(i)}+\hat{\beta}_{1(i)}x_{j1}+\cdots+\hat{\beta}_{p-1(i)}x_{j,p-1}\quad j=1,2,\cdots,n$$

很显然, $\hat{\boldsymbol{\beta}}-\hat{\boldsymbol{\beta}}_{(i)}$ 反映了第 i 组数据删除后, 回归系数之间的差异, $\hat{\boldsymbol{Y}}-\hat{\boldsymbol{Y}}_{(i)}$ 反映了第 i 组数据删除后, 拟合值之间的差异. Cook 距离就是基于此构造的, 其定义式为

$$D_i=\frac{(\hat{\boldsymbol{Y}}-\hat{\boldsymbol{Y}}_{(i)})^{\mathrm{T}}(\hat{\boldsymbol{Y}}-\hat{\boldsymbol{Y}}_{(i)})}{p\hat{\sigma}^2}=\frac{\sum\limits_{j=1}^{n}(\hat{y}_j-\hat{y}_{j(i)})^2}{p\hat{\sigma}^2}\quad i=1,2,\cdots,n$$

或等价地

$$D_i=\frac{(\hat{\boldsymbol{\beta}}-\hat{\boldsymbol{\beta}}_{(i)})^{\mathrm{T}}\boldsymbol{X}^{\mathrm{T}}\boldsymbol{X}(\hat{\boldsymbol{\beta}}-\hat{\boldsymbol{\beta}}_{(i)})}{p\hat{\sigma}^2}\quad i=1,2,\cdots,n$$

这里 $\hat{\sigma}^2=\dfrac{\hat{\boldsymbol{\varepsilon}}^{\mathrm{T}}\hat{\boldsymbol{\varepsilon}}}{n-p}$. 显然, Cook 距离越大, 该点的影响越大.

可以证明

$$D_i=\frac{1}{p}\cdot\frac{h_{ii}}{1-h_{ii}}\cdot r_i^2\quad i=1,2,\cdots,n \tag{5.18}$$

这里 h_{ii} 是第 i 个杠杆值, r_i 是学生化残差. 由式 (5.18) 计算 Cook 距离, 只需由原回归模型 (5.2) 算出第 i 个杠杆值 h_{ii} 及学生化残差 r_i 即可, 而不必对任何一个删除了数据的模型进行具体的计算.

式 (5.18) 一个很重要的意义是刻画了强影响点、高杠杆点和离群点三者之间的关系. 在式 (5.18) 中, 除去常数因子, D_i 实际是两个量的乘积, 第一个量 $\dfrac{h_{ii}}{1-h_{ii}}$ 是杠杆值 h_{ii} 的单增函数, 杠杆值越大, 它的值也越大; 第二个量是学生化残差 r_i 的平方. 因此, Cook 距离综合考虑了杠杆值和残差的大小, 如果某点既是离群点又是高杠杆点, 则该点很有可能是强影响点.

以 Cook 距离探测强影响点应该有一个用来判别的临界值, 此临界值的选取可借助于置信椭球. 由定理 5.6 知, 在正态性假设下, $\boldsymbol{\beta}$ 的置信水平为 $1-\alpha$ 的置信椭球为

$$\left\{\boldsymbol{\beta}:\frac{(\hat{\boldsymbol{\beta}}-\boldsymbol{\beta})^{\mathrm{T}}\boldsymbol{X}^{\mathrm{T}}\boldsymbol{X}(\hat{\boldsymbol{\beta}}-\boldsymbol{\beta})}{p\hat{\sigma}^2}\leqslant F_{p,n-p}(\alpha)\right\} \tag{5.19}$$

将式 (5.19) 左端的 $\boldsymbol{\beta}$ 替换为 $\hat{\boldsymbol{\beta}}_{(i)}$, 即可得到 Cook 距离 D_i. 若 $D_i=F_{p,n-p}(\alpha)$, 则表明第 i 组数据删除后, $\hat{\boldsymbol{\beta}}_{(i)}$ 移动到了 $\boldsymbol{\beta}$ 的置信水平为 $1-\alpha$ 的置信椭球的边界上. 在实际应用中, 常以 $F_{p,n-p}(0.5)$ 为临界值, 若 $D_i>F_{p,n-p}(0.5)$, 则相应的点可视为强影响点. 由于当样本容量 n 较大时, $F_{p,n-p}(0.5)\approx 1$, 故以 $D_i>1$ 进行判别更为方便.

此外, 还有其他一些经验方法, 例如若某点 $D_i>\dfrac{4}{p}$, 则怀疑为强影响点. 又如图形法, 它通过图形直观地考察所有点的 Cook 距离值, 若某些点的 D_i 值明显比其他点突出, 则可能为强影响点.

例 5.6 (续例 5.1) 继续关注 Hald 水泥数据, 在因变量对全体 4 个自变量的回归模型下, 绘制下列图形:

(1) 拟合值对学生化残差的散点图;

(2) 拟合值对各个自变量的散点图;

(3) 残差 Q-Q 图;

(4) 影响气泡图.

解 (1) 拟合值对学生化残差的散点图如图 5.4 所示, 散点大体随机分布在 $[-2,2]$ 带状区域内, 没有呈现任何趋势. 仔细看虚线 $x=2$, 它上边有一个点略微“越界”, 用程序找出这个点, 返回编号是 6, 因此可认为 6 号点为离群点.

R 程序及输出结果

```
> lm.reg<-lm(y~x1+x2+x3+x4, data= cement)
> plot(fitted(lm.reg),rstudent(lm.reg),ylim=c(-2.5,2.5))
> abline(h=2,col="blue",lty=5)     %画虚线x=2
> abline(h=-2,col="blue",lty=5)    %画虚线x=-2
> which(abs(rstudent(lm.reg))>2)   %找离群点
6
```

(2) 调用 car 包中的 crPlots 函数, 得到拟合值对各个自变量的散点图, 如图 5.5 所示, 预测变量与自变量 x_1,x_2,x_4 的线性关系很明显, 与 x_3 的线性关系不是很明确.

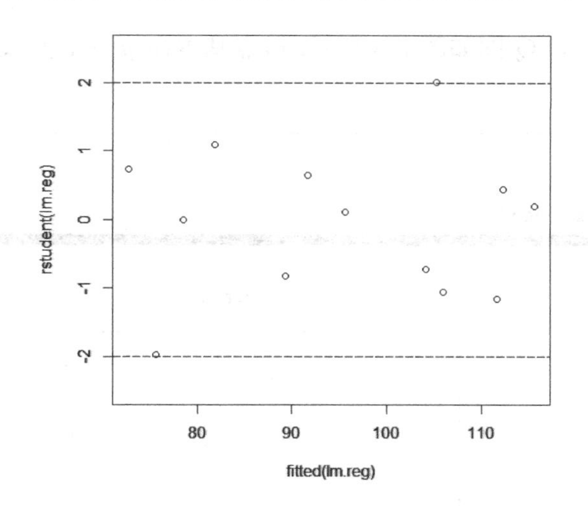

图 5.4 水泥凝固数据：拟合值对学生化残差的散点图

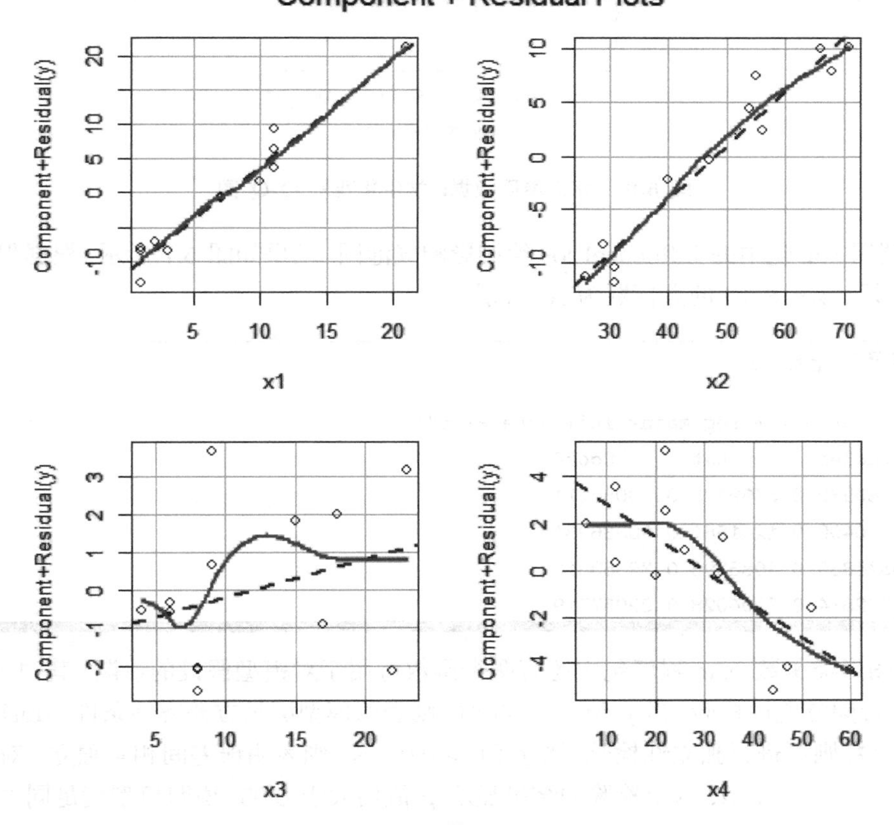

图 5.5 水泥凝固数据：拟合值对各个自变量的散点图

R 程序及输出结果

```
> library(car)
> crPlots(lm.reg)
```

(3) 学生化残差的 Q-Q 图如图 5.6 所示, 散点基本在 $y = x$ 直线上散布, 说明正态性假设合理.

R 程序及输出结果

```
> qqnorm(rstudent(lm.reg))
```

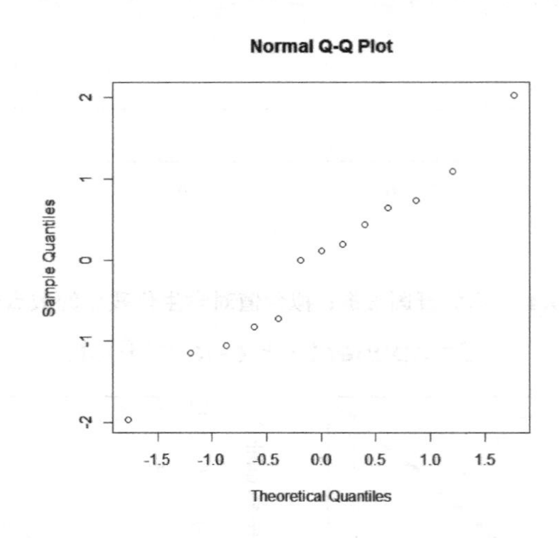

图 5.6 水泥凝固数据: 学生化残差 Q-Q 图

(4) 调用 car 包中的 influencePlot 绘制影响气泡图, 结果如图 5.7 所示, 根据程序输出结果, 编号为 3, 6, 8, 10 的点怀疑为强影响点.

R 程序及输出结果

```
> influencePlot(lm.reg,main="Influence Plot")
      StudRes       Hat      CookD
3  -1.0580932 0.5769425 0.30086271
6   2.0170498 0.1241561 0.08336934
8  -1.9674830 0.4085396 0.39353315
10  0.1972574 0.7004028 0.02067719
```

除了图形类函数, car 程序包中还有两个函数可用于对模型假设的诊断, 其中 ncvTest 函数可进行同方差性检验, 当 p 值 > 0.05 时, 则表明模型满足方差齐性条件. durbinWatsonTest 函数则可进行独立性检验, 当 p 值 > 0.05 时, 则表明误差间相互独立. 对水泥凝固数据应用这两个函数, 两个检验的结果显示 p 值均大于 0.05, 说明模型满足同方差以及误差相互独立的条件.

R 程序及输出结果

```
> ncvTest(lm.reg)
Non-constant variance Score Test
```

```
variance formula: ~ fitted.values
Chisquare = 0.01016148, Df = 1, p = 0.91971
> durbinWatsonTest(lm.reg)
 lag Autocorrelation D-W Statistic p-value
   1     -0.08128793      2.052597   0.838
 Alternative hypothesis: rho != 0
```

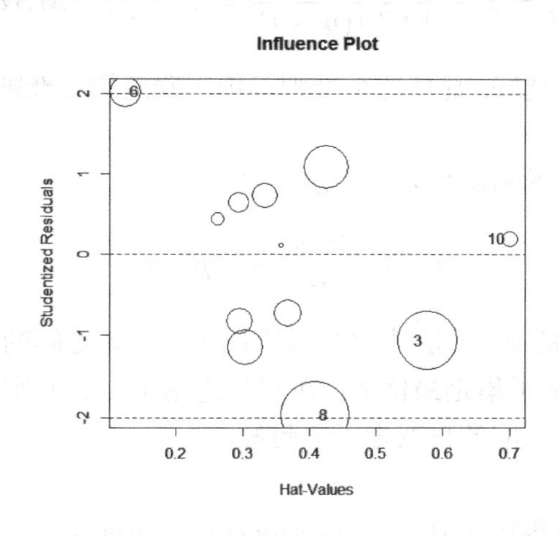

图 5.7 水泥凝固数据: 影响气泡图

5.2.2 回归分析中的变量筛选

1. 自变量选择的影响

在前面的讨论中, 回归模型已经明确方程中包含哪些变量, 但是这些变量是如何被选入方程的呢? 这就涉及一个变量选择的问题. 在实际问题中, 影响因变量的因素往往很多, 如果将它们全部选取为自变量, 无疑会导致所得到的回归方程很复杂. 我们自然想把那些对因变量影响显著的自变量尽可能地都选入模型, 而把对因变量影响很小或者是其作用可被其他自变量代替的那些自变量尽可能地剔除出模型.

假设影响因变量 y 的自变量总共有 m 个, 对于含有 $p(1 \leqslant p \leqslant m)$ 个自变量的子集, 如何评价因变量与该自变量子集所建立的回归方程的拟合效果呢? 显然, 残差平方和 SSE 可以反映线性回归方程对实际数据的拟合程度, 较小的 SSE 意味较好的拟合效果, 但是当构造回归方程时, 每增加一个自变量, SSE 的值就有减小的趋势, 哪怕这个新入自变量对因变量并无显著相关关系. 如果按照 “SSE 最小” 准则选取自变量, 将会导致将全部自变量都选入. 因此, 在实际应用中, “SSE 最小” 不能直接作为选择自变量的标准. 下面给出现有几个常用的自变量选择标准.

2. 自变量筛选的统计学标准

1) 残差均方准则

$$MSE_p = \frac{SSE_p}{n-p}$$

SSE_p 为含 p 个自变量的回归方程的残差平方和. 对 SSE_p 增加了一个惩罚因子 $\frac{1}{n-p}$ 后, 得到 MSE_p 最小准则, 即 MSE_p 越小, 模型拟合得越好.

2) 调整的复决定系数 (Adjusted R^2) 准则

由于残差均方 MSE_p 与调整的复决定系数 R_{ap}^2 有如下关系

$$R_{ap}^2 = 1 - \frac{SSE_p/(n-p)}{SST/(n-1)} = 1 - \frac{n-1}{SST} MSE_p$$

故 R_{ap}^2 越大, 模型拟合得越好. 显然这个准则等价于残差均方准则.

3) C_p 准则

Mallow(1973) 从预测的角度出发提出统计量

$$C_p = \frac{SSE_p}{\hat{\sigma}^2} + (2p - n)$$

这里 $\hat{\sigma}^2$ 是由全模型得到的 σ^2 的估计. C_p 准则以 C_p 与 p 之间的差异作为度量: 使 C_p 最小且最接近于 p 的自变量子集是最优的. 在实际应用中, 可以画出 C_p 与 p 的散点图, 散点越接近于直线 $C_p = p$, 对应的自变量子集越好.

4) AIC 准则

AIC 准则即赤池信息准则 (Akaike Information Criterion), 它是日本统计学家赤池弘次于 1974 年提出的, 在正态性条件下, AIC 具体公式为

$$AIC = n\ln\frac{SSE_p}{n} + 2p$$

很直观地, AIC 的大小同时取决于 SSE_p 和 p, SSE_p 越小, 即模型拟合程度越好, AIC 越小; p 值越小, 即模型越简洁, AIC 也越小, 使 AIC 达到最小的模型为最优模型. AIC 准则也有不足之处, 当样本容量非常大时, 由 AIC 准则所选取的模型所含自变量个数过多.

5) BIC 准则

BIC 准则即贝叶斯信息准则 (Bayesian Information Criterion), 它是 Schwarz 于 1978 年根据贝叶斯理论提出的, 在正态性条件下, 具体公式为

$$BIC = n\ln\frac{SSE_p}{n} + p\ln n$$

BIC 准则是对 AIC 准则的改进, 它将自变量个数这一惩罚项的权重由常数 2 变成了与样本容量有关的 ln n, 即对自变量个数的惩罚更加严格了. BIC 准则也是按照“越小越好”选取自变量子集的.

2. 筛选自变量的方法

1) 全局择优法

对给定的数据, 将因变量与所有可能的自变量子集分别建立回归模型, 根据某种预先指定的准则 (例如回归方程的显著性水平、C_p 准则、BIC 准则等) 对所有自变量子集进行比较, 选出其中的“最优”模型, 这就是全局择优法, 也称为全部子集法. 如果影响因变量 y 的自变量总共有 m 个, 则总共有 2^m 个自变量组合, 即可以拟合出 2^m 个回归方程, 其中

一个不含自变量 (仅含有常数项), 还有一个含有全部自变量. 当可供选择的自变量不多时, 全局择优法算是个不错的筛选方法.

对于例 5.1 中的水泥数据, 现利用全局择优法按照不同准则筛选自变量, 可调用 olsrr 程序包内的函数来实现. R 软件中的 olsrr 程序包是构建最小二乘回归模型的有力工具, 它包括输出回归结果、异方差检验、残差诊断、影响度量、变量选择等功能. 调用 olsrr 包中的 ols_step_all_possible 函数, 得到相应的筛选结果, 见表 5.4. 图 5.8 绘制了部分准则的筛选结果, 其中横坐标是自变量个数, 纵坐标是准则值, 相同个数的自变量子集里的最优者被三角形框圈出.

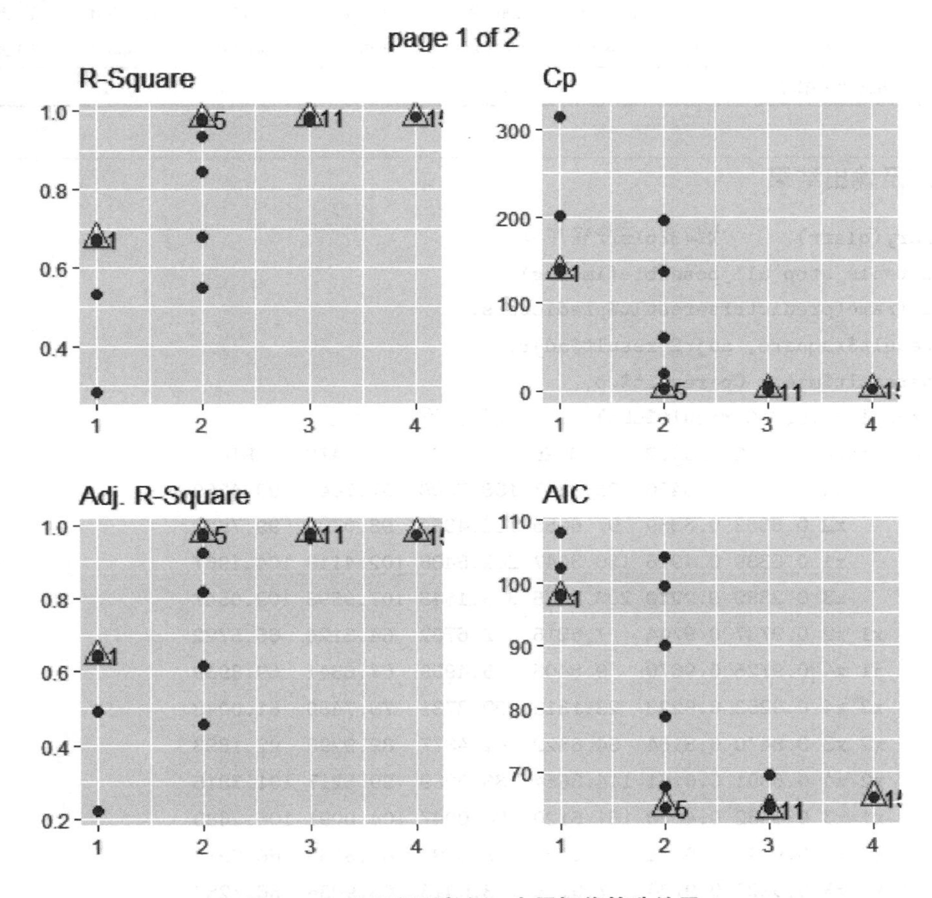

图 5.8 水泥凝固数据: 全局择优筛选结果

表 5.4 水泥凝固试验数据自变量全局择优筛选结果

编号	x_1	x_2	x_3	x_4	R^2	R^2_{ap}	MSE_p	C_p	AIC	BIC
1				*	0.674 5	0.645 0	95.185 7	138.730 8	97.744 0	99.438 9
2		*			0.666 3	0.635 9	97.605 5	142.486 4	98.070 4	99.765 2
3	*				0.533 9	0.491 6	136.304 7	202.548 8	102.411 9	104.106 7
4			*		0.285 9	0.221 0	208.858 5	315.154 3	107.959 8	109.654 7
5	*	*			0.978 7	0.974 4	7.621 6	2.678 2	64.312 4	66.572 2
6	*			*	0.972 5	0.967 0	9.840 5	5.495 9	67.634 1	69.893 9

续表

编号	x_1	x_2	x_3	x_4	R^2	R^2_{ap}	MSE_p	C_p	AIC	BIC
7			*	*	0.935 3	0.922 3	23.131 3	22.373 1	78.745 0	81.004 8
8		*	*		0.847 0	0.816 4	54.682 2	62.437 7	89.929 5	92.189 3
9			*	*	0.680 1	0.616 1	114.365 4	138.225 9	99.521 7	101.781 5
10	*		*		0.548 2	0.457 8	161.512 0	198.094 7	104.009 1	106.268 9
11	*	*		*	0.982 3	0.976 4	7.892 9	3.018 2	63.866 3	66.691 0
12	*	*	*		0.982 3	0.976 4	7.915 6	3.041 3	63.903 6	66.728 3
13	*		*	*	0.981 3	0.975 0	8.364 1	3.496 8	64.620 0	67.444 7
14		*	*	*	0.972 8	0.963 8	12.144 7	7.337 5	69.468 3	72.293 0
15	*	*	*	*	0.982 4	0.973 6	10.125 0	5.000 0	65.836 7	69.226 4
筛选结果编号					15	11	5	11	11	5

R 程序及输出结果

```
> library(olsrr)        %加载olsrr程序包
> result=ols_step_all_possible(lm.reg)
> data.frame(predictors=result$predictors,
+ R2=result$rsquare, adjr2=result$adjr,
+ MSEp=result$msep, Cp=result$cp,
+ AIC=result$aic,BIC=result$sbc)         %列出不同准则值
    predictors     R2  adjr2     MSEp       Cp      AIC      BIC
1           x4 0.6745 0.6450  95.1857 138.7308  97.7440  99.4389
2           x2 0.6663 0.6359  97.6055 142.4864  98.0704  99.7652
3           x1 0.5339 0.4916 136.3047 202.5488 102.4119 104.1067
4           x3 0.2859 0.2210 208.8585 315.1543 107.9598 109.6547
5        x1 x2 0.9787 0.9744   7.6216   2.6782  64.3124  66.5722
6        x1 x4 0.9725 0.9670   9.8405   5.4959  67.6341  69.8939
7        x3 x4 0.9353 0.9223  23.1313  22.3731  78.7450  81.0048
8        x2 x3 0.8470 0.8164  54.6822  62.4377  89.9295  92.1893
9        x2 x4 0.6801 0.6161 114.3654 138.2259  99.5217 101.7815
10       x1 x3 0.5482 0.4578 161.5120 198.0947 104.0091 106.2689
11    x1 x2 x4 0.9823 0.9764   7.8929   3.0182  63.8663  66.6910
12    x1 x2 x3 0.9823 0.9764   7.9156   3.0413  63.9036  66.7283
13    x1 x3 x4 0.9813 0.9750   8.3641   3.4968  64.6200  67.4447
14    x2 x3 x4 0.9728 0.9638  12.1447   7.3375  69.4683  72.2930
15 x1 x2 x3 x4 0.9824 0.9736  10.1250   5.0000  65.8367  69.2264
> plot(result)          %画图显示筛选结果
```

2) 逐步法

当自变量总数很大时, 评价全部可能的回归模型是行不通的. 假如总共有 10 个自变量, 那么就有 $2^{10} = 1\ 024$ 个自变量组合, 全局择优法计算量相当大. 为此, 人们提出了相对来说比较简便快捷的方法: 逐步法. 所谓逐步, 就是每次只引进一个变量或者剔除一个变量.

逐步法只考察全部可能回归方程的一个子集. 逐步回归法具体又分为以下 3 种.

Ⅰ. 向前法 (Forward Selection)

回归方程中自变量的个数从无到有, 根据预先指定的准则, 每次只增加一个自变量, 直到没有可引入的自变量为止, 这是只进不出的筛选方法.

Ⅱ. 后退法 (Backward Selection)

与前进法的方向相反, 后退法从包含全部自变量的回归模型开始, 根据预先指定的准则, 每次只剔除一个自变量, 直至回归方程内无自变量可被剔除时为止, 这是只出不进的筛选方法.

Ⅲ. 逐步选择法 (Stepwise Selection)

逐步选择法综合了向前法和后退法, 根据预先指定的准则, 每次引入一个自变量, 但是每一次引入, 都要对之前已引入的自变量重新评价, 按照既定准则剔除其中一个“不再胜任”的自变量. 反复进行这个步骤, 过程中某自变量可能会被添加、剔除若干次, 直到模型再不能引入同时也再不能剔除任何一个自变量为止. 逐步选择法是有进有出的筛选方法, 也是目前最为常用的方法.

当然逐步选择法也不是完美的, 它不能保证找到的模型一定是全部可能模型中最优的, 因为每一次对自变量进行增减时, 都与此时此刻回归方程中已存在的自变量有关, 而每个自变量不一定有机会与其他自变量的各种组合搭配到.

例 5.7 (续例 5.1)　对于 Hald 水泥数据, 试用逐步选择法进行自变量选择.

解　olsrr 程序包中有一系列 ols_step 函数, 能以不同准则和不同方式进行自变量筛选, 例如 ols_step_forward_aic 是按照 AIC 准则进行向前筛选, ols_step_ backward_p 是按照回归方程显著性检验中的 p 值进行向后筛选. 本例选择调用 ols_step_both_p 函数, 以 p 值为准则逐步选择自变量, 其较基本的使用格式为

ols_step_both_p(model,pent=0.1,prem=0.3,details=FALSE/TRUE)

其中, pent 是自变量进入模型的临界 p 值; prem 是剔除出模型的临界 p 值; details 指明是否输出每一步骤的回归结果.

我们取临界 p 值 pent= 0.1, prem= 0.15, 在输出结果中可以看到具体的选择过程, 第一步引入 x_4, 第二步引入 x_1, 第三步引入 x_2, 第四步剔除 x_4, 自变量 x_4 先进后出体现了逐步选择法有进有出的特点. 逐步选择法所确定的“最优”模型为只含 x_1, x_2 两个自变量的模型, 其经验回归方程为

$$\hat{y} = 52.577\,3 + 1.468\,3x_1 + 0.662\,3x_2$$

R 程序及输出结果

```
> library(olsrr)
> ols_step_both_p(lm.reg,pent=0.1,prem=0.15,details=FALSE)
Stepwise Selection Method
---------------------------
```

```
Candidate Terms:
1. x1
2. x2
3. x3
4. x4
We are selecting variables based on p value...
{\rm var}iables Entered/Removed:
x4
x1
x2
x4
No more variables to be added/removed.
Final Model Output
------------------
                          ANOVA
-------------------------------------------------------------
                Sum of
               Squares   DF  Mean Square        F      Sig.
-------------------------------------------------------------
Regression    2657.859    2     1328.929  229.504   0.0000
Residual        57.904   10        5.790
Total         2715.763   12
-------------------------------------------------------------
                   Parameter Estimates
-------------------------------------------------------------
      model     Beta  Std. Error  Std. Beta        t      Sig
-------------------------------------------------------------
(Intercept)  52.577       2.286              22.998  0.000
         x1   1.468       0.121      0.574   12.105  0.000
         x2   0.662       0.046      0.685   14.442  0.000
-------------------------------------------------------------
```

5.3 多元多重线性回归

在很多实际应用中, 常需要考虑多个自变量与多个因变量之间的关系. 例如工业生产中, 考察不同的生产线、操作工人技术水平、原材料的等级对产品质量的影响, 而反映产品质量的指标有若干个, 如硬度、精度、光泽度等; 又如农业气象学中考察气象指标对植物生长发育的影响, 气象指标包括温度指标、水分指标和光照指标等, 而植物的生产状况则可通过生长速度、叶片颜色、叶片厚度、叶绿素含量、根的长度等多方面进行衡量, 这些都是典型的"多对多"回归问题.

考虑 m 个因变量 $y_1, y_2, \cdots, y_m$ 与 $p-1$ 个自变量 $x_1, x_2, \cdots, x_{p-1}$ 之间的关系. 假设

每个因变量都各自有线性回归模型:

$$\begin{cases} y_1 = \beta_{10} + \beta_{11}x_1 + \cdots + \beta_{1,p-1}x_{p-1} + \varepsilon_1 \\ y_2 = \beta_{20} + \beta_{21}x_1 + \cdots + \beta_{2,p-1}x_{p-1} + \varepsilon_2 \\ \vdots \\ y_m = \beta_{m0} + \beta_{m1}x_1 + \cdots + \beta_{m,p-1}x_{p-1} + \varepsilon_m \end{cases} \tag{5.20}$$

其中, 误差项 $\boldsymbol{\varepsilon} = (\varepsilon_1, \varepsilon_2, \cdots, \varepsilon_m)^{\mathrm{T}}$ 满足 $E(\boldsymbol{\varepsilon}) = \mathbf{0}_m$, $\mathrm{cov}(\boldsymbol{\varepsilon}) = \boldsymbol{\Sigma}$. 这里 $\mathbf{0}_m$ 为元素全是 0 的 m 维列向量, 误差协方差矩阵 $\boldsymbol{\Sigma} = (\sigma_{ij})$ 是未知的 m 阶正定矩阵. 称式 (5.20) 为多元多重线性回归模型.

设 n 次试验的观测值为

$$(x_{i1}, x_{i2}, \cdots, x_{i,p-1}, y_{i1}, \cdots, y_{im}) \quad i = 1, 2, \cdots, n$$

由式 (5.20), 观测值满足关系式

$$y_{ik} = \beta_{k0} + \beta_{k1}x_{i1} + \cdots + \beta_{k,p-1}x_{i,p-1} + \varepsilon_{ik} \quad i = 1, \cdots, n; k = 1, \cdots, m$$

与一元多重线性回归模型类似, 上述模型也可采用矩阵表示. 记

$$\boldsymbol{X} = \begin{pmatrix} 1 & x_{11} & \cdots & x_{1,p-1} \\ 1 & x_{21} & \cdots & x_{2,p-1} \\ \vdots & \vdots & & \vdots \\ 1 & x_{n1} & \cdots & x_{n,p-1} \end{pmatrix}_{n\times p} = \begin{pmatrix} \boldsymbol{x}_1^{\mathrm{T}} \\ \boldsymbol{x}_2^{\mathrm{T}} \\ \vdots \\ \boldsymbol{x}_n^{\mathrm{T}} \end{pmatrix}$$

$$\boldsymbol{Y} = \begin{pmatrix} y_{11} & y_{12} & \cdots & y_{1m} \\ y_{21} & y_{22} & \cdots & y_{2m} \\ \vdots & \vdots & & \vdots \\ y_{n1} & y_{n2} & \cdots & y_{nm} \end{pmatrix}_{n\times m} = \begin{pmatrix} \boldsymbol{y}_1^{\mathrm{T}} \\ \boldsymbol{y}_2^{\mathrm{T}} \\ \vdots \\ \boldsymbol{y}_n^{\mathrm{T}} \end{pmatrix} = (\boldsymbol{y}_{(1)}, \boldsymbol{y}_{(2)}, \cdots, \boldsymbol{y}_{(m)})$$

$$\boldsymbol{\beta} = \begin{pmatrix} \beta_{10} & \beta_{20} & \cdots & \beta_{m0} \\ \beta_{11} & \beta_{21} & \cdots & \beta_{m1} \\ \vdots & \vdots & & \vdots \\ \beta_{1,p-1} & \beta_{2,p-1} & \cdots & \beta_{m,p-1} \end{pmatrix}_{p\times m} = (\boldsymbol{\beta}_{(1)}, \boldsymbol{\beta}_{(2)}, \cdots, \boldsymbol{\beta}_{(m)})$$

$$\boldsymbol{E} = \begin{pmatrix} \varepsilon_{11} & \varepsilon_{12} & \cdots & \varepsilon_{1m} \\ \varepsilon_{21} & \varepsilon_{22} & \cdots & \varepsilon_{2m} \\ \vdots & \vdots & & \vdots \\ \varepsilon_{n1} & \varepsilon_{n2} & \cdots & \varepsilon_{nm} \end{pmatrix}_{n\times m} = \begin{pmatrix} \boldsymbol{\varepsilon}_1^{\mathrm{T}} \\ \boldsymbol{\varepsilon}_2^{\mathrm{T}} \\ \vdots \\ \boldsymbol{\varepsilon}_n^{\mathrm{T}} \end{pmatrix} = (\boldsymbol{\varepsilon}_{(1)}, \boldsymbol{\varepsilon}_{(2)}, \cdots, \boldsymbol{\varepsilon}_{(m)})$$

其中, $\boldsymbol{x}_i^{\mathrm{T}} = (1, x_{i1}, \cdots, x_{i,p-1}), i = 1, 2, \cdots, n$ 为第 i 次试验的自变量值所形成的向量; $\boldsymbol{y}_i^{\mathrm{T}} = (y_{i1}, y_{i2}, \cdots, y_{im}), i = 1, 2, \cdots, n$ 为第 i 次试验的因变量值; $\boldsymbol{y}_{(k)}, k = 1, 2, \cdots, m$ 为第 k 个因变量的 n 次观测值; $\boldsymbol{\beta}_{(k)}$, $\boldsymbol{\varepsilon}_{(k)}$, $k = 1, 2, \cdots, m$ 分别是第 k 个因变量的参数向量及随机误差向量.

由此, 可得到多元多重线性回归模型的矩阵形式

$$\begin{cases}\boldsymbol{Y}_{n\times m}=\boldsymbol{X}_{n\times p}\boldsymbol{\beta}_{p\times m}+\boldsymbol{E}_{n\times m}\\ E(\boldsymbol{\varepsilon}_i)=\boldsymbol{0}_m \quad \operatorname{cov}(\boldsymbol{\varepsilon}_i)=\boldsymbol{\Sigma} \quad i=1,2,\cdots,n\end{cases} \tag{5.21}$$

由 $E(\boldsymbol{\varepsilon})=\boldsymbol{0}_m$, $\operatorname{cov}(\boldsymbol{\varepsilon})=\boldsymbol{\Sigma}$ 可知, 对于将 $\boldsymbol{E}_{n\times m}$ 按列写成的向量 $\boldsymbol{\varepsilon}_{(k)}, k=1,2,\cdots,m$, 有 $E(\boldsymbol{\varepsilon}_{(k)})=\boldsymbol{0}_n$, $\operatorname{cov}(\boldsymbol{\varepsilon}_{(i)},\boldsymbol{\varepsilon}_{(k)})=\sigma_{ik}\boldsymbol{I}_n$, $i,k=1,2,\cdots,m$, 即与不同因变量相联系的随机误差向量彼此之间可能相关. 对于将 $\boldsymbol{E}_{n\times m}$ 按行写成的向量, 有 $\operatorname{cov}(\boldsymbol{\varepsilon}_i,\boldsymbol{\varepsilon}_j)=\boldsymbol{0}$, $i\neq j$, $i,j=1,2,\cdots,n$, 即来自不同次试验的观测值不相关.

对于整体的随机误差矩阵 $\boldsymbol{E}$ 和因变量矩阵 $\boldsymbol{Y}$ 所满足的条件, 还可表示为如下形式:

$$\begin{aligned}&E(\operatorname{vec}(\boldsymbol{E}^{\mathrm{T}}))=\boldsymbol{0}_{nm} && \operatorname{cov}(\operatorname{vec}(\boldsymbol{E}^{\mathrm{T}}))=\boldsymbol{I}_n\otimes\boldsymbol{\Sigma}\\ &E(\operatorname{vec}(\boldsymbol{Y}^{\mathrm{T}}))=\operatorname{vec}[(\boldsymbol{X}\boldsymbol{B})^{\mathrm{T}}] && \operatorname{cov}(\operatorname{vec}(\boldsymbol{Y}^{\mathrm{T}}))=\boldsymbol{I}_n\otimes\boldsymbol{\Sigma}\end{aligned}$$

其中, vec 和 $\otimes$ 是矩阵微积分中很常用的两种运算, $\operatorname{vec}(\boldsymbol{C})$ 表示将矩阵 $\boldsymbol{C}$ 按照列进行向量化, 即按照顺序一列接一列地拉直矩阵, 而矩阵 $\boldsymbol{A}=(a_{ij})_{n\times p}$ 与 $\boldsymbol{B}=(b_{ij})_{m\times q}$ 的直积 (Kronecker 积) 定义为

$$\boldsymbol{A}\otimes\boldsymbol{B}=(a_{ij}\boldsymbol{B})_{mn\times pq}=\begin{pmatrix}a_{11}\boldsymbol{B} & a_{12}\boldsymbol{B} & \cdots & a_{1p}\boldsymbol{B}\\ a_{21}\boldsymbol{B} & a_{22}\boldsymbol{B} & \cdots & a_{2p}\boldsymbol{B}\\ \vdots & \vdots & & \vdots\\ a_{n1}\boldsymbol{B} & a_{n2}\boldsymbol{B} & \cdots & a_{np}\boldsymbol{B}\end{pmatrix}_{mn\times pq}$$

对模型进一步附加正态性条件, 则可得到如下多元多重正态线性回归模型:

$$\begin{cases}\boldsymbol{Y}_{n\times m}=\boldsymbol{X}_{n\times p}\boldsymbol{\beta}_{p\times m}+\boldsymbol{E}_{n\times m}\\ \boldsymbol{\varepsilon}_i\sim N(\boldsymbol{0}_m,\boldsymbol{\Sigma}) \quad i=1,2,\cdots,n\end{cases} \tag{5.22}$$

借助于直积, 正态性条件还可表示为

$$\begin{aligned}&\operatorname{vec}(\boldsymbol{E}^{\mathrm{T}})\sim N(\boldsymbol{0}_{nm},\boldsymbol{I}_n\otimes\boldsymbol{\Sigma})\\ &\operatorname{vec}(\boldsymbol{Y}^{\mathrm{T}})\sim N\left(\operatorname{vec}[(\boldsymbol{X}\boldsymbol{B})^{\mathrm{T}}],\boldsymbol{I}_n\otimes\boldsymbol{\Sigma}\right)\end{aligned}$$

类似于对一元多重线性回归模型的分析, 下面我们分别讨论多元多重线性回归模型所涉及的未知参数的估计、回归系数的检验、多元多重回归预测等问题.

5.3.1 未知参数的估计

由式 (5.21) 知, 第 i 个因变量 $\boldsymbol{y}_{(i)}$, $i=1,2,\cdots,m$ 服从一元多重线性回归模型

$$\begin{cases}\boldsymbol{y}_{(i)}=\boldsymbol{X}\boldsymbol{\beta}_{(i)}+\boldsymbol{\varepsilon}_{(i)}\\ E(\boldsymbol{\varepsilon}_{(i)})=\boldsymbol{0}_n,\operatorname{cov}(\boldsymbol{\varepsilon}_{(i)})=\sigma_{ii}\boldsymbol{I}_n\end{cases} \tag{5.23}$$

当给定设计矩阵 $\boldsymbol{X}$ 和观测值矩阵 $\boldsymbol{Y}$ 后, 可得 $\boldsymbol{\beta}_{(i)}$ 的最小二乘估计

$$\hat{\boldsymbol{\beta}}_{(i)}=(\boldsymbol{X}^{\mathrm{T}}\boldsymbol{X})^{-1}\boldsymbol{X}^{\mathrm{T}}\boldsymbol{y}_{(i)} \tag{5.24}$$

将所有 $\boldsymbol{\beta}_{(i)}$ 按列排在一起, 即可得到未知参数矩阵 $\boldsymbol{\beta}$ 的最小二乘估计

$$\begin{aligned}\hat{\boldsymbol{\beta}} &= (\hat{\boldsymbol{\beta}}_{(1)}, \hat{\boldsymbol{\beta}}_{(2)}, \cdots, \hat{\boldsymbol{\beta}}_{(m)}) \\ &= (\boldsymbol{X}^{\mathrm{T}}\boldsymbol{X})^{-1}\boldsymbol{X}^{\mathrm{T}}(\boldsymbol{y}_{(1)}, \boldsymbol{y}_{(2)}, \cdots, \boldsymbol{y}_{(m)}) \\ &= (\boldsymbol{X}^{\mathrm{T}}\boldsymbol{X})^{-1}\boldsymbol{X}^{\mathrm{T}}\boldsymbol{Y}\end{aligned}$$

进而可得到预测值矩阵 (拟合值矩阵)

$$\hat{\boldsymbol{Y}} = \boldsymbol{X}\hat{\boldsymbol{\beta}} = \boldsymbol{X}(\boldsymbol{X}^{\mathrm{T}}\boldsymbol{X})^{-1}\boldsymbol{X}^{\mathrm{T}}\boldsymbol{Y} = \boldsymbol{H}\boldsymbol{Y}$$

与残差矩阵

$$\hat{\boldsymbol{E}} = \boldsymbol{Y} - \hat{\boldsymbol{Y}} = [\boldsymbol{I}_n - \boldsymbol{X}(\boldsymbol{X}^{\mathrm{T}}\boldsymbol{X})^{-1}\boldsymbol{X}^{\mathrm{T}}]\boldsymbol{Y} = (\boldsymbol{I}_n - \boldsymbol{H})\boldsymbol{Y} \tag{5.25}$$

这里帽子矩阵 $\boldsymbol{H} = \boldsymbol{X}(\boldsymbol{X}^{\mathrm{T}}\boldsymbol{X})^{-1}\boldsymbol{X}^{\mathrm{T}}$ 是对称幂等矩阵, 因此残差矩阵 $\hat{\boldsymbol{E}}$ 满足

$$\hat{\boldsymbol{E}}^{\mathrm{T}}\hat{\boldsymbol{E}} = \boldsymbol{Y}^{\mathrm{T}}[\boldsymbol{I}_n - \boldsymbol{H}]\boldsymbol{Y}$$

一元多重线性回归模型中的平方和分解公式, 在多元多重情况下也相应成立, 可表示为

$$SSCP_T = SSCP_E + SSCP_R$$

其中, $SSCP$(Sums of Squares and Cross Products) 为离差阵, 各离差阵为

$$SSCP_T = \sum_{i=1}^{n}(\boldsymbol{y}_i - \bar{\boldsymbol{y}})(\boldsymbol{y}_i - \bar{\boldsymbol{y}})^{\mathrm{T}} = \boldsymbol{Y}^{\mathrm{T}}[\boldsymbol{I}_n - \frac{1}{n}\boldsymbol{J}_n]\boldsymbol{Y}$$

$$SSCP_E = \sum_{i=1}^{n}(\boldsymbol{y}_i - \hat{\boldsymbol{y}}_i)(\boldsymbol{y}_i - \hat{\boldsymbol{y}}_i)^{\mathrm{T}} = \boldsymbol{Y}^{\mathrm{T}}[\boldsymbol{I}_n - \boldsymbol{H}]\boldsymbol{Y}$$

$$SSCP_R = \sum_{i=1}^{n}(\hat{\boldsymbol{y}}_i - \bar{\boldsymbol{y}})(\hat{\boldsymbol{y}}_i - \bar{\boldsymbol{y}})^{\mathrm{T}} = \boldsymbol{Y}^{\mathrm{T}}[\boldsymbol{H} - \frac{1}{n}\boldsymbol{J}_n]\boldsymbol{Y}$$

这里 $\bar{\boldsymbol{y}} = \frac{1}{n}\sum_{i=1}^{n}\boldsymbol{y}_i$, $\boldsymbol{J}_n$ 是元素全为 1 的 n 阶方阵.

类似于一元多重线性回归模型中有关最小二乘估计和残差的性质, 我们有下列结论.

定理 5.7 对模型 (5.21), 有

(1) $E(\hat{\boldsymbol{\beta}}) = \boldsymbol{\beta}$, 即 $\hat{\boldsymbol{\beta}}$ 是参数矩阵 $\boldsymbol{\beta}$ 的无偏估计;

(2) $\mathrm{cov}(\hat{\boldsymbol{\beta}}_{(i)}, \hat{\boldsymbol{\beta}}_{(j)}) = \sigma_{ij}(\boldsymbol{X}^{\mathrm{T}}\boldsymbol{X})^{-1}$, $i, j = 1, 2, \cdots, m$;

(3) $E(\hat{\boldsymbol{E}}) = \boldsymbol{0}$;

(4) $\mathrm{cov}(\hat{\varepsilon}_{(i)}, \hat{\varepsilon}_{(j)}) = \sigma_{ij}(\boldsymbol{I}_n - \boldsymbol{H})$, $i, j = 1, 2, \cdots, m$;

(5) $\mathrm{cov}(\hat{\boldsymbol{\beta}}, \hat{\boldsymbol{E}}) = \boldsymbol{0}$, 即 $\hat{\boldsymbol{\beta}}$ 与 $\hat{\boldsymbol{E}}$ 不相关;

(6) 记 $\hat{\boldsymbol{\Sigma}} = \dfrac{\hat{\boldsymbol{E}}^{\mathrm{T}}\hat{\boldsymbol{E}}}{n-p}$, 则有 $E(\hat{\boldsymbol{\Sigma}}) = \boldsymbol{\Sigma}$, 即 $\hat{\boldsymbol{\Sigma}}$ 是 $\boldsymbol{\Sigma}$ 的无偏估计.

例 5.8 阿米替林 (Amitriptyline) 被某些医生用作抗抑郁药. 然而, 该药物的使用可能引起一些推测的副作用, 如心律不齐、血压异常、心电图不规则波形等. 表 5.5 列出了因阿米替林过量服用而入院的 17 位患者的数据. 两个因变量为

y_1 = 总的三环抗抑郁剂 (TCAD) 血浆水平 (TOT)

y_2 = TCAD 血浆水平中阿米替林含量 (AMI)

表 5.5 抗抑郁药数据

y_1 (TOT)(μg/L)	y_2 (AMI)(μg/L)	x_1 (GEN)	x_2 AMT(mg)	x_3 PR(ms)	x_4 DIAP(mmHg)	x_5 QRS(ms)
3 389	3 149	1	7 500	220	0	140
1 101	653	1	1 975	200	0	100
1 131	810	0	3 600	205	60	111
596	448	1	675	160	60	120
896	844	1	750	185	70	83
1 767	1 450	1	2 500	180	60	80
807	493	1	350	154	80	98
1 111	941	0	1 500	200	70	93
645	547	1	375	137	60	105
628	392	1	1 050	167	60	74
1 360	1 283	1	3 000	180	60	80
652	458	1	450	160	64	60
860	722	1	1 750	135	90	79
500	384	0	2 000	160	60	80
781	501	0	4 500	180	0	100
1 070	405	0	1 500	170	90	120
1 754	1 520	1	3 000	180	0	129

5 个自变量为

$x_1=$ 性别: 1 为女性, 2 为男性 (GEN)
$x_2=$ 过量服用的抗抑郁剂的药量 (AMT)
$x_3=$ 心电图中的 PR 波测量值 (PR)
$x_4=$ 舒张压 (DIAP)
$x_5=$ 心电图中的 QRS 波测量值 (QRS)

试由 2 个因变量和 5 个自变量建立多元多重线性回归方程.

解 根据 R 程序的输出结果, 有经验回归方程 $[\hat{y}_1,\hat{y}_2]=[1,x_1,x_2,x_3,x_4,x_5]\hat{\boldsymbol{\beta}}$, 其中

$$\hat{\boldsymbol{\beta}}=\begin{pmatrix} -2\,879.478\,2 & -2\,728.708\,5 \\ 675.650\,8 & 763.029\,8 \\ 0.284\,9 & 0.306\,4 \\ 10.272\,1 & 8.896\,2 \\ 7.251\,2 & 7.205\,6 \\ 7.598\,2 & 4.987\,1 \end{pmatrix}$$

R 程序及输出结果

```
> amitriptyline=read.table("e:/data/amitriptyline.txt",head=T)
> Y=as.matrix(amitriptyline [,c("y1","y2")])
> mv.reg=lm(Y ~ x1+x2+x3+x4+x5, data = amitriptyline)
> coef(mv.reg)
                     y1            y2
(Intercept) -2879.4782461 -2728.7085444
x1            675.6507805   763.0297617
x2              0.2848511     0.3063734
x3             10.2721328     8.8961977
x4              7.2511714     7.2055597
x5              7.5982397     4.9870508
```

将因变量 y_1, y_2 对全体自变量分别进行一元多重线性回归, 由 R 程序的输出结果可见, 结果与直接作多元多重线性回归是一致的.

R 程序及输出结果

```
> mv.reg1=lm(y1 ~ x1 + x2 + x3 + x4 + x5, data = amitriptyline)
> mv.reg1
Call:
lm(formula = y1 ~ x1 + x2 + x3 + x4 + x5, data = amitriptyline)
Coefficients:
(Intercept)         x1          x2          x3         x4         x5
 -2879.4782   675.6508    0.2849    10.2721    7.2512    7.5982
> mv.reg2=lm(y2 ~ x1 + x2 + x3 + x4 + x5, data = amitriptyline)
> mv.reg2
Call:
lm(formula = y2 ~ x1 + x2 + x3 + x4 + x5, data = amitriptyline)
Coefficients:
(Intercept)          x1          x2         x3         x4         x5
 -2728.7085   763.0298    0.3064    8.8962    7.2056    4.9871
```

5.3.2 回归系数的假设检验

为了研究关于回归系数的假设检验问题, 需对模型附加正态性条件

$$\boldsymbol{\varepsilon}_i \sim N(\mathbf{0}_m, \boldsymbol{\Sigma}) \quad i = 1, 2, \cdots, n$$

此时可得到如下更强的结论.

定理 5.8 对模型 (5.22), 有

(1) $\hat{\boldsymbol{\beta}}_{(i)} \sim N(\boldsymbol{\beta}_{(i)}, \sigma_{ii}(\boldsymbol{X}^{\mathrm{T}}\boldsymbol{X})^{-1}), i = 1, 2, \cdots, m$;

(2) $\hat{\boldsymbol{\varepsilon}}_{(i)} \sim N(\mathbf{0}_n, \sigma_{ii}(\boldsymbol{I}_n - \boldsymbol{H})), i = 1, 2, \cdots, m$;

(3) $\hat{\boldsymbol{\beta}}$ 与 $\hat{\boldsymbol{E}}^{\mathrm{T}}\hat{\boldsymbol{E}}$ 相互独立;

(4) $\hat{\boldsymbol{E}}^{\mathrm{T}}\hat{\boldsymbol{E}} \sim W_{n-p}(\boldsymbol{\Sigma})$.

下面我们在正态性假设下, 检验某一部分自变量是否对因变量没有作用. 若因变量不依赖于自变量 $x_q, \cdots, x_{p-1}$, $q < p-1$, 则可将它们从模型中去掉, 故考虑假设

$$H_0 : \boldsymbol{\beta}^{(2)} = \mathbf{0}_{(p-q)\times m}$$

其中, 对系数矩阵进行了如下分块

$$\boldsymbol{\beta} = \begin{pmatrix} \boldsymbol{\beta}^{(1)} \\ \boldsymbol{\beta}^{(2)} \end{pmatrix} \quad \begin{matrix} \}q \\ \}p-q \end{matrix}$$

对设计矩阵作相对应的分块

$$\boldsymbol{X} = (\boldsymbol{X}_1 \quad \boldsymbol{X}_2)$$

这里 $\boldsymbol{X}_1, \boldsymbol{X}_2$ 分别是 $n \times q$ 与 $n \times (p-q)$ 阶矩阵. 此时可将模型 (5.22) 表示为

$$\begin{cases} \boldsymbol{Y} = \boldsymbol{X}_1\boldsymbol{\beta}^{(1)} + \boldsymbol{X}_2\boldsymbol{\beta}^{(2)} + \boldsymbol{E} \\ \boldsymbol{\varepsilon}_i \sim N(\mathbf{0}_m, \boldsymbol{\Sigma}) \quad i = 1, 2, \cdots, n \end{cases} \tag{5.26}$$

在约束条件 $\boldsymbol{\beta}^{(2)} = \mathbf{0}$ 下, 有

$$\boldsymbol{Y} = \boldsymbol{X}_1\boldsymbol{\beta}^{(1)} + \boldsymbol{E}$$

采用似然比方法, 构造检验统计量

$$\Lambda = \frac{\sup\limits_{\boldsymbol{\beta}^{(1)}, \boldsymbol{\Sigma}} L(\boldsymbol{\beta}^{(1)}, \boldsymbol{\Sigma})}{\sup\limits_{\boldsymbol{\beta}, \boldsymbol{\Sigma}} L(\boldsymbol{\beta}, \boldsymbol{\Sigma})}$$

可算得, 要使似然函数 $L(\boldsymbol{\beta}, \boldsymbol{\Sigma})$ 达到最大值, $\boldsymbol{\beta}$ 的取值就是最小二乘估计 $\hat{\boldsymbol{\beta}}$, $\boldsymbol{\Sigma}$ 的取值为最大似然估计

$$\tilde{\boldsymbol{\Sigma}} = \frac{1}{n}(\boldsymbol{Y} - \boldsymbol{X}\hat{\boldsymbol{\beta}})^{\mathrm{T}}(\boldsymbol{Y} - \boldsymbol{X}\hat{\boldsymbol{\beta}})$$

类似地, 在约束条件 $\boldsymbol{\beta}^{(2)} = \mathbf{0}$ 下, 使似然函数 $L(\boldsymbol{\beta}^{(1)}, \boldsymbol{\Sigma})$ 达到最大值的 $\boldsymbol{\beta}^{(1)}$ 与 $\boldsymbol{\Sigma}$ 分别为

$$\hat{\boldsymbol{\beta}}^{(1)} = (\boldsymbol{X}_1^{\mathrm{T}}\boldsymbol{X}_1)^{-1}\boldsymbol{X}_1^{\mathrm{T}}\boldsymbol{Y} \quad \tilde{\boldsymbol{\Sigma}}_1 = \frac{1}{n}\left(\boldsymbol{Y} - \boldsymbol{X}_1\hat{\boldsymbol{\beta}}^{(1)}\right)^{\mathrm{T}}\left(\boldsymbol{Y} - \boldsymbol{X}_1\hat{\boldsymbol{\beta}}^{(1)}\right)$$

故似然比检验统计量为

$$\Lambda = \frac{L(\hat{\boldsymbol{\beta}}^{(1)}, \tilde{\boldsymbol{\Sigma}}_1)}{L(\hat{\boldsymbol{\beta}}, \tilde{\boldsymbol{\Sigma}})} = \left(\frac{|\tilde{\boldsymbol{\Sigma}}|}{|\tilde{\boldsymbol{\Sigma}}_1|}\right)^{\frac{n}{2}}$$

也等价于

$$\Lambda^{\frac{2}{n}} = \frac{|\tilde{\boldsymbol{\Sigma}}|}{|\tilde{\boldsymbol{\Sigma}}_1|} = \frac{|n\tilde{\boldsymbol{\Sigma}}|}{|n\tilde{\boldsymbol{\Sigma}} + n(\tilde{\boldsymbol{\Sigma}}_1 - \tilde{\boldsymbol{\Sigma}})|}$$

关于 $\Lambda^{\frac{2}{n}}$ 的分布, 需要用到如下定理.

定理 5.9 对模型 (5.26), 有

(1) $n\tilde{\boldsymbol{\Sigma}} \sim W_{n-p}(\boldsymbol{\Sigma})$;

(2) 在约束条件 $\boldsymbol{\beta}^{(2)} = \mathbf{0}$ 下, $n(\tilde{\boldsymbol{\Sigma}}_1 - \tilde{\boldsymbol{\Sigma}}) \sim W_{p-q}(\boldsymbol{\Sigma})$;

(3) $n\tilde{\boldsymbol{\Sigma}}$ 与 $n(\tilde{\boldsymbol{\Sigma}}_1 - \tilde{\boldsymbol{\Sigma}})$ 相互独立.

由威尔克斯统计量的定义以及定理 5.9 可知, 当 H_0 成立时, $\Lambda^{\frac{2}{n}}$ 服从威尔克斯分布 $\Lambda_{n-p,p-q}$. 当 $\Lambda^{\frac{2}{n}}$ 较大时, 应拒绝原假设 H_0.

当 n 充分大时, 可采用修正的检验统计量

$$-\left[n - p - \frac{1}{2}(m - p + q + 1)\right] \ln \frac{|\tilde{\boldsymbol{\Sigma}}|}{|\tilde{\boldsymbol{\Sigma}}_1|} \sim \chi^2_{(p-q)m}$$

对给定的显著性水平 α, 当左端检验统计量的值大于 $\chi^2_{(p-q)m}(\alpha)$ 时, 则拒绝原假设 H_0.

除了上述似然比检验, 还有其他几种比较常见的统计量可对 H_0 进行检验. 记

$$\tilde{\boldsymbol{E}} = n\tilde{\boldsymbol{\Sigma}} \quad \tilde{\boldsymbol{H}} = n(\tilde{\boldsymbol{\Sigma}}_1 - \tilde{\boldsymbol{\Sigma}})$$

又记 $\tilde{\boldsymbol{H}}\tilde{\boldsymbol{E}}^{-1}$ 的非零特征根为 $\eta_1 \geqslant \eta_2 \geqslant \cdots \geqslant \eta_s$, 其中 $s = \min(m, p-q)$. 则包括威尔克斯统计量在内的几种常用统计量都可以表示为这些非零特征根的函数.

(1) 威尔克斯 Λ(Wilks' Lambda) $= \dfrac{|\tilde{\boldsymbol{E}}|}{|\tilde{\boldsymbol{E}} + \tilde{\boldsymbol{H}}|} = \prod\limits_{i=1}^{s} \dfrac{1}{1+\eta_i}$.

(2) Pillai 迹 $= \mathrm{tr}[\tilde{\boldsymbol{H}}(\tilde{\boldsymbol{E}} + \tilde{\boldsymbol{H}})^{-1}] = \sum\limits_{i=1}^{s} \dfrac{\eta_i}{1+\eta_i}$.

(3) Hotelling-Lawley 迹 $= \mathrm{tr}(\tilde{\boldsymbol{H}}\tilde{\boldsymbol{E}}^{-1}) = \sum\limits_{i=1}^{s} \eta_i$.

(4) Roy 最大特征根 $= \dfrac{\eta_1}{1+\eta_1}$.

例 5.9 (续例 5.8) 对于由 2 个因变量和 5 个自变量建立的回归方程, 检验因变量是否依赖于自变量 x_3, x_4, x_5, 并根据结果重新拟合适当的回归模型.

解 根据题意, 检验假设 $H_0 : \boldsymbol{\beta}^{(2)} = \mathbf{0}$, 其中系数矩阵进行了如下分块

$$\boldsymbol{\beta} = \begin{pmatrix} \boldsymbol{\beta}^{(1)} \\ \boldsymbol{\beta}^{(2)} \end{pmatrix} \begin{matrix} \}3 \\ \}3 \end{matrix}$$

采用威尔克斯 Λ 检验统计量, 根据 R 程序的输出结果, p 值 $= 0.175\,5 > 0.05$, 故接受原假设 H_0, 即认为响应变量并不显著依赖于预测变量 x_3, x_4, x_5.

R 程序及输出结果

```
> mv.reg0=lm(Y ~ x1+x2, data = amitriptyline)
> anova(mv.reg, mv.reg0, test="Wilks")
Analysis of variance Table
Model 1: Y ~ x1 + x2 + x3 + x4 + x5
Model 2: Y ~ x1 + x2
  Res.Df Df Gen.var.  Wilks approx F num Df den Df Pr(>F)
1     11        43803
2     14  3     51856 0.4405    1.689      6     20 0.1755
```

根据检验结果, 将因变量 y_1, y_2 和自变量 x_1, x_2 重新作"二对二"多元多重回归, 得到新的经验回归方程 $\hat{\boldsymbol{Y}}^* = \boldsymbol{X}\hat{\boldsymbol{\beta}}^*$, 其中

$$\hat{\boldsymbol{\beta}}^* = \begin{pmatrix} 56.720\,1 & -241.347\,9 \\ 507.073\,1 & 606.309\,7 \\ 0.329\,0 & 0.324\,3 \end{pmatrix}$$

R 程序及输出结果

```
> mv.reg0=lm(Y ~x1+x2, data=amitriptyline)
> coef(mv.reg0)
                     y1           y2
(Intercept)  56.7200533 -241.3479096
x1          507.0730843  606.3096657
x2            0.3289618    0.3242549
```

5.3.3 多元多重回归预测

如果经过假设检验后认为模型 $\boldsymbol{Y} = \boldsymbol{X\beta} + \boldsymbol{E}$ 有意义, 则可利用它进行预测. 对于给定的一组自变量值 $x_{01}, \cdots, x_{0,p-1}$, 记 $\boldsymbol{x}_0 = (1, x_{01}, \cdots, x_{0,p-1})^{\mathrm{T}}$, 则所对应的因变量全体可表示为

$$\boldsymbol{y}_0 = (y_{01}, \cdots, y_{0m})^{\mathrm{T}} = \boldsymbol{\beta}^{\mathrm{T}}\boldsymbol{x}_0 + \boldsymbol{\varepsilon}_0$$

这里 $E(\boldsymbol{\varepsilon}_0) = \boldsymbol{0}_m$, $\mathrm{cov}(\boldsymbol{\varepsilon}_0) = \boldsymbol{\Sigma}$, 且 $\boldsymbol{\varepsilon}_0$ 与 $\boldsymbol{E}$ 相互独立.

由经验回归方程 $\hat{\boldsymbol{Y}} = \boldsymbol{X}\hat{\boldsymbol{\beta}}$, 可给出因变量的预测值 (拟合值) 为

$$\hat{\boldsymbol{y}}_0 = (\hat{y}_{01}, \cdots, \hat{y}_{0m})^{\mathrm{T}} = \hat{\boldsymbol{\beta}}^{\mathrm{T}}\boldsymbol{x}_0$$

对于具有正态误差的模型, 还可以对 $\boldsymbol{y}_0$ 进行区间预测. 因为 $\boldsymbol{y}_0$ 与用于估计 $\hat{\boldsymbol{\beta}}$ 的前 n 次试验是独立的, 所以 $\boldsymbol{y}_0$ 与 $\hat{\boldsymbol{y}}_0$ 相互独立. 故由

$$\boldsymbol{y}_0 \sim N_m(\boldsymbol{\beta}^{\mathrm{T}}\boldsymbol{x}_0, \boldsymbol{\Sigma})$$

$$\hat{\boldsymbol{y}}_0 = \hat{\boldsymbol{\beta}}^{\mathrm{T}}\boldsymbol{x}_0 \sim N_m(\boldsymbol{\beta}^{\mathrm{T}}\boldsymbol{x}_0, \boldsymbol{x}_0^{\mathrm{T}}(\boldsymbol{X}^{\mathrm{T}}\boldsymbol{X})^{-1}\boldsymbol{x}_0\boldsymbol{\Sigma})$$

有

$$\boldsymbol{y}_0 - \hat{\boldsymbol{y}}_0 = \boldsymbol{y}_0 - \hat{\boldsymbol{\beta}}^{\mathrm{T}}\boldsymbol{x}_0 \sim N_m(\boldsymbol{0}, [1 + \boldsymbol{x}_0^{\mathrm{T}}(\boldsymbol{X}^{\mathrm{T}}\boldsymbol{X})^{-1}\boldsymbol{x}_0]\boldsymbol{\Sigma})$$

进而有

$$\frac{\boldsymbol{y}_0 - \hat{\boldsymbol{\beta}}^{\mathrm{T}}\boldsymbol{x}_0}{\sqrt{1 + \boldsymbol{x}_0^{\mathrm{T}}(\boldsymbol{X}^{\mathrm{T}}\boldsymbol{X})^{-1}\boldsymbol{x}_0}} \sim N_m(\boldsymbol{0}, \boldsymbol{\Sigma})$$

另一方面, 由定理 5.8, 有

$$(n-p)\hat{\boldsymbol{\Sigma}} = \hat{\boldsymbol{E}}^{\mathrm{T}}\hat{\boldsymbol{E}} \sim W_{n-p}(\boldsymbol{\Sigma})$$

又因为 $\hat{\boldsymbol{\Sigma}}$ 由前 n 次试验数据算得, 故 $\boldsymbol{y}_0 - \hat{\boldsymbol{\beta}}^{\mathrm{T}}\boldsymbol{x}_0$ 与 $(n-p)\hat{\boldsymbol{\Sigma}}$ 独立.

根据 T^2 统计量的定义, 有

$$T^2=\left[\frac{\boldsymbol{y}_0-\hat{\boldsymbol{\beta}}^{\mathrm{T}}\boldsymbol{x}_0}{\sqrt{1+\boldsymbol{x}_0^{\mathrm{T}}(\boldsymbol{X}^{\mathrm{T}}\boldsymbol{X})^{-1}\boldsymbol{x}_0}}\right]^{\mathrm{T}}\hat{\boldsymbol{\Sigma}}^{-1}\frac{\boldsymbol{y}_0-\hat{\boldsymbol{\beta}}^{\mathrm{T}}\boldsymbol{x}_0}{\sqrt{1+\boldsymbol{x}_0^{\mathrm{T}}(\boldsymbol{X}^{\mathrm{T}}\boldsymbol{X})^{-1}\boldsymbol{x}_0}}\sim\frac{m(n-p)}{n-p-m+1}F_{m,n-p-m+1}$$

因此, 因变量 $\boldsymbol{y}_0=(y_{01},\cdots,y_{0m})^{\mathrm{T}}$ 的置信水平为 $1-\alpha$ 的预测椭球为

$$\left(\boldsymbol{y}_0-\hat{\boldsymbol{\beta}}^{\mathrm{T}}\boldsymbol{x}_0\right)^{\mathrm{T}}\hat{\boldsymbol{\Sigma}}^{-1}\left(\boldsymbol{y}_0-\hat{\boldsymbol{\beta}}^{\mathrm{T}}\boldsymbol{x}_0\right)\leqslant\left[1+\boldsymbol{x}_0^{\mathrm{T}}(\boldsymbol{X}^{\mathrm{T}}\boldsymbol{X})^{-1}\boldsymbol{x}_0\right]\frac{m(n-p)}{n-p-m+1}F_{m,n-p-m+1}(\alpha)$$

其中, $F_{m,n-p-m+1}(\alpha)$ 为自由度为 m 和 $n-p-m+1$ 的 F 分布的 α 上侧分位数.

单个因变量 y_{0i} 的置信水平为 $1-\alpha$ 的 T^2 联合预测区间为

$$\boldsymbol{x}_0^{\mathrm{T}}\hat{\boldsymbol{\beta}}_{(i)}\pm\sqrt{\frac{m(n-p)}{n-p-m+1}F_{m,n-p-m+1}(\alpha)}\cdot\sqrt{[1+\boldsymbol{x}_0^{\mathrm{T}}(\boldsymbol{X}^{\mathrm{T}}\boldsymbol{X})^{-1}\boldsymbol{x}_0]\hat{\sigma}_{ii}}\quad i=1,2,\cdots,m$$

这里 $\hat{\boldsymbol{\beta}}_{(i)}$ 为 $\hat{\boldsymbol{\beta}}$ 的第 i 列, $\hat{\sigma}_{ii}$ 是 $\hat{\boldsymbol{\Sigma}}$ 的第 i 个对角元.

在正态性条件下, 还可以对回归方程在 $\boldsymbol{x}_0$ 处的均值 $E(\boldsymbol{y}_0)=E(y_{01},\cdots,y_{0m})^{\mathrm{T}}=\boldsymbol{\beta}^{\mathrm{T}}\boldsymbol{x}_0$ 进行区间估计. 由

$$\hat{\boldsymbol{\beta}}^{\mathrm{T}}\boldsymbol{x}_0\sim N_m(\boldsymbol{\beta}^{\mathrm{T}}\boldsymbol{x}_0,\boldsymbol{x}_0^{\mathrm{T}}(\boldsymbol{X}^{\mathrm{T}}\boldsymbol{X})^{-1}\boldsymbol{x}_0\boldsymbol{\Sigma})$$

有

$$\frac{\hat{\boldsymbol{\beta}}^{\mathrm{T}}\boldsymbol{x}_0-\boldsymbol{\beta}^{\mathrm{T}}\boldsymbol{x}_0}{\sqrt{\boldsymbol{x}_0^{\mathrm{T}}(\boldsymbol{X}^{\mathrm{T}}\boldsymbol{X})^{-1}\boldsymbol{x}_0}}\sim N_m(\boldsymbol{0},\boldsymbol{\Sigma})$$

此时的 T^2 统计量为

$$T^2=\left[\frac{\hat{\boldsymbol{\beta}}^{\mathrm{T}}\boldsymbol{x}_0-\boldsymbol{\beta}^{\mathrm{T}}\boldsymbol{x}_0}{\sqrt{\boldsymbol{x}_0^{\mathrm{T}}(\boldsymbol{X}^{\mathrm{T}}\boldsymbol{X})^{-1}\boldsymbol{x}_0}}\right]^{\mathrm{T}}\hat{\boldsymbol{\Sigma}}^{-1}\frac{\hat{\boldsymbol{\beta}}^{\mathrm{T}}\boldsymbol{x}_0-\boldsymbol{\beta}^{\mathrm{T}}\boldsymbol{x}_0}{\sqrt{\boldsymbol{x}_0^{\mathrm{T}}(\boldsymbol{X}^{\mathrm{T}}\boldsymbol{X})^{-1}\boldsymbol{x}_0}}\sim\frac{m(n-p)}{n-p-m+1}F_{m,n-p-m+1}$$

因此 $\boldsymbol{x}_0$ 所对应的因变量的均值 $E(\boldsymbol{y}_0)=\boldsymbol{\beta}^{\mathrm{T}}\boldsymbol{x}_0$ 的置信水平为 $1-\alpha$ 的置信椭球为

$$\left(\hat{\boldsymbol{\beta}}^{\mathrm{T}}\boldsymbol{x}_0-\boldsymbol{\beta}^{\mathrm{T}}\boldsymbol{x}_0\right)^{\mathrm{T}}\hat{\boldsymbol{\Sigma}}^{-1}\left(\hat{\boldsymbol{\beta}}^{\mathrm{T}}\boldsymbol{x}_0-\boldsymbol{\beta}^{\mathrm{T}}\boldsymbol{x}_0\right)\leqslant\boldsymbol{x}_0^{\mathrm{T}}(\boldsymbol{X}^{\mathrm{T}}\boldsymbol{X})^{-1}\boldsymbol{x}_0\frac{m(n-p)}{n-p-m+1}F_{m,n-p-m+1}(\alpha)$$

单个因变量的均值 $E(\boldsymbol{y}_{0i})=\boldsymbol{x}_0^{\mathrm{T}}\boldsymbol{\beta}_{(i)}$ 的置信水平为 $1-\alpha$ 的 T^2 联合置信区间为

$$\boldsymbol{x}_0^{\mathrm{T}}\hat{\boldsymbol{\beta}}_{(i)}\pm\sqrt{\frac{m(n-p)}{n-p-m+1}F_{m,n-p-m+1}(\alpha)}\cdot\sqrt{\boldsymbol{x}_0^{\mathrm{T}}(\boldsymbol{X}^{\mathrm{T}}\boldsymbol{X})^{-1}\boldsymbol{x}_0\hat{\sigma}_{ii}}\quad i=1,2,\cdots,m$$

例 5.10 (续例 5.9) 利用因变量 y_1,y_2 对两个自变量 x_1,x_2 的经验回归方程作预测, 当 $x_1=1,x_2=1\ 000$ 时, 构造因变量均值的 95% 置信椭圆以及 95% 的 T^2 联合置信区间.

解 当 $x_1=1,x_2=1\ 000$ 时, $\boldsymbol{x}_0^{\mathrm{T}}=(1,1,1\ 000)$, 由例 5.9 建立的经验回归方程可得拟合值向量

$$(\hat{y}_1,\hat{y}_2)=\boldsymbol{x}_0^{\mathrm{T}}\hat{\boldsymbol{\beta}}^*=(1,1,1\ 000)\begin{pmatrix}56.720\ 1&-241.347\ 9\\507.073\ 1&606.309\ 7\\0.329\ 0&0.324\ 3\end{pmatrix}$$

$$=(892.754\ 9,689.216\ 7)$$

由 R 程序输出的中间结果, 有

$$\hat{\boldsymbol{\Sigma}}^{-1}=\begin{pmatrix}4.304\,991\text{e}-05 & -4.107\,192\text{e}-05\\ -4.107\,192\text{e}-05 & 4.782\,329\text{e}-05\end{pmatrix}$$

$$\boldsymbol{x}_0^{\mathrm{T}}(\boldsymbol{X}^{\mathrm{T}}\boldsymbol{X})^{-1}\boldsymbol{x}_0\cdot\frac{2(17-3)}{17-3-2+1}\cdot F_{2,13}(0.05)=0.824\,9$$

因此, 因变量均值的 95% 置信椭圆为

$$\left[\begin{pmatrix}\hat{y}_1\\ \hat{y}_2\end{pmatrix}-\begin{pmatrix}892.754\,9\\ 689.216\,7\end{pmatrix}\right]^{\mathrm{T}}\hat{\boldsymbol{\Sigma}}^{-1}\left[\begin{pmatrix}\hat{y}_1\\ \hat{y}_2\end{pmatrix}-\begin{pmatrix}892.754\,9\\ 689.216\,7\end{pmatrix}\right]\leqslant 0.824\,9$$

因变量均值的置信水平为 95% 的 T^2 联合置信区间为

$$E(y_1):[567.047\,5, 1\,218.462]$$

$$E(y_2):[380.191\,4, 998.242]$$

R 程序及输出结果

```
> newdata=data.frame(x1=1, x2=1000)
> yhat=predict(mv.reg0, newdata)      %计算拟合值
> p=nrow(coef(mv.reg0))
> n=nrow(Y)
> m=ncol(Y)
> SSCPE=crossprod(Y-mv.reg0$fitted.values)     %计算残差离差阵
> SigmaHat=SSCPE/(n-p)
> SigmaHatInverse=solve(SigmaHat)
> X=model.matrix(mv.reg0)                      %获取设计矩阵
> x0=model.matrix(~x1+x2,newdata)              %生成x0
> h=tcrossprod(x0%*%solve(crossprod(X)),x0)
> SigmaHatDiagonal=colSums((Y-mv.reg0$fitted.values)^2)/(n-p)
> F=qf(0.95,df1=m,df2=n-p-m+1)    %计算F分位数
> constant=F*m*(n-p)/(n-p-m+1)    %置信椭圆不等式中的常数
> EllipseC=h*constant
> lwr=yhat-sqrt(constant)*sqrt(h[1]*SigmaHatDiagonal)
> upr=yhat+sqrt(constant)*sqrt(h[1]*SigmaHatDiagonal)
> CI=cbind(t(yhat),t(lwr),t(upr))
> colnames(CI)=c(\"fit\","lwr","upr")
> CI
        fit      lwr      upr
y1 892.7549 567.0475 1218.462
y2 689.2167 380.1914  998.242
> SigmaHatInverse
              y1            y2
y1  4.304991e-05 -4.107192e-05
```

```
y2 -4.107192e-05  4.782329e-05
> EllipseC
        1
1 0.824945
```

习 题 5

1. 在一个小规模的回归研究中, 我们得到了下表中的数据, 试利用矩阵表示法求解:

题 1 表

i	1	2	3	4	5	6
x_{i1}	7	4	16	3	21	8
x_{i2}	33	41	7	49	5	31
y_i	42	33	75	28	91	55

(1) $\boldsymbol{X}$, $\boldsymbol{\beta}$, $\hat{\varepsilon}$, $\hat{\sigma}^2$;

(2) 当 $x_{h1}=10, x_{h2}=30$ 时的预测值.

2. 在药物的临床研究中, 病人对新药 B 的反应 y 与其对标准药物 A 的反应 x_1 及病人的心率 x_2 有关, 下表为观测到的 10 组数据, 试拟合 y 对 x_1, x_2 的线性回归式 $y=\beta_0+\beta_1x_1+\beta_2x_2$ 并估计误差方差 σ^2.

题 2 表

x_1	1.9	0.8	1.1	0.1	−0.1	4.4	4.6	1.6	5.5	3.4
x_2	66	62	64	61	63	70	68	62	68	66
y	0.7	−1.0	−0.2	−1.2	−0.1	3.4	0.0	0.8	3.7	2.0

3. 下表给出了 22 名学生的统计课考试成绩, 包括期末成绩 F, 两次预考成绩 P_1 和 P_2.

题 3 表

序号	F	P_1	P_2	序号	F	P_1	P_2
1	68	78	73	12	75	79	75
2	75	74	76	13	81	89	84
3	85	82	79	14	91	93	97
4	94	90	96	15	80	87	77
5	86	87	90	16	94	91	96
6	90	90	92	17	94	86	94
7	86	83	95	18	97	91	92
8	68	72	69	19	79	81	82
9	55	68	67	20	84	80	83
10	69	69	70	21	65	70	66
11	91	91	89	22	83	79	81

(1) 用模型 $F=\beta_0+\beta_1P_1+\beta_2P_2+\varepsilon$ 拟合数据.

(2) 检验 $\beta_0=0$.

(3) 如果一个学生的两次预考成绩分别为 78 分和 85 分, 他的期末成绩的预测值是多少?

4. 假设一个数据集有 5 个预测变量, $x_1=$ 学分积, $x_2=$ 智商, $x_3=$ 性别 (1 代表女性, 0 代表男性), $x_4=$ 学分积/智商之间的交互作用, $x_5=$ 学分积/性别之间的交互作用. 响应变量是毕业后的起薪 (单位: 千美元). 假设用最小二乘法拟合模型, 并得到 $\hat{\beta}_0=50$, $\hat{\beta}_1=20$, $\hat{\beta}_2=0.07$, $\hat{\beta}_3=35$, $\hat{\beta}_4=0.01$, $\hat{\beta}_5=-10$.

(1) 下列选项哪个是正确的, 为什么?

① 当 IQ 和 GPA 一定时, 男性的平均收入高于女性.

② 当 IQ 和 GPA 一定时, 女性的平均收入高于男性.

③ 当 IQ 和 GPA 一定时, 在 GPA 足够高的情况下, 男性的平均收入高于女性.

④ 当 IQ 和 GPA 一定时, 在 GPA 足够高的条件下, 女性的平均收入高于男性.

(2) 估计一名智商为 110, GPA 为 4.0 的女性的收入.

(3) 请判断真假: 由于学分积/智商交互项的系数很小, 所以没有证据表明二者之间存在交互作用. 解释你的答案.

5. 一位软饮料经销商正在分析自动售货机在他的配送系统中的服务路线. 他感兴趣的是预测派送员为自动售货机服务所需的时间. 这一服务活动包括为机器储存饮料产品和小型维修或日常管理. 负责这项研究的工业工程师提出影响交货时间 (y) 的两个最重要的变量是库存产品的箱数 (x_1) 和路线司机走过的距离 (x_2). 工程师收集了 25 个交货时间的观测值, 见下表.

题 5 表

编号	y	x_1	x_2	编号	y	x_1	x_2
1	16.68	7	560	14	19.75	6	462
2	11.50	3	220	15	24.00	9	448
3	12.03	3	340	16	29.00	10	776
4	14.88	4	80	17	15.35	6	200
5	13.75	6	150	18	19.00	7	132
6	18.11	7	330	19	9.50	3	36
7	8.00	2	110	20	35.10	17	770
8	17.83	7	210	21	17.90	10	140
9	79.24	30	1 460	22	52.32	26	810
10	21.50	5	605	23	18.75	9	450
11	40.33	16	688	24	19.83	8	635
12	21.00	10	215	25	10.75	4	150
13	13.50	4	255				

(1) 建立 y 关于 x_1, x_2 的线性回归方程.

(2) 对回归方程作显著性检验.

(3) 对每一个回归系数作显著性检验.

6. 研究货运总量 y(万吨) 与工业总产值 x_1(亿元)、农业总产值 x_2(亿元)、居民非商品支出 x_3(亿元) 的关系, 数据见下表.

题 6 表

序号	y	x_1	x_2	x_3
1	160	70	35	1.0
2	260	75	40	2.4
3	210	65	40	2.0
4	265	74	42	3.0
5	240	72	38	1.2
6	220	68	45	1.5
7	275	78	42	4.0
8	160	66	36	2.0
9	275	70	44	3.2
10	250	65	42	3.0

(1) 求 y 关于 x_1, x_2, x_3 的三元线性回归方程.

(2) 对回归方程作显著性检验.

(3) 对每一个回归系数作显著性检验.

(4) 如果有的回归系数没有通过显著性检验, 将其剔除, 重新建立回归方程, 再作回归方程的显著性检验和回归系数的显著性检验.

(5) 求出每一个回归系数的置信水平为 95% 的置信区间.

(6) 求当 $x_{01} = 75, x_{02} = 42, x_{03} = 3.1$ 时的 $\hat{y}_0$, 并给出其 95% 预测区间.

7. 某研究者研究了轮胎胎面胶的磨损指数与 3 个因素的关系: $x_1 =$ 水合二氧化硅的水平, $x_2 =$ 硅烷偶联剂水平, $x_3 =$ 硫的浓度. 下表给出了试验结果.

题 7 表

x_1	x_2	x_3	y
−1	−1	1	102
1	−1	−1	120
−1	1	−1	117
1	1	1	198
−1	−1	−1	103
1	−1	1	132
−1	1	1	132
1	1	−1	139
0	0	0	133
0	0	0	133

续表

x_1	x_2	x_3	y
0	0	0	140
0	0	0	142
0	0	0	145
0	0	0	142

(1) 用模型 $F = \beta_0 + \beta_1 x_1 + \beta_2 x_2 + \beta_3 x_3 + \varepsilon$ 拟合表中数据.

(2) 对 (1) 中拟合的模型作残差分析.

8. 卫星应用推动了银-锌电池的发展, 下表列出了表征电池在其寿命周期内的性能失效数据, 利用这些数据.

   (1) 求 $\ln y$ 对一个适当的预测变量子集的线性回归方程.

   (2) 对 (1) 中拟合的模型作残差图, 用以检查正态性假设.

题 8 表

x_1 充电率 (A)	x_2 放电率 (A)	x_3 放电深度 (%)	x_4 温度 (°C)	x_5 充电电压极限 (V)	y 失效周期
0.375	3.13	60.0	40	2.00	101
1.000	3.13	76.8	30	1.99	141
1.000	3.13	60.0	20	2.00	96
1.000	3.13	60.0	20	1.98	125
1.625	3.13	43.2	10	2.01	43
1.625	3.13	60.0	20	2.00	16
1.625	3.13	60.0	20	2.02	188
0.375	5.00	76.8	10	2.01	10
1.000	5.00	43.2	10	1.99	3
1.000	5.00	43.2	30	2.01	386
1.000	5.00	100.0	20	2.00	45
1.625	5.00	76.8	10	1.99	2
0.375	1.25	76.8	10	2.01	76
1.000	1.25	43.2	10	1.99	78
1.000	1.25	76.8	30	2.00	160
1.000	1.25	60.0	0	2.00	3
1.625	1.25	43.2	30	1.99	216
1.625	1.25	60.0	20	2.00	73
0.375	3.13	76.8	30	1.99	314
0.375	3.13	60.0	20	2.00	170

9. 研究人员想要确定人的血压 (y, mmHg) 和年龄 (x_1, 岁)、体重 (x_2, kg)、体表面积 (x_3, m^2)、高血压持续时间 (x_4, 年)、每分钟心跳次数 (x_5, 次)、压力指数 (x_6) 之

间是否存在关系, 下表列出了对 20 名高血压患者的观测数据, 试用逐步选择法确定“最优”自变量子集.

题 9 表

编号	y	x_1	x_2	x_3	x_4	x_5	x_6
1	105	47	85.4	1.75	5.1	63	33
2	115	49	94.2	2.10	3.8	70	14
3	116	49	95.3	1.98	8.2	72	10
4	117	50	94.7	2.01	5.8	73	99
5	112	51	89.4	1.89	7.0	72	95
6	121	48	99.5	2.25	9.3	71	10
7	121	49	99.8	2.25	2.5	69	42
8	110	47	90.9	1.90	6.2	66	8
9	110	49	89.2	1.83	7.1	69	62
10	114	48	92.7	2.07	5.6	64	35
11	114	47	94.4	2.07	5.3	74	90
12	115	49	94.1	1.98	5.6	71	21
13	114	50	91.6	2.05	10.2	68	47
14	106	45	87.1	1.92	5.6	67	80
15	125	52	101.3	2.19	10.0	76	98
16	114	46	94.5	1.98	7.4	69	95
17	106	46	87.0	1.87	3.6	62	18
18	113	46	94.5	1.90	4.3	70	12
19	110	48	90.5	1.88	9.0	71	99
20	122	56	95.7	2.09	7.0	75	99

10. 计算机硬件设备的质量指标有 $y_1 =$ 主机运行时间 (h) 和 $y_2 =$ 硬盘输入/输出容量. 通常根据 $x_1 =$ 指令 (以千条计) 和 $x_2 =$ 插入 $-$ 删除条目来预测计算机硬件设备这两个质量指标. 假设

$$\begin{pmatrix} y_1 \\ y_2 \end{pmatrix} \sim N_2\left(\begin{bmatrix} \beta_{10}+\beta_{11}x_1+\beta_{12}x_2 \\ \beta_{20}+\beta_{21}x_1+\beta_{22}x_2 \end{bmatrix}, \boldsymbol{\Sigma}\right)$$

(1) 试根据下表的数据计算回归系数与协方差矩阵的估计.

(2) 在 $x_1 = 130, x_2 = 7.5$ 时, 构造 (y_1, y_2) 的均值的水平为 95% 的置信椭圆.

(3) 在 $x_1 = 130, x_2 = 7.5$ 时, 构造 (y_1, y_2) 的水平为 95% 的预测椭圆.

题 10 表

编号	y_1	y_2	x_1	x_2
1	141.5	301.8	123.5	2.108
2	168.9	396.1	146.5	9.213
3	154.8	328.2	133.9	1.905
4	146.5	307.4	128.5	0.815
5	172.8	362.4	151.5	1.061
6	160.1	369.5	136.2	8.603
7	108.5	229.1	92.0	1.125

11. 为了建立地面坐标 (x, y) 和扫描图坐标 (u, v) 的变换公式, 我们采用多元线性回归模型建立回归方程

$$\begin{cases} \hat{u} = \hat{\beta}_{10} + \hat{\beta}_{11}x + \hat{\beta}_{12}y \\ \hat{v} = \hat{\beta}_{20} + \hat{\beta}_{21}x + \hat{\beta}_{22}y \end{cases}$$

现测定 9 个控制点, 数据见下表.

(1) 试求出回归参数矩阵的最小二乘估计.

(2) 对 $\alpha = 0.05$, 检验 (x, y) 对 (u, v) 有无显著影响.

(3) 对于新的坐标 $(x_0, y_0) = (86, 58)^{\mathrm{T}}$, 预测其相应的扫描图坐标, 求出 (u_0, v_0) 的 95% 置信椭圆.

题 11 表

序号	1	2	3	4	5	6	7	8	9
x	100.38	99.70	92.20	87.60	87.17	88.70	92.75	100.60	90.05
y	53.24	51.50	50.50	52.40	59.00	59.70	65.20	62.40	58.63
u	226	250	281	272	194	180	105	115	250
v	644	640	517	425	385	401	448	599	462

第 6 章　主成分分析

在处理实际问题时, 经常遇到多指标 (多变量) 的问题, 一方面为了避免遗漏重要信息要考虑尽可能多的指标, 另一方面考虑过多的指标会增加问题的复杂性, 同时这些指标还可能包含重叠的信息. 因此, 人们希望用较少的互不相关的综合变量来代替原来较多的变量, 同时这几个综合变量又能够尽可能多地反映原来变量的信息. 主成分分析正是利用降维的思想, 将多指标化为少数几个综合指标的一种多元统计方法. 本章主要介绍主成分分析的基本理论、方法及其在 R 软件中对应的命令.

6.1　主成分分析的基本理论

主成分分析是研究如何通过少数几个原有变量的线性组合来分析原来变量绝大部分信息的一种多元统计方法, 其基本思想是设法将原来多个具有一定相关性的变量, 重新组合成一组新的相互无关的综合变量, 并替代原来的多个变量.

设某一问题涉及 p 个变量 $X_1, X_2, \cdots, X_p$, 记这 p 个变量构成的 p 维随机向量为 $\boldsymbol{X} = (X_1, X_2, \cdots, X_p)^{\mathrm{T}}, \boldsymbol{X}$ 的均值为 $E(\boldsymbol{X}) = \mu$, 协方差矩阵为 $\operatorname{cov}(\boldsymbol{X}) = \boldsymbol{\Sigma}$. 考虑下面的线性变换

$$\begin{cases} Y_1 = \boldsymbol{a}_1^{\mathrm{T}}\boldsymbol{X} = a_{11}X_1 + a_{12}X_2 + \cdots + a_{1p}X_p \\ Y_2 = \boldsymbol{a}_2^{\mathrm{T}}\boldsymbol{X} = a_{21}X_1 + a_{22}X_2 + \cdots + a_{2p}X_p \\ \qquad\vdots \\ Y_p = \boldsymbol{a}_p^{\mathrm{T}}\boldsymbol{X} = a_{p1}X_1 + a_{p2}X_2 + \cdots + a_{pp}X_p \end{cases}$$

如果希望用 Y_1 来替代原来的 p 个变量 $X_1, X_2, \cdots, X_p$, 就要求 Y_1 尽可能多地反映原来 p 个变量所提供的信息. 变量中所含的信息通常用变量的方差来度量, 所以我们希望 Y_1 的方差尽可能大. 由于

$$\operatorname{var}(Y_1) = \operatorname{var}(\boldsymbol{a}_1^{\mathrm{T}}\boldsymbol{X}) = \boldsymbol{a}_1^{\mathrm{T}}\boldsymbol{\Sigma}\boldsymbol{a}_1$$

所以需要对 $\boldsymbol{a}_1$ 做某种限制, 否则 $\operatorname{var}(Y_1)$ 将无限增大, 问题将没有意义. 一般限制 $\boldsymbol{a}_1^{\mathrm{T}}\boldsymbol{a}_1 = 1$. 对满足以上约束且使得 $\operatorname{var}(Y_1)$ 达到最大的 $\boldsymbol{a}_1$, 称 $Y_1 = \boldsymbol{a}_1^{\mathrm{T}}\boldsymbol{X}$ 是 $X_1, X_2, \cdots, X_p$ 的第一主成分. 如果第一主成分不能够反映原来 p 个变量的绝大部分信息, 则继续考虑 Y_2. 同时 Y_1 中已包含的信息不应在 Y_2 中出现, 以便去掉重叠信息, 更高效地反映原始变量的信息, 即要求

$$\operatorname{cov}(Y_1, Y_2) = \boldsymbol{a}_2^{\mathrm{T}}\boldsymbol{\Sigma}\boldsymbol{a}_1 = 0 \tag{6.1}$$

进而求满足约束 $\boldsymbol{a}_2^{\mathrm{T}}\boldsymbol{a}_2 = 1$ 和式 (6.1), 且使得 $\operatorname{var}(Y_2)$ 达到最大的 $\boldsymbol{a}_2$, 则 $Y_2 = \boldsymbol{a}_2^{\mathrm{T}}\boldsymbol{X}$ 称为 $X_1, X_2, \cdots, X_p$ 的第二主成分. 类似地, 满足约束 $\boldsymbol{a}_i^{\mathrm{T}}\boldsymbol{a}_i = 1$ 和 $\operatorname{cov}(Y_i, Y_j) = \boldsymbol{a}_i^{\mathrm{T}}\boldsymbol{\Sigma}\boldsymbol{a}_j =$

$0, j=1,2,\cdots,i-1$, 且使 $\operatorname{var}(Y_i)$ 达到最大的 $\boldsymbol{a}_i$ 所确定的线性组合 $Y_i=\boldsymbol{a}_i^{\mathrm{T}}\boldsymbol{X}$ 称为 $X_1, X_2, \cdots, X_p$ 的第 i 主成分.

6.2 总体主成分

6.2.1 主成分的求法

1. 由协方差矩阵求解主成分

首先求解第一主成分, 对均值向量为 $\boldsymbol{\mu}$, 协方差矩阵为 $\boldsymbol{\Sigma}$ 的 p 维随机向量 $\boldsymbol{X}$, 第一主成分即为求 $\boldsymbol{a}_1$, 使得在 $\boldsymbol{a}_1^{\mathrm{T}}\boldsymbol{a}_1=1$ 的约束下, $\operatorname{var}(\boldsymbol{a}_1^{\mathrm{T}}\boldsymbol{X})$ 达到最大. 下面采用拉格朗日乘子法求解这个条件极值问题. 令

$$\phi(\boldsymbol{a}_1,\lambda)=\operatorname{var}(\boldsymbol{a}_1^{\mathrm{T}}\boldsymbol{X})-\lambda(\boldsymbol{a}_1^{\mathrm{T}}\boldsymbol{a}_1-1)=\boldsymbol{a}_1^{\mathrm{T}}\boldsymbol{\Sigma}\boldsymbol{a}_1-\lambda(\boldsymbol{a}_1^{\mathrm{T}}\boldsymbol{a}_1-1)$$

$$\begin{cases}\dfrac{\partial\phi}{\partial\boldsymbol{a}_1}=2(\boldsymbol{\Sigma}\boldsymbol{a}_1-\lambda\boldsymbol{a}_1)=\boldsymbol{0}\\[2mm] \dfrac{\partial\phi}{\partial\lambda}=\boldsymbol{a}_1^{\mathrm{T}}\boldsymbol{a}_1-1=0\end{cases}\tag{6.2}$$

即 $\boldsymbol{\Sigma}\boldsymbol{a}_1=\lambda\boldsymbol{a}_1$. 所以, 求解方程组 (6.2) 等价于求解 $\boldsymbol{\Sigma}$ 的特征值和特征向量. 设 $\lambda=\lambda_1$ 是 $\boldsymbol{\Sigma}$ 的最大特征值, 则相应的单位特征向量 $\boldsymbol{a}_1$ 即为所求. 一般地, $\boldsymbol{X}$ 的第 i 主成分可通过求 $\boldsymbol{\Sigma}$ 的第 i 大特征值所对应的单位特征向量得到, 我们首先给出以下引理.

引理 6.1 设 $\boldsymbol{B}$ 是 p 阶对称矩阵, λ_i 是 $\boldsymbol{B}$ 的第 i 大特征值, 即 $\lambda_1\geqslant\lambda_2\geqslant\cdots\geqslant\lambda_p$, $\boldsymbol{e}_i$ 是对应于 λ_i 的单位正交化特征向量 $(i=1,2,\cdots,p)$, $\boldsymbol{x}$ 是任一非零 p 维向量, 则

$$\lambda_p\leqslant\frac{\boldsymbol{x}^{\mathrm{T}}\boldsymbol{B}\boldsymbol{x}}{\boldsymbol{x}^{\mathrm{T}}\boldsymbol{x}}\leqslant\lambda_1\tag{6.3}$$

$$\max_{\boldsymbol{x}\perp\{\boldsymbol{e}_1,\boldsymbol{e}_2,\cdots,\boldsymbol{e}_{k-1}\}}\frac{\boldsymbol{x}^{\mathrm{T}}\boldsymbol{B}\boldsymbol{x}}{\boldsymbol{x}^{\mathrm{T}}\boldsymbol{x}}=\lambda_k\quad k=2,\cdots,p\tag{6.4}$$

当 $\boldsymbol{x}=\boldsymbol{e}_1$ 时, 式 (6.3) 右边等号成立; 当 $\boldsymbol{x}=\boldsymbol{e}_p$ 时, 式 (6.3) 左边等号成立.

证明 记 $\boldsymbol{P}=(\boldsymbol{e}_1,\boldsymbol{e}_2,\cdots,\boldsymbol{e}_p)$, 则 $\boldsymbol{P}$ 是正交阵, 记 $\boldsymbol{\Lambda}=\operatorname{diag}(\lambda_1,\lambda_2,\cdots,\lambda_p)$. 根据特征值与特征向量的性质, 我们有 $\boldsymbol{B}=\boldsymbol{P}\boldsymbol{\Lambda}\boldsymbol{P}^{\mathrm{T}}$. 令 $\boldsymbol{y}=\boldsymbol{P}^{\mathrm{T}}\boldsymbol{x}$, $\boldsymbol{x}\neq\boldsymbol{0}$ 说明 $\boldsymbol{y}\neq\boldsymbol{0}$. 进而

$$\frac{\boldsymbol{x}^{\mathrm{T}}\boldsymbol{B}\boldsymbol{x}}{\boldsymbol{x}^{\mathrm{T}}\boldsymbol{x}}=\frac{\boldsymbol{x}^{\mathrm{T}}\boldsymbol{P}\boldsymbol{\Lambda}\boldsymbol{P}^{\mathrm{T}}\boldsymbol{x}}{\boldsymbol{x}^{\mathrm{T}}\boldsymbol{x}}=\frac{\boldsymbol{y}^{\mathrm{T}}\boldsymbol{\Lambda}\boldsymbol{y}}{\boldsymbol{x}^{\mathrm{T}}\boldsymbol{P}\boldsymbol{P}^{\mathrm{T}}\boldsymbol{x}}=\frac{\boldsymbol{y}^{\mathrm{T}}\boldsymbol{\Lambda}\boldsymbol{y}}{\boldsymbol{y}^{\mathrm{T}}\boldsymbol{y}}=\frac{\sum\limits_{i=1}^{p}\lambda_i y_i^2}{\sum\limits_{i=1}^{p}y_i^2}\leqslant\lambda_1\frac{\sum\limits_{i=1}^{p}y_i^2}{\sum\limits_{i=1}^{p}y_i^2}=\lambda_1$$

同理,

$$\frac{\boldsymbol{x}^{\mathrm{T}}\boldsymbol{B}\boldsymbol{x}}{\boldsymbol{x}^{\mathrm{T}}\boldsymbol{x}}=\frac{\sum\limits_{i=1}^{p}\lambda_i y_i^2}{\sum\limits_{i=1}^{p}y_i^2}\geqslant\lambda_p\frac{\sum\limits_{i=1}^{p}y_i^2}{\sum\limits_{i=1}^{p}y_i^2}=\lambda_p$$

令 $\boldsymbol{x}=\boldsymbol{e}_1$, 因为

$$\boldsymbol{e}_k^{\mathrm{T}}\boldsymbol{e}_1=\begin{cases}1 & k=1\\ 0 & k\neq 1\end{cases}$$

所以

$$\boldsymbol{y}=\boldsymbol{P}^{\mathrm{T}}\boldsymbol{e}_1=(1,0,\cdots,0)^{\mathrm{T}}\quad \frac{\boldsymbol{x}^{\mathrm{T}}\boldsymbol{B}\boldsymbol{x}}{\boldsymbol{x}^{\mathrm{T}}\boldsymbol{x}}=\frac{\boldsymbol{y}^{\mathrm{T}}\boldsymbol{\Lambda}\boldsymbol{y}}{\boldsymbol{y}^{\mathrm{T}}\boldsymbol{y}}=\frac{\lambda_1}{1}=\lambda_1$$

所以, 当 $\boldsymbol{x}=\boldsymbol{e}_1$ 时, 式 (6.3) 右边等号成立. 类似可证当 $\boldsymbol{x}=\boldsymbol{e}_p$ 时, 式 (6.3) 左边等号成立.

下面证明式 (6.4). 因为 $\boldsymbol{P}$ 为正交阵且 $\boldsymbol{y}=\boldsymbol{P}^{\mathrm{T}}\boldsymbol{x}$, 所以

$$\boldsymbol{x}=\boldsymbol{P}\boldsymbol{y}$$

由于 $\boldsymbol{x}\perp\{\boldsymbol{e}_1,\boldsymbol{e}_2,\cdots,\boldsymbol{e}_{k-1}\}$, 所以对 $i\leqslant k-1$, $\boldsymbol{e}_i^{\mathrm{T}}\boldsymbol{x}=0$. 又

$$\boldsymbol{e}_i^{\mathrm{T}}\boldsymbol{x}=y_1\boldsymbol{e}_i^{\mathrm{T}}\boldsymbol{e}_1+y_2\boldsymbol{e}_i^{\mathrm{T}}\boldsymbol{e}_2+\cdots+y_p\boldsymbol{e}_i^{\mathrm{T}}\boldsymbol{e}_p=y_i$$

所以, $y_i=0, i\leqslant k-1$. 当 $\boldsymbol{x}\perp\{\boldsymbol{e}_1,\boldsymbol{e}_2,\cdots,\boldsymbol{e}_{k-1}\}$ 时,

$$\frac{\boldsymbol{x}^{\mathrm{T}}\boldsymbol{B}\boldsymbol{x}}{\boldsymbol{x}^{\mathrm{T}}\boldsymbol{x}}=\frac{\sum\limits_{i=k}^{p}\lambda_i y_i^2}{\sum\limits_{i=k}^{p}y_i^2}\leqslant\frac{\lambda_k\sum\limits_{i=k}^{p}y_i^2}{\sum\limits_{i=k}^{p}y_i^2}=\lambda_k$$

令 $\boldsymbol{x}=\boldsymbol{e}_k$, 则 $\boldsymbol{y}=\boldsymbol{P}^{\mathrm{T}}\boldsymbol{e}_k=(0,\cdots,0,1,0,\cdots,0)^{\mathrm{T}}$, 即 $\boldsymbol{y}$ 的第 k 个元素为 1, 其余元素均为 0. 所以

$$\frac{\boldsymbol{x}^{\mathrm{T}}\boldsymbol{B}\boldsymbol{x}}{\boldsymbol{x}^{\mathrm{T}}\boldsymbol{x}}=\frac{\boldsymbol{y}^{\mathrm{T}}\boldsymbol{\Lambda}\boldsymbol{y}}{\boldsymbol{y}^{\mathrm{T}}\boldsymbol{y}}=\frac{\lambda_k}{1}=\lambda_k$$

即

$$\max_{\boldsymbol{x}\perp\{\boldsymbol{e}_1,\boldsymbol{e}_2,\cdots,\boldsymbol{e}_{k-1}\}}\frac{\boldsymbol{x}^{\mathrm{T}}\boldsymbol{B}\boldsymbol{x}}{\boldsymbol{x}^{\mathrm{T}}\boldsymbol{x}}=\lambda_k$$

且最大值在 $\boldsymbol{x}=\boldsymbol{e}_k$ 处达到.

定理 6.1　设 p 维随机向量 $\boldsymbol{X}=(X_1,X_2,\cdots,X_p)^{\mathrm{T}}$ 的协方差矩阵为 $\boldsymbol{\Sigma}, \lambda_1,\lambda_2,\cdots,\lambda_p(\lambda_1\geqslant\lambda_2\geqslant\cdots\geqslant\lambda_p)$ 为 $\boldsymbol{\Sigma}$ 的特征值. $\boldsymbol{a}_1,\boldsymbol{a}_2,\cdots,\boldsymbol{a}_p$ 为相应的单位正交化特征向量, 则 $\boldsymbol{X}$ 的第 i 主成分为

$$Y_i=\boldsymbol{a}_i^{\mathrm{T}}\boldsymbol{X}\quad i=1,2,\cdots,p$$

证明　因 $\boldsymbol{\Sigma}$ 为对称矩阵, 所以根据引理 6.1, 对任意非零向量 $\boldsymbol{a}$, 有

$$\lambda_p \leqslant \frac{\boldsymbol{a}^{\mathrm{T}}\boldsymbol{\Sigma}\boldsymbol{a}}{\boldsymbol{a}^{\mathrm{T}}\boldsymbol{a}} \leqslant \lambda_1$$

且最大值在 $\boldsymbol{a}=\boldsymbol{a}_1$ 时达到. 所以

$$\max_{\boldsymbol{a}\neq \boldsymbol{0}} \frac{\boldsymbol{a}^{\mathrm{T}}\boldsymbol{\Sigma}\boldsymbol{a}}{\boldsymbol{a}^{\mathrm{T}}\boldsymbol{a}} = \lambda_1$$

故在 $\boldsymbol{a}_1^{\mathrm{T}}\boldsymbol{a}_1=1$ 的约束条件下

$$\mathrm{var}(Y_1)=\mathrm{var}(\boldsymbol{a}_1^{\mathrm{T}}\boldsymbol{X})=\boldsymbol{a}_1^{\mathrm{T}}\boldsymbol{\Sigma}\boldsymbol{a}_1=\lambda_1$$

且 $Y_1=\boldsymbol{a}_1^{\mathrm{T}}\boldsymbol{X}$ 为 $\boldsymbol{X}$ 的第一主成分.

对 $k=2,3,\cdots,p$, 根据引理 6.1 可得

$$\max_{\boldsymbol{a}\neq \boldsymbol{0},\boldsymbol{a}\perp\{\boldsymbol{a}_1,\boldsymbol{a}_2,\cdots,\boldsymbol{a}_{k-1}\}} \frac{\boldsymbol{a}^{\mathrm{T}}\boldsymbol{\Sigma}\boldsymbol{a}}{\boldsymbol{a}^{\mathrm{T}}\boldsymbol{a}} = \lambda_k$$

且最大值在 $\boldsymbol{a}=\boldsymbol{a}_k$ 处达到. 故在 $\boldsymbol{a}_k^{\mathrm{T}}\boldsymbol{a}_k=1$ 的约束条件下, $\boldsymbol{a}_k$ 使得

$$\mathrm{var}(Y_k)=\mathrm{var}(\boldsymbol{a}_k^{\mathrm{T}}\boldsymbol{X})=\boldsymbol{a}_k^{\mathrm{T}}\boldsymbol{\Sigma}\boldsymbol{a}_k=\lambda_k$$

达到最大值且满足

$$\boldsymbol{a}_k^{\mathrm{T}}\boldsymbol{\Sigma}\boldsymbol{a}_j=\boldsymbol{a}_k^{\mathrm{T}}\lambda_j\boldsymbol{a}_j=\lambda_j\boldsymbol{a}_k^{\mathrm{T}}\boldsymbol{a}_j=0$$

所以, $Y_k=\boldsymbol{a}_k^{\mathrm{T}}\boldsymbol{X}$ 为 $\boldsymbol{X}$ 的第 k 主成分.

例 6.1　设随机向量 $\boldsymbol{X}=(X_1,X_2)^{\mathrm{T}}$ 的协方差矩阵为

$$\boldsymbol{\Sigma}=\begin{pmatrix} 5 & 2 \\ 2 & 2 \end{pmatrix}$$

试计算 $\boldsymbol{X}$ 的各主成分.

解　求解 $\boldsymbol{\Sigma}$ 的特征值及相应的单位正交化特征向量, 分别为

$$\lambda_1=6 \quad \boldsymbol{a}_1=(-0.894,-0.447)^{\mathrm{T}}$$
$$\lambda_2=1 \quad \boldsymbol{a}_2=(0.447,-0.894)^{\mathrm{T}}$$

所以, $\boldsymbol{X}$ 的主成分为

$$Y_1=-0.894X_1-0.447X_2 \quad Y_2=0.447X_1-0.894X_2$$

以上计算可以由 R 软件编程.

R 程序及输出结果

```
> a=c(5,2,2,2) %创建向量
> b=matrix(data=a,ncol=2,nrow=2,byrow=T) %生成矩阵
> c=eigen(b) %求矩阵b的特征值
> c
$values
[1] 6 1
```

```
$vectors
           [,1]       [,2]
[1,] -0.8944272  0.4472136
[2,] -0.4472136 -0.8944272
```

在 R 中可用函数 matrix() 创建一个矩阵, 其格式为

matrix(data=NA,nrow=1,ncol=1,byrow=FALSE,dimnames=NULL)

其中, data 项为矩阵元素; nrow 为行数; ncol 为列数 (nrow 与 ncol 的乘积应为矩阵元素个数); byrow 项表示排列元素是否按行进行; dimnames 给定行、列的名称.

2. 由相关系数矩阵求解主成分

处理实际问题时, 不同的变量往往有不同的量纲, 而通过协方差矩阵来求主成分总是优先考虑方差大的变量, 有时可能会造成不合理的结果. 因此, 为了消除量纲不同所造成的影响, 常由相关系数矩阵出发求解主成分. 对 $\boldsymbol{X} = (X_1, X_2, \cdots, X_p)^{\mathrm{T}}$, 记 $E(X_i) = \mu_i, \mathrm{var}(X_i) = \sigma_{ii}, i = 1, 2, \cdots, p$, 对 X_i 作标准化变换, 令

$$Z_i = \frac{X_i - E(X_i)}{\sqrt{\mathrm{var}(X_i)}} = \frac{X_i - \mu_i}{\sqrt{\sigma_{ii}}} \quad i = 1, 2, \cdots, p$$

则

$$E(Z_i) = 0 \quad \mathrm{var}(Z_i) = 1$$

因此

$$\mathrm{cov}(Z_i, Z_j) = E[(Z_i - 0)(Z_j - 0)] = E\left(\frac{X_i - \mu_i}{\sqrt{\sigma_{ii}}} \frac{X_j - \mu_j}{\sqrt{\sigma_{jj}}}\right) = \frac{\mathrm{cov}(X_i, X_j)}{\sqrt{\sigma_{ii}}\sqrt{\sigma_{jj}}}$$

即 Z_i 和 Z_j 的协方差是 X_i 和 X_j 的相关系数. 所以, 标准化后的随机向量 $\boldsymbol{Z} = (Z_1, Z_2, \cdots, Z_p)^{\mathrm{T}}$ 的协方差矩阵是原随机向量 $\boldsymbol{X} = (X_1, X_2, \cdots, X_p)^{\mathrm{T}}$ 的相关系数矩阵. 类似于定理 6.1 的推导, 由原向量的相关系数矩阵出发求主成分, 我们有如下定理.

定理 6.2　设 $\boldsymbol{Z} = (Z_1, Z_2, \cdots, Z_p)^{\mathrm{T}}$ 是 $\boldsymbol{X} = (X_1, X_2, \cdots, X_p)^{\mathrm{T}}$ 的标准化向量, 其协方差矩阵 (即 $\boldsymbol{X}$ 的相关系数矩阵) 为 $\boldsymbol{R}$, $\boldsymbol{R}$ 的特征值为 $\lambda_1^*, \lambda_2^*, \cdots, \lambda_p^* (\lambda_1^* \geqslant \lambda_2^* \geqslant \cdots \geqslant \lambda_p^*)$, 对应的单位正交化特征向量为 $\boldsymbol{\alpha}_1, \boldsymbol{\alpha}_2, \cdots, \boldsymbol{\alpha}_p$, 则 $\boldsymbol{Z}$ 的第 i 个主成分为

$$Y_i^* = \boldsymbol{\alpha}_i^{\mathrm{T}} \boldsymbol{Z} = \alpha_{i1} \frac{X_1 - \mu_1}{\sqrt{\sigma_{11}}} + \alpha_{i2} \frac{X_2 - \mu_2}{\sqrt{\sigma_{22}}} + \cdots + \alpha_{ip} \frac{X_p - \mu_p}{\sqrt{\sigma_{pp}}} \tag{6.5}$$

6.2.2　总体主成分的性质

沿用定理 6.1 的记号, 根据总体主成分的求解过程, 可得如下性质.

性质 6.1　主成分 $\boldsymbol{Y} = (Y_1, Y_2, \cdots, Y_p)^{\mathrm{T}}$ 的协方差矩阵

$$\mathrm{var}(\boldsymbol{Y}) = \boldsymbol{\Lambda} = \mathrm{diag}(\lambda_1, \lambda_2, \cdots, \lambda_p)$$

即 p 个主成分互不相关, 且 $\mathrm{var}(Y_i) = \lambda_i, i = 1, 2, \cdots, p$.

证明 由定理 6.1 得, $\boldsymbol{X}$ 的协方差矩阵 $\boldsymbol{\Sigma}$ 的第 i 大特征值 λ_i 对应的单位正交化特征向量为 $\boldsymbol{a}_i$, 所以

$$\boldsymbol{\Sigma}\boldsymbol{a}_i = \lambda_i\boldsymbol{a}_i \text{且} \boldsymbol{a}_i^{\mathrm{T}}\boldsymbol{a}_i = 1$$

因此

$$\mathrm{var}(Y_i) = \mathrm{var}(\boldsymbol{a}_i^{\mathrm{T}}\boldsymbol{X}) = \boldsymbol{a}_i^{\mathrm{T}}\mathrm{var}(\boldsymbol{X})\boldsymbol{a}_i = \boldsymbol{a}_i^{\mathrm{T}}\boldsymbol{\Sigma}\boldsymbol{a}_i = \lambda_i\boldsymbol{a}_i^{\mathrm{T}}\boldsymbol{a}_i = \lambda_i$$

对 $i \neq j; i,j = 1,2,\cdots,p$, 有

$$\mathrm{cov}(Y_i,Y_j) = \mathrm{cov}(\boldsymbol{a}_i^{\mathrm{T}}\boldsymbol{X}, \boldsymbol{a}_j^{\mathrm{T}}\boldsymbol{X}) = \boldsymbol{a}_i^{\mathrm{T}}\mathrm{var}(\boldsymbol{X})\boldsymbol{a}_j = \boldsymbol{a}_i^{\mathrm{T}}\boldsymbol{\Sigma}\boldsymbol{a}_j = \boldsymbol{a}_i^{\mathrm{T}}\lambda_j\boldsymbol{a}_j = \lambda_j\boldsymbol{a}_i^{\mathrm{T}}\boldsymbol{a}_j$$

因为 $\boldsymbol{a}_i(i = 1,2,\cdots,n)$ 是正交化特征向量, 所以 $\boldsymbol{a}_i^{\mathrm{T}}\boldsymbol{a}_j = 0$, 进而 $\mathrm{cov}(Y_i,Y_j) = 0$, 即 p 个主成分互不相关, 得证.

性质 6.2 记 $\boldsymbol{X}$ 的协方差矩阵为 $\boldsymbol{\Sigma} = (\sigma_{ij})_{p\times p}$, 则 $\sum\limits_{i=1}^{p}\lambda_i = \sum\limits_{i=1}^{p}\sigma_{ii}$.

证明 记 $\boldsymbol{P} = (\boldsymbol{a}_1,\boldsymbol{a}_2,\cdots,\boldsymbol{a}_p)$, 则 $\boldsymbol{P}$ 为 p 阶正交阵且 $\boldsymbol{\Sigma} = \boldsymbol{P}\boldsymbol{\Lambda}\boldsymbol{P}^{\mathrm{T}}$. 所以

$$\sum_{i=1}^{p}\sigma_{ii} = \mathrm{tr}(\boldsymbol{\Sigma}) = \mathrm{tr}(\boldsymbol{P}\boldsymbol{\Lambda}\boldsymbol{P}^{\mathrm{T}}) = \mathrm{tr}(\boldsymbol{\Lambda}\boldsymbol{P}^{\mathrm{T}}\boldsymbol{P}) = \mathrm{tr}(\boldsymbol{\Lambda}) = \sum_{i=1}^{p}\lambda_i.$$

性质 6.2 说明各主成分的方差之和等于各原始变量的方差之和, 所以第 k 个主成分的方差 λ_k 除以所有主成分的方差之和 $\sum\limits_{i=1}^{p}\lambda_i$ 就描述了第 k 个主成分所提取的信息与总信息量的比值, 进而我们引入贡献率的定义.

定义 6.1 $\lambda_k/\sum\limits_{i=1}^{p}\lambda_i$ 称为第 k 个主成分的贡献率, $\sum\limits_{k=1}^{m}\lambda_k/\sum\limits_{i=1}^{p}\lambda_i$ 称为主成分 $Y_1,Y_2,\cdots,Y_m(m<p)$ 的累积贡献率.

累积贡献率的大小反映了前 m 个主成分提取的原始变量的信息量的多少. 主成分分析的目的之一是减少变量个数, 所以一般选取 $m(m<p)$ 个主成分来代替原来的 p 个变量, 所以我们希望 m 个主成分能够反映原来 p 个变量提供的大部分信息，同时又能合理解释数据的实际意义. 关于主成分个数的确定, 通常有以下两个标准: 一个是使累积贡献率达到一定程度 (如 80% 以上) 来确定 m; 另一个是先计算样本协方差矩阵或样本相关系数矩阵的 p 个特征值的均值 $\bar{\lambda}$, 取大于 $\bar{\lambda}$ 的特征值的个数 m.

根据以上定义可计算出例 6.1 中第一主成分 Y_1 对 X 的贡献率为

$$\frac{\lambda_1}{\lambda_1+\lambda_2} = \frac{6}{6+1} = 85.71\%$$

因此, 可以采用第一主成分来代替原来的两个变量, 其信息损失是很小的.

类似地, 由相关系数矩阵求解主成分时, 我们有以下结论.

性质 6.3 设 $\boldsymbol{Z} = (Z_1,Z_2,\cdots,Z_p)^{\mathrm{T}}$ 是 $\boldsymbol{X} = (X_1,X_2,\cdots,X_p)^{\mathrm{T}}$ 的标准化随机向量, $\boldsymbol{X}$ 的相关系数矩阵 (即 $\boldsymbol{Z}$ 的协方差矩阵) $\boldsymbol{R}$ 的特征值为 $\lambda_1^*,\lambda_2^*,\cdots,\lambda_p^*(\lambda_1^* \geqslant \lambda_2^* \geqslant \cdots \geqslant \lambda_p^*)$, $\boldsymbol{\alpha}_1,\boldsymbol{\alpha}_2,\cdots,\boldsymbol{\alpha}_p$ 为相应的单位正交化特征向量, 则 $\boldsymbol{Z}$ 的第 i 个主成分 Y_i^* 的方差满足

$$\mathrm{var}(Y_i^*) = \lambda_i^* \quad \sum_{i=1}^{p}\mathrm{var}(Y_i^*) = \sum_{i=1}^{p}\lambda_i^* = \sum_{i=1}^{p}\mathrm{var}(Z_i) = p$$

证明　由式 (6.5) 可得

$$\mathrm{var}(Y_i^*) = \mathrm{var}(\boldsymbol{\alpha}_i^{\mathrm{T}}\boldsymbol{Z}) = \boldsymbol{\alpha}_i^{\mathrm{T}}\mathrm{cov}(\boldsymbol{Z})\boldsymbol{\alpha}_i = \boldsymbol{\alpha}_i^{\mathrm{T}}\boldsymbol{R}\boldsymbol{\alpha}_i = \lambda_i^*\boldsymbol{\alpha}_i^{\mathrm{T}}\boldsymbol{\alpha}_i = \lambda_i^*$$

所以

$$\sum_{i=1}^{p}\mathrm{var}(Y_i^*) = \sum_{i=1}^{p}\lambda_i^*$$

类似性质 6.2 的证明, 我们有 $\sum\limits_{i=1}^{p}\lambda_i^*$ 等于 $\boldsymbol{Z}$ 的协方差矩阵 $\boldsymbol{R}$ 的对角元素之和, 即

$$\sum_{i=1}^{p}\lambda_i^* = \sum_{i=1}^{p}\mathrm{var}(Z_i)$$

又因为 $Z_1, Z_2, \cdots, Z_p$ 是标准化随机变量, 所以 $\mathrm{var}(Z_i) = 1, i = 1, 2, \cdots, p$. 进而

$$\sum_{i=1}^{p}\mathrm{var}(Z_i) = p$$

由以上性质和定义 6.1 易得 $\boldsymbol{Z}$ 的第 i 个主成分 Y_i^* 的贡献率为 λ_i^*/p, 前 m 个主成分的累积贡献率为 $\sum\limits_{k=1}^{m}\lambda_k^*/p(m < p)$.

性质 6.4　主成分 Y_k 和原始变量 X_j 的相关系数为

$$\rho(Y_k, X_j) = \frac{\sqrt{\lambda_k}a_{kj}}{\sqrt{\sigma_{jj}}} \quad k, j = 1, 2, \cdots, p$$

证明

$$\rho(Y_k, X_j) = \frac{\mathrm{cov}(Y_k, X_j)}{\sqrt{\mathrm{var}(Y_k)\mathrm{var}(X_j)}} = \frac{\mathrm{cov}(\boldsymbol{a}_k^{\mathrm{T}}\boldsymbol{X}, \boldsymbol{e}_j^{\mathrm{T}}\boldsymbol{X})}{\sqrt{\lambda_k\sigma_{jj}}}$$

其中, $\boldsymbol{e}_j = (0, \cdots, 0, 1, 0, \cdots, 0)^{\mathrm{T}}$ 是第 j 个元素为 1, 其余元素均为 0 的单位向量. 又

$$\mathrm{cov}(\boldsymbol{a}_k^{\mathrm{T}}\boldsymbol{X}, \boldsymbol{e}_j^{\mathrm{T}}\boldsymbol{X}) = \boldsymbol{a}_k^{\mathrm{T}}\boldsymbol{\Sigma}\boldsymbol{e}_j = \boldsymbol{e}_j^{\mathrm{T}}\boldsymbol{\Sigma}\boldsymbol{a}_k = \lambda_k\boldsymbol{e}_j^{\mathrm{T}}\boldsymbol{a}_k = \lambda_k a_{kj}$$

即得

$$\rho(Y_k, X_j) = \frac{\sqrt{\lambda_k}a_{kj}}{\sqrt{\sigma_{jj}}} \quad k, j = 1, 2, \cdots, p$$

例 6.2　设 $\boldsymbol{X} = (X_1, X_2)^{\mathrm{T}}$ 的协方差矩阵为

$$\boldsymbol{\Sigma} = \begin{pmatrix} 1 & 6 \\ 6 & 100 \end{pmatrix}$$

相应的相关系数矩阵为

$$\boldsymbol{R} = \begin{pmatrix} 1 & 0.6 \\ 0.6 & 1 \end{pmatrix}$$

试分别从协方差矩阵和相关系数矩阵出发求 $\boldsymbol{X}$ 的各主成分.

解 首先由协方差矩阵 $\boldsymbol{\Sigma}$ 出发求 $\boldsymbol{X}$ 的主成分，$\boldsymbol{\Sigma}$ 的特征值和相应的单位正交化特征向量分别为

$$\lambda_1 = 100.36 \quad \boldsymbol{a}_1 = (0.060, 0.998)^{\mathrm{T}}$$
$$\lambda_2 = 0.64 \quad \boldsymbol{a}_2 = (-0.998, 0.060)^{\mathrm{T}}$$

所以, $\boldsymbol{X}$ 的两个主成分分别为

$$Y_1 = 0.060X_1 + 0.998X_2 \quad Y_2 = -0.998X_1 + 0.060X_2$$

第一主成分的贡献率为 $\dfrac{\lambda_1}{\lambda_1+\lambda_2} = \dfrac{100.36}{101} = 99.37\%$. X_2 在 Y_1 中的系数是 0.998, 因为 X_2 的方差很大, 所以它完全控制贡献率达 99.37% 的第一主成分, 从而变量 X_1 的作用被忽视.

下面由相关系数矩阵 $\boldsymbol{R}$ 求 $\boldsymbol{X}$ 的主成分, 易得 $\boldsymbol{R}$ 的特征值和相应的单位正交化特征向量分别为

$$\lambda_1^* = 1.6 \quad \boldsymbol{\alpha}_1 = (0.707, 0.707)^{\mathrm{T}}$$
$$\lambda_2^* = 0.4 \quad \boldsymbol{\alpha}_2 = (-0.707, 0.707)^{\mathrm{T}}$$

$\boldsymbol{X}$ 的标准化变量 $\boldsymbol{Z}$ 的主成分为

$$\begin{aligned} Y_1 &= 0.707Z_1 + 0.707Z_2 = 0.707[X_1 - E(X_1)]/1 + 0.707[X_2 - E(X_2)]/10 \\ &= 0.707[X_1 - E(X_1)] + 0.070\,7[X_2 - E(X_2)] \end{aligned}$$

$$\begin{aligned} Y_2 &= -0.707Z_1 + 0.707Z_2 = -0.707[X_1 - E(X_1)]/1 + 0.707[X_2 - E(X_2)]/10 \\ &= -0.707[X_1 - E(X_1)] + 0.070\,7[X_2 - E(X_2)] \end{aligned}$$

这种情况下第一主成分的贡献率为 $\dfrac{\lambda_1^*}{p} = \dfrac{1.6}{2} = 80\%$, 比刚才计算的 99.37% 有所下降. 由 X_1, X_2 的协方差矩阵 $\boldsymbol{\Sigma}$ 出发求主成分时, 第一主成分中 X_1, X_2 的系数分别为 0.060 和 0.998. 而从 X_1, X_2 的相关系数矩阵 $\boldsymbol{R}$ 出发求主成分时, 由于对原变量做了标准化处理, X_1 和 X_2 在第一主成分中的相对重要性发生了改变，在第一主成分中 X_1, X_2 的系数变为 0.707 和 0.070 7, X_1 的重要性得到了提升. 以上计算用 R 软件编程如下.

R 程序及输出结果

```
> a=c(1,6,6,100)  %创建向量
> b=matrix(data=a,ncol=2,nrow=2,byrow=T)  %生成矩阵
> c=eigen(b) %求矩阵b的特征值和特征向量
> c
$values
[[1] 100.3623104   0.6376896

$vectors
           [,1]        [,2]
[1,] 0.06027528 -0.99818179
[2,] 0.99818179  0.06027528
```

```
> r=matrix(c(1,0.6,0.6,1),ncol=2,nrow=2)
> d=eigen(r)
> d
$values
[1] 1.6 0.4

$vectors
          [,1]       [,2]
[1,] 0.7071068 -0.7071068
[2,] 0.7071068  0.7071068
```

6.3　样本主成分

在实际问题的研究中, 总体协方差矩阵 $\boldsymbol{\Sigma}$ 和相关系数矩阵 $\boldsymbol{R}$ 一般是未知的, 需要通过样本数据来估计. 对 p 个变量进行 n 次观测, 得到 np 个数据, 构成样本数据矩阵

$$\boldsymbol{X}=\begin{pmatrix} X_{11} & X_{12} & \cdots & X_{1p} \\ X_{21} & X_{22} & \cdots & X_{2p} \\ \vdots & \vdots & & \vdots \\ X_{n1} & X_{n2} & \cdots & X_{np} \end{pmatrix}=\begin{pmatrix} \boldsymbol{X}_1^{\mathrm{T}} \\ \boldsymbol{X}_2^{\mathrm{T}} \\ \vdots \\ \boldsymbol{X}_n^{\mathrm{T}} \end{pmatrix}$$

其中, $\boldsymbol{X}_i=(X_{i1},\cdots,X_{ip})^{\mathrm{T}}$. 则样本协方差矩阵 $\boldsymbol{S}$ 和相关系数矩阵 $\boldsymbol{R}$ 分别为

$$\boldsymbol{S}=\frac{1}{n-1}\sum_{i=1}^{n}(\boldsymbol{X}_i-\bar{\boldsymbol{X}})(\boldsymbol{X}_i-\bar{\boldsymbol{X}})^{\mathrm{T}}=(s_{ij})_{p\times p},\quad \boldsymbol{R}=\left(\frac{s_{ij}}{\sqrt{s_{ii}s_{jj}}}\right)_{p\times p}=(r_{ij})_{p\times p}$$

其中,

$$\bar{\boldsymbol{X}}=\frac{1}{n}\sum_{i=1}^{n}\boldsymbol{X}_i=(\bar{X}_1,\bar{X}_2,\cdots,\bar{X}_p)^{\mathrm{T}}\quad \bar{X}_j=\frac{1}{n}\sum_{i=1}^{n}X_{ij}\quad j=1,2,\cdots,p$$

$$s_{ij}=\frac{1}{n-1}\sum_{k=1}^{n}(X_{ki}-\bar{X}_i)(X_{kj}-\bar{X}_j)\quad i,j=1,2,\cdots,p$$

则样本协方差矩阵 $\boldsymbol{S}$ 可作为总体协方差矩阵的估计, 样本相关系数矩阵 $\boldsymbol{R}$ 可作为总体相关系数矩阵的估计.

根据上节的方法可得样本主成分, 对 $\boldsymbol{X}$ 进行标准化处理, 令

$$\boldsymbol{X}_i^*=\left(\frac{X_{i1}-\bar{X}_1}{\sqrt{s_{11}}},\frac{X_{i2}-\bar{X}_2}{\sqrt{s_{22}}},\cdots,\frac{X_{ip}-\bar{X}_p}{\sqrt{s_{pp}}}\right)^{\mathrm{T}}\quad i=1,2,\cdots,n$$

由样本相关系数矩阵 $\boldsymbol{R}$ 出发, 设其特征值为 $\hat{\lambda}_1\geqslant\hat{\lambda}_2\geqslant\cdots\geqslant\hat{\lambda}_p\geqslant 0$, 对应的单位正交化特征向量分别为 $\hat{\boldsymbol{a}}_1,\hat{\boldsymbol{a}}_2,\cdots,\hat{\boldsymbol{a}}_p$, 则第 i 个样本主成分为

$$Y_i=\hat{\boldsymbol{a}}_i^{\mathrm{T}}\hat{\boldsymbol{X}}\quad i=1,2,\cdots,p$$

其中, $\hat{\boldsymbol{X}}=(\hat{X}_1,\hat{X}_2,\cdots,\hat{X}_p)^{\mathrm{T}}$ 表示任一组随机观测值对应的标准化变量. 另外,

$$\mathrm{var}(Y_i)=\hat{\lambda}_i \quad \mathrm{cov}(Y_i,Y_j)=0 \quad i,j=1,2,\cdots,p$$

$$\sum_{i=1}^{n}\mathrm{var}(Y_i)=\sum_{i=1}^{n}\hat{\lambda}_i=p$$

第 i 个样本主成分的贡献率为 $\hat{\lambda}_i/p$, 前 m 个主成分的累积贡献率为 $(\hat{\lambda}_1+\cdots+\hat{\lambda}_m)/p$.

6.4 主成分分析的应用

6.4.1 主成分分析的步骤

根据前面几节的讨论, 主成分分析的主要步骤可总结如下:

(1) 确定研究问题的原始变量;

(2) 根据原始变量特点选择由协方差矩阵或相关系数矩阵求解主成分;

(3) 求协方差矩阵或相关系数矩阵的特征根与对应的单位正交化特征向量;

(4) 得到主成分的表达式并确定主成分个数;

(5) 结合原始变量的实际意义应用求得的主成分对研究问题进行深入分析.

6.4.2 应用实例

例 6.3 已知某市工业部门对 13 个行业的评价涉及年末固定资产净值 X_1(万元)、职工人数 X_2(人)、工业总产值 X_3(万元)、全员劳动生产率 X_4[元/(人 · 年)]、百元固定原资产值实现产值 X_5(元)、资金利税率 X_6(%)、标准燃料消费量 X_7(t)、能源利用效果 X_8(万元/t) 这 8 项指标, 相应数据见表 6.1, 试采用主成分分析的方法研究各行业在工业结构方面的差异.①

表 6.1 某市工业部门 13 个行业的 8 项指标数据

行业	X_1	X_2	X_3	X_4	X_5	X_6	X_7	X_8
1 (冶金)	90 342	52 455	101 091	19 272	82.0	16.1	197 435	0.172
2 (电力)	4 903	1 973	2 035	10 313	34.2	7.1	592 077	0.003
3 (煤炭)	6 735	21 139	3 767	1 780	36.1	8.2	726 396	0.003
4 (化学)	49 454	36 241	81 557	22 504	98.1	25.9	348 226	0.985
5 (机械)	139 190	203 505	215 898	10 609	93.2	12.6	139 572	0.628
6 (建材)	12 215	16 219	10 351	6 382	62.5	8.7	145 818	0.066
7 (森工)	2 372	6 572	8 103	12 329	184.4	22.2	20 921	0.152
8 (食品)	11 062	23 078	54 935	23 804	370.4	41.0	65 486	0.263
9 (纺织)	17 111	23 907	52 108	21 796	221.5	21.5	63 806	0.276
10 (缝纫)	1 206	3 930	6 126	15 586	330.4	29.5	1 840	0.437
11 (皮革)	2 150	5 704	6 200	10 870	184.2	12.0	8 913	0.274

① 选自文献 [4] 中习题 7-11 和文献 [18] 中习题 9.1.

续表

行业	X_1	X_2	X_3	X_4	X_5	X_6	X_7	X_8
12 (造纸)	5 251	6 155	10 383	16 875	146.4	27.5	78 796	0.151
13 (文教艺术用品)	14 341	13 203	19 396	14 691	94.6	17.8	6 354	1.574

解　应用 R 软件由这 8 个指标数据的相关系数矩阵出发作主成分分析, 由数据框的形式输入数据, 应用 princomp() 语句作主成分分析, 具体程序如下.

R 程序及输出结果

```
> industry=data.frame(X1=c(90342,4903,6735,49454,139190,12215,2372,
+ 11062,17111,1206,2150,5251,14341),
+ X2=c(52455,1973,21139,36241,203505,16219,6572,23078,23907,3930,
+ 5704,6155,13203),
+ X3=c(101091,2035,3767,81557,215898,10351,8103,54935,52108,6126,
+ 6200,10383,19396),
+ X4=c(19272,10313,1780,22504,10609,6382,12329,23804,21796,15586,
+ 10870,16875,14691),
+ X5=c(82,34.2,36.1,98.1,93.2,62.5,184.4,370.4,221.5,330.4,184.2,
+ 146.4,94.6),
+ X6=c(16.1,7.1,8.2,25.9,12.6,8.7,22.2,41,21.5,29.5,12,27.5,17.8),
+ X7=c(197435,592077,726396,348226,139572,145818,20921,65486,63806,
+ 1840,8913,78796,6354),
+ X8=c(0.172,0.003,0.003,0.985,0.628,0.066,0.152,0.263,0.276,0.437,
+ 0.274,0.151,1.574))  %用数据框形式输入数据
> industry.pr=princomp(industry,cor=TRUE) %采用样本的相关系数矩阵作主成分分析
> summary(industry.pr,loadings=TRUE) %显示主成分分析的结果
Importance of components:
                          Comp.1    Comp.2    Comp.3     Comp.4
Standard deviation     1.7620762 1.7021873 0.9644768 0.80132532
Proportion of Variance 0.3881141 0.3621802 0.1162769 0.08026528
Cumulative Proportion  0.3881141 0.7502943 0.8665712 0.94683649
                          Comp.5     Comp.6      Comp.7
Standard deviation     0.55143824 0.29427497 0.179400062
Proportion of Variance 0.03801052 0.01082472 0.004023048
Cumulative Proportion  0.98484701 0.99567173 0.999694778


                          Comp.8
Standard deviation     0.0494143207
Proportion of Variance 0.0003052219
Cumulative Proportion  1.0000000000
```

```
Loadings:
   Comp.1 Comp.2 Comp.3 Comp.4 Comp.5 Comp.6 Comp.7 Comp.8
X1  0.477 -0.296 -0.104         0.184         0.758  0.245
X2  0.473 -0.278 -0.163 -0.174 -0.305        -0.518  0.527
X3  0.424 -0.378 -0.156                      -0.174 -0.781
X4 -0.213 -0.451         0.516  0.539  0.288 -0.249  0.220
X5 -0.388 -0.331 -0.321 -0.199 -0.450  0.582  0.233
X6 -0.352 -0.403 -0.145  0.279 -0.317 -0.714
X7  0.215  0.377 -0.140  0.758 -0.418  0.194
X8         -0.273  0.891        -0.322  0.122
> predict(industry.pr)      %预测各样本的主成分的值
          Comp.1      Comp.2      Comp.3      Comp.4      Comp.5
 [1,]  1.5354742 -0.78961027 -0.56001339  0.50981647  1.10179178
 [2,]  0.5185585  2.69746855 -0.23763437  0.88669141  0.16712505
 [3,]  1.0995810  3.35723519 -0.42612898  0.60624972 -0.96793634
 [4,]  0.4786422 -1.23197010  1.03841942  1.66487001  0.01184091
 [5,]  4.7133932 -2.35482336 -0.48674014 -0.78901797 -0.51657036
 [6,]  0.3434470  1.84603673 -0.03241021 -0.97630012  0.38398448
 [7,] -1.1475233  0.33091560 -0.29333399 -0.71995334  0.09515880
 [8,] -2.2846030 -2.33577406 -1.14409872  0.57948492 -0.59525158
 [9,] -0.8755175 -0.93223117 -0.36727669  0.13377155  0.54814203
[10,] -2.1148303 -0.85885133 -0.24048868 -0.53512434 -0.67391047
[11,] -0.7424575  0.78646014  0.12755551 -1.15634344  0.24384184
[12,] -1.2504626 -0.03158169 -0.29874009  0.08508599  0.38556365
[13,] -0.2737020 -0.48327422  2.92089030 -0.28923086 -0.18377980
            Comp.6       Comp.7        Comp.8
 [1,]  0.002674682  0.410987243  0.0045906628
 [2,]  0.302963497 -0.132417759  0.0696050796
 [3,] -0.061794018  0.085555594 -0.0249830548
 [4,] -0.077608546 -0.008986494 -0.0540977524
 [5,] -0.019902643 -0.126040107  0.0235021249
 [6,] -0.214601348 -0.028389532 -0.0695329414
 [7,] -0.315671049 -0.005296363 -0.0364517044
 [8,] -0.011742757 -0.041535263 -0.0545827148
 [9,]  0.487867663 -0.299949326 -0.0009447066
[10,]  0.185932496  0.290797020  0.0756972450
[11,]  0.397822037  0.018545326 -0.0307115193
[12,] -0.668578329 -0.176242612  0.0818480991
[13,] -0.007361685  0.012972273  0.0160611822

> screeplot(industry.pr,type="lines") %画出主成分的碎石图
```

上述程序中作主成分分析的函数 princomp() 的使用格式为

princomp(formula, data=NULL, subset, na.action, ...)

或

princomp(x, cor=FALSE, scores=TRUE, covmat=NULL, ...)

其中, 第一种使用格式中 formula 是没有响应变量的公式; data 是数据框. 第二种使用格式下 x 是用于主成分分析的数据, 以数值矩阵或数据框的形式给出, cor 是逻辑变量, cor=TRUE 表示采用样本的相关系数矩阵作主成分分析, cor=FALSE 表示采用样本的协方差矩阵作主成分分析; covmat 表示协方差矩阵, 如果数据不由 x 提供, 可由协方差矩阵提供. 以上程序中语句 princomp(industry,cor=TRUE) 还可等价地写作 princomp(~X1+X2+X3+X4+X5+X6+X7+X8, data=industry, cor=TRUE). 函数 summary() 用于提取主成分的信息, 显示主成分分析的结果. 其使用格式为

summary(x, loadings = FALSE, cutoff = 0.1, ...)

其中, x 是由 princomp() 得到的对象; loadings=TRUE 表示显示主成分分析的载荷矩阵, 即主成分对应的各列, 当 loadings=FALSE 时不显示载荷矩阵. 载荷矩阵还可以通过 loadings() 函数显示, 其使用格式为 loadings(x), 其中 x 是由 princomp() 得到的对象. summary() 列出了主成分分析的重要信息, Standard deviation 行列出了主成分的标准差, 即特征值 $\lambda_1, \lambda_2, \cdots, \lambda_8$ 的开方. Proportion of Variance 行表示的是主成分的贡献率, Cumulative Proportion 表示主成分的累积贡献率. predict() 函数可以预测主成分的值, 其使用格式为

predict(x, newdata, ...)

其中, x 是由 princomp() 得到的对象; newdata 是由预测值构成的数据框, 当 newdata 缺省时则预测已有数据的主成分值. screeplot 函数的使用格式为

screeplot(x, npcs=min(10, length(x$sdev)), type = c("barplot" , "lines"), ...)

其可画出主成分的碎石图, x 是由 princomp() 得到的对象; npcs 是画出的主成分的个数; type 描述所画碎石图的类型; "barplot" 表示直方图类型; "lines" 表示直线图类型.

由以上程序结果可以看到, 前 3 个主成分的累积贡献率已达到 86.66%, 由图 6.1 也可以看出碎石图在第三主成分处有拐点, 因此只提取前 3 个主成分就可以基本概括原来 8 个指标所包含的信息, 进而达到降维的目的. 根据 loadings 的结果可得第一至第三主成分分别为

$$Y_1^* = 0.477Z_1 + 0.473Z_2 + 0.424Z_3 - 0.213Z_4 - 0.388Z_5 - 0.352Z_6 + 0.215Z_7$$
$$Y_2^* = -0.296Z_1 - 0.278Z_2 - 0.378Z_3 - 0.451Z_4 - 0.331Z_5 - 0.403Z_6 + 0.377Z_7 - 0.273Z_8$$
$$Y_3^* = -0.104Z_1 - 0.163Z_2 - 0.156Z_3 - 0.321Z_5 - 0.145Z_6 - 0.14Z_7 + 0.891Z_8$$

其中, $Z_1, Z_2, \cdots, Z_8$ 分别为 $X_1, X_2, \cdots, X_8$ 的标准化变量. 由程序数据可以看到, 第一主成分的贡献率为 38.81%. 在第一主成分中, 年末固定资产净值 X_1、职工人数 X_2、工业总产值 X_3、标准燃料消费量 X_7 前的系数符号为正, 全员劳动生产率 X_4、百元固定原资产值实现产值 X_5、资金利税率 X_6 前的系数符号为负. 所以, 第一主成分体现了指标 X_1, X_2, X_3, X_7 与 X_4, X_5, X_6 的差值, X_1, X_2, X_3, X_7 可认为反映了行业的总体规模和对行业的资源投入, 而 X_4, X_5, X_6 则反映了行业的产出情况, 表示该行业投入资源后获得的

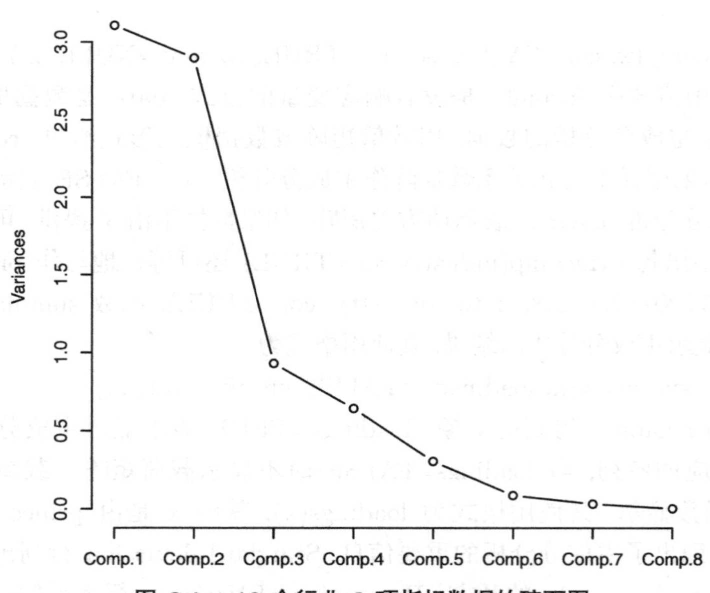

图 6.1　13 个行业 8 项指标数据的碎石图

收益. 因此, 第一主成分反映了收益与所投入资源的对比, 所以称第一主成分为产出效益因子, 其值越小说明单位资源的投入获得的收益越大. 第二主成分的贡献率为 36.2%. 除了 X_7(标准燃料消费量) 前的系数为正, 其余各项的系数均为负. 而 X_7 主要反映了该行业燃料消费量的大小, 所以称第二主成分为燃料消费因子. 第二主成分的值越大, 说明该行业的燃料消费量越大. 第三主成分的贡献率为 11.6%, 其中指标 X_8(能源利用效果) 的系数为正, 且其绝对值为 0.891, 远远大于其他指标前系数的绝对值; 其他指标的系数为负, 绝对值都低于 0.35, 大部分取值的绝对值在 0.15 左右. 所以, 第三主成分反映了各行业的能源利用率, 因此称第三主成分为能源产出因子, 该值越大, 表明该行业的能源利用效果越好.

根据 predict 语句的结果, 即各样本相应主成分的值, 可以看到机械行业 (5 号样本) 第一主成分的值最大, 说明此行业的投入产出效益较低; 而食品 (8 号样本) 和缝纫 (10 号样本) 行业对应的第一主成分的值较小, 说明这两个行业的投入产出率较高. 从第二主成分的数值可得, 机械行业 (5 号样本) 和食品行业 (8 号样本) 的燃料消费量是较小的, 而煤炭行业 (3 号样本) 的燃料消费量是这 13 个行业中最大的. 由第三主成分的数值可以看到化学行业 (4 号样本) 和文教行业 (13 号样本) 的能源利用率是较好的, 食品行业 (8 号样本) 的能源利用效果较差.

还可以应用 biplot() 函数画出第一主成分和第二主成分的散点图 (图 6.2), 进而更直观地比较各行业的差异.

R 程序及输出结果

```
biplot(industry.pr)
```

应用语句 biplot() 可以画出主成分的散点图, 其使用格式为

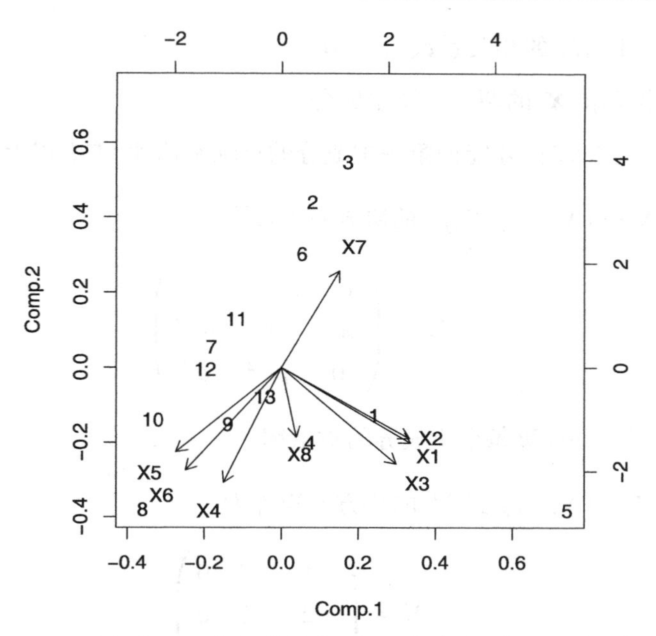

图 6.2　13 个行业 8 项指标数据关于第一主成分和第二主成分的散点图

biplot(x, choices = 1:2, scale = 1, ...)

其中, x 是由 princomp() 得到的对象; choices 表示选择的主成分, 缺省值是第一、第二主成分.

从第一、第二主成分的散点图可以看出, 机械行业 (5 号样本) 的第一主成分值很大, 即它的投入产出比偏低; 而电力 (2 号样本)、煤炭 (3 号样本) 和建材 (6 号样本) 行业的第二主成分值都较大, 说明这 3 个行业的燃料消费量都很大. 根据主成分的散点图可将这 13 个行业分为三类，偏上部分电力 (2 号样本)、煤炭 (3 号样本) 和建材 (6 号样本) 为一类, 可以看作是能源消耗较大的重工业行业; 机械行业 (5 号样本) 自成一类; 其余行业为一类, 基本都是以轻工业为主, 燃料消费量较小的行业.

习　题　6

1. 设三元总体 $\boldsymbol{X}=(X_1,X_2,X_3)^{\mathrm{T}}$ 的协方差矩阵为

$$\boldsymbol{\Sigma}=\begin{pmatrix}4&0&0\\0&4&0\\0&0&2\end{pmatrix}$$

试求总体主成分.

2. 设 $\boldsymbol{X}=(X_1,X_2)^{\mathrm{T}}\sim N(\mathbf{0},\boldsymbol{\Sigma})$, 其协方差矩阵为

$$\boldsymbol{\Sigma}=\begin{pmatrix}1&\rho\\\rho&1\end{pmatrix}$$

其中, ρ 为 X_1 和 X_2 的相关系数 $(\rho > 0)$.

(1) 试从 $\boldsymbol{\Sigma}$ 出发求 $\boldsymbol{X}$ 的两个总体主成分.

(2) 试问当 ρ 取多大时, 才能使第一主成分的贡献率达到 95% 以上.

3. 设三元总体 $\boldsymbol{X} = (X_1, X_2, X_3)^{\mathrm{T}}$ 的协方差矩阵为

$$\boldsymbol{\Sigma} = \begin{pmatrix} \sigma^2 & \rho\sigma^2 & 0 \\ \rho\sigma^2 & \sigma^2 & \rho\sigma^2 \\ 0 & \rho\sigma^2 & \sigma^2 \end{pmatrix}$$

试求总体主成分, 并计算每个主成分的贡献率.

4. 设三元总体 $\boldsymbol{X} = (X_1, X_2, X_3)^{\mathrm{T}}$ 的协方差矩阵为

$$\boldsymbol{\Sigma} = \begin{pmatrix} 1 & -2 & 0 \\ -2 & 5 & 0 \\ 0 & 0 & 2 \end{pmatrix}$$

试求总体主成分, 并计算每个主成分的贡献率.

5. 试论述主成分分析的原理, 并阐释主成分分析可以解决哪一类问题.

6. 试用 R 软件编程实现主成分分析的算法.

7. 在某中学随机抽取 30 名学生, 测量其身高 (X_1)、体重 (X_2)、胸围 (X_3) 和坐高 (X_4), 数据见下表. 试对 30 名中学生的四项身体指标数据作主成分分析.

题 7 表

编号	身高X_1 (cm)	体重X_2 (kg)	胸围X_3 (cm)	坐高X_4 (cm)	编号	身高X_1 (cm)	体重X_2 (kg)	胸围X_3 (cm)	坐高X_4 (cm)
1	148	41	72	78	16	152	35	73	79
2	139	34	71	76	17	149	47	82	79
3	160	49	77	86	18	145	35	70	77
4	149	36	67	79	19	160	47	74	87
5	159	45	80	86	20	156	44	78	85
6	142	31	66	76	21	147	38	73	78
7	153	43	76	83	22	147	38	73	78
8	150	43	77	79	23	157	39	68	80
9	151	42	77	80	24	147	30	65	75
10	139	31	68	74	25	157	48	80	88
11	140	29	64	74	26	151	36	74	80
12	161	47	78	84	27	144	36	68	76
13	158	49	78	83	28	141	30	67	76
14	140	33	67	77	29	139	32	68	73
15	137	31	66	73	30	148	38	70	78

8. 对 305 名女中学生测量 8 项体型指标: X_1 为身高, X_2 为手臂长, X_3 为手肘长, X_4 为小腿长, X_5 为体重, X_6 为颈围, X_7 为胸围, X_8 为胸宽. 下表是由这 305 名中学生的观测数据计算得到的相关系数矩阵, 试从相关系数矩阵出发进行主成分分析, 并利用前两个主成分对 8 项体型指标进行分类.

题 8 表

	X_1	X_2	X_3	X_4	X_5	X_6	X_7	X_8
X_1	1.000	0.846	0.805	0.859	0.473	0.398	0.301	0.382
X_2	0.846	1.000	0.881	0.826	0.376	0.326	0.277	0.415
X_3	0.805	0.881	1.000	0.801	0.380	0.319	0.237	0.345
X_4	0.859	0.826	0.801	1.000	0.436	0.329	0.327	0.365
X_5	0.473	0.376	0.380	0.436	1.000	0.762	0.730	0.629
X_6	0.398	0.326	0.319	0.329	0.762	1.000	0.583	0.577
X_7	0.301	0.277	0.237	0.327	0.730	0.583	1.000	0.539
X_8	0.382	0.415	0.345	0.365	0.629	0.577	0.539	1.000

9. 在对我国部分省、直辖市、自治区独立核算的工业企业的经济效益评价中，涉及百元固定资产原值实现值 (%)(X_1)、百元固定资产原值实现利税 (%)(X_2)、百元资金实现利税 (%)(X_3)、百元销售收入实现利税 (%)(X_4)、百元工业总产值实现利税 (%)(X_5)、每吨标准煤实现工业产值 (元)(X_6)、每千瓦时电力实现工业产值 (元)(X_7)、全员劳动生产率 [元/(人 · 年)](X_8) 和百元流动资金实现产值 (元)(X_9) 这 9 项指标, 数据见下表. 为了简化系统结构, 抓住经济效益评价中的主要问题, 试根据下表中的原始数据作主成分分析.

题 9 表

地区	X_1	X_2	X_3	X_4	X_5	X_6	X_7	X_8	X_9
北京	119.29	30.98	29.92	25.97	15.48	2 178	3.41	21 006	296.7
天津	143.98	31.59	30.21	21.94	12.29	2 852	4.29	20 254	363.1
河北	94.8	17.2	17.95	18.14	9.37	1 167	2.03	12 607	322.2
山西	65.8	11.08	11.06	12.15	16.84	882	1.65	10 166	284.7
内蒙古	54.79	9.24	9.54	16.86	6.27	894	1.8	7 564	225.4
辽宁	94.51	21.12	22.83	22.35	11.28	1 416	2.36	13 386	311.7
吉林	80.49	13.36	13.76	16.6	7.14	1 306	2.07	9 400	274.1
黑龙江	75.86	15.82	16.67	20.86	10.37	1 267	2.26	9 830	267
上海	187.79	45.9	39.77	24.44	15.09	4 346	4.11	31 246	418.6
江苏	205.96	27.65	22.58	13.42	7.81	3 202	4.69	23 377	407.2
浙江	207.46	33.06	25.78	15.94	9.28	3 811	4.19	22 054	385.5
安徽	110.78	20.7	20.12	18.69	6.6	1 468	2.23	12 578	341.1
福建	122.76	22.52	19.93	18.34	8.35	2 200	2.63	12 164	301.2
江西	94.94	14.7	14.18	15.49	6.69	1 669	2.24	10 463	274.4
山东	117.58	21.93	20.89	18.65	9.1	1 820	2.8	17 829	331.1
河南	85.98	17.3	17.18	20.12	7.67	1 306	1.89	11 247	276.5
湖北	103.96	19.5	18.48	18.77	9.16	1 829	2.75	15 745	308.9

续表

地区	X_1	X_2	X_3	X_4	X_5	X_6	X_7	X_8	X_9
湖南	104.03	21.47	21.28	20.63	8.72	1 272	1.98	13 161	309
广东	136.44	23.64	20.83	17.33	7.85	2 959	3.71	16 259	334
广西	100.72	22.04	20.9	21.88	9.67	1 732	2.13	12 441	296.4
四川	84.73	14.35	14.17	16.93	7.96	1 310	2.34	11 703	242.5
贵州	59.05	14.48	14.35	24.53	8.09	1 068	1.32	9 710	206.7
云南	73.72	21.91	22.7	29.72	9.38	1 447	1.94	12 517	295.8
陕西	78.02	13.13	12.57	16.83	9.19	1 731	2.08	11 369	220.3
甘肃	59.62	14.07	16.24	23.59	11.34	926	1.13	13 084	246.8
青海	51.66	8.32	8.26	16.11	7.05	1 055	1.31	9 246	176.49
宁夏	52.95	8.25	8.82	15.57	6.58	834	1.12	10 406	245.4
新疆	60.29	11.26	13.14	18.68	8.39	1 041	2.9	10 983	266

10. 请读者选取一组自己感兴趣的实际数据, 采用主成分分析的方法, 应用 R 软件进行案例分析.

第 7 章　因 子 分 析

作为主成分分析的推广, 因子分析也是利用降维的思想, 研究相关矩阵或协方差矩阵的内部依赖关系, 将多个变量综合为少数几个因子的一种多元统计分析的方法. 因子分析的思想一般认为始于 Charles Spearman 在 1904 年发表的文章, 他用这种方法来解决智力测验得分的统计分析. 近年来, 因子分析的方法广泛应用于心理学、医学、经济学等领域. 本章主要介绍因子分析的基本理论、方法、主要步骤及 R 软件实现.

7.1　因子分析的基本理论

7.1.1　因子分析的基本思想

本节首先通过 Charles Spearman 在 1904 年研究的实例来说明因子分析的基本思想. 考虑 33 名学生古典语、法语、英语、数学、判别和音乐 6 门考试成绩之间的相关性, Spearman 指出每一门课的考试都遵从以下形式:

$$X_i = \boldsymbol{a}_i \boldsymbol{F} + \epsilon_i$$

其中, X_i 表示第 i 个科目的成绩; $\boldsymbol{F}$ 是对各科成绩都有影响的公共因子 (可理解为智力因子); $\boldsymbol{a}_i$ 称为因子载荷, 表示第 i 个科目在公共因子上的体现; ϵ_i 是仅对科目 i 的成绩有影响的特殊因子, $\boldsymbol{F}$ 和 ϵ_i 互不相关. 即每一门科目的考试成绩都可看作是由公共因子和特殊因子所共同影响的. 进一步可以把上述单个公共因子推广到多个公共因子的情况, 假定每门科目的成绩都受到 m 个公共因子的影响和一个特殊因子的影响, 即

$$X_i = a_{i1}F_1 + a_{i2}F_2 + \cdots + a_{im}F_m + \epsilon_i$$

其中, $F_1, F_2, \cdots, F_m$ 是 m 个互不相关的公共因子; $a_{i1}, a_{i2}, \cdots, a_{im}$ 表示第 i 门科目在 m 个方面的表现.

所以, 因子分析的基本思想就是根据相关性把原始变量分解成两部分之和, 即少数几个不可观测的公共因子的线性函数与公共因子无关的特殊因子之和. 通过这一过程将具有错综复杂关系的变量综合为少数几个因子 (不可观测的随机变量), 再现因子和原始变量之间的内在联系, 简化观测结构, 对复杂的问题进行分析和解释.

因子分析不仅可以用来研究变量之间的相关关系, 还可用来研究样品间的相关关系, 前者称为 R 型因子分析, 后者称为 Q 型因子分析. 两种因子分析的处理方法相同, 只是出发点不同, R 型因子分析从变量的相关矩阵出发, Q 型因子分析从变量的相似矩阵出发, 本章主要介绍 R 型因子分析.

7.1.2 正交因子模型

设 $\boldsymbol{X} = (X_1, X_2, \cdots, X_p)^{\mathrm{T}}$ 是可观测的 p 维随机向量, $E(\boldsymbol{X}) = \boldsymbol{\mu}, \mathrm{cov}(\boldsymbol{X}) = \boldsymbol{\Sigma}$, $\boldsymbol{F} = (F_1, F_2, \cdots, F_m)^{\mathrm{T}} (m < p)$ 是不可观测的 m 维随机向量, $E(\boldsymbol{F}) = \boldsymbol{0}, \mathrm{cov}(\boldsymbol{F}) = \boldsymbol{I}_m$, $\boldsymbol{\epsilon} = (\epsilon_1, \epsilon_2, \cdots, \epsilon_p)^{\mathrm{T}}$ 与 $\boldsymbol{F}$ 互不相关, $E(\boldsymbol{\epsilon}) = \boldsymbol{0}$, 有

$$\mathrm{cov}(\boldsymbol{\epsilon}) = \begin{pmatrix} \sigma_1^2 & 0 & \cdots & 0 \\ 0 & \sigma_2^2 & \cdots & 0 \\ \vdots & \vdots & & \vdots \\ 0 & 0 & \cdots & \sigma_p^2 \end{pmatrix} = \mathrm{diag}(\sigma_1^2, \sigma_2^2, \cdots, \sigma_p^2) := \boldsymbol{D}$$

则称

$$\begin{cases} X_1 - \mu_1 = a_{11}F_1 + a_{12}F_2 + \cdots + a_{1m}F_m + \epsilon_1 \\ X_2 - \mu_2 = a_{21}F_1 + a_{22}F_2 + \cdots + a_{2m}F_m + \epsilon_2 \\ \qquad \vdots \\ X_p - \mu_p = a_{p1}F_1 + a_{p2}F_2 + \cdots + a_{pm}F_m + \epsilon_p \end{cases} \tag{7.1}$$

为正交因子模型, 用矩阵表示为

$$\boldsymbol{X} = \boldsymbol{\mu} + \boldsymbol{AF} + \boldsymbol{\epsilon}$$

$F_1, F_2, \cdots, F_m$ 称为 $\boldsymbol{X}$ 的公共因子, $\epsilon_1, \epsilon_2, \cdots, \epsilon_p$ 称为 $\boldsymbol{X}$ 的特殊因子. 公共因子一般对 $\boldsymbol{X}$ 的每一个分量都有作用, 而特殊因子 ϵ_i 只对 X_i 起作用, 而且各特殊因子之间以及特殊因子与所有公共因子之间都是互不相关的. a_{ij} 称为第 i 个变量在第 j 个因子上的载荷, $\boldsymbol{A} = (a_{ij})_{p \times m}$ 称为因子载荷矩阵, 是待估的系数矩阵. 进行因子分析的目的之一就是要求出各个因子载荷的值.

为了更好地理解因子分析的方法, 下面将讨论正交因子模型中各量的统计意义.

1. 因子载荷 a_{ij} 的统计意义

由模型 (7.1) 可得, X_i 与 F_j 的协方差为

$$\begin{aligned} \mathrm{cov}(X_i, F_j) &= \mathrm{cov}\left(\sum_{k=1}^{m} a_{ik}F_k + \epsilon_i, F_j\right) \\ &= \mathrm{cov}\left(\sum_{k=1}^{m} a_{ik}F_k, F_j\right) + \mathrm{cov}(\epsilon_i, F_j) \\ &= a_{ij} \end{aligned}$$

如果 X_i 是标准化变量, 即 $E(X_i) = 0, \mathrm{var}(X_i) = 1$, 则

$$\rho_{ij} = \frac{\mathrm{cov}(X_i, F_j)}{\sqrt{\mathrm{var}(X_i)}\sqrt{\mathrm{var}(F_j)}} = \mathrm{cov}(X_i, F_j) = a_{ij}$$

此时 a_{ij} 是第 i 个变量和第 j 个公共因子的相关系数. 模型中 $a_{i1}, a_{i2}, \cdots, a_{im}$ 表示 X_i 对 $F_j(i=1,2,\cdots,p;\ j=1,2,\cdots,m)$ 的依赖程度，统计学上称作权重，心理学上称作载荷，反映了第 i 个变量在第 j 个公共因子上的相对重要性.

2. 变量共同度与剩余方差

称因子载荷矩阵 $\boldsymbol{A}$ 各行元素的平方和 $\sum\limits_{j=1}^{m} a_{ij}^2 (i=1,2,\cdots,p)$ 为变量 X_i 的共同度，记为 h_i^2. 下面通过计算 X_i 的方差给出 h_i^2 的统计意义.

$$\begin{aligned}\operatorname{var}(X_i) &= \operatorname{var}\left(\sum_{j=1}^{m} a_{ij}F_j + \epsilon_i\right) \\ &= \sum_{j=1}^{m} a_{ij}^2 \operatorname{var}(F_j) + \operatorname{var}(\epsilon_i) \\ &= h_i^2 + \sigma_i^2 \end{aligned} \tag{7.2}$$

其中, 共同度 h_i^2 是全部公共因子对变量 X_i 的总方差所作的贡献, 称为公共因子方差; σ_i^2 称为剩余方差. h_i^2 越大, 表明公共因子对 X_i 的影响越大, 所以 h_i^2 反映了变量 X_i 对公共因子 $\boldsymbol{F}$ 依赖的程度, 因此称 h_i^2 为变量 X_i 的共同度.

3. 公共因子 F_j 的方差贡献的统计意义

因子载荷矩阵的各列平方和记为

$$q_j^2 = \sum_{i=1}^{p} a_{ij}^2 \quad j=1,2,\cdots,m \tag{7.3}$$

q_j^2 表示第 j 个公共因子 F_j 对 $X_1, X_2, \cdots, X_p$ 的总影响, 称为公共因子 F_j 对 $\boldsymbol{X}$ 的贡献. 它是衡量公共因子相对重要性的指标, q_j^2 越大, 说明公共因子 F_j 对 $\boldsymbol{X}$ 的贡献和影响越大. 因此, 将 $\boldsymbol{A}$ 的各列都计算出来, 并按其大小排序, 就可依此提炼出最有影响的公共因子.

4. 正交因子模型的协方差结构

在正交因子模型中, 因为 $\operatorname{cov}(\boldsymbol{F}) = \boldsymbol{I}_m$, 所以

$$\begin{aligned}\boldsymbol{\Sigma} &= \operatorname{cov}(\boldsymbol{X}) = E[(\boldsymbol{X}-\boldsymbol{\mu})(\boldsymbol{X}-\boldsymbol{\mu})^{\mathrm{T}}] \\ &= E[(\boldsymbol{AF}+\boldsymbol{\epsilon})(\boldsymbol{AF}+\boldsymbol{\epsilon})^{\mathrm{T}}] \\ &= \boldsymbol{A}\operatorname{cov}(\boldsymbol{F})\boldsymbol{A}^{\mathrm{T}} + \operatorname{cov}(\boldsymbol{\epsilon}) = \boldsymbol{AA}^{\mathrm{T}} + \boldsymbol{D}\end{aligned} \tag{7.4}$$

即第 i 个变量 X_i 和第 j 个变量 X_j 的协方差 σ_{ij} 满足

$$\sigma_{ij} = a_{i1}a_{j1} + a_{i2}a_{j2} + \cdots + a_{im}a_{jm} \quad i \neq j$$

如果原始变量 $\boldsymbol{X}$ 已被标准化为单位方差, 则根据式 (7.4), 其相关系数矩阵为 $\boldsymbol{R} = \boldsymbol{AA}^{\mathrm{T}} + \boldsymbol{D}$, 即

$$\rho_{ij} = a_{i1}a_{j1} + a_{i2}a_{j2} + \cdots + a_{im}a_{jm} \quad i \neq j$$

此式说明公共因子解释了观测变量间的相关性, 当 X_i 和 X_j 在某一公共因子的载荷上均较大时, 就表明 X_i 与 X_j 的相关性较强.

前面的计算可以看到 $\text{cov}(X_i, F_j) = a_{ij}$, 进一步有

$$\begin{aligned}\text{cov}(\boldsymbol{X}, \boldsymbol{F}) &= E\left\{(\boldsymbol{X}-\boldsymbol{\mu})[\boldsymbol{F}-E(\boldsymbol{F})]^{\mathrm{T}}\right\} = E[(\boldsymbol{X}-\boldsymbol{\mu})\boldsymbol{F}^{\mathrm{T}}] \\ &= E[(\boldsymbol{AF}+\boldsymbol{\epsilon})\boldsymbol{F}^{\mathrm{T}}] = \boldsymbol{A}E(\boldsymbol{FF}^{\mathrm{T}}) + E(\boldsymbol{\epsilon F}^{\mathrm{T}}) = \boldsymbol{A}\end{aligned}$$

因此, $\boldsymbol{X}$ 与 $\boldsymbol{F}$ 的协方差矩阵是因子载荷矩阵 $\boldsymbol{A}$.

例 7.1　设标准化变量 X_1, X_2, X_3 的协方差矩阵 (即相关系数矩阵) 为

$$\boldsymbol{R} = \begin{pmatrix} 1.00 & 0.63 & 0.45 \\ 0.63 & 1.00 & 0.35 \\ 0.45 & 0.35 & 1.00 \end{pmatrix}$$

容易验证, $\boldsymbol{R}$ 可以分解为

$$\boldsymbol{R} = \begin{pmatrix} 0.9 & 0 & 0 \\ 0.7 & 0 & 0 \\ 0.5 & 0 & 0 \end{pmatrix} \begin{pmatrix} 0.9 & 0.7 & 0.5 \\ 0 & 0 & 0 \\ 0 & 0 & 0 \end{pmatrix} + \begin{pmatrix} 0.19 & 0 & 0 \\ 0 & 0.51 & 0 \\ 0 & 0 & 0.75 \end{pmatrix}$$

因而, 因子载荷矩阵 $\boldsymbol{A}$ 和特殊因子的协方差矩阵 $\boldsymbol{D}$ 分别为

$$\boldsymbol{A} = \begin{pmatrix} 0.9 & 0 & 0 \\ 0.7 & 0 & 0 \\ 0.5 & 0 & 0 \end{pmatrix} \quad \boldsymbol{D} = \begin{pmatrix} 0.19 & 0 & 0 \\ 0 & 0.51 & 0 \\ 0 & 0 & 0.75 \end{pmatrix}$$

所以, X_1, X_2, X_3 满足 $m = 1$ 的正交因子模型为

$$\begin{aligned} X_1 &= 0.9F_1 + \epsilon_1 \\ X_2 &= 0.7F_1 + \epsilon_2 \\ X_3 &= 0.5F_1 + \epsilon_3 \end{aligned}$$

其中, F_1 是方差为 1 的公共因子; $\epsilon_1, \epsilon_2, \epsilon_3$ 分别为 X_1, X_2, X_3 的特殊因子. X_1, X_2, X_3 的共同度分别为

$$h_1^2 = \sum_{j=1}^{3} a_{1j}^2 = 0.9^2 = 0.81 \quad h_2^2 = \sum_{j=1}^{3} a_{2j}^2 = 0.7^2 = 0.49 \quad h_3^2 = \sum_{j=1}^{3} a_{3j}^2 = 0.5^2 = 0.25$$

式中, $a_{ij}, i, j = 1, 2, 3$ 表示矩阵 $\boldsymbol{A}$ 的元素.

我们看到 $h_1^2 > h_2^2 > h_3^2$, 说明 X_1 对公共因子 F_1 的依赖程度最大, X_2 次之, X_3 对公共因子的依赖程度较小. 记 $\text{var}(\epsilon_i) = \sigma_i^2, i = 1, 2, 3$, 则标准化变量 X_1 的方差 1 可分解为

$$1 = 0.81 + 0.19 = h_1^2 + \sigma_1^2$$

即变量方差等于共同度和剩余方差之和. 对 X_2 和 X_3 也有类似的分解.

7.2　因子分析的计算步骤

因子分析的具体计算步骤为确定因子载荷, 进行因子旋转和计算因子得分.

7.2.1　因子载荷的估计

进行因子分析首先要估计因子载荷矩阵, 常用的参数估计方法有主成分法、主轴因子法和极大似然法.

1. 主成分法

采用主成分法估计因子载荷矩阵的步骤是首先对数据进行一次主成分分析, 然后把前几个主成分作为未旋转的公共因子, 具体方法如下.

假定由相关系数矩阵出发求解主成分, 设有 p 个变量, 对应 p 个主成分. 将得到的 p 个主成分按方差由大到小的顺序排列, 主成分 $Y_1, Y_2, \cdots, Y_p$ 与原始变量之间满足

$$\begin{cases} Y_1 = \alpha_{11}X_1 + \alpha_{12}X_2 + \cdots + \alpha_{1p}X_p \\ Y_2 = \alpha_{21}X_1 + \alpha_{22}X_2 + \cdots + \alpha_{2p}X_p \\ \qquad \vdots \\ Y_p = \alpha_{p1}X_1 + \alpha_{p2}X_2 + \cdots + \alpha_{pp}X_p \end{cases}$$

其中, α_{ij} 为随机向量 $\boldsymbol{X}$ 的相关系数矩阵的特征值 λ_i 对应的单位正交化特征向量的分量. 因特征向量彼此正交, 所以由 $\boldsymbol{X}$ 到 $\boldsymbol{Y}$ 的转换关系是可逆的, 进而可得

$$\begin{cases} X_1 = \alpha_{11}Y_1 + \alpha_{21}Y_2 + \cdots + \alpha_{p1}Y_p \\ X_2 = \alpha_{12}Y_1 + \alpha_{22}Y_2 + \cdots + \alpha_{p2}Y_p \\ \qquad \vdots \\ X_p = \alpha_{1p}Y_1 + \alpha_{2p}Y_2 + \cdots + \alpha_{pp}Y_p \end{cases} \tag{7.5}$$

只考虑前 m 个主成分, 在上面每个等式右端保留前 m 项, 后面的部分用 ϵ_i 代替, 则式 (7.5) 转化为

$$\begin{cases} X_1 = \alpha_{11}Y_1 + \alpha_{21}Y_2 + \cdots + \alpha_{m1}Y_m + \epsilon_1 \\ X_2 = \alpha_{12}Y_1 + \alpha_{22}Y_2 + \cdots + \alpha_{m2}Y_m + \epsilon_2 \\ \qquad \vdots \\ X_p = \alpha_{1p}Y_1 + \alpha_{2p}Y_2 + \cdots + \alpha_{mp}Y_m + \epsilon_p \end{cases} \tag{7.6}$$

在式 (7.6) 中, 各 $Y_i(i = 1, 2, \cdots, m)$ 相互独立, $Y_i, \epsilon_i(i = 1, 2, \cdots, m)$ 相互独立. 因为 $\mathrm{var}(Y_i) = \lambda_i$, 所以令 $F_i = Y_i/\sqrt{\lambda_i}$, 则 $\mathrm{var}(F_i) = 1$, 令 $a_{ij} = \sqrt{\lambda_j}\alpha_{ji}$, 则式 (7.6) 转化为

$$\begin{cases} X_1 = a_{11}F_1 + a_{12}F_2 + \cdots + a_{1m}F_m + \epsilon_1 \\ X_2 = a_{21}F_1 + a_{22}F_2 + \cdots + a_{2m}F_m + \epsilon_2 \\ \qquad \vdots \\ X_p = a_{p1}F_1 + a_{p2}F_2 + \cdots + a_{pm}F_m + \epsilon_p \end{cases}$$

这样就得到了载荷矩阵 $\boldsymbol{A}$ 和一组初始公共因子 $F_1, F_2, \cdots, F_m$.

对公共因子个数 m 的确定, 一是根据实际问题的含义或专业理论知识来确定, 二是采用确定主成分个数的原则, 使选取的公共因子所包含的信息量达到总体信息量的一定比例 (如 70%, 85% 等). 总之, 要具体问题具体分析, 使得选取的公共因子在合理描述原始变量相关矩阵结构的同时能够给出合理的解释.

例 7.2 对例 7.1 给出的标准化变量 X_1, X_2, X_3 的相关系数矩阵 $\boldsymbol{R}$, 试采用主成分法分别求 $m=1$ 和 $m=2$ 时的因子模型.

解 $\boldsymbol{R}$ 的特征值及相应的单位正交化特征向量为

$$\begin{aligned}
\lambda_1 &= 1.963\ 3 \quad \boldsymbol{a}_1 = (0.625\ 0, 0.593\ 2, 0.507\ 5)^{\mathrm{T}} \\
\lambda_2 &= 0.679\ 5 \quad \boldsymbol{a}_2 = (-0.218\ 6, -0.491\ 1, 0.843\ 2)^{\mathrm{T}} \\
\lambda_3 &= 0.357\ 2 \quad \boldsymbol{a}_3 = (0.749\ 4, -0.637\ 9, -0.177\ 2)^{\mathrm{T}}
\end{aligned}$$

所以, X_1, X_2, X_3 的主成分 Y_1, Y_2, Y_3 满足

$$\begin{aligned}
Y_1 &= 0.625\ 0X_1 + 0.593\ 2X_2 + 0.507\ 5X_3 \\
Y_2 &= -0.218\ 6X_1 - 0.491\ 1X_2 + 0.843\ 2X_3 \\
Y_3 &= 0.749\ 4X_1 - 0.637\ 9X_2 - 0.177\ 2X_3
\end{aligned}$$

进而

$$\begin{aligned}
X_1 &= 0.625\ 0Y_1 - 0.218\ 6Y_2 + 0.749\ 4Y_3 \\
X_2 &= 0.593\ 2Y_1 - 0.491\ 1Y_2 - 0.637\ 9Y_3 \\
X_3 &= 0.507\ 5Y_1 + 0.843\ 2Y_2 - 0.177\ 2Y_3
\end{aligned}$$

根据主成分法的步骤, 令

$$\begin{aligned}
& a_{11} = 0.625\ 0\sqrt{\lambda_1} = 0.875\ 7 \quad a_{12} = -0.218\ 6\sqrt{\lambda_2} = -0.180\ 2 \\
& a_{13} = 0.749\ 4\sqrt{\lambda_3} = 0.447\ 9 \\
& a_{21} = 0.593\ 2\sqrt{\lambda_1} = 0.831\ 2 \quad a_{22} = -0.491\ 1\sqrt{\lambda_2} = -0.404\ 8 \\
& a_{23} = -0.637\ 9\sqrt{\lambda_3} = -0.381\ 2 \\
& a_{31} = 0.507\ 5\sqrt{\lambda_1} = 0.711\ 1 \quad a_{32} = 0.843\ 2\sqrt{\lambda_2} = 0.695\ 1 \\
& a_{33} = -0.177\ 2\sqrt{\lambda_3} = -0.106\ 0
\end{aligned}$$

因此, 当 $m=1$ 时因子模型的主成分解为

$$\begin{aligned}
X_1 &= 0.875\ 7F_1 + \epsilon_1 \\
X_2 &= 0.831\ 2F_1 + \epsilon_2 \\
X_3 &= 0.711\ 1F_1 + \epsilon_3
\end{aligned}$$

当 $m=2$ 时因子模型的主成分解为

$$\begin{aligned}
X_1 &= 0.875\ 7F_1 - 0.180\ 2F_2 + \epsilon_1 \\
X_2 &= 0.831\ 2F_1 - 0.404\ 8F_2 + \epsilon_2 \\
X_3 &= 0.711\ 1F_1 + 0.695\ 1F_2 + \epsilon_3
\end{aligned}$$

2. 主轴因子法

主轴因子法是主成分法的一种修正, 在实际应用中比较普遍. 主轴因子法的思路与主成分法类似, 也是从初始变量的相关系数矩阵出发, 但是采用公共因子方差 (共同度) 来代替相关矩阵主对角线上的元素 1, 得到一个新的矩阵, 称为调整的相关矩阵, 对其分别求解特征根和特征向量, 即可得到因子解. 具体求解步骤可参见参考文献 [4] 和 [17].

实际中公共因子方差 (共同度) 是未知的, 一般先给出一个初始估计, 如令公共因子方差 h_i^2 取为第 i 个变量与其他变量相关系数绝对值的最大值, 或取 $h_i^2=1$, 此时主轴因子解等价于主成分解.

3. 极大似然法

假定公共因子 $\boldsymbol{F}$ 和特殊因子 $\boldsymbol{\epsilon}$ 服从正态分布, 则可以得到因子载荷和特殊因子方差的极大似然估计. 设 $\boldsymbol{X}_1,\boldsymbol{X}_2,\cdots,\boldsymbol{X}_p$ 为来自正态总体 $N(\boldsymbol{\mu},\boldsymbol{\Sigma})$ 的随机样本, $\boldsymbol{x}_1,\boldsymbol{x}_2,\cdots,\boldsymbol{x}_p$ 是对应的样本观测值, 其中 $\boldsymbol{\Sigma}=\boldsymbol{A}\boldsymbol{A}^{\mathrm{T}}+\boldsymbol{D}$, 则似然函数为

$$L(\boldsymbol{\mu},\boldsymbol{\Sigma})=\frac{1}{(2\pi)^{\frac{np}{2}}|\boldsymbol{\Sigma}|^{\frac{n}{2}}}\mathrm{e}^{-\frac{1}{2}\mathrm{tr}\left\{\boldsymbol{\Sigma}^{-1}\left[\sum\limits_{i=1}^{n}(\boldsymbol{x}_i-\bar{\boldsymbol{x}})(\boldsymbol{x}_i-\bar{\boldsymbol{x}})^{\mathrm{T}}+n(\bar{\boldsymbol{x}}-\boldsymbol{\mu})(\bar{\boldsymbol{x}}-\boldsymbol{\mu})^{\mathrm{T}}\right]\right\}}$$

其中, $\bar{\boldsymbol{x}}$ 为样本均值的观测值. 上式通过 $\boldsymbol{\Sigma}$ 依赖于 $\boldsymbol{A}$ 和 $\boldsymbol{D}$, 但似然函数并不能唯一确定 $\boldsymbol{A}$, 因此添加如下唯一性条件:

$$\boldsymbol{A}^{\mathrm{T}}\boldsymbol{D}^{-1}\boldsymbol{A}=\boldsymbol{\Lambda}$$

其中, $\boldsymbol{\Lambda}$ 是一个对角阵. 通过数值极大化的方法可以得到 $\boldsymbol{A}$ 和 $\boldsymbol{D}$ 的极大似然估计, 目前已有许多有效的计算机程序可以得到这些估计.

7.2.2 因子旋转

应用 7.2.1 节的方法求出公共因子, 确定载荷矩阵后, 我们更关注的是每个公共因子的含义, 以便对实际问题进行分析. 如果得到的公共因子的典型代表变量不很突出, 即各公共因子的实际意义不够清楚, 还需要通过适当的因子旋转, 使得载荷矩阵中因子载荷的绝对值向 0 和 1 两个方向分化, 进而得到意义更为明确的公共因子.

正交旋转和斜交旋转是因子旋转的两类方法. 正交旋转由初始载荷矩阵 $\boldsymbol{A}$ 右乘一正交阵得到, 常用的方法是最大方差正交旋转. 考虑因子模型

$$\boldsymbol{X}=\boldsymbol{A}\boldsymbol{F}+\boldsymbol{\epsilon}$$

其中, $\boldsymbol{F}=(F_1,F_2,\cdots,F_m)$ 为公共因子向量, 对 $\boldsymbol{F}$ 施行正交变换, 设 $\boldsymbol{\Gamma}$ 为任一 m 阶正交矩阵, 令 $\boldsymbol{Z}=\boldsymbol{\Gamma}^{\mathrm{T}}\boldsymbol{F}$, 则

$$\boldsymbol{X}=\boldsymbol{A}\boldsymbol{\Gamma}\boldsymbol{Z}+\boldsymbol{\epsilon}$$

且

$$\begin{aligned}
&E(\boldsymbol{Z})=\boldsymbol{\Gamma}^{\mathrm{T}}E(\boldsymbol{F})\\
&\mathrm{cov}(\boldsymbol{Z})=\mathrm{cov}(\boldsymbol{\Gamma}^{\mathrm{T}}\boldsymbol{F})=\boldsymbol{\Gamma}^{\mathrm{T}}\mathrm{cov}(\boldsymbol{F})\boldsymbol{\Gamma}=\boldsymbol{I}_m\\
&\mathrm{cov}(\boldsymbol{Z},\boldsymbol{\epsilon})=\mathrm{cov}(\boldsymbol{\Gamma}^{\mathrm{T}}\boldsymbol{F},\boldsymbol{\epsilon})=\boldsymbol{\Gamma}^{\mathrm{T}}\mathrm{cov}(\boldsymbol{F},\boldsymbol{\epsilon})=\boldsymbol{0}\\
&\mathrm{cov}(\boldsymbol{X})=\mathrm{cov}(\boldsymbol{A}\boldsymbol{\Gamma}\boldsymbol{Z})+\mathrm{cov}(\boldsymbol{\epsilon})=\boldsymbol{A}\boldsymbol{\Gamma}\mathrm{cov}(\boldsymbol{Z})\boldsymbol{\Gamma}^{\mathrm{T}}\boldsymbol{A}^{\mathrm{T}}+\boldsymbol{D}=\boldsymbol{A}\boldsymbol{A}^{\mathrm{T}}+\boldsymbol{D}
\end{aligned}$$

以上计算说明若 $\boldsymbol{F}$ 是公共因子向量, 则对任一正交矩阵 $\boldsymbol{\Gamma}$, $\boldsymbol{Z}=\boldsymbol{\Gamma}^{\mathrm{T}}\boldsymbol{F}$ 也是公共因子向量, $\boldsymbol{A\Gamma}$ 是公共因子 $\boldsymbol{Z}$ 的因子载荷矩阵. 利用此性质, 正交旋转就是对初始因子载荷矩阵反复右乘正交矩阵 $\boldsymbol{\Gamma}$, 使得 $\boldsymbol{A\Gamma}$ 具有更清晰的实际意义.

通过上述计算可以看到经过正交旋转得到的新的公共因子仍然保持彼此独立的性质. 而斜交旋转则放弃了因子之间彼此独立的限制, 因而可能达到更为简洁的形式, 其实际意义也更容易解释. 常用的斜交旋转方法有 Promax 法等.

7.2.3　因子得分

因子分析模型建立后, 往往需要反过来对每一个样本计算公共因子的估计值, 进而考察每个样本的性质, 对其进行综合评价. 这就需要进行因子分析的第三个步骤, 计算因子得分. 根据公共因子 $F_1,F_2,\cdots,F_m$ 在每一个样本上的得分, 就可以对各样本点进行比较和归类等分析. 这时需要将公共因子用原始变量的线性组合来表示, 但由于公共因子的个数少于原始变量的个数, 载荷矩阵 $\boldsymbol{A}$ 不可逆, 且公共因子是不可观测的隐变量, 因而并不能精确计算出因子得分, 只能对因子得分进行估计. 常用的估计方法有回归法和 Bartlett 估计法.

1. 回归法

回归法首先建立如下以公共因子为因变量, 原始变量为自变量的回归方程:

$$F_i=\beta_{i1}X_1+\beta_{i2}X_2+\cdots+\beta_{ip}X_p,\quad i=1,2,\cdots,m$$

假设原始变量是标准化变量, 因为公共因子变量也为标准化变量, 所以模型中不存在常数项. 模型中 $F_1,F_2,\cdots,F_m$ 不可观测, 即因子得分 F_i 的值是待估的. 现由样本可得因子载荷矩阵 $\boldsymbol{A}=(a_{ij})_{p\times m}$, 根据因子载荷的意义, 注意 $X_1,X_2,\cdots,X_p,F_1,F_2,\cdots,F_m$ 为标准化变量, 有

$$\begin{aligned}a_{ij}&=\operatorname{cov}(X_i,F_j)=E(X_iF_j)=E[X_i(\beta_{j1}X_1+\beta_{j2}X_2+\cdots+\beta_{jp}X_p)]\\&=\beta_{j1}\rho_{i1}+\beta_{j2}\rho_{i2}+\cdots+\beta_{jp}\rho_{ip}\end{aligned}$$

其中, ρ_{ij} 表示 X_i 和 X_j 的相关系数, 满足

$$\rho_{ij}=E[X_i-E(X_i)][X_j-E(X_j)]=E(X_iX_j)$$

所以

$$\begin{cases}\beta_{j1}\rho_{11}+\beta_{j2}\rho_{12}+\cdots+\beta_{jp}\rho_{1p}=a_{1j}\\\beta_{j1}\rho_{21}+\beta_{j2}\rho_{22}+\cdots+\beta_{jp}\rho_{2p}=a_{2j}\\\qquad\vdots\\\beta_{j1}\rho_{p1}+\beta_{j2}\rho_{p2}+\cdots+\beta_{jp}\rho_{pp}=a_{pj}\end{cases}\tag{7.7}$$

设 $\boldsymbol{\beta}_{(j)}=(\beta_{j1},\beta_{j2},\cdots,\beta_{jp})^{\mathrm{T}},\boldsymbol{a}_j=(a_{1j},a_{2j},\cdots,a_{pj})^{\mathrm{T}}$,

$$\boldsymbol{R}=\begin{pmatrix}\rho_{11}&\rho_{12}&\cdots&\rho_{1p}\\\rho_{21}&\rho_{22}&\cdots&\rho_{2p}\\\vdots&\vdots&&\vdots\\\rho_{p1}&\rho_{p2}&\cdots&\rho_{pp}\end{pmatrix}$$

则式 (7.7) 可以写成矩阵形式

$$\boldsymbol{R}\boldsymbol{\beta}_{(j)} = \boldsymbol{a}_j \Longrightarrow \boldsymbol{\beta}_{(j)} = \boldsymbol{R}^{-1}\boldsymbol{a}_j \quad j = 1, 2, \cdots, m$$

记

$$\boldsymbol{\beta} = \begin{pmatrix} \boldsymbol{\beta}_{(1)}^{\mathrm{T}} \\ \vdots \\ \boldsymbol{\beta}_{(m)}^{\mathrm{T}} \end{pmatrix} = \begin{pmatrix} \beta_{11} & \cdots & \beta_{1p} \\ \vdots & & \vdots \\ \beta_{m1} & \cdots & \beta_{mp} \end{pmatrix}$$

则

$$\boldsymbol{\beta} = \begin{pmatrix} (\boldsymbol{R}^{-1}\boldsymbol{a}_1)^{\mathrm{T}} \\ \vdots \\ (\boldsymbol{R}^{-1}\boldsymbol{a}_m)^{\mathrm{T}} \end{pmatrix} = \begin{pmatrix} \boldsymbol{a}_1^{\mathrm{T}} \\ \vdots \\ \boldsymbol{a}_m^{\mathrm{T}} \end{pmatrix} \boldsymbol{R}^{-1} = \boldsymbol{A}^{\mathrm{T}}\boldsymbol{R}^{-1}$$

所以, 利用回归方法对 $\boldsymbol{F}$ 的估计为

$$\hat{\boldsymbol{F}} = \begin{pmatrix} \hat{F}_1 \\ \vdots \\ \hat{F}_m \end{pmatrix} = \begin{pmatrix} \boldsymbol{\beta}_{(1)}^{\mathrm{T}}\boldsymbol{X} \\ \vdots \\ \boldsymbol{\beta}_{(m)}^{\mathrm{T}}\boldsymbol{X} \end{pmatrix} = \boldsymbol{\beta}\boldsymbol{X} = \boldsymbol{A}^{\mathrm{T}}\boldsymbol{R}^{-1}\boldsymbol{X}$$

此方法由 Thompson 提出, 所得因子得分常称为 Thompson 因子得分.

2. Bartlett 估计法

采用 Bartlett 估计因子得分可由最小二乘法或极大似然法导出, 下面给出最小二乘法求解因子得分的思路. 在正交因子模型

$$\boldsymbol{X} = \boldsymbol{A}\boldsymbol{F} + \boldsymbol{\epsilon}$$

中, 假定载荷矩阵 $\boldsymbol{A}$ 和特殊因子方差已知, 把特殊因子 $\boldsymbol{\epsilon}$ 看作随机误差, $\boldsymbol{F}$ 看作未知的回归系数, 则可将因子模型看作一个回归模型. 由于 $\boldsymbol{\epsilon}$ 的方差各不相同, 需将异方差的 $\boldsymbol{\epsilon}$ 化为同方差, 将上述模型进行变换:

$$\boldsymbol{\Omega}^{-\frac{1}{2}}\boldsymbol{X} = \boldsymbol{\Omega}^{-\frac{1}{2}}\boldsymbol{A}\boldsymbol{F} + \boldsymbol{\Omega}^{-\frac{1}{2}}\boldsymbol{\epsilon}$$

其中, $\boldsymbol{\Omega} = \mathrm{diag}(\sigma_1^2, \sigma_2^2, \cdots, \sigma_p^2)$, 利用最小二乘法, 可求得因子得分的估计值为

$$\boldsymbol{F} = [(\boldsymbol{\Omega}^{-\frac{1}{2}}\boldsymbol{A})^{\mathrm{T}}\boldsymbol{\Omega}^{-\frac{1}{2}}\boldsymbol{A}]^{-1}(\boldsymbol{\Omega}^{-\frac{1}{2}}\boldsymbol{A})^{\mathrm{T}}\boldsymbol{\Omega}^{-\frac{1}{2}}\boldsymbol{X} = (\boldsymbol{A}^{\mathrm{T}}\boldsymbol{\Omega}^{-1}\boldsymbol{A})^{-1}\boldsymbol{A}^{\mathrm{T}}\boldsymbol{\Omega}^{-1}\boldsymbol{X}$$

7.3 因子分析的应用

7.3.1 因子分析的步骤

根据前面几节的讨论, 因子分析的主要步骤如下:

(1) 根据研究的问题选取原始变量;

(2) 将原始数据标准化, 并求其相关系数矩阵, 分析变量之间的相关性;

(3) 求解初始公共因子及因子载荷矩阵;

(4) 若所得公共因子的实际意义不是很明显, 需进行因子旋转, 使变量更具有解释性;

(5) 计算因子得分;

(6) 根据因子得分值进行深入分析.

7.3.2 案例分析

下面继续对第 6 章的例 6.3 进行因子分析.

例 7.3 根据例 6.3 的 13 个行业 8 项指标 (年末固定资产净值 X_1(万元)、职工人数 X_2 (人)、工业总产值 X_3(万元)、全员劳动生产率 X_4 [元/(人 · 年)]、百元固定原资产值实现产值 X_5(元)、资金利税率 X_6(%)、标准燃料消费量 X_7(t)、能源利用效果 X_8(万元/t)) 的数据应用因子分析方法进行实证研究.

解 众多的生产指标为分析各行业发展提供了丰富的信息, 但同时也增加了问题分析的复杂性. 由于各指标之间存在一定的相关关系, 因此可采用因子分析的方法提取公共因子, 将多个指标综合为少量信息不重叠的综合指标. 根据主成分分析的结果, 选取 3 个公共因子, 建立相应的因子模型. R 软件中作因子分析计算的函数是 factanal() 函数, 它可以从样本数据、样本协方差矩阵和样本相关系数矩阵出发对数据作因子分析, 具体使用格式为

factanal(x, factors, data=NULL, covmat=NULL, n.obs = NA, subset, na. action, start=NULL, scores=c(“none”, “regression” , “Bartlett”), rotation= “varimax” , control=NULL, ...)

其中, x 是数据的公式或由数据构成的矩阵, 或数据框; factors 表示因子的个数; data 是数据框, 当 x 形式由公式形式给出时使用; covmat 是样本的协方差矩阵或样本的相关系数矩阵, 此时不必输入变量 x; scores 表示因子得分的计算方法, scores= “regression” 表示用回归法计算因子得分, scores= “Bartlett” 表示用 Bartlett 方法计算因子得分, 缺省值为 “none” , 即不计算因子得分; rotation 表示因子旋转方法, 缺省值为最大方差正交旋转, 当 rotation= “none” 时不作旋转变换.

下面应用 R 软件进行因子分析, 在例 6.3 的程序计算中, 已将数据赋值给 industry, 所以这里直接调用, 具体程序如下.

R 程序及输出结果

```
> factanal(industry,factors=3,rotation="none") %根据样本数据作因子分析


Call:
factanal(x = industry, factors = 3, rotation = "none") %显示因子分析的结果


Uniquenesses:
   X1    X2    X3    X4    X5    X6    X7    X8
0.031 0.005 0.005 0.010 0.160 0.133 0.623 0.875
```

```
Loadings:
   Factor1 Factor2 Factor3
X1  0.960          -0.219
X2  0.979  -0.170
X3  0.990   0.117
X4  0.117   0.988
X5 -0.150   0.601   0.675
X6          0.809   0.456
X7         -0.452  -0.412
X8  0.227   0.266

                Factor1 Factor2 Factor3
SS loadings       2.956   2.308   0.893
Proportion Var    0.370   0.289   0.112
Cumulative Var    0.370   0.658   0.770
Test of the hypothesis that 3 factors are sufficient.
The chi square statistic is 6.95 on 7 degrees of freedom.
The p-value is 0.434
```

上述信息中, call 表示调用函数的方法; uniquenesses 是特殊因子方差, 即式 (7.2) 中的 $\sigma_i^2, i=1,\cdots,8$; loadings 是因子载荷矩阵, 其中 X1, $\cdots$, X8 是对应 8 个指标的变量, Factor1, Factor2, Factor3 是因子; SS loadings 是公共因子 F_i $(i=1,2,3)$ 对变量 $X_1,\cdots,X_8$ 的总贡献, 即因子载荷矩阵中的各列平方和, 式 (7.3) 中给出的 $q_j^2, j=1,2,3$; Proportion Var 表示第 j 个因子的方差贡献率, 即 $q_j^2/\sum\limits_{i=1}^{8}\mathrm{var}(X_i)$; Cumulative Var 是前 j 个因子的累积方差贡献率, 即 $\sum\limits_{i=1}^{j} q_i^2/\sum\limits_{i=1}^{8}\mathrm{var}(X_i)$.

由因子分析的结果可以看到, 前 3 个因子所解释的方差占整个方差的 77%, 基本上能全面地反映 8 项生产指标的信息. 但各因子的经济含义并不是很明显, 所以对因子采用最大方差正交旋转.

R 程序及输出结果

```
> fa<-factanal(industry,factors=3,rotation = "varimax") %进行因子分析,
采用最大方差正交旋转
> fa %调用因子分析的结果


Call:
factanal(x = industry, factors = 3)


Uniquenesses:
   X1    X2    X3    X4    X5    X6    X7    X8
0.031 0.005 0.005 0.010 0.160 0.133 0.623 0.875
```

```
Loadings:
   Factor1 Factor2 Factor3
X1  0.941  -0.197   0.210
X2  0.993
X3  0.974           0.216
X4          0.535   0.838
X5 -0.149   0.898   0.107
X6 -0.101   0.831   0.408
X7         -0.594  -0.150
X8  0.203   0.103   0.270

               Factor1 Factor2 Factor3
SS loadings      2.898   2.186   1.074
Proportion Var   0.362   0.273   0.134
Cumulative Var   0.362   0.635   0.770

Test of the hypothesis that 3 factors are sufficient.
The chi square statistic is 6.95 on 7 degrees of freedom.
The p-value is 0.434
```

由因子载荷矩阵可以看到, 旋转后各因子代表的经济意义比较明显. 因子 F_1 在年末固定资产净值 X_1、职工人数 X_2 和工业总产值 X_3 上的载荷分别达到 0.941, 0.993 和 0.974. 因此, F_1 表示各行业的生产规模, 反映了行业的资源投入与产出情况, 是各行业总体生产运营规模的体现, 可以称为规模因子. 因子 F_2 在百元固定原资产值实现产值 X_5 上的载荷为 0.898, 在资金利税率 X_6 上的载荷值为 0.831，即 F_2 代表了行业的产出效率, 反映了不同行业的生产效益, 称其为效益因子. 因子 F_3 在全员劳动生产率 X_4 上的载荷值为 0.838, 反映了从业人员的劳动生产效率, 称为劳动生产率因子. 根据程序结果建立因子模型如下:

$$\begin{cases} X_1 = 0.941F_1 - 0.197F_2 + 0.21F_3 + \epsilon_1 \\ X_2 = 0.993F_1 + \epsilon_2 \\ X_3 = 0.974F_1 + 0.216F_3 + \epsilon_3 \\ X_4 = 0.535F_2 + 0.838F_3 + \epsilon_4 \\ X_5 = -0.149F_1 + 0.898F_2 + 0.107F_3 + \epsilon_5 \\ X_6 = -0.101F_1 + 0.831F_2 + 0.408F_3 + \epsilon_6 \\ X_7 = -0.594F_2 - 0.15F_3 + \epsilon_7 \\ X_8 = 0.203F_1 + 0.103F_2 + 0.27F_3 + \epsilon_8 \end{cases}$$

了解各公共因子的具体含义后，下面采用回归估计法和 Bartlett 估计法计算各样本的因子得分.

R 程序及输出结果

```
> fa1=factanal(industry,factors=3,scores="regression") %采用回归法计算
```

```
因子得分
          Factor1     Factor2     Factor3
 [1,]  0.573954873 -1.21754047  1.69789843
 [2,] -0.648699597 -1.10748839 -0.06119927
 [3,] -0.355718350 -1.06741235 -1.53963222
 [4,]  0.239163756 -0.27338741  1.64709689
 [5,]  3.108959334  0.09461521 -0.92292806
 [6,] -0.382083890 -0.85150553 -0.86222867
 [7,] -0.497179978  0.33393025 -0.53101916
 [8,] -0.009988488  1.99583926  0.48654533
 [9,] -0.074640059  0.61138508  0.89453519
[10,] -0.514820095  1.27742208 -0.53639882
[11,] -0.528167253 -0.08567020 -0.54989862
[12,] -0.519749417  0.49163723  0.11313083
[13,] -0.391030835 -0.20182475  0.16409815

> fa2=factanal(industry,factors=3,scores="Bartlett")%采用Bartlett估计法计算因子得分
> fa2$scores
           Factor1     Factor2      Factor3
 [1,]  0.5597089837 -1.41315060  1.836459609
 [2,] -0.6573386603 -1.20691190 -0.001535109
 [3,] -0.3560943814 -1.08228248 -1.549855579
 [4,]  0.2301698170 -0.38435939  1.734465582
 [5,]  3.1231639148  0.17216035 -0.984426441
 [6,] -0.3844422354 -0.88357928 -0.853490040
 [7,] -0.4939560686  0.38892083 -0.570310753
 [8,]  0.0002941282  2.14739467  0.401602272
 [9,] -0.0753046051  0.61745748  0.902305297
[10,] -0.5056353664  1.41657333 -0.626342960
[11,] -0.5276056670 -0.06721642 -0.567430013
[12,] -0.5187051935  0.52604740  0.094405940
[13,] -0.3942546660 -0.23105399  0.184152195
```

两种方法计算的样本因子得分都显示, 在规模因子 F_1 上得分最高的行业是机械行业 (5 号样本), 说明机械行业的生产规模远高于其他行业; 其次冶金行业 (1 号样本) 的规模也相对较大; 而生产规模相对较小的行业是电力 (2 号样本)、皮革 (11 号样本)、造纸 (12 号样本) 和缝纫 (10 号样本). 由各样本在效益因子 F_2 上的得分可以看到, 食品行业 (8 号样本) 和缝纫行业 (10 号样本) 的生产效益最高; 生产效益相对较低的是冶金 (1 号样本)、电力 (2 号样本) 和煤炭 (3 号样本) 行业. 在劳动生产率因子 F_3 上, 冶金 (1 号样本) 和化学 (4 号样本) 行业的得分远高于其他行业, 另外劳动生产效率较高的还有纺织行业 (9 号样本), 但煤炭行业 (3 号样本) 的劳动生产效率较低.

以各因子的方差贡献率为权重, 由 F_1, F_2, F_3 的加权平均定义综合评价函数 F 如下:

$$F = \frac{1}{0.362 + 0.273 + 0.134}\ (0.362F_1 + 0.273F_2 + 0.134F_3)$$

根据由回归法计算出的各样本的因子得分, 计算 13 个行业的综合得分 F.

R 程序及输出结果

```
> score=fa1$scores % 将因子得分矩阵赋值给变量score
> F=(0.362*score[,1]+0.273*score[,2]+0.134*score[,3])/0.77
%score[,i]表示矩阵score的第i列, 根据定义计算各样本综合得分F
> F
 [1]  0.13363832 -0.70827829 -0.81361601  0.30214740  1.33454658
 [6] -0.63157665 -0.20775683  0.78759138  0.33734564  0.11752456
[11] -0.37437782 -0.05035428 -0.22683399
```

从 13 个行业的综合得分可以看到, 某市机械行业 (5 号样本) 的综合得分最高, 主要由于机械行业在规模因子 F_1 上的得分较其他行业高出很多, 即使其在劳动生产率因子 F_3 上的得分较低, 综合起来仍然是规模和生产效益较突出的行业.

为直观起见, 画出各样本第一、第二公共因子得分的散点图, 如图 7.1 所示.

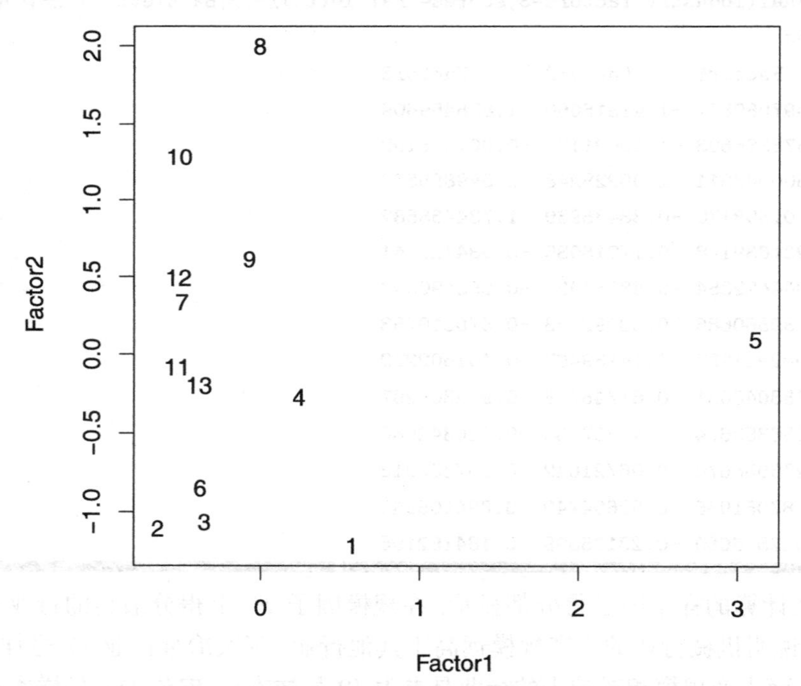

图 7.1　13 个行业第一、第二公共因子得分图

R 程序及输出结果

```
> plot(fa$scores[,1:2],type="n") %绘制各样本第一、第二公共因子得分图
> text(fa$scores[,1],fa$scores[,2]) %在因子得分图中标注样本编号
```

在因子得分图中, 机械行业 (5 号样本) 与其他行业有显著的差别, 其在第一公共因子 F_1 上的得分最高, 在第二公共因子 F_2 上的得分也属于中等偏上, 所以机械行业的综合发

展是较好的; 电力 (2 号样本)、煤炭 (3 号样本) 和建材 (6 号样本) 行业在两个因子上的得分都不高, 是需要扶持发展的行业. R 软件中的 biplot() 函数也可画出因子得分的散点图和原坐标在因子的方向, 全面反映了因子和原始数据的关系. 图 7.2 为 biplot 函数对本例第一、第二公共因子画出的散点图.

R 程序及输出结果

```
> biplot(fa$scores,fa$loading)
```

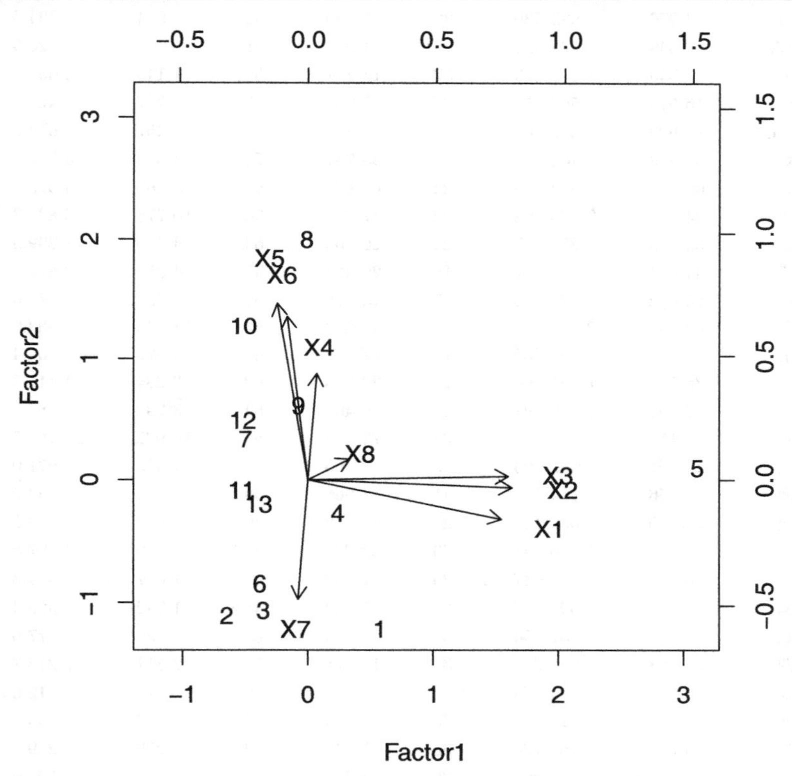

图 7.2　13 个行业第一、第二公共因子信息重叠图

例 7.4　为研究我国不同省、直辖市、自治区各企业信息化程度的分布规律, 根据中国统计年鉴, 收集了 2017 年我国 31 个地区企业信息化及电子商务活动的相关数据, 见表 7.1. 共选取了如下 8 个主要指标.

X_1: 企业数 (个).

X_2: 期末使用计算机数 (台).

X_3: 每百人使用计算机数 (台).

X_4: 企业拥有网站数 (个).

X_5: 每百家企业拥有网站数 (个).

X_6: 有电子商务交易活动的企业数 (个).

X_7: 电子商务销售额 (亿元).

X_8: 电子商务采购额 (亿元).

这 8 个指标之间具有潜在的相关性, 所以可以将其综合为少数几个影响因素, 因此对表 7.1 中数据作因子分析, 建立相应模型对我国这 31 个地区的企业信息化程度作出综合评价.

表 7.1　分地区企业信息化及电子商务情况 (2017 年)

编号	地区	X_1	X_2	X_3	X_4	X_5	X_6	X_7	X_8
1	北京	31 778	4 302 114	67	20 812	65	6 028	18 385.7	11 055.8
2	天津	17 003	879 740	37	8 765	52	1 122	2 629.4	1 766.4
3	河北	30 453	1 219 415	21	17 377	57	2 106	2 441.1	2 842.6
4	山西	13 976	685 530	22	5 839	42	904	864.3	733.0
5	内蒙古	9 649	473 031	28	4 940	51	630	1 725.5	1 074.9
6	辽宁	24 545	1 273 499	32	13 181	54	1 149	2 601.5	1 135.0
7	吉林	16 510	567 812	27	7 038	43	717	538	255.2
8	黑龙江	10 620	512 067	31	4 862	46	457	673.7	417.3
9	上海	32 923	3 461 822	54	23 731	72	3 556	15 342.3	8 814.2
10	江苏	100 429	4 623 098	22	63 938	64	8 468	6 576.6	5 227.2
11	浙江	84 737	3 779 698	22	47 796	56	10 775	6 831.3	2 528.7
12	安徽	39 256	1 277 447	22	26 106	64	4 510	3 299.5	1 951.2
13	福建	44 644	1 637 327	18	20 923	47	4 887	2 872.8	1 043.3
14	江西	25 062	827 224	17	13 176	53	1 925	2 871.0	940.7
15	山东	82 791	2 721 641	20	44 253	53	7 445	13 893.0	8 292.1
16	河南	58 447	1 593 335	14	27 432	47	3 672	4 407.4	1 752.7
17	湖北	36 577	1 591 304	24	22 849	62	3 284	4 411.3	1 755.6
18	湖南	36 103	1 229 091	20	19 406	54	3 292	2 682.7	1 162.2
19	广东	113 151	7 749 271	34	72 135	64	10 922	23 191.5	13 904.4
20	广西	16 491	692 093	20	3 463	27	1 473	971.0	655.7
21	海南	2 856	184 038	41	1 966	69	424	563.9	260.0
22	重庆	23 455	1 032 125	21	11 519	49	2 513	3 572.2	1 201.6
23	四川	38 076	1 756 141	23	22 234	58	4 459	3 687.8	2 023.9
24	贵州	15 953	500 947	25	7 193	45	1 657	1 434.3	516.2
25	云南	15 551	693 067	29	7 423	48	1 742	1 329.4	821.2
26	西藏	720	32 154	37	455	63	89	77.6	2.8
27	陕西	21 068	1 061 206	30	11 571	55	2 311	1 213.7	814.4
28	甘肃	8 481	314 175	22	4 448	52	578	412.6	777.8
29	青海	2 105	120 666	30	1 183	56	192	133.0	153.6
30	宁夏	3 545	169 733	30	1 842	52	299	249.5	185.2
31	新疆	10 388	466 963	26	3 271	31	536	597.0	300.1

解　首先根据主成分分析的结果确定各企业信息化数据指标的潜在因子个数. 由于各指标对应数据的单位不同, 数值差别较大, 所以根据 8 项指标数据的相关系数矩阵作主成分分析, 具体程序如下.

R 程序及输出结果

```
> business=read.table("business.txt",header=T) %从文件中读取数据
> business.pr=princomp(business,cor=TRUE) %由相关系数矩阵出发对表格中数据作
主成分分析
> summary(business.pr) %显示主成分分析的结果

Importance of components:
                          Comp.1     Comp.2      Comp.3      Comp.4
```

```
Standard deviation     2.3456064 1.2804846 0.78435561 0.37865698
Proportion of Variance 0.6877336 0.2049551 0.07690172 0.01792264
Cumulative Proportion  0.6877336 0.8926888 0.96959047 0.98751310
                            Comp.5      Comp.6      Comp.7
Standard deviation     0.244845189 0.163623309 0.104720109
Proportion of Variance 0.007493646 0.003346573 0.001370788
Cumulative Proportion  0.995006750 0.998353323 0.999724111
                            Comp.8
Standard deviation     0.046979907
Proportion of Variance 0.000275889
Cumulative Proportion  1.000000000
```

由主成分分析的结果看到, 前 3 个主成分的累积贡献率已接近 97%, 说明前 3 个主成分已可以反映原始 8 个指标的绝大部分信息, 所以提取 3 个因子建立相应的因子模型.

R 程序及输出结果

```
> factanal(business,factors=3) %根据样本数据作因子分析

Call:
factanal(x = business, factors = 3)
Uniquenesses:
   X1    X2    X3    X4    X5    X6    X7    X8
0.005 0.046 0.149 0.005 0.357 0.084 0.005 0.022

Loadings:
   Factor1 Factor2 Factor3
X1  0.992   0.101
X2  0.822   0.451   0.274
X3 -0.266   0.664   0.583
X4  0.977   0.131   0.158
X5  0.263   0.198   0.731
X6  0.928   0.205   0.113
X7  0.616   0.755   0.213
X8  0.601   0.741   0.259

                Factor1 Factor2 Factor3
SS loadings       4.355   1.873   1.100
Proportion Var    0.544   0.234   0.138
Cumulative Var    0.544   0.778   0.916

Test of the hypothesis that 3 factors are sufficient.
The chi square statistic is 32.06 on 7 degrees of freedom.
```

```
The p-value is 3.95e-05
```

由以上程序结果得到因子载荷矩阵, 根据各变量在公共因子上的载荷可以看到, 公共因子 F_1 在 X_1(企业数)、X_2(期末使用计算机数)、X_4(企业拥有网站数) 和 X_6(有电子商务交易活动的企业数) 上的载荷值都很大. 指标 X_1, X_2, X_4, X_6 反映的都是企业信息化建设的规模, 所以 F_1 主要反映了企业信息化的总体规模, 可将其称为信息化规模因子. 公共因子 F_2 在 X_7(电子商务销售额) 和 X_8(电子商务采购额) 上的因子载荷值较大, 指标 X_7 和 X_8 描述的是企业的电子商务活动情况, 所以称 F_2 为电子商务活动因子. F_3 主要与 X_3(每百人使用计算机数) 和 X_5(每百家拥有网站数) 这两个指标相关, X_3 反映了企业人员使用计算机的比例, X_5 说明了各地区企业拥有网站数的比例, 所以 F_3 主要说明了企业信息化的效率和程度, 可称为信息化程度因子. 企业的信息化水平与企业拥有网站数等 8 个指标有关, 而这 8 个影响因素又可归结为 F_1, F_2, F_3 3 个因子. 由 R 软件计算出各样本的因子得分, 如下所示.

R 程序及输出结果

```
> fa=factanal(business,factors=3,scores="regression")
> fa$scores
           Factor1      Factor2     Factor3
北京   -0.38002505  3.256288216  1.25959798
天津   -0.54234856 -0.000532679  0.36732651
河北    0.01516569 -0.368117279  0.11232049
山西   -0.54871042 -0.111845951 -0.66194624
内蒙古 -0.73235709  0.037161072 -0.05530629
辽宁   -0.24681320 -0.268683553  0.30172601
吉林   -0.48274962 -0.327065784 -0.40250048
黑龙江 -0.69686970 -0.234988865  0.00475082
上海   -0.20083061  2.299162353  1.40330182
江苏    2.56915145 -1.918288431  1.74457795
浙江    1.93452292 -1.030828925  0.04962224
安徽    0.40418715 -0.769706401  0.73505216
福建    0.49529883 -0.439166772 -1.01421408
江西   -0.15314560 -0.059414670 -0.67603833
山东    1.65313471  1.361922626 -1.74594030
河南    0.93575057 -0.307180378 -1.60355245
湖北    0.24661755 -0.332801572  0.38262587
湖南    0.22802558 -0.475492083 -0.31667345
广东    2.69493925  2.026150239  0.66848962
广西   -0.49402695  0.206953138 -1.80377266
海南   -1.03121437 -0.409108173  1.40457510
重庆   -0.24297949  0.211386954 -0.78855355
四川    0.29685916 -0.423343521  0.19646994
```

```
贵州    -0.49238222 -0.103101044 -0.53763915
云南    -0.52477659 -0.195824719 -0.09280801
西藏    -1.07442481 -0.367627661  0.99128104
陕西    -0.32348705 -0.537865129  0.46628421
甘肃    -0.72405177 -0.232295687 -0.10559262
青海    -0.98015344 -0.264049227  0.42134679
宁夏    -0.92543125 -0.232862110  0.25717588
新疆    -0.67687507  0.011166018 -0.96198683
```

由各地区在第一公共因子 F_1 上的得分可以看到, 广东、江苏、浙江和山东这 4 个省份的得分远高于其他省份, 说明这 4 个地区的企业信息化的规模较大, 在使用计算机数、企业拥有网站数等方面都高于其他地区; 而海南、西藏、青海、宁夏和内蒙古等地的得分较低, 说明这几个地区企业的信息化规模相对较小, 企业的信息化发展稍有滞后, 需要进一步加强企业的信息化建设. 北京市在因子 F_2 上的得分最高, 且比排名第二的上海市高出很多, 说明北京市企业的电子商务销售和采购活动非常活跃, 另外上海市的电子商务活动因子得分也很高, 广东紧随其后. 在信息化程度因子 F_3 上得分最高的 4 个地区是江苏、上海、海南和北京, 可以看到北京、上海虽然企业信息化规模得分不是最高的, 但是这两个直辖市的企业信息化建设程度较高, 每百人使用计算机数、每百家企业拥有网站数的指标都高于其他省份, 说明北京和上海的企业的信息化普及程度较高. 另外, 江苏地区企业的信息化规模和信息化程度都很高, 海南省作为经济中等发展地区, 其企业的信息化普及程度也很好. 企业信息化程度较低的地区有广西、山东和河南, 山东省因为企业信息化的规模较大, 企业数量多, 人口众多, 所以每百人使用计算机数等关于比例的指标并不高, 因此信息化程度较低; 河南省也是人口大省, 且河南省和广西壮族自治区的信息类相关产业不太发达, 所以信息化程度偏低.

为了更全面地分析各地区企业的信息化水平, 进一步计算各地区在 3 个因子上的综合得分. 与例 7.3 类似, 以各因子的方差贡献率为权重, 由 F_1, F_2, F_3 的加权平均计算综合得分 F.

$$F = \frac{1}{0.916}(0.544F_1 + 0.234F_2 + 0.138F_3)$$

R 程序及输出结果

```
> score=fa$scores
> F=(0.544*score[,1]+0.234*score[,2]+0.138*score[,3])/0.916
> F
       北京        天津        河北        山西      内蒙古
 0.79591958 -0.26688996 -0.06811035 -0.45416922 -0.43377602
       辽宁        吉林      黑龙江        上海        江苏
-0.16975998 -0.43088892 -0.47317565  0.67948449  1.29857058
       浙江        安徽        福建        江西        山东
 0.89302879  0.15415252  0.02916593 -0.20797765  1.06665439
```

```
      河南         湖北         湖南         广东         广西
 0.23567453   0.11909034  -0.03375564   2.21879659  -0.51227539
      海南         重庆         四川         贵州         云南
-0.50532813  -0.20910118   0.09775311  -0.39975521  -0.37566480
      西藏         陕西         甘肃         青海         宁夏
-0.58265850  -0.25926875  -0.50525451  -0.58607547  -0.57034286
      新疆
-0.54406264
```

上述程序结果说明广东、江苏、山东、浙江、北京、上海几个地区的企业信息化建设较好. 企业的信息化程度和电子商务等活动的参与程度也反映了企业的信息技术水平和对外营销情况, 所以各地区在 3 个公共因子上的综合得分情况也反映了该地区的经济发展水平. 因为广东、北京、浙江、上海、江苏等地的高新企业较多且聚集了大量信息技术等方面的优秀人才, 所以这些地区企业的信息化水平较高, 进而这些地区的经济发展也较好.

下面画出各样本第一、第二公共因子得分的散点图, 可以更清晰直观地看到各地区企业信息化建设的程度和差异.

R 程序及输出结果

```
> plot(fa$scores[,1:2],type="n") %绘制各样本第一、第二公共因子得分图
> text(fa$scores[,1],fa$scores[,2]) %在因子得分图中标注样本编号
```

由图 7.3 可以依据企业信息化情况对我国 31 个省、直辖市和自治区进行分类. 根据图中数据将这 31 个地区分为以下 4 类: 北京 (1 号样本) 和上海 (9 号样本) 为一类, 山东 (15 号样本)、广东 (19 号样本) 为一类, 江苏 (10 号样本)、浙江 (11 号样本) 为一类, 其余地区为一类. 从以上聚类结果可以看出, 各地区主要呈现出按地理位置和地域发展相近程度聚类的特点. 首先, 北京和上海都是我国的一线城市, 城市规模大、企业众多、经济发达、各类高端人才聚集, 人均使用计算机数和每百家企业拥有网站数都遥遥领先, 所以这两个地区企业的信息化建设都较好, 建设程度近似. 山东和广东都是人口较多、地域覆盖广的省份, 且都是沿海地区, 经济发展较好. 其中, 广东省有深圳和广州两个发达城市，信息产业相关企业众多, 企业信息化建设步伐快, 人均使用计算机数和每百家企业拥有网站数均位居前列. 而山东省拥有众多高校, 信息技术方面人才济济, 所以企业的信息化建设水平也较好. 江苏和浙江两省相邻, 产业结构较为相似, 高新产业多、中小高新企业创业氛围好, 电商企业也很多, 所以两地的企业信息化规模和程度都很好. 整体来看, 大城市、沿海地区企业的信息化建设更好, 因为这些地区经济较发达, 所以有利于企业的信息化建设, 而另一方面企业的信息化建设程度好, 电子商务活动多, 也促进了当地的经济发展. 因此, 对于我国中西部地区等经济欠发达地区, 可以适当加强企业的信息化建设规模，配备相应计算机设备和通信设备, 增加其电子商务活动, 提高当地企业的信息化程度.

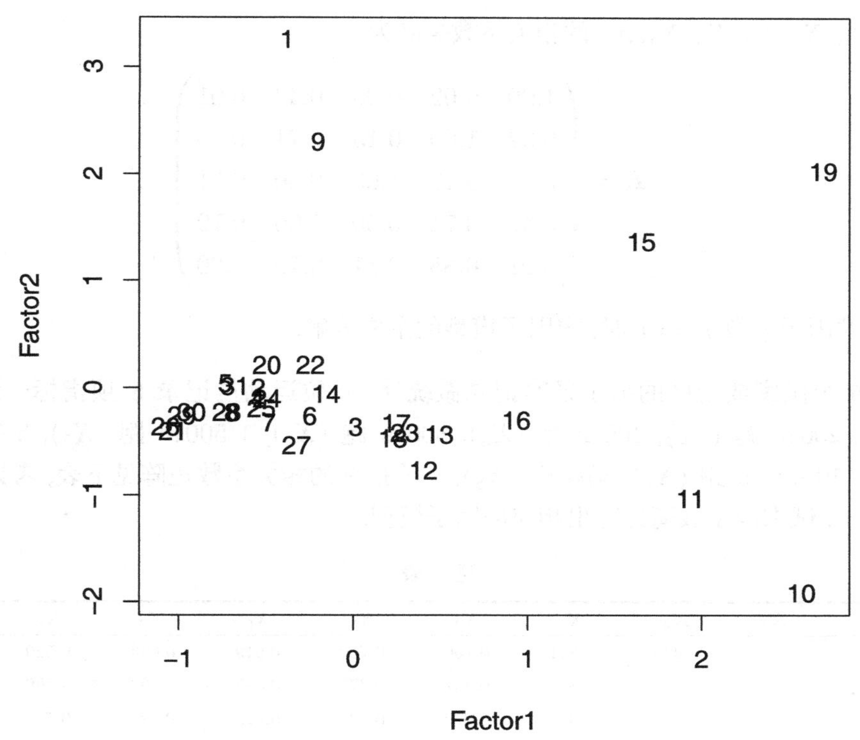

图 7.3　各地区第一、第二公共因子信息重叠图

习　题　7

1. 比较因子分析和主成分分析两种方法, 说明它们的相似之处和不同之处.

2. 已知 $\boldsymbol{X}=(X_1,X_2,X_3,X_4)^{\mathrm{T}}$ 的协方差矩阵为

$$\boldsymbol{\Sigma}=\begin{pmatrix}19 & 30 & 2 & 12\\ 30 & 57 & 5 & 23\\ 2 & 5 & 38 & 47\\ 12 & 23 & 47 & 68\end{pmatrix}$$

易验证 $\boldsymbol{\Sigma}$ 可分解为

$$\boldsymbol{\Sigma}=\begin{pmatrix}4 & 1\\ 7 & 2\\ -1 & 6\\ 1 & 8\end{pmatrix}\begin{pmatrix}4 & 7 & -1 & 1\\ 1 & 2 & 6 & 8\end{pmatrix}+\begin{pmatrix}2 & 0 & 0 & 0\\ 0 & 4 & 0 & 0\\ 0 & 0 & 1 & 0\\ 0 & 0 & 0 & 3\end{pmatrix}$$

试求 $m=2$ 的正交因子模型, 并计算共同度 $h_i^2, i=1,2,3,4$.

3. 设变量 X_1, X_2, X_3, X_4, X_5 的相关系数矩阵为

$$\boldsymbol{R}=\begin{pmatrix} 1.00 & 0.02 & 0.96 & 0.42 & 0.01 \\ 0.02 & 1.00 & 0.13 & 0.71 & 0.85 \\ 0.96 & 0.13 & 1.00 & 0.50 & 0.11 \\ 0.42 & 0.71 & 0.50 & 1.00 & 0.79 \\ 0.01 & 0.85 & 0.11 & 0.79 & 1.00 \end{pmatrix}$$

取公共因子个数 $m=1$ 时, 求因子模型的主成分解.

4. 对 55 个国家或地区的男子径赛记录做统计, 每位运动员记录 8 项指标: 100 m 跑 (X_1), 200 m 跑 (X_2), 400 m 跑 (X_3), 800 m 跑 (X_4), 1 500 m 跑 (X_5), 5 000 m 跑 (X_6), 10 000 m 跑 (X_7), 马拉松 (X_8), 8 项指标的相关系数矩阵见下表, 考虑两个公共因子, 试求因子载荷并写出相应的因子模型.

题 4 表

	X_1	X_2	X_3	X_4	X_5	X_6	X_7	X_8
X_1	1	0.923	0.841	0.756	0.700	0.619	0.633	0.520
X_2		1	0.851	0.807	0.775	0.695	0.697	0.596
X_3			1	0.870	0.835	0.779	0.787	0.705
X_4				1	0.918	0.864	0.869	0.806
X_5					1	0.928	0.935	0.866
X_6						1	0.975	0.932
X_7							1	0.943
X_8								1

5. 已知某年级 44 名学生的期末考试中, 有的课程采用闭卷考试, 有的课程采用开卷考试, 具体成绩见下表.

(1) 试采用 R 软件对这组数据进行因子分析, 找出公共因子.

(2) 计算各样本的因子得分, 并画出因子得分的第一、第二公共因子散点图, 根据散点图来分析这 44 名学生的学习情况.

题 5 表

学生编号	数学分析 (闭)X_1	高等代数 (闭)X_2	概率 (开)X_3	物理 (开)X_4	统计 (开)X_5
1	77	82	67	67	81
2	75	73	71	66	81
3	63	63	65	70	63
4	51	67	65	65	68
5	62	60	58	62	70
6	52	64	60	63	54
7	50	50	64	55	63
8	31	55	60	57	73
9	44	69	53	53	53
10	62	46	61	57	45
11	44	61	52	62	46

续表

学生编号	数学分析 (闭)X_1	高等代数 (闭)X_2	概率 (开)X_3	物理 (开)X_4	统计 (开)X_5
12	12	58	61	63	67
13	54	49	56	47	53
14	44	56	55	61	36
15	46	52	65	50	35
16	30	69	50	52	45
17	40	27	54	61	61
18	36	59	51	45	51
19	46	56	57	49	32
20	42	60	54	49	33
21	23	55	59	53	44
22	41	63	49	46	34
23	63	78	80	70	81
24	55	72	63	70	68
25	53	61	72	64	73
26	59	70	68	62	56
27	64	72	60	62	45
28	55	67	59	62	44
29	65	63	58	56	37
30	60	64	56	54	40
31	42	69	61	55	45
32	31	49	62	63	62
33	49	41	61	49	64
34	49	53	49	62	47
35	54	53	46	59	44
36	18	44	50	57	81
37	32	45	49	57	64
38	46	49	53	59	37
39	31	42	48	54	68
40	56	40	56	54	35
41	45	42	55	56	40
42	40	63	53	54	25
43	48	48	49	51	37
44	46	52	53	41	40

6. 对 305 名女中学生测量 8 项体型指标: X_1 为身高, X_2 为手臂长, X_3 为手肘长, X_4 为小腿长, X_5 为体重, X_6 为颈围, X_7 为胸围, X_8 为胸宽. 相应的相关系数矩阵见习题 6 题 8 表, 试采用 R 软件对这 8 个体型指标进行因子分析, 找出公共因子并给出合理的解释.

7. 学校随机抽取 12 名同学 5 门课的期末考试成绩, 见下表. 试找出这 5 门课程的公共因子并进行合理的解释, 计算各样本的因子得分, 画出因子得分的第一、第二公共因子散点图, 通过散点图来分析 12 名学生的学习情况.

题 7 表

学生编号	政治 X_1	语文 X_2	外语 X_3	数学 X_4	物理 X_5
1	99	94	93	100	100
2	99	88	96	99	97
3	100	98	81	96	100
4	93	88	88	99	96
5	100	91	72	96	78

续表

学生编号	政治 X_1	语文 X_2	外语 X_3	数学 X_4	物理 X_5
6	90	78	82	75	97
7	75	73	88	97	89
8	93	84	83	68	88
9	87	73	60	76	84
10	95	82	90	62	39
11	76	72	43	67	78
12	85	75	50	34	37

8. 在对我国部分省、直辖市、自治区独立核算的工业企业的经济效益评价中, 涉及百元固定资产原值实现值 (%) (X_1)、百元固定资产原值实现利税 (%) (X_2)、百元资金实现利税 (%) (X_3)、百元销售收入实现利税 (%) (X_4)、百元工业总产值实现利税 (%) (X_5)、每吨标准煤实现工业产值 (元) (X_6)、每千瓦时电力实现工业产值 (元) (X_7)、全员劳动生产率 [元/(人 · 年)] (X_8) 和百元流动资金实现产值 (元) (X_9) 这 9 项指标, 数据见习题 6 题 9 表.

   (1) 试采用 R 软件对这组数据进行因子分析并给出合理的解释.

   (2) 计算各样本的因子得分, 并画出各地区第一、第二公共因子得分的散点图, 通过散点图分析我国不同地区的经济效益.

9. 请读者选取一组自己感兴趣的实际数据, 采用因子分析的方法, 应用 R 软件进行案例分析.

第 8 章　典型相关分析

在实际中, 我们经常要处理两组变量间的关系, 例如研究基础课成绩与专业课成绩之间的相关性, 考察原料的主要质量指标与产品的主要质量指标之间的相关性. 典型相关分析就是研究两组变量之间相关关系的一种多元统计方法. 它利用主成分分析的思想, 把两组变量间的相关性研究转化为少数几对变量间相关性的研究, 以此达到简化复杂相关关系的目的. 本章主要介绍典型相关分析的基本理论、方法及其对应的 R 语句.

8.1　典型相关分析的基本理论

典型相关分析研究两组变量之间整体的线性相关关系, 不是单独分析每组变量中的各个变量, 而是将每组变量作为一个整体来进行研究. 设 $\boldsymbol{X}=(X_1,X_2,\cdots,X_p)^{\mathrm{T}}$, $\boldsymbol{Y}=(Y_1,Y_2,\cdots,Y_q)^{\mathrm{T}}$ 是两个相互联系的随机向量, 借助主成分分析的思想, 可以把多个变量与多个变量间的相关性转化为两个新的综合变量间的相关性. 即求 $\boldsymbol{a}=(a_1,a_2,\cdots,a_p)^{\mathrm{T}}$ 和 $\boldsymbol{b}=(b_1,b_2,\cdots,b_q)^{\mathrm{T}}$, 使

$$U=a_1X_1+a_2X_2+\cdots+a_pX_p=\boldsymbol{a}^{\mathrm{T}}\boldsymbol{X}$$

和

$$V=b_1Y_1+b_2Y_2+\cdots+b_qY_q=\boldsymbol{b}^{\mathrm{T}}\boldsymbol{Y}$$

具有最大的相关系数. 这样一组新的综合变量 U、V 称为第一对典型相关变量. 继续采用同样的方法可确定第二对、第三对典型相关变量. 同时使各对典型相关变量间互不相关, 这样就将两组变量间相关关系的研究转化为对少数几对典型相关变量的研究, 精简研究的同时, 更易抓住问题的本质.

8.1.1　典型相关分析的方法

对随机向量 $\boldsymbol{X}=(X_1,X_2,\cdots,X_p)^{\mathrm{T}}$ 和 $\boldsymbol{Y}=(Y_1,Y_2,\cdots,Y_q)^{\mathrm{T}}$, 设

$$\boldsymbol{\Sigma}=\begin{pmatrix}\mathrm{var}(\boldsymbol{X}) & \mathrm{cov}(\boldsymbol{X},\boldsymbol{Y})\\ \mathrm{cov}(\boldsymbol{Y},\boldsymbol{X}) & \mathrm{var}(\boldsymbol{Y})\end{pmatrix}=\begin{pmatrix}\boldsymbol{\Sigma}_{11} & \boldsymbol{\Sigma}_{12}\\ \boldsymbol{\Sigma}_{21} & \boldsymbol{\Sigma}_{22}\end{pmatrix}$$

其中,

$$\boldsymbol{\Sigma}_{11}=\mathrm{var}(\boldsymbol{X})=E\{[\boldsymbol{X}-E(\boldsymbol{X})][\boldsymbol{X}-E(\boldsymbol{X})]^{\mathrm{T}}\}$$
$$\boldsymbol{\Sigma}_{22}=\mathrm{var}(\boldsymbol{Y})=E\{[\boldsymbol{Y}-E(\boldsymbol{Y})][\boldsymbol{Y}-E(\boldsymbol{Y})]^{\mathrm{T}}\}$$
$$\boldsymbol{\Sigma}_{12}=\mathrm{cov}(\boldsymbol{X},\boldsymbol{Y})=E\{[\boldsymbol{X}-E(\boldsymbol{X})][\boldsymbol{Y}-E(\boldsymbol{Y})]^{\mathrm{T}}\}=[\mathrm{cov}(\boldsymbol{Y},\boldsymbol{X})]^{\mathrm{T}}=\boldsymbol{\Sigma}_{21}^{\mathrm{T}}$$

设 $p\leqslant q$ 且 $\boldsymbol{\Sigma}$ 是正定矩阵.

为了研究 $\boldsymbol{X},\boldsymbol{Y}$ 之间的相关关系, 考虑两组变量的线性组合:

$$\begin{cases} U_1 = a_1X_1 + a_2X_2 + \cdots + a_pX_p = \boldsymbol{a}^{\mathrm{T}}\boldsymbol{X} \\ V_1 = b_1Y_1 + b_2Y_2 + \cdots + b_qY_q = \boldsymbol{b}^{\mathrm{T}}\boldsymbol{Y} \end{cases}$$

计算 U_1, V_1 的相关系数得

$$\rho = \mathrm{cor}(U_1, V_1) = \frac{\mathrm{cov}(U_1, V_1)}{\sqrt{\mathrm{var}(U_1)\mathrm{var}(V_1)}} = \frac{\mathrm{cov}(\boldsymbol{a}^{\mathrm{T}}\boldsymbol{X}, \boldsymbol{b}^{\mathrm{T}}\boldsymbol{Y})}{\sqrt{\mathrm{var}(\boldsymbol{a}^{\mathrm{T}}\boldsymbol{X})\mathrm{var}(\boldsymbol{b}^{\mathrm{T}}\boldsymbol{Y})}}$$
$$= \frac{\boldsymbol{a}^{\mathrm{T}}\boldsymbol{\Sigma}_{12}\boldsymbol{b}}{\sqrt{\boldsymbol{a}^{\mathrm{T}}\boldsymbol{\Sigma}_{11}\boldsymbol{a}}\sqrt{\boldsymbol{b}^{\mathrm{T}}\boldsymbol{\Sigma}_{22}\boldsymbol{b}}}$$

求第一对典型相关变量即求 $\boldsymbol{a},\boldsymbol{b}$ 使 ρ 达到最大. 若对 U_1, V_1 乘以任意常数 c, 可得 cU_1 与 cV_1 的相关系数为

$$\mathrm{cor}(cU_1, cV_1) = \frac{\mathrm{cov}(cU_1, cV_1)}{\sqrt{\mathrm{var}(cU_1)\mathrm{var}(cV_1)}} = \frac{c^2\mathrm{cov}(U_1, V_1)}{\sqrt{c^2\mathrm{var}(U_1)}\sqrt{c^2\mathrm{var}(V_1)}} = \rho$$

即对 U_1, V_1 乘以任意常数并不改变 U_1, V_1 的相关系数. 所以, 可对 $\boldsymbol{a},\boldsymbol{b}$ 附加约束条件, 使其唯一, 不妨设

$$\begin{cases} \mathrm{var}(U_1) = \mathrm{var}(\boldsymbol{a}^{\mathrm{T}}\boldsymbol{X}) = \boldsymbol{a}^{\mathrm{T}}\boldsymbol{\Sigma}_{11}\boldsymbol{a} = 1 \\ \mathrm{var}(V_1) = \mathrm{var}(\boldsymbol{b}^{\mathrm{T}}\boldsymbol{Y}) = \boldsymbol{b}^{\mathrm{T}}\boldsymbol{\Sigma}_{22}\boldsymbol{b} = 1 \end{cases} \tag{8.1}$$

此时,

$$\rho = \mathrm{cov}(\boldsymbol{a}^{\mathrm{T}}\boldsymbol{X}, \boldsymbol{b}^{\mathrm{T}}\boldsymbol{Y}) = \boldsymbol{a}^{\mathrm{T}}\boldsymbol{\Sigma}_{12}\boldsymbol{b} \tag{8.2}$$

于是问题转化为在约束 (8.1) 下, 求 $\boldsymbol{a},\boldsymbol{b}$ 使式 (8.2) 达到最大. 根据拉格朗日乘数法, 设

$$G = \boldsymbol{a}^{\mathrm{T}}\boldsymbol{\Sigma}_{12}\boldsymbol{b} - \frac{\lambda}{2}(\boldsymbol{a}^{\mathrm{T}}\boldsymbol{\Sigma}_{11}\boldsymbol{a} - 1) - \frac{\mu}{2}(\boldsymbol{b}^{\mathrm{T}}\boldsymbol{\Sigma}_{22}\boldsymbol{b} - 1)$$

令

$$\begin{cases} \dfrac{\partial G}{\partial \boldsymbol{a}} = \boldsymbol{\Sigma}_{12}\boldsymbol{b} - \lambda\boldsymbol{\Sigma}_{11}\boldsymbol{a} = 0 \\ \dfrac{\partial G}{\partial \boldsymbol{b}} = \boldsymbol{\Sigma}_{21}\boldsymbol{a} - \mu\boldsymbol{\Sigma}_{22}\boldsymbol{b} = 0 \end{cases} \tag{8.3}$$

以 $\boldsymbol{a}^{\mathrm{T}}, \boldsymbol{b}^{\mathrm{T}}$ 分别左乘式 (8.3) 中的两式得

$$\boldsymbol{a}^{\mathrm{T}}\boldsymbol{\Sigma}_{12}\boldsymbol{b} = \lambda\boldsymbol{a}^{\mathrm{T}}\boldsymbol{\Sigma}_{11}\boldsymbol{a} = \lambda$$
$$\boldsymbol{b}^{\mathrm{T}}\boldsymbol{\Sigma}_{21}\boldsymbol{a} = \mu\boldsymbol{b}^{\mathrm{T}}\boldsymbol{\Sigma}_{22}\boldsymbol{b} = \mu$$

又由于 $\boldsymbol{a}^{\mathrm{T}}\boldsymbol{\Sigma}_{12}\boldsymbol{b} = \boldsymbol{b}^{\mathrm{T}}\boldsymbol{\Sigma}_{21}\boldsymbol{a}$, 所以 $\lambda = \mu$ 为第一对典型相关变量 U_1, V_1 的相关系数. 根据式 (8.3) 中第一个方程可得

$$\boldsymbol{\Sigma}_{11}^{-1}\boldsymbol{\Sigma}_{12}\boldsymbol{b} = \lambda\boldsymbol{a} \tag{8.4}$$

所以,

$$\boldsymbol{\Sigma}_{11}^{-1}\boldsymbol{\Sigma}_{12}\lambda\boldsymbol{b}=\lambda^2\boldsymbol{a} \tag{8.5}$$

而由式 (8.3) 中第二个方程及 $\lambda=\mu$, 得

$$\boldsymbol{\Sigma}_{22}^{-1}\boldsymbol{\Sigma}_{21}\boldsymbol{a}=\mu\boldsymbol{b}=\lambda\boldsymbol{b} \tag{8.6}$$

将式 (8.6) 代入式 (8.5) 可得

$$\boldsymbol{\Sigma}_{11}^{-1}\boldsymbol{\Sigma}_{12}\boldsymbol{\Sigma}_{22}^{-1}\boldsymbol{\Sigma}_{21}\boldsymbol{a}=\lambda^2\boldsymbol{a} \tag{8.7}$$

同理, 在式 (8.6) 两边乘以 λ, 得

$$\boldsymbol{\Sigma}_{22}^{-1}\boldsymbol{\Sigma}_{21}\lambda\boldsymbol{a}=\lambda^2\boldsymbol{b} \tag{8.8}$$

将式 (8.4) 代入式 (8.8) 可得

$$\boldsymbol{\Sigma}_{22}^{-1}\boldsymbol{\Sigma}_{21}\boldsymbol{\Sigma}_{11}^{-1}\boldsymbol{\Sigma}_{12}\boldsymbol{b}=\lambda^2\boldsymbol{b} \tag{8.9}$$

进而求 $\boldsymbol{a},\boldsymbol{b}$ 即转化为求 $\boldsymbol{\Sigma}_{11}^{-1}\boldsymbol{\Sigma}_{12}\boldsymbol{\Sigma}_{22}^{-1}\boldsymbol{\Sigma}_{21}$ 和 $\boldsymbol{\Sigma}_{22}^{-1}\boldsymbol{\Sigma}_{21}\boldsymbol{\Sigma}_{11}^{-1}\boldsymbol{\Sigma}_{12}$ 的特征向量.

由于 $\boldsymbol{\Sigma}_{11}\succ 0,\boldsymbol{\Sigma}_{22}\succ 0$ 所以 $\boldsymbol{\Sigma}_{11}^{-1}\succ 0,\boldsymbol{\Sigma}_{22}^{-1}\succ 0$, 因此对式 (8.7) 中矩阵 $\boldsymbol{\Sigma}_{11}^{-1}\boldsymbol{\Sigma}_{12}\boldsymbol{\Sigma}_{22}^{-1}\boldsymbol{\Sigma}_{21}$, 有

$$\boldsymbol{\Sigma}_{11}^{-1}\boldsymbol{\Sigma}_{12}\boldsymbol{\Sigma}_{22}^{-1}\boldsymbol{\Sigma}_{21}=\boldsymbol{\Sigma}_{11}^{-\frac{1}{2}}\boldsymbol{\Sigma}_{11}^{-\frac{1}{2}}\boldsymbol{\Sigma}_{12}\boldsymbol{\Sigma}_{22}^{-\frac{1}{2}}\boldsymbol{\Sigma}_{22}^{-\frac{1}{2}}\boldsymbol{\Sigma}_{21}$$

注意 $\boldsymbol{\Sigma}_{11}^{-\frac{1}{2}}\boldsymbol{\Sigma}_{11}^{-\frac{1}{2}}\boldsymbol{\Sigma}_{12}\boldsymbol{\Sigma}_{22}^{-\frac{1}{2}}\boldsymbol{\Sigma}_{22}^{-\frac{1}{2}}\boldsymbol{\Sigma}_{21}$ 与 $\boldsymbol{\Sigma}_{11}^{-\frac{1}{2}}\boldsymbol{\Sigma}_{12}\boldsymbol{\Sigma}_{22}^{-\frac{1}{2}}\boldsymbol{\Sigma}_{22}^{-\frac{1}{2}}\boldsymbol{\Sigma}_{21}\boldsymbol{\Sigma}_{11}^{-\frac{1}{2}}$ 有相同的特征值, 所以考虑矩阵 $\boldsymbol{\Sigma}_{11}^{-\frac{1}{2}}\boldsymbol{\Sigma}_{12}\boldsymbol{\Sigma}_{22}^{-\frac{1}{2}}\boldsymbol{\Sigma}_{22}^{-\frac{1}{2}}\boldsymbol{\Sigma}_{21}\boldsymbol{\Sigma}_{11}^{-\frac{1}{2}}$. 记

$$\boldsymbol{T}=\boldsymbol{\Sigma}_{11}^{-\frac{1}{2}}\boldsymbol{\Sigma}_{12}\boldsymbol{\Sigma}_{22}^{-\frac{1}{2}}$$

因为 $\boldsymbol{\Sigma}_{11},\boldsymbol{\Sigma}_{12}$ 是对称矩阵且 $\boldsymbol{\Sigma}_{12}=\boldsymbol{\Sigma}_{21}^{\mathrm{T}}$, 则

$$\boldsymbol{\Sigma}_{11}^{-\frac{1}{2}}\boldsymbol{\Sigma}_{12}\boldsymbol{\Sigma}_{22}^{-\frac{1}{2}}\boldsymbol{\Sigma}_{22}^{-\frac{1}{2}}\boldsymbol{\Sigma}_{21}\boldsymbol{\Sigma}_{11}^{-\frac{1}{2}}=\boldsymbol{T}\boldsymbol{T}^{\mathrm{T}} \tag{8.10}$$

同理, 式 (8.9) 左边矩阵

$$\boldsymbol{\Sigma}_{22}^{-1}\boldsymbol{\Sigma}_{21}\boldsymbol{\Sigma}_{11}^{-1}\boldsymbol{\Sigma}_{12}=\boldsymbol{\Sigma}_{22}^{-\frac{1}{2}}\boldsymbol{\Sigma}_{22}^{-\frac{1}{2}}\boldsymbol{\Sigma}_{21}\boldsymbol{\Sigma}_{11}^{-\frac{1}{2}}\boldsymbol{\Sigma}_{11}^{-\frac{1}{2}}\boldsymbol{\Sigma}_{12}$$

注意 $\boldsymbol{\Sigma}_{22}^{-\frac{1}{2}}\boldsymbol{\Sigma}_{22}^{-\frac{1}{2}}\boldsymbol{\Sigma}_{21}\boldsymbol{\Sigma}_{11}^{-\frac{1}{2}}\boldsymbol{\Sigma}_{11}^{-\frac{1}{2}}\boldsymbol{\Sigma}_{12}$ 与 $\boldsymbol{\Sigma}_{22}^{-\frac{1}{2}}\boldsymbol{\Sigma}_{21}\boldsymbol{\Sigma}_{11}^{-\frac{1}{2}}\boldsymbol{\Sigma}_{11}^{-\frac{1}{2}}\boldsymbol{\Sigma}_{12}\boldsymbol{\Sigma}_{22}^{-\frac{1}{2}}$ 有相同的特征值, 且

$$\boldsymbol{\Sigma}_{22}^{-\frac{1}{2}}\boldsymbol{\Sigma}_{21}\boldsymbol{\Sigma}_{11}^{-\frac{1}{2}}\boldsymbol{\Sigma}_{11}^{-\frac{1}{2}}\boldsymbol{\Sigma}_{12}\boldsymbol{\Sigma}_{22}^{-\frac{1}{2}}=\boldsymbol{T}^{\mathrm{T}}\boldsymbol{T} \tag{8.11}$$

又 $\boldsymbol{T}\boldsymbol{T}^{\mathrm{T}}$ 与 $\boldsymbol{T}^{\mathrm{T}}\boldsymbol{T}$ 有相同的非零特征值, 所以由式 (8.10) 和式 (8.11) 知式 (8.7) 中矩阵 $\boldsymbol{\Sigma}_{11}^{-1}\boldsymbol{\Sigma}_{12}\boldsymbol{\Sigma}_{22}^{-1}\boldsymbol{\Sigma}_{21}$ 和式 (8.9) 中矩阵 $\boldsymbol{\Sigma}_{22}^{-1}\boldsymbol{\Sigma}_{21}\boldsymbol{\Sigma}_{11}^{-1}\boldsymbol{\Sigma}_{12}$ 的非零特征值是相同的. 设 $\boldsymbol{T}\boldsymbol{T}^{\mathrm{T}}$ 的 p 个特征值依次为 $\lambda_1^2\geqslant\lambda_2^2\geqslant\cdots\geqslant\lambda_p^2>0$, 则 $\boldsymbol{T}^{\mathrm{T}}\boldsymbol{T}$ 的 q 个特征值中, 除了上面 p 个之外, 其余的 $q-p$ 个都是零.

设 $\boldsymbol{T}\boldsymbol{T}^{\mathrm{T}}$ 的第 k 大特征值 λ_k^2 对应的单位正交化特征向量为 $\boldsymbol{e}_k, k=1,2,\cdots,p$, 即

$$\boldsymbol{\Sigma}_{11}^{-\frac{1}{2}}\boldsymbol{\Sigma}_{12}\boldsymbol{\Sigma}_{22}^{-\frac{1}{2}}\boldsymbol{\Sigma}_{22}^{-\frac{1}{2}}\boldsymbol{\Sigma}_{21}\boldsymbol{\Sigma}_{11}^{-\frac{1}{2}}\boldsymbol{e}_k=\lambda_k^2\boldsymbol{e}_k \tag{8.12}$$

在式 (8.12) 两边左乘 $\boldsymbol{\Sigma}_{11}^{-\frac{1}{2}}$, 得

$$\boldsymbol{\Sigma}_{11}^{-1}\boldsymbol{\Sigma}_{12}\boldsymbol{\Sigma}_{22}^{-1}\boldsymbol{\Sigma}_{21}\boldsymbol{\Sigma}_{11}^{-\frac{1}{2}}\boldsymbol{e}_k=\lambda_k^2\boldsymbol{\Sigma}_{11}^{-\frac{1}{2}}\boldsymbol{e}_k$$

所以 $\boldsymbol{\Sigma}_{11}^{-\frac{1}{2}}\boldsymbol{e}_k$ 是 $\boldsymbol{\Sigma}_{11}^{-1}\boldsymbol{\Sigma}_{12}\boldsymbol{\Sigma}_{22}^{-1}\boldsymbol{\Sigma}_{21}$ 的对应于 λ_k^2 的特征向量. 进而取

$$\boldsymbol{a}_k=\boldsymbol{\Sigma}_{11}^{-\frac{1}{2}}\boldsymbol{e}_k\quad U_k=\boldsymbol{a}_k^{\mathrm{T}}\boldsymbol{X}=\boldsymbol{e}_k^{\mathrm{T}}\boldsymbol{\Sigma}_{11}^{-\frac{1}{2}}\boldsymbol{X}$$

由前面分析知 $\boldsymbol{T}^{\mathrm{T}}\boldsymbol{T}$ 的非零特征值也为 $\lambda_1^2,\lambda_2^2,\cdots,\lambda_p^2$, 类似地, 设 $\boldsymbol{T}^{\mathrm{T}}\boldsymbol{T}$ 的第 k 大特征值对应的单位正交化特征向量为 $\boldsymbol{f}_k, k=1,2,\cdots,p$, 则

$$\boldsymbol{\Sigma}_{22}^{-\frac{1}{2}}\boldsymbol{\Sigma}_{21}\boldsymbol{\Sigma}_{11}^{-\frac{1}{2}}\boldsymbol{\Sigma}_{11}^{-\frac{1}{2}}\boldsymbol{\Sigma}_{12}\boldsymbol{\Sigma}_{22}^{-\frac{1}{2}}\boldsymbol{f}_k=\lambda_k^2\boldsymbol{f}_k$$

类似地, 在上式两端左乘 $\boldsymbol{\Sigma}_{22}^{-\frac{1}{2}}$ 可得

$$\boldsymbol{\Sigma}_{22}^{-1}\boldsymbol{\Sigma}_{21}\boldsymbol{\Sigma}_{11}^{-1}\boldsymbol{\Sigma}_{12}\boldsymbol{\Sigma}_{22}^{-\frac{1}{2}}\boldsymbol{f}_k=\lambda_k^2\boldsymbol{\Sigma}_{22}^{-\frac{1}{2}}\boldsymbol{f}_k$$

即 $\boldsymbol{\Sigma}_{22}^{-1}\boldsymbol{\Sigma}_{21}\boldsymbol{\Sigma}_{11}^{-1}\boldsymbol{\Sigma}_{12}$ 的对应于 λ_k^2 的特征向量为 $\boldsymbol{\Sigma}_{22}^{-\frac{1}{2}}\boldsymbol{f}_k$. 令 $\boldsymbol{b}_k=\boldsymbol{\Sigma}_{22}^{-\frac{1}{2}}\boldsymbol{f}_k$, 则

$$V_k=\boldsymbol{b}_k^{\mathrm{T}}\boldsymbol{Y}=\boldsymbol{f}_k^{\mathrm{T}}\boldsymbol{\Sigma}_{22}^{-\frac{1}{2}}\boldsymbol{Y}$$

8.1.2 典型相关分析的性质

(1) 每一对典型相关变量 U_k 和 V_k 的标准差为 1, $k=1,2,\cdots,p$.

证明

$$\begin{aligned}\mathrm{var}(U_k)&=\mathrm{var}(\boldsymbol{e}_k^{\mathrm{T}}\boldsymbol{\Sigma}_{11}^{-\frac{1}{2}}\boldsymbol{X})=\boldsymbol{e}_k^{\mathrm{T}}\boldsymbol{\Sigma}_{11}^{-\frac{1}{2}}\mathrm{cov}(\boldsymbol{X})\boldsymbol{\Sigma}_{11}^{-\frac{1}{2}}\boldsymbol{e}_k\\&=\boldsymbol{e}_k^{\mathrm{T}}\boldsymbol{\Sigma}_{11}^{-\frac{1}{2}}\boldsymbol{\Sigma}_{11}\boldsymbol{\Sigma}_{11}^{-\frac{1}{2}}\boldsymbol{e}_k=\boldsymbol{e}_k^{\mathrm{T}}\boldsymbol{e}_k=1\end{aligned}$$

同理, 可证 $\mathrm{var}(V_k)=1, k=1,2,\cdots,p$.

(2) 典型相关变量 U_k 和 V_k 之间的相关系数为 λ_k, 即 $\mathrm{cov}(U_k,V_k)=\lambda_k, k=1,2,\cdots,p$.

证明 对 $k=1,2,\cdots,p$, 首先给出 $\boldsymbol{T}\boldsymbol{T}^{\mathrm{T}}$ 的第 k 大特征值 λ_k^2 对应的单位正交化特征向量 $\boldsymbol{e}_k$ 和 $\boldsymbol{T}^{\mathrm{T}}\boldsymbol{T}$ 的第 k 大特征值对应的单位正交化特征向量 $\boldsymbol{f}_k$ 之间的联系. 在

$$\boldsymbol{T}\boldsymbol{T}^{\mathrm{T}}\boldsymbol{e}_k=\lambda_k^2\boldsymbol{e}_k \tag{8.13}$$

两边左乘 $\boldsymbol{\Sigma}_{22}^{-\frac{1}{2}}\boldsymbol{\Sigma}_{21}\boldsymbol{\Sigma}_{11}^{-\frac{1}{2}}$, 根据式 (8.10), 得

$$\boldsymbol{\Sigma}_{22}^{-\frac{1}{2}}\boldsymbol{\Sigma}_{21}\boldsymbol{\Sigma}_{11}^{-\frac{1}{2}}\boldsymbol{\Sigma}_{11}^{-\frac{1}{2}}\boldsymbol{\Sigma}_{12}\boldsymbol{\Sigma}_{22}^{-\frac{1}{2}}(\boldsymbol{\Sigma}_{22}^{-\frac{1}{2}}\boldsymbol{\Sigma}_{21}\boldsymbol{\Sigma}_{11}^{-\frac{1}{2}})\boldsymbol{e}_k=\lambda_k^2(\boldsymbol{\Sigma}_{22}^{-\frac{1}{2}}\boldsymbol{\Sigma}_{21}\boldsymbol{\Sigma}_{11}^{-\frac{1}{2}})\boldsymbol{e}_k$$

由式 (8.11) 给出的 $\boldsymbol{T}^{\mathrm{T}}\boldsymbol{T}$ 的表达式, 上式等价于

$$\boldsymbol{T}^{\mathrm{T}}\boldsymbol{T}\boldsymbol{\Sigma}_{22}^{-\frac{1}{2}}\boldsymbol{\Sigma}_{21}\boldsymbol{\Sigma}_{11}^{-\frac{1}{2}}\boldsymbol{e}_k=\lambda_k^2\boldsymbol{\Sigma}_{22}^{-\frac{1}{2}}\boldsymbol{\Sigma}_{21}\boldsymbol{\Sigma}_{11}^{-\frac{1}{2}}\boldsymbol{e}_k$$

令 $\boldsymbol{f}_k^* = \boldsymbol{\Sigma}_{22}^{-\frac{1}{2}}\boldsymbol{\Sigma}_{21}\boldsymbol{\Sigma}_{11}^{-\frac{1}{2}}\boldsymbol{e}_k$, 则 $\boldsymbol{f}_k^*$ 为 $\boldsymbol{T}^{\mathrm{T}}\boldsymbol{T}$ 的第 k 大特征值 λ_k^2 对应的特征向量, 下面对 $\boldsymbol{f}_k^*$ 作标准化处理.

根据式 (8.13) 和 $\boldsymbol{\Sigma}_{12} = \boldsymbol{\Sigma}_{21}^{\mathrm{T}}$, 有

$$\begin{aligned}(\boldsymbol{f}_k^*)^{\mathrm{T}}\boldsymbol{f}_k^* &= \boldsymbol{e}_k^{\mathrm{T}}\boldsymbol{\Sigma}_{11}^{-\frac{1}{2}}\boldsymbol{\Sigma}_{12}\boldsymbol{\Sigma}_{22}^{-\frac{1}{2}}\boldsymbol{\Sigma}_{22}^{-\frac{1}{2}}\boldsymbol{\Sigma}_{21}\boldsymbol{\Sigma}_{11}^{-\frac{1}{2}}\boldsymbol{e}_k\\ &= \boldsymbol{e}_k^{\mathrm{T}}\boldsymbol{T}\boldsymbol{T}^{\mathrm{T}}\boldsymbol{e}_k = \lambda_k^2\boldsymbol{e}_k^{\mathrm{T}}\boldsymbol{e}_k = \lambda_k^2\end{aligned}$$

所以, $\boldsymbol{T}^{\mathrm{T}}\boldsymbol{T}$ 的特征值 λ_k^2 对应的单位正交化特征向量为

$$\boldsymbol{f}_k = \frac{1}{\lambda_k}\boldsymbol{f}_k^* = \frac{1}{\lambda_k}\boldsymbol{\Sigma}_{22}^{-\frac{1}{2}}\boldsymbol{\Sigma}_{21}\boldsymbol{\Sigma}_{11}^{-\frac{1}{2}}\boldsymbol{e}_k$$

下面计算 U_k 与 V_k 的协方差:

$$\begin{aligned}\mathrm{cov}(U_k, V_k) &= \mathrm{cov}(\boldsymbol{e}_k^{\mathrm{T}}\boldsymbol{\Sigma}_{11}^{-\frac{1}{2}}\boldsymbol{X}, \boldsymbol{f}_k^{\mathrm{T}}\boldsymbol{\Sigma}_{22}^{-\frac{1}{2}}\boldsymbol{Y}) = \boldsymbol{e}_k^{\mathrm{T}}\boldsymbol{\Sigma}_{11}^{-\frac{1}{2}}\mathrm{cov}(\boldsymbol{X}, \boldsymbol{Y})\boldsymbol{\Sigma}_{22}^{-\frac{1}{2}}\boldsymbol{f}_k\\ &= \boldsymbol{e}_k^{\mathrm{T}}\boldsymbol{\Sigma}_{11}^{-\frac{1}{2}}\boldsymbol{\Sigma}_{12}\boldsymbol{\Sigma}_{22}^{-\frac{1}{2}}\frac{1}{\lambda_k}\boldsymbol{\Sigma}_{22}^{-\frac{1}{2}}\boldsymbol{\Sigma}_{21}\boldsymbol{\Sigma}_{11}^{-\frac{1}{2}}\boldsymbol{e}_k = \frac{1}{\lambda_k}\boldsymbol{e}_k^{\mathrm{T}}(\boldsymbol{T}\boldsymbol{T}^{\mathrm{T}})\boldsymbol{e}_k\\ &= \frac{1}{\lambda_k}\boldsymbol{e}_k^{\mathrm{T}}\lambda_k^2\boldsymbol{e}_k = \lambda_k\boldsymbol{e}_k^{\mathrm{T}}\boldsymbol{e}_k = \lambda_k\end{aligned}$$

这里倒数第三个等式是根据式 (8.13) 得到的.

(3) 不同对的典型相关变量 U_i 和 V_j 互不相关, 即 $\mathrm{cov}(U_i, V_j) = 0, i \neq j, i, j = 1, 2, \cdots, p$.

证明

$$\begin{aligned}\mathrm{cov}(U_i, V_j) &= \mathrm{cov}(\boldsymbol{e}_i^{\mathrm{T}}\boldsymbol{\Sigma}_{11}^{-\frac{1}{2}}\boldsymbol{X}, \boldsymbol{f}_j^{\mathrm{T}}\boldsymbol{\Sigma}_{22}^{-\frac{1}{2}}\boldsymbol{Y}) = \boldsymbol{e}_i^{\mathrm{T}}\boldsymbol{\Sigma}_{11}^{-\frac{1}{2}}\mathrm{cov}(\boldsymbol{X}, \boldsymbol{Y})\boldsymbol{\Sigma}_{22}^{-\frac{1}{2}}\boldsymbol{f}_j\\ &= \boldsymbol{e}_i^{\mathrm{T}}\boldsymbol{\Sigma}_{11}^{-\frac{1}{2}}\boldsymbol{\Sigma}_{12}\boldsymbol{\Sigma}_{22}^{-\frac{1}{2}}\frac{1}{\lambda_j}\boldsymbol{\Sigma}_{22}^{-\frac{1}{2}}\boldsymbol{\Sigma}_{21}\boldsymbol{\Sigma}_{11}^{-\frac{1}{2}}\boldsymbol{e}_j = \frac{1}{\lambda_j}\boldsymbol{e}_i^{\mathrm{T}}\boldsymbol{T}\boldsymbol{T}^{\mathrm{T}}\boldsymbol{e}_j\\ &= \frac{1}{\lambda_j}\boldsymbol{e}_i^{\mathrm{T}}\lambda_j^2\boldsymbol{e}_j = 0\end{aligned}$$

其中倒数第二个等式是根据式 (8.13) 得到的.

(4) 对 $i \neq j$, U_i 和 U_j, V_i 和 V_j 互不相关, 即 $\mathrm{cov}(U_i, U_j) = 0, \mathrm{cov}(V_i, V_j) = 0$.

证明

$$\begin{aligned}\mathrm{cov}(U_i, U_j) &= \mathrm{cov}(\boldsymbol{e}_i^{\mathrm{T}}\boldsymbol{\Sigma}_{11}^{-\frac{1}{2}}\boldsymbol{X}, \boldsymbol{e}_j^{\mathrm{T}}\boldsymbol{\Sigma}_{11}^{-\frac{1}{2}}\boldsymbol{X}) = \boldsymbol{e}_i^{\mathrm{T}}\boldsymbol{\Sigma}_{11}^{-\frac{1}{2}}\mathrm{cov}(\boldsymbol{X}, \boldsymbol{X})\boldsymbol{\Sigma}_{11}^{-\frac{1}{2}}\boldsymbol{e}_j\\ &= \boldsymbol{e}_i^{\mathrm{T}}\boldsymbol{\Sigma}_{11}^{-\frac{1}{2}}\boldsymbol{\Sigma}_{11}\boldsymbol{\Sigma}_{11}^{-\frac{1}{2}}\boldsymbol{e}_j = \boldsymbol{e}_i^{\mathrm{T}}\boldsymbol{e}_j = 0\end{aligned}$$

同理, 可证 $\mathrm{cov}(V_i, V_j) = 0$.

例 8.1 已知 $\boldsymbol{X} = (X_1, X_2)^{\mathrm{T}}$ 与 $\boldsymbol{Y} = (Y_1, Y_2)^{\mathrm{T}}$ 的协方差矩阵为

$$\boldsymbol{\Sigma} = \begin{pmatrix}\boldsymbol{\Sigma}_{11} & \boldsymbol{\Sigma}_{12}\\ \boldsymbol{\Sigma}_{21} & \boldsymbol{\Sigma}_{22}\end{pmatrix} = \begin{pmatrix}1 & 0 & 0 & 0\\ 0 & 1 & 0.95 & 0\\ 0 & 0.95 & 1 & 0\\ 0 & 0 & 0 & 1\end{pmatrix}$$

试求 $\boldsymbol{X}$ 和 $\boldsymbol{Y}$ 的第一对典型相关变量和相应的典型相关系数.

解　由 $\boldsymbol{X}$ 与 $\boldsymbol{Y}$ 的协方差矩阵 $\boldsymbol{\Sigma}$ 即可求出

$$\boldsymbol{\Sigma}_{11}^{-1}=\begin{pmatrix}1&0\\0&1\end{pmatrix}\quad \boldsymbol{\Sigma}_{22}^{-1}=\begin{pmatrix}1&0\\0&1\end{pmatrix}$$

$$\boldsymbol{\Sigma}_{12}=\boldsymbol{\Sigma}_{21}^{\mathrm{T}}=\begin{pmatrix}0&0\\0.95&0\end{pmatrix}$$

所以

$$\boldsymbol{\Sigma}_{11}^{-1}\boldsymbol{\Sigma}_{12}\boldsymbol{\Sigma}_{22}^{-1}\boldsymbol{\Sigma}_{21}=\begin{pmatrix}0&0\\0&0.95^2\end{pmatrix}$$

令

$$|\lambda\boldsymbol{I}-\boldsymbol{\Sigma}_{11}^{-1}\boldsymbol{\Sigma}_{12}\boldsymbol{\Sigma}_{22}^{-1}\boldsymbol{\Sigma}_{21}|=0$$

其中

$$\boldsymbol{I}=\begin{pmatrix}1&0\\0&1\end{pmatrix}$$

得 $\boldsymbol{\Sigma}_{11}^{-1}\boldsymbol{\Sigma}_{12}\boldsymbol{\Sigma}_{22}^{-1}\boldsymbol{\Sigma}_{21}$ 的特征值为 $\lambda_1^2=0.95^2,\lambda_2^2=0$, 对应于 λ_1^2 的单位化特征向量为 $(0,1)^{\mathrm{T}}$. 所以, 满足 $\boldsymbol{a}^{\mathrm{T}}\boldsymbol{\Sigma}_{11}\boldsymbol{a}=1$ 的向量 $\boldsymbol{a}$ 为

$$\boldsymbol{a}=\boldsymbol{\Sigma}_{11}^{-\frac{1}{2}}\begin{pmatrix}0\\1\end{pmatrix}=\begin{pmatrix}0\\1\end{pmatrix}$$

类似地, $\boldsymbol{\Sigma}_{22}^{-1}\boldsymbol{\Sigma}_{21}\boldsymbol{\Sigma}_{11}^{-1}\boldsymbol{\Sigma}_{12}$ 的特征值也为 $\lambda_1^2=0.95^2,\lambda_2^2=0$, 对应于 λ_1^2 的单位化特征向量为 $(1,0)^{\mathrm{T}}$, 进而

$$\boldsymbol{b}=\boldsymbol{\Sigma}_{22}^{-\frac{1}{2}}\begin{pmatrix}1\\0\end{pmatrix}=\begin{pmatrix}1\\0\end{pmatrix}$$

所以第一对典型相关变量为

$$U_1=\boldsymbol{a}^{\mathrm{T}}\boldsymbol{X}=(0,1)\begin{pmatrix}X_1\\X_2\end{pmatrix}=X_2$$

$$V_1=\boldsymbol{b}^{\mathrm{T}}\boldsymbol{Y}=(1,0)\begin{pmatrix}Y_1\\Y_2\end{pmatrix}=Y_1$$

U_1 与 V_1 的相关系数为

$$\rho=\sqrt{\lambda_1^2}=0.95$$

8.2　样本的典型相关变量

在实际研究中常常并不知道总体的协方差矩阵, 一般采用样本协方差矩阵代替总体协方差矩阵. 设 $\begin{pmatrix} \boldsymbol{X}_i \\ \boldsymbol{Y}_i \end{pmatrix}$ $(i=1,2,\cdots,n)$ 是取自总体 $\begin{pmatrix} \boldsymbol{X}_{(p\times 1)} \\ \boldsymbol{Y}_{(q\times 1)} \end{pmatrix}$ 的一个大小为 n 的样本, 则样本协方差矩阵为

$$\boldsymbol{S}_{(p+q)\times(p+q)} = \begin{pmatrix} \boldsymbol{S}_{11(p\times p)} & \boldsymbol{S}_{12(p\times q)} \\ \boldsymbol{S}_{21(q\times p)} & \boldsymbol{S}_{22(q\times q)} \end{pmatrix}$$

其中,

$$\boldsymbol{S}_{11} = \frac{1}{n-1}\sum_{i=1}^{n}(\boldsymbol{X}_i - \bar{\boldsymbol{X}})(\boldsymbol{X}_i - \bar{\boldsymbol{X}})^{\mathrm{T}} \quad \bar{\boldsymbol{X}} = \frac{1}{n}\sum_{i=1}^{n}\boldsymbol{X}_i$$

$$\boldsymbol{S}_{22} = \frac{1}{n-1}\sum_{i=1}^{n}(\boldsymbol{Y}_i - \bar{\boldsymbol{Y}})(\boldsymbol{Y}_i - \bar{\boldsymbol{Y}})^{\mathrm{T}} \quad \bar{\boldsymbol{Y}} = \frac{1}{n}\sum_{i=1}^{n}\boldsymbol{Y}_i$$

$$\boldsymbol{S}_{12} = \boldsymbol{S}_{21}^{\mathrm{T}} = \frac{1}{n-1}\sum_{i=1}^{n}(\boldsymbol{X}_i - \bar{\boldsymbol{X}})(\boldsymbol{Y}_i - \bar{\boldsymbol{Y}})^{\mathrm{T}}$$

类似于求解总体典型相关变量的方法, 即可求得样本的典型相关系数和典型相关变量.

下面应用 R 软件编程分析例 8.2.

例 8.2　在 140 个学生中进行了阅读速度 X_1、阅读能力 X_2、运算速度 X_3、运算能力 X_4 共 4 种测验, 由所得测验成绩算出 X_1,X_2,X_3,X_4 的相关系数矩阵为

$$\boldsymbol{R} = \begin{pmatrix} 1 & 0.63 & 0.24 & 0.59 \\ 0.63 & 1 & -0.06 & 0.07 \\ 0.24 & -0.06 & 1 & 0.42 \\ 0.59 & 0.07 & 0.42 & 1 \end{pmatrix}$$

试分析学生的阅读能力和运算能力之间的相关程度.

解　为研究学生的阅读能力和运算能力之间的相关程度, 记 $\boldsymbol{X} = (X_1, X_2)$, $\boldsymbol{Y} = (X_3, X_4)$, 对 $\boldsymbol{X},\boldsymbol{Y}$ 进行典型相关分析. 首先由相关系数矩阵

$$\boldsymbol{R} = \begin{pmatrix} \boldsymbol{R}_{11} & \boldsymbol{R}_{12} \\ \boldsymbol{R}_{21} & \boldsymbol{R}_{22} \end{pmatrix}$$

计算出 $\boldsymbol{R}_{11}^{-1}\boldsymbol{R}_{12}\boldsymbol{R}_{22}^{-1}\boldsymbol{R}_{21}$, 计算其特征值和相应的单位化特征向量, 进而求得典型相关系数和典型相关变量.

R 程序及输出结果

```
> a=c(1,0.63,0.24,0.59,0.63,1,-0.06,0.07,0.24,-0.06,1,0.42,0.59,
+ 0.07,0.42,1) %由相关系数矩阵中元素创建向量a
> R=matrix(data=a,ncol=4,nrow=4,byrow=T) %生成4行4列的相关系数矩阵R
> R11=R[1:2,1:2] %取矩阵R的1-2行, 1-2列构成矩阵
> R12=R[1:2,3:4] %取矩阵R的1-2行, 3-4列构成矩阵
```

```
> R21=R[3:4,1:2]
> R22=R[3:4,3:4]
> A=solve(R11)%*%R12%*%solve(R22)%*%R21  %solve表示对矩阵求逆
> eigen(A)  %求矩阵A的特征值和特征向量
$values
[1] 0.50255340 0.01091574
$vectors
           [,1]       [,2]
[1,]  0.8715828 -0.1040107
[2,] -0.4902484  0.9945762
```

根据以上计算知 $\boldsymbol{R}_{11}^{-1}\boldsymbol{R}_{12}\boldsymbol{R}_{22}^{-1}\boldsymbol{R}_{21}$ 的特征值为 $\lambda_1 = 0.502\ 6$ 和 $\lambda_2 = 0.010\ 9$, 对应的单位正交化特征向量分别为 $\boldsymbol{e}_1 = (0.871\ 6, -0.490\ 2)$ 和 $\boldsymbol{e}_2 = (-0.104\ 0, 0.994\ 6)$. 第一对典型相关变量

$$\begin{cases} U_1 = \left(\boldsymbol{R}_{11}^{-\frac{1}{2}}\boldsymbol{e}_1\right)^{\mathrm{T}}\boldsymbol{X} \\ V_1 = \left(\dfrac{1}{\lambda_1}\boldsymbol{R}_{22}^{-1}\boldsymbol{R}_{21}\boldsymbol{R}_{11}^{-\frac{1}{2}}\boldsymbol{e}_1\right)^{\mathrm{T}}\boldsymbol{Y} \end{cases} \tag{8.14}$$

下面计算 $\boldsymbol{R}_{11}^{-\frac{1}{2}}$, 因为 $\boldsymbol{R}_{11}^{-1}$ 是对称矩阵, 所以存在正交矩阵 $\boldsymbol{\Gamma}$ 和对角阵

$$\boldsymbol{\Lambda} = \begin{pmatrix} u_1 & 0 \\ 0 & u_2 \end{pmatrix}$$

使得 $\boldsymbol{R}_{11}^{-1} = \boldsymbol{\Gamma}\boldsymbol{\Lambda}\boldsymbol{\Gamma}^{\mathrm{T}}$, 令

$$\boldsymbol{\Lambda}^{\frac{1}{2}} = \begin{pmatrix} \sqrt{u_1} & 0 \\ 0 & \sqrt{u_2} \end{pmatrix} \quad \boldsymbol{R}_{11}^{-\frac{1}{2}} = \boldsymbol{\Gamma}\boldsymbol{\Lambda}^{\frac{1}{2}}\boldsymbol{\Gamma}^{\mathrm{T}}$$

则有

$$\boldsymbol{R}_{11}^{-1} = \boldsymbol{\Gamma}\boldsymbol{\Lambda}^{\frac{1}{2}}\boldsymbol{\Lambda}^{\frac{1}{2}}\boldsymbol{\Gamma}^{\mathrm{T}} = \boldsymbol{\Gamma}\boldsymbol{\Lambda}^{\frac{1}{2}}\boldsymbol{\Gamma}^{\mathrm{T}}\boldsymbol{\Gamma}\boldsymbol{\Lambda}^{\frac{1}{2}}\boldsymbol{\Gamma}^{\mathrm{T}} = \boldsymbol{R}_{11}^{-\frac{1}{2}}\boldsymbol{R}_{11}^{-\frac{1}{2}}$$

所以, $\boldsymbol{R}_{11}^{-\frac{1}{2}} = \boldsymbol{\Gamma}\boldsymbol{\Lambda}^{\frac{1}{2}}\boldsymbol{\Gamma}^{\mathrm{T}}$.

根据以上计算, 编写 R 程序如下.

R 程序及输出结果

```
> Iv11=solve(R11)  %计算R11的逆矩阵Iv11
> Q=Schur(Iv11)$Q  %将Iv11分解成QTt(Q),其中Q是正交阵, T是对角阵, t(Q)表示Q的转置
> Q
           [,1]       [,2]

[1,] -0.7071068  0.7071068
[2,] -0.7071068 -0.7071068
> T=Schur(Iv11)$T
> T
```

```
          [,1]      [,2]
[1,] 0.6134969 0.000000
[2,] 0.0000000 2.702703
> sqrtIv=Q%*%sqrt(T)%*%t(Q)  %将Iv11分解为两个相同矩阵的乘积, 即求sqrtIv使
得Iv11=sqrtIv*sqrtIv
> sqrtIv
           [,1]       [,2]
[1,]  1.2136252 -0.4303647
[2,] -0.4303647  1.2136252
> vector=eigen(A)$vectors    %将A的特征向量赋值给vector
> x=vector[,1]    %取vector的第一列赋给向量x, 即x为A的第一特征值对应的单位
特征向量
> x
[1]  0.8715828 -0.4902484
> a=sqrtIv%*%x   %根据式(8.14)计算第一对典型相关变量U1的相关向量
> a
           [,1]
[1,]  1.2687604
[2,] -0.9700762
> lam1=eigen(A)$values[1]  %将A的第一特征值赋值给lam1
> b=1/lam1*solve(R22)%*%R21%*%sqrtIv%*%x  %根据式(8.14)计算第一对典型相
关变量V1的相关向量
> b
          [,1]
[1,] 0.1856196
[2,] 1.2764497
```

所以, 第一对典型相关变量为

$$U_1 = 1.268\,8X_1 - 0.970\,1X_2 \quad V_1 = 0.185\,6X_1 + 1.276\,4X_2$$

对 $\boldsymbol{R}_{11}^{-1}\boldsymbol{R}_{12}\boldsymbol{R}_{22}^{-1}\boldsymbol{R}_{21}$ 的特征值开方可得相应的典型相关系数.

R 程序及输出结果

```
> ev=eigen(A)$values
> sqrt(ev)
[1] 0.7089100 0.1044784
```

由程序结果可以看到第一对典型相关变量 U_1, V_1 间的典型相关系数为 0.708 9, 大于两组原变量之间的相关系数.

在 R 软件中, cancor() 是作典型相关分析的函数, 其使用格式为

cancor(x, y, xcenter = TRUE, ycenter = TRUE)

其中, x, y 是两组变量的数据矩阵; xcenter=TRUE 表示将第一组数据中心化; ycenter=

TRUE 表示将第二组数据中心化, xcenter=FALSE, ycenter=FALSE 表示对数据不作中心化处理, 缺省值是 TRUE. 下面应用 cancor 语句对下例进行典型相关分析.

例 8.3 某学校为研究学生体质和运动能力的关系, 测试了 35 名学生的 7 项体质数据和 5 项运动数据, 体质情况和运动能力指标如下.

X_1: 反复横荡次数 (次/min). X_2: 纵跳高度 (cm). X_3: 背力 (N). X_4: 握力 (N). X_5: 踏台升降指数. X_6: 立姿体前屈 (次/min). X_7: 卧姿上体后仰 (次/min).

Y_1: 50 m 跑 (s). Y_2: 1 000 m 长跑 (s). Y_3: 投掷 (m). Y_4: 悬垂次数 (次). Y_5: 持久走 (min).

具体数据见表 8.1, 试对这两组数据进行典型相关分析.

表 8.1 学生体质与运动能力数据

学生序号	X_1	X_2	X_3	X_4	X_5	X_6	X_7	Y_1	Y_2	Y_3	Y_4	Y_5
1	46	55	126	51	75	25	72	6.8	489	27	8	360
2	52	55	95	42	81.2	18	50	7.2	464	30	5	348
3	46	69	107	38	98	18	74	6.8	430	32	9	386
4	49	50	105	48	97.6	16	60	6.8	362	26	6	331
5	42	55	90	46	66.5	2	68	7.2	453	23	11	391
6	48	61	106	43	78	25	58	7	405	29	7	389
7	49	60	100	49	90.6	15	60	7	420	21	10	379
8	48	63	122	52	56	17	68	7	466	28	2	362
9	45	55	105	48	76	15	61	6.8	415	24	6	386
10	48	64	120	38	60.2	20	62	7	413	28	7	398
11	49	52	100	42	53.4	6	42	7.4	404	23	6	400
12	47	62	100	34	61.2	10	62	7.2	427	25	7	407
13	41	51	101	53	62.4	5	60	8	372	25	3	409
14	52	55	125	43	86.3	5	62	6.8	496	30	10	350
15	45	52	94	50	51.4	20	65	7.6	394	24	3	399
16	49	57	110	47	72.3	19	45	7	446	30	11	337
17	53	65	112	47	90.4	15	75	6.6	420	30	12	357
18	47	57	95	47	72.3	9	64	6.6	447	25	4	447
19	48	60	120	47	86.4	12	62	6.8	398	28	11	381
20	49	55	113	41	84.1	15	60	7	398	27	4	387
21	48	69	128	42	47.9	20	63	7	485	30	7	350
22	42	57	122	46	54.2	15	63	7.2	400	28	6	388
23	54	64	155	51	71.4	19	61	6.9	511	33	12	298
24	53	63	120	42	56.6	8	53	7.5	430	29	4	353
25	42	71	138	44	65.2	17	55	7	487	29	9	370
26	46	66	120	45	62.2	22	68	7.4	470	28	7	360
27	45	56	91	29	66.2	18	51	7.9	380	26	5	358
28	50	60	120	42	56.6	8	57	6.8	460	32	5	348
29	42	51	126	50	50	13	57	7.7	398	27	2	383
30	48	50	115	41	52.9	6	39	7.4	415	28	6	314
31	42	52	140	48	56.3	15	60	6.9	470	27	11	348
32	48	67	105	39	69.2	23	60	7.6	450	28	10	326
33	49	74	151	49	54.2	20	58	7	500	30	12	330
34	47	55	113	40	71.4	19	64	7.6	410	29	7	331
35	49	74	120	53	54.5	22	59	6.9	500	33	21	348

解　从文本文件读取数据后先将数据标准化, 再调用函数 cancor() 进行计算.

R 程序及输出结果

```
> sport=read.table("sports.txt")
> sport=scale(sport)  %对数据进行标准化处理
> ca=cancor(sport[,1:7],sport[,8:12]) %对sport的前7列数据和后5列数据作
典型相关分析
> ca  %显示计算结果
$cor
[1] 0.8497492 0.7081368 0.6363887 0.3785735 0.2741635

$xcoef
          [,1]        [,2]         [,3]         [,4]          [,5]
V1 -0.074364253  0.05687178  0.044941933 -0.074689381 -0.0184044540
V2 -0.029552575 -0.17438226 -0.086798474  0.098844653  0.0009133340
V3 -0.116279762  0.05048813  0.054093266 -0.047585301 -0.0010618417
V4 -0.002230703 -0.03285759 -0.071407725  0.006470289  0.1655440735
V5 -0.044172443  0.06693006 -0.148797838  0.089975303 -0.0007808792
V6 -0.018524039  0.04771484  0.055894384  0.071469126 -0.0117132185
V7  0.007440819 -0.01790168 -0.008671828 -0.182549732 -0.0895040653
          [,6]         [,7]
V1 -0.001061579  0.160426268
V2  0.062339006  0.025337734
V3  0.042902019 -0.149584139
V4 -0.035654170  0.053200025
V5  0.039556381 -0.091214069
V6 -0.164932905  0.007601253
V7 -0.064236402  0.015177658

$ycoef
           [,1]        [,2]        [,3]        [,4]         [,5]
V8   0.075524216 -0.11272061  0.12212204  0.09279625 -0.000741715
V9  -0.025138550 -0.12737799  0.08718245 -0.12381013  0.106480267
V10 -0.066957799 -0.06309581  0.03241465  0.03133448 -0.206474716
V11  0.003027899 -0.08855847 -0.10059169  0.16265703  0.040449367
V12  0.074601379 -0.16880776 -0.05968499 -0.03800178 -0.105140375

$xcenter
           V1            V2            V3            V4
-6.415503e-16 -2.930196e-16  1.394718e-16 -1.492853e-16
           V5            V6            V7
 4.147476e-16  1.252966e-16 -3.241455e-17
```

```
$ycenter
           V8            V9           V10           V11
 7.866723e-16 -1.950820e-16 -2.858824e-16  8.762832e-17
          V12
-5.836601e-16
```

计算结果中 cor 是典型相关系数, xcoef 是典型相关变量 U 的系数矩阵 $\boldsymbol{A}$ 的转置, ycoef 是典型相关变量 V 的系数矩阵 $\boldsymbol{B}$ 的转置. xcenter 是第一组数据的中心, 即第一组数据的样本均值, ycenter 是第二组数据的中心, 即第二组数据的样本均值. 由于已对数据作了标准化处理, 所以这里计算的样本均值为 0. 根据程序结果, $\boldsymbol{X}=(X_1,X_2\cdots,X_7)$ 和 $\boldsymbol{Y}=(Y_1,Y_2\cdots,Y_5)$ 的 5 对典型相关变量分别为

$$\begin{cases}U_1=-0.074X_1^*-0.030X_2^*-0.116X_3^*-0.002X_4^*-0.044X_5^*-0.019X_6^*+0.007X_7^*\\U_2=0.057X_1^*-0.174X_2^*+0.050X_3^*-0.033X_4^*+0.067X_5^*+0.048X_6^*-0.018X_7^*\\U_3=0.045X_1^*-0.087X_2^*+0.054X_3^*-0.071X_4^*-0.149X_5^*+0.056X_6^*-0.009X_7^*\\U_4=-0.075X_1^*+0.099X_2^*-0.048X_3^*+0.006X_4^*+0.090X_5^*+0.071X_6^*-0.183X_7^*\\U_5=-0.018X_1^*+0.001X_2^*-0.001X_3^*+0.166X_4^*-0.001X_5^*-0.012X_6^*-0.090X_7^*\end{cases}$$

$$\begin{cases}V_1=0.076Y_1^*-0.025Y_2^*-0.067Y_3^*+0.003Y_4^*+0.075Y_5^*\\V_2=-0.113Y_1^*-0.127Y_2^*-0.063Y_3^*-0.089Y_4^*-0.169Y_5^*\\V_3=0.122Y_1^*+0.087Y_2^*+0.032Y_3^*-0.101Y_4^*-0.060Y_5^*\\V_4=0.093Y_1^*-0.124Y_2^*+0.031Y_3^*+0.163Y_4^*-0.038Y_5^*\\V_5=-0.001Y_1^*+0.106Y_2^*-0.206Y_3^*+0.040Y_4^*-0.105Y_5^*\end{cases}$$

其中, $X_i^*,Y_j^*,i=1,2,\cdots,7,j=1,2,\cdots,5$ 是标准化后的数据. 相应的典型相关系数为

$$\begin{array}{lll}\operatorname{cor}(U_1,V_1)=0.850 & \operatorname{cor}(U_2,V_2)=0.708 & \operatorname{cor}(U_3,V_3)=0.636\\\operatorname{cor}(U_4,V_4)=0.379 & \operatorname{cor}(U_5,V_5)=0.274 & \end{array}$$

下面计算样本数据在典型相关变量下的得分, 因为 $U=\boldsymbol{AX},V=\boldsymbol{BY}$, 所以

R 程序及输出结果

```
> U<-as.matrix(sport[,1:7])%*%ca$xcoef
> V<-as.matrix(sport[,8:12])%*%ca$ycoef
```

画出典型相关变量 U_1,V_1 和 U_5,V_5 对应的样本数据散点图.

R 程序及输出结果

```
> plot(U[,1], V[,1], xlab="U1", ylab="V1")
> plot(U[,5], V[,5], xlab="U5", ylab="V5")
```

图 8.1 中的点基本在一条直线附近, 这是由于第一对典型相关变量 U_1,V_1 的相关系数为 0.85, 接近于 1, 所以其散点图接近一条直线; 而图 8.2 中的点很分散, 这是由于第五对典型相关变量 U_5,V_5 的相关系数为 0.274, 接近于 0, 所以散点图中的点很分散.

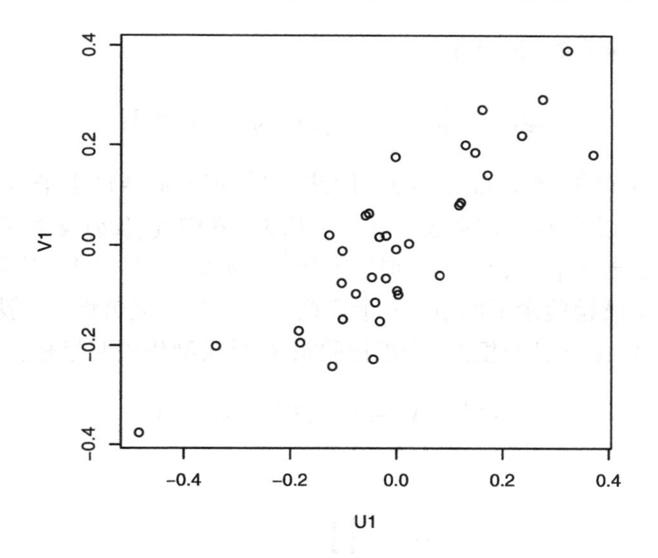

图 8.1 第一对典型相关变量的样本散点图

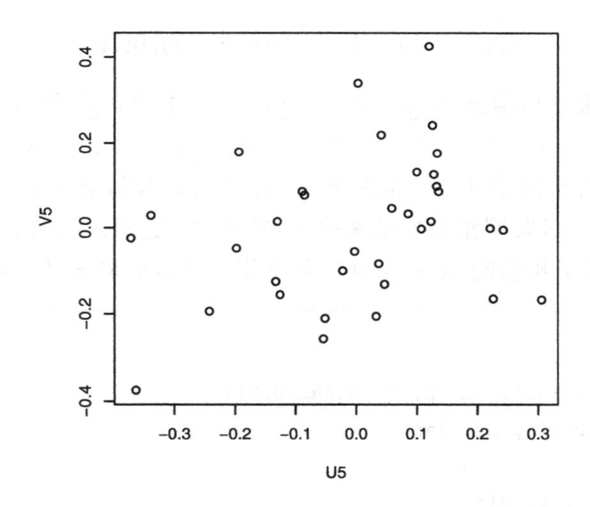

图 8.2 第五对典型相关变量的样本散点图

8.3 典型相关系数的显著性检验

如果 $\boldsymbol{X}$ 与 $\boldsymbol{Y}$ 互不相关, 则 $\boldsymbol{X},\boldsymbol{Y}$ 的协方差矩阵 $\boldsymbol{\Sigma}_{12}=\boldsymbol{0}$, 进而典型相关系数 $\lambda_k=\boldsymbol{a}_k^{\mathrm{T}}\boldsymbol{\Sigma}_{12}\boldsymbol{b}_k=0,k=1,2,\cdots,p$. 因此, 检验 $\boldsymbol{X},\boldsymbol{Y}$ 是否显著相关等价于检验 $\lambda_1=\lambda_2=\cdots=\lambda_p=0$. 又由于 $\lambda_1\geqslant\lambda_2\geqslant\cdots\geqslant\lambda_p$, 所以首先检验

$$H_0^{(1)}:\lambda_1=0\quad H_1^{(1)}:\lambda_1\neq 0$$

当 $(\boldsymbol{X},\boldsymbol{Y})^{\mathrm{T}}\sim N_{p+q}(\boldsymbol{\mu},\boldsymbol{\Sigma})$ 时, 令

$$\Lambda_1=\prod_{i=1}^{p}(1-\lambda_i^2)$$

当 n 充分大且 $H_0^{(1)}$ 为真时, 统计量

$$Q_1 = -[n-1-\frac{1}{2}(p+q+1)]\ln \Lambda_1$$

渐近服从自由度为 pq 的 χ^2 分布 $\chi^2(pq)$. 因此, 对给定的显著性水平 α, 若 $Q_1 > \chi^2_\alpha(pq)$, 则拒绝原假设 $H_0^{(1)}$, 说明第一对典型变量显著相关, 其中 $\chi^2_\alpha(pq)$ 表示自由度为 pq 的 χ^2 分布的上 α 分位数; 若 $Q_1 \leqslant \chi^2_\alpha(pq)$, 则接受 $H_0^{(1)}$, 即认为 $\boldsymbol{X}$ 与 $\boldsymbol{Y}$ 不相关.

拒绝 $H_0^{(1)}$ 后, 继续检验余下的 $p-1$ 个典型相关变量的显著性. 一般地, 若前 $k-1$ 对典型相关变量在水平 α 下显著相关, 则需检验第 k 对典型相关变量是否显著相关, 即检验

$$H_0^{(k)}: \lambda_k = 0 \quad H_1^{(k)}: \lambda_k \neq 0$$

计算

$$\Lambda_k = \prod_{i=k}^{p}(1-\lambda_i^2)$$

统计量

$$Q_k = -[n-k-\frac{1}{2}(p+q+1)]\ln \Lambda_k$$

在 $H_0^{(k)}$ 成立时渐近服从自由度为 $(p-k+1)(q-k+1)$ 的 χ^2 分布. 给定显著性水平 α, 当 $Q_k > \chi^2_\alpha[(p-k+1)(q-k+1)]$ 时, 则拒绝 $H_0^{(k)}$, 即认为第 k 对典型相关变量显著相关, 继续检验 $H_0^{(k)}$; 否则接受 $H_0^{(k)}$, 检验结束, 即认为只有前 $k-1$ 对典型变量显著相关, 此时即可通过前 $k-1$ 对典型相关变量来研究 $\boldsymbol{X}$ 与 $\boldsymbol{Y}$ 之间的相关关系.

参考文献 [2] 编写了相应的 R 程序进行典型相关系数的显著性检验.

R 程序及输出结果

```
> corcoef.test<-function(r, n, p, q, alpha=0.1){
+ m<-length(r); Q<-rep(0, m); lambda <- 1
+ for (k in m:1){
+ lambda<-lambda*(1-r[k]^2);
+ Q[k]<- -log(lambda)
+ }
+ s<-0; i<-m
+ for (k in 1:m){
+ Q[k]<- (n-k+1-1/2*(p+q+3)+s)*Q[k]
+ chi<-1-pchisq(Q[k], (p-k+1)*(q-k+1))
+ if (chi>alpha){
+ i<-k-1; break
+ }
+ s<-s+1/r[k]^2
+ }
+ i
+ }
```

程序的输入值为相关系数 r, 样本个数 n, 两个随机向量的维数 p 和 q 及置信水平 α, 其缺省值为 0.1. 程序的输出值是典型相关变量的对数.

采用以上程序对例 8.3 的典型相关系数作检验.

R 程序及输出结果

```
> corcoef.test(r=ca$cor, n=35, p=7, q=5)
[1] 2
```

结果显示, 前两对典型变量显著相关, 所以考虑用前两对典型相关变量 U_1, V_1 和 U_2, V_2 来分析问题, 进而达到降维的目的.

习　题　8

1. 论述典型相关分析的基本思想.

2. 已知 $(X_1^{(1)}, X_2^{(1)})^{\mathrm{T}}$ 和 $(X_1^{(2)}, X_2^{(2)})^{\mathrm{T}}$ 的协方差矩阵为

$$\operatorname{cov}\left[\begin{pmatrix} X_1^{(1)} \\ X_2^{(1)} \\ X_1^{(2)} \\ X_2^{(2)} \end{pmatrix}\right] = \begin{pmatrix} \boldsymbol{\Sigma}_{11} & \boldsymbol{\Sigma}_{12} \\ \boldsymbol{\Sigma}_{21} & \boldsymbol{\Sigma}_{22} \end{pmatrix} = \begin{pmatrix} 100 & 0 & 0 & 0 \\ 0 & 1 & 0.95 & 0 \\ 0 & 0.95 & 1 & 0 \\ 0 & 0 & 0 & 100 \end{pmatrix}$$

验证第一对典型相关变量为 $U_1 = X_2^{(1)}, V_1 = X_1^{(2)}$, 且它们的典型相关系数为 0.95.

3. 已知标准化变量 $\boldsymbol{X} = (X_1, X_2)^{\mathrm{T}}$ 和 $\boldsymbol{Y} = (Y_1, Y_2)^{\mathrm{T}}$ 的相关矩阵

$$\boldsymbol{R} = \begin{pmatrix} \boldsymbol{R}_{11} & \boldsymbol{R}_{12} \\ \boldsymbol{R}_{21} & \boldsymbol{R}_{22} \end{pmatrix}$$

其中,

$$\boldsymbol{R}_{11} = \begin{pmatrix} 1 & \alpha \\ \alpha & 1 \end{pmatrix} \quad \boldsymbol{R}_{22} = \begin{pmatrix} 1 & \nu \\ \nu & 1 \end{pmatrix} \quad \boldsymbol{R}_{12} = \boldsymbol{R}_{21} = \begin{pmatrix} \beta & \beta \\ \beta & \beta \end{pmatrix} \quad 0 < \beta < 1$$

试求 $\boldsymbol{X}, \boldsymbol{Y}$ 的典型相关变量和典型相关系数.

4. 考虑向量 $\boldsymbol{X} = (X_1, X_2, \cdots, X_p)^{\mathrm{T}}, \boldsymbol{Y} = (Y_1, Y_2, \cdots, Y_q)^{\mathrm{T}}$, 试对以下 3 种情况作典型相关分析:

(1) $\boldsymbol{Y} = \boldsymbol{X}$;

(2) $\boldsymbol{Y} = -\boldsymbol{X}$;

(3) $\boldsymbol{Y} = 2\boldsymbol{X}$.

5. 康复俱乐部测量了 20 名中年人的 3 个生理指标 (体重 (X_1)、腰围 (X_2) 和脉搏 (X_3)) 以及 3 个训练指标 (单杠 (Y_1)、仰卧起坐 (Y_2) 和跳高 (Y_3), 数据见下表, 试对生理指标和训练指标这两组变量进行典型相关分析.

题 5 表

体重 (lb)	腰围 (in)	脉搏 (次/min)	单杠 (个)	仰卧起坐 (个)	跳高 (cm)
191	36	50	5	162	60
193	38	58	12	101	101
189	35	46	13	155	58
211	38	56	8	101	38
176	31	74	15	200	40
169	34	50	17	120	38
154	34	64	14	215	105
193	36	46	6	70	31
176	37	54	4	60	25
156	33	54	15	225	73
189	37	52	2	110	60
162	35	62	12	105	37
182	36	56	4	101	41
167	34	60	6	125	40
154	33	56	17	251	250
166	33	52	13	210	115
247	46	50	1	50	50
202	37	62	12	210	120
157	32	52	11	230	80
138	33	68	2	110	43

6. 已知某年级 44 名学生的期末考试中, 数学分析、高等代数 2 门课程采用闭卷考试, 概率、物理和统计 3 门课程采用开卷考试, 具体成绩见习题 7 题 5 表, 试应用 R 软件对闭卷考试的课程成绩 (X_1, X_2) 和开卷考试的课程成绩 (X_3, X_4, X_5) 两组变量进行典型相关分析.

7. 试编写进行典型相关分析的 R 语言函数.

8. 对 70 个家庭的随机样本进行调查, 用以确定人口统计相关变量和消费相关变量间的联系. 各变量说明如下.

人口统计变量: X_1 为每年去餐馆就餐频率, X_2 为每年外出看电影频率.

消费变量: Y_1 为户主年龄, Y_2 为家庭年收入, Y_3 为户主受教育程度.

假设对以上变量的 70 个观测值给出样本相关系数矩阵

$$\boldsymbol{R}=\begin{pmatrix}\boldsymbol{R}_{11} & \boldsymbol{R}_{12}\\ \boldsymbol{R}_{21} & \boldsymbol{R}_{22}\end{pmatrix}=\begin{pmatrix}1 & 0.8 & 0.26 & 0.67 & 0.34\\ 0.8 & 1 & 0.33 & 0.59 & 0.34\\ 0.26 & 0.33 & 1 & 0.37 & 0.21\\ 0.67 & 0.59 & 0.37 & 1 & 0.35\\ 0.34 & 0.34 & 0.21 & 0.35 & 1\end{pmatrix}$$

试根据样本相关系数矩阵对人口统计变量和消费变量进行典型相关分析.

9. 研究表明, 城市信息化和城市化水平存在互动发展的关系, 下表为 2005 年中国 15 个副省级城市信息化和城市化评价体系中的部分相关指标, 试应用典型相关分析对中国副省级城市信息化和城市化发展关联性进行研究 ①. 各指标说明如下.

信息化指标: X_1 为邮政业务总量 (亿元), X_2 为电信业务总量 (亿元), X_3 为国际互联网用户数量 (万户), X_4 为年末移动电话用户数量 (万户), X_5 为年末邮电局数 (所).

城市化指标: Y_1 为人均绿地面积 (m^2/人), Y_2 为人均地区生产总值 (元), Y_3 为人均生活用电量 (kW·h), Y_4 为社会消费品零售总额 (亿元), Y_5 为实际利用外资金额 (亿美元).

题 9 表

城市	X_1	X_2	X_3	X_4	X_5	Y_1	Y_2	Y_3	Y_4	Y_5
沈阳	4.58	84.84	74.01	320.16	174	41.55	36 779	443.02	833.87	21.09
大连	3.25	78.64	77.07	241.61	135	40.03	57 184	782.62	605.27	25.64
长春	2.59	33.48	30.63	317.06	206	23.32	36 817	342.8	481.07	10.78
哈尔滨	3.22	41.44	162.70	19.71	131	18.72	30 619	417.44	604.35	3.21
南京	6.21	54.02	61.12	426.28	176	138.34	44 058	560.43	943.26	13.78
宁波	2.49	40.64	117.58	242.11	142	19.1	65 324	618.32	398.39	15.59
厦门	4.02	32.16	38.65	168.65	97	30.12	44 737	1 006.74	271.86	7.07
济南	2.92	33.68	71.92	212.71	128	22.59	41 148	535.69	648.68	4.48
青岛	2.83	40.90	72.23	245.39	82	41.96	55 471	772.54	488.08	15.45
武汉	5.75	110.71	132.00	545.27	302	8.82	26 238	487.59	1 128.64	17.40
广州	11.34	196.00	209.33	1 297.80	7 644	181.33	78 428	1 072.32	1 784.76	24.25
深圳	10.98	309.82	276.20	0.1292	647	533.73	60 801	2 856.99	1 437.67	29.69
成都	3.44	71.40	94.42	385.96	451	27.61	32 130	461.5	715.30	7.98
西安	5.36	123.32	118.16	378.55	261	9.15	22 386	397.99	625.46	5.51

10. 查阅《中国统计年鉴》, 对我国农业投入与农业产量相关变量作典型相关分析.

① 注: 数据来源于中经网统计数据库——城市年度库 2005 的数据.

第 9 章　判别分析

判别分析 (Discriminant Analysis) 是在已知样品分类的前提下, 根据新样品的某些指标观测值来推断该样品所属分类的一种统计方法. 判别分析关键是建立某种判别准则, 而判别准则是将已有的数据资料或现有的部分样品数据作为“训练样本”而建立的, 并对未知的新样品进行判别, 这种方法在实际问题中应用很广泛. 例如, 在医学诊断中, 医生要根据病人的化验指标和检查结果来判断病人患哪种疾病; 在工业生产中, 要根据产品的某些关键指标对产品进行分类; 在天气预报中, 要根据某地区天气的气压、湿度、气温等指标对天气进行预测; 在学生文理分班中, 要根据学生的意愿以及学生各门课程的成绩进行合理分班等. 判别分析主要是对机理不甚清楚或基本不了解的问题进行分析, 若问题本身具有一定的逻辑关系, 则不需要进行判别分析.

判别分析是依据训练样本所提供的信息, 建立某种意义下最优的准则, 如误判概率最小或误判损失最小等, 从而来判定一个新样本的属类问题. 本章主要介绍 3 种常用的方法, 即距离判别、Fisher 判别和 Bayes 判别.

9.1　距离判别

9.1.1　距离概念

由于欧氏距离没有考虑方差的存在, 因此在多元统计分析中, 我们引入一种新的距离度量方法, 即由印度著名统计学家马哈拉诺比斯 (Mahalanobis) 于 1936 年提出的“马氏距离”.

定义 9.1　设 $\boldsymbol{X},\boldsymbol{Y}$ 为来自均值为 $\boldsymbol{\mu}$, 协方差矩阵为 $\boldsymbol{\Sigma}$ 的 p 维总体 G 的样本, 则 G 内两点 $\boldsymbol{X}$ 和 $\boldsymbol{Y}$ 之间的马氏距离为

$$d(\boldsymbol{X},\boldsymbol{Y})=\sqrt{(\boldsymbol{X}-\boldsymbol{Y})^{\mathrm{T}}\boldsymbol{\Sigma}^{-1}(\boldsymbol{X}-\boldsymbol{Y})}$$

定义 9.2　设 $\boldsymbol{X}$ 为来自均值为 $\boldsymbol{\mu}$, 协方差矩阵为 $\boldsymbol{\Sigma}$ 的 p 维总体 G 的样本, 则点 $\boldsymbol{X}$ 到总体 G 的马氏距离为

$$d(\boldsymbol{X},G)=\sqrt{(\boldsymbol{X}-\boldsymbol{\mu})^{\mathrm{T}}\boldsymbol{\Sigma}^{-1}(\boldsymbol{X}-\boldsymbol{\mu})}$$

特别地, 当 $\boldsymbol{\Sigma}=\boldsymbol{I}$ (单位矩阵) 时, 即为欧几里得距离.

9.1.2　距离判别的思想和方法

判别分析在实质上就是在某种意义上, 以最优的性质对 p 维空间 $\mathbb{R}^p$ 构造一个“划分”, 这个“划分”就构成了一个判别准则.

1. 两个总体的距离判别

设有两个总体 G_1 和 G_2, 其均值分别为 $\boldsymbol{\mu}_1$ 和 $\boldsymbol{\mu}_2$, 协方差矩阵为 $\boldsymbol{\Sigma}_1$ 和 $\boldsymbol{\Sigma}_2$. 对于给定的一个样品 $\boldsymbol{X}$, 要判断它属于哪一个总体, 则需分别计算 $\boldsymbol{X}$ 到 G_1 和 G_2 的马氏距离 $d(\boldsymbol{X},G_1)$ 和 $d(\boldsymbol{X},G_2)$, 哪个距离短, 就判定 $\boldsymbol{X}$ 属于哪个总体. 因此, 判别准则可写作

$$\begin{cases}\boldsymbol{X}\in G_1 & 如果 d(\boldsymbol{X},G_1)\leqslant d(\boldsymbol{X},G_2)\\ \boldsymbol{X}\in G_2 & 如果 d(\boldsymbol{X},G_1)> d(\boldsymbol{X},G_2)\end{cases}\tag{9.1}$$

下面分别就两总体协方差矩阵相等和不等两种情况进行讨论, 并给出相应的判别准则.

(1) 若 $\boldsymbol{\Sigma}_1=\boldsymbol{\Sigma}_2=\boldsymbol{\Sigma}$, 由于马氏距离与马氏距离的平方等价, 为方便起见, 以下考虑两个马氏距离的平方差

$$\begin{aligned}&d^2(\boldsymbol{X},G_2)-d^2(\boldsymbol{X},G_1)\\ =&(\boldsymbol{X}-\boldsymbol{\mu}_2)^{\mathrm{T}}\boldsymbol{\Sigma}^{-1}(\boldsymbol{X}-\boldsymbol{\mu}_2)-(\boldsymbol{X}-\boldsymbol{\mu}_1)^{\mathrm{T}}\boldsymbol{\Sigma}^{-1}(\boldsymbol{X}-\boldsymbol{\mu}_1)\\ =&\boldsymbol{X}^{\mathrm{T}}\boldsymbol{\Sigma}^{-1}\boldsymbol{X}-2\boldsymbol{X}^{\mathrm{T}}\boldsymbol{\Sigma}^{-1}\boldsymbol{\mu}_2+\boldsymbol{\mu}_2^{\mathrm{T}}\boldsymbol{\Sigma}^{-1}\boldsymbol{\mu}_2-\boldsymbol{X}^{\mathrm{T}}\boldsymbol{\Sigma}^{-1}\boldsymbol{X}+2\boldsymbol{X}^{\mathrm{T}}\boldsymbol{\Sigma}^{-1}\boldsymbol{\mu}_1-\boldsymbol{\mu}_1^{\mathrm{T}}\boldsymbol{\Sigma}^{-1}\boldsymbol{\mu}_1\\ =&2\boldsymbol{X}^{\mathrm{T}}\boldsymbol{\Sigma}^{-1}(\boldsymbol{\mu}_1-\boldsymbol{\mu}_2)+\boldsymbol{\mu}_2^{\mathrm{T}}\boldsymbol{\Sigma}^{-1}\boldsymbol{\mu}_2-\boldsymbol{\mu}_1^{\mathrm{T}}\boldsymbol{\Sigma}^{-1}\boldsymbol{\mu}_1+\boldsymbol{\mu}_1^{\mathrm{T}}\boldsymbol{\Sigma}^{-1}\boldsymbol{\mu}_2-\boldsymbol{\mu}_2^{\mathrm{T}}\boldsymbol{\Sigma}^{-1}\boldsymbol{\mu}_1\\ =&2\boldsymbol{X}^{\mathrm{T}}\boldsymbol{\Sigma}^{-1}(\boldsymbol{\mu}_1-\boldsymbol{\mu}_2)-(\boldsymbol{\mu}_1+\boldsymbol{\mu}_2)^{\mathrm{T}}\boldsymbol{\Sigma}^{-1}(\boldsymbol{\mu}_1-\boldsymbol{\mu}_2)\\ =&2[\boldsymbol{X}-\frac{1}{2}(\boldsymbol{\mu}_1+\boldsymbol{\mu}_2)]^{\mathrm{T}}\boldsymbol{\Sigma}^{-1}(\boldsymbol{\mu}_1-\boldsymbol{\mu}_2)\\ =&2(\boldsymbol{X}-\bar{\boldsymbol{\mu}})^{\mathrm{T}}\boldsymbol{\Sigma}^{-1}(\boldsymbol{\mu}_1-\boldsymbol{\mu}_2)\end{aligned}\tag{9.2}$$

其中, $\bar{\boldsymbol{\mu}}=\frac{1}{2}(\boldsymbol{\mu}_1+\boldsymbol{\mu}_2)$, 令

$$W(\boldsymbol{X})=(\boldsymbol{X}-\bar{\boldsymbol{\mu}})^{\mathrm{T}}\boldsymbol{\Sigma}^{-1}(\boldsymbol{\mu}_1-\boldsymbol{\mu}_2)\tag{9.3}$$

则判别准则 (9.1) 可简化为

$$\begin{cases}\boldsymbol{X}\in G_1 & 如果 W(\boldsymbol{X})\geqslant 0\\ \boldsymbol{X}\in G_2 & 如果 W(\boldsymbol{X})<0\end{cases}\tag{9.4}$$

当 $\boldsymbol{\mu}_1,\boldsymbol{\mu}_2$ 和 $\boldsymbol{\Sigma}$ 均已知时, 判别函数 $W(\boldsymbol{X})$ 为 $\boldsymbol{X}$ 的线性函数, 因此也称作线性判别函数. 线性判别函数由于应用简单, 因而被广泛使用.

在实际问题中, 总体的均值和协方差矩阵通常未知, 因此需由样本均值和样本协方差矩阵分别进行估计. 设 $\boldsymbol{X}_1^{(1)},\boldsymbol{X}_2^{(1)},\cdots,\boldsymbol{X}_{n_1}^{(1)}$ 是来自总体 G_1 的样本, $\boldsymbol{X}_1^{(2)},\boldsymbol{X}_2^{(2)},\cdots,\boldsymbol{X}_{n_2}^{(2)}$ 是来自总体 G_2 的样本, 则可分别用样本均值作为 $\boldsymbol{\mu}_1,\boldsymbol{\mu}_2$ 的无偏估计, 即

$$\begin{cases}\hat{\boldsymbol{\mu}}_1=\bar{\boldsymbol{X}}^{(1)}=\dfrac{1}{n_1}\displaystyle\sum_{i=1}^{n_1}\boldsymbol{X}_i^{(1)}\\ \hat{\boldsymbol{\mu}}_2=\bar{\boldsymbol{X}}^{(2)}=\dfrac{1}{n_2}\displaystyle\sum_{i=1}^{n_2}\boldsymbol{X}_i^{(2)}\end{cases}\tag{9.5}$$

由样本的协方差矩阵

$$\boldsymbol{S}_1 = \frac{1}{n_1 - 1}\sum_{i=1}^{n_1}(\boldsymbol{X}_i^{(1)} - \bar{\boldsymbol{X}}^{(1)})(\boldsymbol{X}_i^{(1)} - \bar{\boldsymbol{X}}^{(1)})^{\mathrm{T}}$$

$$\boldsymbol{S}_2 = \frac{1}{n_2 - 1}\sum_{i=1}^{n_2}(\boldsymbol{X}_i^{(2)} - \bar{\boldsymbol{X}}^{(2)})(\boldsymbol{X}_i^{(2)} - \bar{\boldsymbol{X}}^{(2)})^{\mathrm{T}}$$

得到 $\boldsymbol{\Sigma}$ 的一个无偏估计为

$$\hat{\boldsymbol{\Sigma}} = \frac{(n_1 - 1)\boldsymbol{S}_1 + (n_2 - 1)\boldsymbol{S}_2}{n_1 + n_2 - 2} \tag{9.6}$$

将式 (9.5) 和式 (9.6) 代入式 (9.3), 从而得到判别函数 $W(\boldsymbol{X})$ 的估计为

$$\hat{W}(\boldsymbol{X}) = (\boldsymbol{X} - \hat{\boldsymbol{\mu}})^{\mathrm{T}}\hat{\boldsymbol{\Sigma}}^{-1}(\hat{\boldsymbol{\mu}}_1 - \hat{\boldsymbol{\mu}}_2) \tag{9.7}$$

其中, $\hat{\boldsymbol{\mu}} = \dfrac{1}{2}(\hat{\boldsymbol{\mu}}_1 + \hat{\boldsymbol{\mu}}_2)$. 这样, 判别准则即为

$$\begin{cases} \boldsymbol{X} \in G_1 & \text{如果 } \hat{W}(\boldsymbol{X}) \geqslant 0 \\ \boldsymbol{X} \in G_2 & \text{如果 } \hat{W}(\boldsymbol{X}) < 0 \end{cases} \tag{9.8}$$

(2) 若 $\boldsymbol{\Sigma}_1 \neq \boldsymbol{\Sigma}_2$, 同样考虑两个马氏距离的平方差, 令

$$\begin{aligned} W(\boldsymbol{X}) &= d^2(\boldsymbol{X}, G_2) - d^2(\boldsymbol{X}, G_1) \\ &= (\boldsymbol{X} - \boldsymbol{\mu}_2)^{\mathrm{T}}\boldsymbol{\Sigma}_2^{-1}(\boldsymbol{X} - \boldsymbol{\mu}_2) - (\boldsymbol{X} - \boldsymbol{\mu}_1)^{\mathrm{T}}\boldsymbol{\Sigma}_1^{-1}(\boldsymbol{X} - \boldsymbol{\mu}_1) \end{aligned}$$

则判别准则为

$$\begin{cases} \boldsymbol{X} \in G_1 & \text{如果 } W(\boldsymbol{X}) \geqslant 0 \\ \boldsymbol{X} \in G_2 & \text{如果 } W(\boldsymbol{X}) < 0 \end{cases}$$

此时, 判别函数 $W(\boldsymbol{X})$ 为 $\boldsymbol{X}$ 的二次函数.

在实际问题中, 若 $\boldsymbol{\mu}_1,\boldsymbol{\mu}_2,\boldsymbol{\Sigma}_1,\boldsymbol{\Sigma}_2$ 未知, 同样可以用样本均值和样本协方差矩阵作为它们的估计, 得到判别函数 $W(\boldsymbol{X})$ 的估计, 从而进行判别. 特别要强调的是在距离判别时, $\boldsymbol{\mu}_1$ 和 $\boldsymbol{\mu}_2$ 要有显著的差异才行, 即两个总体相差较大, 否则判别的误差会较大, 判别结果意义就不大.

例 9.1 设在某地区抽取了 15 块岩石标本, 其中 7 块含矿 (Y), 8 块不含矿 (N), 对每块岩石测定其 Cu, Ag, Bi 3 种化学成分的含量, 得到数据见表 9.1, 假定两类样本的协方差矩阵相等, 现有两块新岩石标本, 并测得其 Cu, Ag, Bi 3 种化学成分的含量分别为 (2.95,2.15,1.54) 和 (2.15,0.85,0.48), 试用距离判别法建立判别准则, 并判定新样本是含矿还是不含矿?

解 首先, 根据两类岩石的数据求得总体均值和协方差矩阵的估计

$$\hat{\boldsymbol{\mu}}_1 = \bar{\boldsymbol{X}}^{(1)} = (2.902\,9, 1.458\,6, 0.901\,4)^{\mathrm{T}} \quad \hat{\boldsymbol{\mu}}_2 = \bar{\boldsymbol{X}}^{(2)} = (2.317\,5, 1.622\,5, 1.103\,8)^{\mathrm{T}}$$

$$\boldsymbol{S}_1 = \begin{pmatrix} 0.219\,5 & 0.032\,6 & 0.007\,2 \\ 0.032\,6 & 0.226\,9 & 0.019\,4 \\ 0.007\,2 & 0.019\,4 & 0.063\,8 \end{pmatrix} \quad \boldsymbol{S}_2 = \begin{pmatrix} 0.145\,5 & -0.013\,1 & 0.025\,4 \\ -0.013\,1 & 0.050\,7 & 0.010\,2 \\ 0.025\,4 & 0.010\,2 & 0.024\,5 \end{pmatrix}$$

表 9.1 岩石化学成分含量的数据

序号	Cu	Ag	Bi	类型	序号	Cu	Ag	Bi	类型
1	2.58	0.90	0.95	Y	1	2.25	1.98	1.06	N
2	2.90	1.23	1.00	Y	2	2.16	1.80	1.06	N
3	3.55	1.15	1.00	Y	3	2.33	1.74	1.10	N
4	2.35	1.15	0.79	Y	4	1.96	1.48	1.04	N
5	3.54	1.85	0.79	Y	5	1.94	1.40	1.00	N
6	2.70	2.23	1.30	Y	6	3.00	1.30	1.00	N
7	2.70	1.70	0.48	Y	7	2.78	1.70	1.48	N
					8	2.12	1.58	1.09	N

则

$$\hat{\boldsymbol{\mu}} = \frac{1}{2}(\hat{\boldsymbol{\mu}}_1 + \hat{\boldsymbol{\mu}}_2) = (2.610\ 2, 1.540\ 5, 1.002\ 6)^{\mathrm{T}}$$

$$\hat{\boldsymbol{\Sigma}} = \frac{1}{15-2}[(7-1)\boldsymbol{S}_1 + (8-1)\boldsymbol{S}_2] = \begin{pmatrix} 0.179\ 7 & 0.008\ 0 & 0.016\ 9 \\ 0.008\ 0 & 0.132\ 0 & 0.014\ 5 \\ 0.016\ 9 & 0.014\ 4 & 0.042\ 6 \end{pmatrix}$$

因而, 将估计值代入式 (9.7), 可得线性判别函数为

$$\hat{W}(\boldsymbol{X}) = 3.862\ 5X_1 - 0.818\ 8X_2 - 6.005\ 9X_3 - 2.798\ 9$$

令

$$\hat{W}^*(\boldsymbol{X}) = 3.862\ 5X_1 - 0.818\ 8X_2 - 6.005\ 9X_3$$

从而, 可得判别准则为

$$\begin{cases} \boldsymbol{X} \in G_1(\text{含矿}) & \text{如果}\hat{W}^*(\boldsymbol{X}) \geqslant 2.798\ 9 \\ \boldsymbol{X} \in G_2(\text{不含矿}) & \text{如果}\hat{W}^*(\boldsymbol{X}) < 2.798\ 9 \end{cases} \tag{9.9}$$

接下来, 将新样本观测值 (2.95,2.15,1.54) 和 (2.15,0.85,0.48) 代入判别函数, 分别可得 $\hat{W}_1^* = 0.384\ 8, \hat{W}_2^* = 4.725\ 1$, 根据判别准则 (9.9), 可判定第 1 个样本不含矿, 第 2 个样本含矿.

关于此题, 我们也可以直接按照式 (9.7) 计算, 下面给出具体的程序和结果.

R 程序及输出结果

```
> Data<-read.table("e:/data/yanshi.txt",header=T)  #读取数据
> X1<-Data[1:7,]    #含矿数据
> X1<-Data[8:15,]   #不含矿数据
> mean1=colMeans(X1)
> sigma1=cov(X1)
> mean2=colMeans(X2)
> sigma2=cov(X2)
```

```
> meanhat=(mean1+mean2)/2
> sigmahat=((7-1)*sigma1+(8-1)*sigma2)/(7+8-2)
> newdata<-c(2.95,2.15,1.54)
> w<-t(newdata-meanhat)%*%solve(sigmahat)%*%(mean1-mean2)
> w
          [,1]
[1,] -2.414124
> newdata<-c(2.15,0.85,0.48)
> w<-t(newdata-meanhat)%*%solve(sigmahat)%*%(mean1-mean2)
> w
         [,1]
[1,] 1.926611
```

因为 $\hat{W}_1 = -2.414\ 1 < 0, \hat{W}_2 = 1.926\ 6 > 0$, 所以由判别准则 (9.8) 同样可以得到以上结论.

2. 多个总体的距离判别

设有 m 个 p 维总体 $G_1, G_2, \cdots, G_m$, 其均值和协方差矩阵分别为 $\boldsymbol{\mu}_1, \boldsymbol{\mu}_2, \cdots, \boldsymbol{\mu}_m$ 和 $\boldsymbol{\Sigma}_1, \boldsymbol{\Sigma}_2, \cdots, \boldsymbol{\Sigma}_m$. 若有一个新样品 $\boldsymbol{X}$, 则计算其到各个总体的距离, 比较这 m 个距离, 哪个距离短, 就判断 $\boldsymbol{X}$ 属于哪个总体. 下面分别就各总体协方差矩阵相等和不等两种情况进行讨论, 并给出相应的判别准则.

(1) 若 $\boldsymbol{\Sigma}_1 = \boldsymbol{\Sigma}_2 = \cdots = \boldsymbol{\Sigma}_m = \boldsymbol{\Sigma}$, 计算 $\boldsymbol{X}$ 到每个总体的马氏距离平方, 即

$$
\begin{aligned}
d^2(\boldsymbol{X}, G_k) &= (\boldsymbol{X} - \boldsymbol{\mu}_k)^{\mathrm{T}} \boldsymbol{\Sigma}^{-1} (\boldsymbol{X} - \boldsymbol{\mu}_k) \\
&= \boldsymbol{X}^{\mathrm{T}} \boldsymbol{\Sigma}^{-1} \boldsymbol{X} - 2\boldsymbol{\mu}_k^{\mathrm{T}} \boldsymbol{\Sigma}^{-1} \boldsymbol{X} + \boldsymbol{\mu}_k^{\mathrm{T}} \boldsymbol{\Sigma}^{-1} \boldsymbol{\mu}_k \\
&= \boldsymbol{X}^{\mathrm{T}} \boldsymbol{\Sigma}^{-1} \boldsymbol{X} - 2(\boldsymbol{I}_k^{\mathrm{T}} \boldsymbol{X} + C_k)
\end{aligned} \tag{9.10}
$$

其中, $\boldsymbol{I}_k = \boldsymbol{\Sigma}^{-1} \boldsymbol{\mu}_k$, $C_k = -\dfrac{1}{2} \boldsymbol{\mu}_k^{\mathrm{T}} \boldsymbol{\Sigma}^{-1} \boldsymbol{\mu}_k$, $k = 1, 2, \cdots, m$. 由式 (9.10) 取线性判别函数为

$$
W_k(\boldsymbol{X}) = \boldsymbol{I}_k^{\mathrm{T}} \boldsymbol{X} + C_k \quad k = 1, 2, \cdots, m
$$

则相应的判别准则为

$$
\boldsymbol{X} \in G_i \quad \text{如果} W_i(\boldsymbol{X}) = \max_{1 \leqslant i \leqslant m} (\boldsymbol{I}_i^{\mathrm{T}} \boldsymbol{X} + C_i)
$$

在实际问题中, 当 $\boldsymbol{\mu}_1, \boldsymbol{\mu}_2, \cdots, \boldsymbol{\mu}_m, \boldsymbol{\Sigma}$ 均未知时, 仍然可通过相应的样本值来替代. 设 $\boldsymbol{X}_1^{(k)}, \boldsymbol{X}_2^{(k)}, \cdots, \boldsymbol{X}_{n_k}^{(k)}$ 是来自总体 G_k 的样本, $k = 1, 2, \cdots, m$, 则 $\boldsymbol{\mu}_k, k = 1, 2, \cdots, m$ 和 $\boldsymbol{\Sigma}$ 的估计为

$$
\hat{\boldsymbol{\mu}}_k = \frac{1}{n_k} \sum_{i=1}^{n_k} \boldsymbol{X}_i^{(k)} = \bar{\boldsymbol{X}}^{(k)} \quad k = 1, 2, \cdots, m
$$

和

$$
\hat{\boldsymbol{\Sigma}} = \frac{1}{n - m} [(n_1 - 1)\boldsymbol{S}_1 + (n_2 - 1)\boldsymbol{S}_2 + \cdots + (n_m - 1)\boldsymbol{S}_m]
$$

其中, $n=\sum\limits_{i=1}^{m} n_i, \boldsymbol{S}_i=\dfrac{1}{n_k-1}\sum\limits_{i=1}^{n_k}(\boldsymbol{X}_i^{(k)}-\bar{\boldsymbol{X}}^{(k)})(\boldsymbol{X}_i^{(k)}-\bar{\boldsymbol{X}}^{(k)})^{\mathrm{T}}, k=1,2,\cdots,m$.

(2) 若 $\boldsymbol{\Sigma}_i, i=1,2,\cdots,m$ 不全相同, 计算 $\boldsymbol{X}$ 到各个总体的马氏距离平方

$$d^2(\boldsymbol{X},G_i)=(\boldsymbol{X}-\boldsymbol{\mu}_i)^{\mathrm{T}}\boldsymbol{\Sigma}^{-1}(\boldsymbol{X}-\boldsymbol{\mu}_i)\quad i=1,2,\cdots,m$$

则相应判别准则为

$$\boldsymbol{X}\in G_i\quad 若 \min_{1\leqslant k\leqslant m}\{d^2(\boldsymbol{X},G_k)\}=d^2(\boldsymbol{X},G_i)$$

当 $\boldsymbol{\mu}_i, \boldsymbol{\Sigma}_i, i=1,2,\cdots,m$ 均未知时, 则可用样本均值和样本协方差矩阵作为 $\boldsymbol{\mu}_i, \boldsymbol{\Sigma}_i$ 的估计.

通常我们假定 $\boldsymbol{X}$ 到某总体的最短距离唯一, 若不唯一, 则判定 $\boldsymbol{X}$ 属于最短距离总体中的哪个都可以.

9.1.3　距离判别的评价准则

判别分析就是建立某种最优的准则, 那如何判定一个准则是最优的呢? 也就是考虑基于这个准则之下误判的概率. 所谓误判概率, 即指若有两个总体 G_1, G_2, 当 $\boldsymbol{X}$ 属于 G_1 时而判定 $\boldsymbol{X}$ 属于 G_2 和当 $\boldsymbol{X}$ 属于 G_2 时而判定 $\boldsymbol{X}$ 属于 G_1 的概率之和. 通常这个概率由于不知道总体的分布而无法精确算出. 在实际问题中, 我们只能基于训练样本的信息评价判别准则的优劣. 下面我们重点介绍两种常用方法.

1. 貌似误判率法

设 G_1, G_2 为两个总体, $\boldsymbol{X}_1^{(k)}, \boldsymbol{X}_2^{(k)}, \cdots, \boldsymbol{X}_{n_k}^{(k)}, k=1,2$ 为来自总体 G_1 和 G_2 的训练样本, 样本大小分别为 n_1, n_2. 首先基于两个总体的训练样本建立一个判别准则; 然后将所有训练样本作为 n_1+n_2 个新样本, 逐个代入判别准则进行判定, 这个过程称作回判, 见表 9.2.

表 9.2　回判结果

实际情况	回判情况		
	G_1	G_2	合计
G_1	n_{11}	n_{12}	n_1
G_2	n_{21}	n_{22}	n_2

其中, n_{ij} 表示属于 G_i 的样本观测值被判定属于 G_j 的个数, 当 $i=j$ 时表示判定正确, 当 $i\neq j$ 时表示判定错误, $i,j=1,2$. 最后基于表 9.2 中回判的结果计算误判的概率.

定义貌似误判率为

$$\hat{\alpha}=\frac{n_{12}+n_{21}}{n_1+n_2}$$

即误判的个数与总数之比. 貌似误判率值的大小反映了判别准则的好坏, 这种方法简便易于操作. 但是貌似误判率法是基于训练样本建立判别准则, 然后又将训练样本逐个代入进行回判, 因此 $\hat{\alpha}$ 作为误判率是有偏的, 且比真实的误判率要小. 因此, 貌似误判率只是作为一种近似的结果, 但在大样本的情况下, 其结果具有一定的参考意义.

2. 刀切法

刀切法也称作交叉确认法 (Cross-Validation), 其基本思路是每次剔除训练样本中的一个样本, 利用其余的 n_1+n_2-1 个训练样本建立判别准则, 然后用所建立的判别准则对剔除的那个样本进行判定. 这样重复进行 n_1+n_2 次, 得到的误判比例即可作为误判概率的一个估计. 具体的步骤在这里不详细叙述. 刀切法的优点是可以保证所得到的估计是渐近无偏的, 其缺点是计算量大.

误判概率的大小除了和所选择的方法有关外, 还在一定程度上依赖于几个总体之间的距离, 若各总体之间相互距离越远, 即均值之间差别越大, 就越可能建立有效的判别准则, 误判的概率越小; 否则几个总体距离很近, 即均值之间很接近, 则使用判别分析的意义就不大, 更不用说建立起有效的判别准则.

在实际问题中, 我们通常不知道均值之间的大小关系, 因此当总体分布是正态分布时, 可以利用第 3 章介绍的方法对各总体的均值进行检验, 其次当确定了均值之间差别越大, 使用判别分析有意义时, 则可进一步对各总体的协方差矩阵是否相等进行检验, 从而确定是采用线性判别函数还是二次判别函数.

例 9.2　将例 9.1 中两组训练样本数据逐一进行回判, 计算貌似误判率.

解　根据例 9.1 中的方法, 计算各个训练样本的判别函数值

$$\hat{W}^*(\boldsymbol{X}) = 3.862\,5X_1 - 0.818\,8X_2 - 6.005\,9X_3$$

由表 9.3 可以看到, 在第一组训练样本中第 6 个样本 $\hat{W}^* < 2.798\,9$, 因此有一个判别错误, 在第二组训练样本中第 6 个样本 $\hat{W}^* > 2.798\,9$ 也判别错误, 因此可以计算貌似误判率为 $\dfrac{2}{15} = 13.3\%$.

表 9.3　训练样本的判别函数值

序号	Cu	Ag	Bi	$\hat{W}^*(\boldsymbol{X})$	序号	Cu	Ag	Bi	$\hat{W}^*(\boldsymbol{X})$
1	2.58	0.90	0.95	3.522 7	1	2.25	1.98	1.06	0.703 1
2	2.90	1.23	1.00	4.188 2	2	2.16	1.80	1.06	0.502 9
3	3.55	1.15	1.00	6.764 3	3	2.33	1.74	1.10	0.968 4
4	2.35	1.15	0.79	3.390 6	4	1.96	1.48	1.04	0.112 5
5	3.54	1.85	0.79	7.413 8	5	1.94	1.40	1.00	0.341 0
6	2.70	2.23	1.30	0.795 2*	6	3.00	1.30	1.00	4.517 2*
7	2.70	1.70	0.48	6.154 0	7	2.78	1.70	1.48	0.457 1
					8	2.12	1.58	1.09	0.348 3

R 程序及输出结果

```
> t(c(3.8625,-0.8188,-6.0059))%*%t(X1)
         [,1]      [,2]      [,3]      [,4]      [,5]      [,6]      [,7]
```

```
[1,] 3.522725 4.188226 6.764355 3.390594 7.413809 0.795156 6.153958
> t(c(3.8625,-0.8188,-6.0059))%*%t(X2)
         [,1]     [,2]     [,3]     [,4]    [,5]    [,6]     [,7]
[1,] 0.703147 0.502906 0.968423 0.11254 0.34103 4.51716 0.457058
         [,8]
[1,] 0.348365
```

9.2 Fisher 判别

Fisher 判别法是 R. A. Fisher 于 1936 年提出的, 它是一种投影方法, 将高维空间的点向低维空间投影, 在原来的坐标系下, 可能很难将样品分开, 经过投影之后区分可能就明显了. 通常, 先投影到一维空间（直线）上, 如果效果不明显, 再投影到另一条直线上（从而构成二维空间）. 依次类推, 每个投影可以建立一个判别函数.

9.2.1 Fisher 判别的思想

假设有 m 个总体, $\boldsymbol{X}=(X_1,X_2,\cdots,X_p)^{\mathrm{T}}$ 是从 p 维总体 $G_1,G_2,\cdots,G_m$ 中抽取的样本. Fisher 判别的思想是将高维空间中的点投影到一维直线上, 即构造一个线性判别函数

$$W(\boldsymbol{X})=a_1X_1+a_2X_2+\cdots+a_pX_p=\boldsymbol{a}^{\mathrm{T}}\boldsymbol{X} \tag{9.11}$$

其中, $\boldsymbol{a}=(a_1,a_2,\cdots,a_p)^{\mathrm{T}}$ 为系数. 投影的目的就是使不同类别的点尽量分开, 同一类别的点尽量靠拢, 因此根据方差分析的思想, 即确定系数 $\boldsymbol{a}$, 使总体之间偏差最大, 而使每个总体内部的偏差最小.

9.2.2 Fisher 判别的方法

1. 两个总体的情况

假设有两个总体 G_1,G_2, 其均值分别为 $\boldsymbol{\mu}_1$ 和 $\boldsymbol{\mu}_2$, 协方差矩阵分别为 $\boldsymbol{\Sigma}_1$ 和 $\boldsymbol{\Sigma}_2$. 当 $\boldsymbol{X}\in G_i$ 时, 则 $\boldsymbol{a}^{\mathrm{T}}\boldsymbol{X}$ 的均值为

$$E(\boldsymbol{a}^{\mathrm{T}}\boldsymbol{X}|G_i)=\boldsymbol{a}^{\mathrm{T}}E(\boldsymbol{X}|G_i)=\boldsymbol{a}^{\mathrm{T}}\boldsymbol{\mu}_i \quad i=1,2$$

方差为

$$D(\boldsymbol{a}^{\mathrm{T}}\boldsymbol{X}|G_i)=\boldsymbol{a}^{\mathrm{T}}D(\boldsymbol{X}|G_i)\boldsymbol{a}=\boldsymbol{a}^{\mathrm{T}}\boldsymbol{\Sigma}_i\boldsymbol{a} \quad i=1,2$$

在构造判别函数时, 希望两总体之间的距离尽量大, 也就是 $\boldsymbol{a}^{\mathrm{T}}\boldsymbol{\mu}_1-\boldsymbol{a}^{\mathrm{T}}\boldsymbol{\mu}_2$ 尽可能大, 而每个总体内的偏差平方和尽量小, 即 $\boldsymbol{a}^{\mathrm{T}}\boldsymbol{\Sigma}_i\boldsymbol{a}, i=1,2$ 尽可能小. 因此, 建立目标函数

$$\varPhi(\boldsymbol{a})=\frac{(\boldsymbol{a}^{\mathrm{T}}\boldsymbol{\mu}_1-\boldsymbol{a}^{\mathrm{T}}\boldsymbol{\mu}_2)^2}{\boldsymbol{a}^{\mathrm{T}}\boldsymbol{\Sigma}_1\boldsymbol{a}+\boldsymbol{a}^{\mathrm{T}}\boldsymbol{\Sigma}_2\boldsymbol{a}}=\frac{[\boldsymbol{a}^{\mathrm{T}}(\boldsymbol{\mu}_1-\boldsymbol{\mu}_2)]^2}{\boldsymbol{a}^{\mathrm{T}}(\boldsymbol{\Sigma}_1+\boldsymbol{\Sigma}_2)\boldsymbol{a}}=\frac{\boldsymbol{a}^{\mathrm{T}}\boldsymbol{B}\boldsymbol{a}}{\boldsymbol{a}^{\mathrm{T}}\boldsymbol{\Sigma}\boldsymbol{a}} \tag{9.12}$$

其中, $\boldsymbol{B}=(\boldsymbol{\mu}_1-\boldsymbol{\mu}_2)(\boldsymbol{\mu}_1-\boldsymbol{\mu}_2)^{\mathrm{T}}$, $\boldsymbol{\Sigma}=\boldsymbol{\Sigma}_1+\boldsymbol{\Sigma}_2$. 这样, 我们的问题就转化为求 $\boldsymbol{a}$ 使目标函数 $\varPhi(\boldsymbol{a})$ 达到最大, 从而得到判别函数.

求解式 (9.12) 的问题我们将在多个总体情况时给出. 当有了判别函数后, 对于一个新样本, 将它的样本观测值代入线性判别函数中, 然后根据一定的判别准则, 就可以判定新样本的归属问题.

2. 多个总体的情况

假设有 m 个总体 $G_1, G_2, \cdots, G_m$, 其均值和协方差矩阵分别为 $\boldsymbol{\mu}_i$ 和 $\boldsymbol{\Sigma}_i$, $i=1,2,\cdots,m$. 与两个总体情况类似, 同样构造线性判别函数 $\boldsymbol{a}^{\mathrm{T}}\boldsymbol{X}$, 当 $\boldsymbol{X} \in G_i$ 时, 则 $\boldsymbol{a}^{\mathrm{T}}\boldsymbol{X}$ 的均值为

$$E(\boldsymbol{a}^{\mathrm{T}}\boldsymbol{X}|G_i) = \boldsymbol{a}^{\mathrm{T}}E(\boldsymbol{X}|G_i) = \boldsymbol{a}^{\mathrm{T}}\boldsymbol{\mu}_i \quad i=1,2,\cdots,m$$

方差为

$$D(\boldsymbol{a}^{\mathrm{T}}\boldsymbol{X}|G_i) = \boldsymbol{a}^{\mathrm{T}}D(\boldsymbol{X}|G_i)\boldsymbol{a} = \boldsymbol{a}^{\mathrm{T}}\boldsymbol{\Sigma}_i\boldsymbol{a} \quad i=1,2,\cdots,m$$

则利用方差分析的思想, 使 m 个总体间的偏差尽可能大, 总体内的偏差尽可能小, 因此构造目标函数

$$\varPhi(\boldsymbol{a}) = \frac{\sum\limits_{i=1}^{m}(\boldsymbol{a}^{\mathrm{T}}\boldsymbol{\mu}_i - \boldsymbol{a}^{\mathrm{T}}\bar{\boldsymbol{\mu}})^2}{\sum\limits_{i=1}^{m}\boldsymbol{a}^{\mathrm{T}}\boldsymbol{\Sigma}_i\boldsymbol{a}} = \frac{\boldsymbol{a}^{\mathrm{T}}\boldsymbol{B}\boldsymbol{a}}{\boldsymbol{a}^{\mathrm{T}}\boldsymbol{\Sigma}\boldsymbol{a}} \tag{9.13}$$

其中, $\bar{\boldsymbol{\mu}} = \frac{1}{m}\sum\limits_{i=1}^{m}\boldsymbol{\mu}_i, \boldsymbol{B} = \sum\limits_{i=1}^{m}(\boldsymbol{\mu}_i - \bar{\boldsymbol{\mu}})(\boldsymbol{\mu}_i - \bar{\boldsymbol{\mu}})^{\mathrm{T}}$, $\boldsymbol{\Sigma} = \sum\limits_{i=1}^{m}\boldsymbol{\Sigma}_i$. 同理, 我们的问题就转化为求 $\boldsymbol{a}$ 使目标函数达到最大, 从而得到判别函数.

为保证解的唯一性, 不妨设 $\boldsymbol{a}^{\mathrm{T}}\boldsymbol{\Sigma}\boldsymbol{a}=1$, 这样目标函数转化为

$$\varPhi(\boldsymbol{a}) = \boldsymbol{a}^{\mathrm{T}}\boldsymbol{B}\boldsymbol{a} - \lambda(\boldsymbol{a}^{\mathrm{T}}\boldsymbol{\Sigma}\boldsymbol{a} - 1) \tag{9.14}$$

对式 (9.14) 关于 $\boldsymbol{a}$ 和 λ 求偏导, 有

$$\begin{cases} \dfrac{\partial\varPhi}{\partial\boldsymbol{a}} = 2(\boldsymbol{B} - \lambda\boldsymbol{\Sigma})\boldsymbol{a} = 0 \\ \dfrac{\partial\varPhi}{\partial\lambda} = \boldsymbol{a}^{\mathrm{T}}\boldsymbol{\Sigma}\boldsymbol{a} - 1 = 0 \end{cases} \tag{9.15}$$

对式 (9.15) 两边左乘 $\boldsymbol{a}^{\mathrm{T}}$, 有

$$\boldsymbol{a}^{\mathrm{T}}\boldsymbol{B}\boldsymbol{a} = \lambda\boldsymbol{a}^{\mathrm{T}}\boldsymbol{\Sigma}\boldsymbol{a} = \lambda \tag{9.16}$$

从而, $\boldsymbol{a}^{\mathrm{T}}\boldsymbol{B}\boldsymbol{a}$ 的极大值为 λ. 再用 $\boldsymbol{\Sigma}^{-1}$ 左乘式 (9.15), 有

$$(\boldsymbol{\Sigma}^{-1}\boldsymbol{B} - \lambda\boldsymbol{I})\boldsymbol{a} = 0 \tag{9.17}$$

其中, $\boldsymbol{I}$ 为单位矩阵. 由式 (9.17) 说明 λ 为 $\boldsymbol{\Sigma}^{-1}\boldsymbol{B}$ 的特征值, $\boldsymbol{a}$ 为 $\boldsymbol{\Sigma}^{-1}\boldsymbol{B}$ 的特征向量. 因此, 最大特征值所对应的特征向量 $\boldsymbol{a} = (a_1, a_2, \cdots, a_p)^{\mathrm{T}}$ 即为所求.

在有些实际问题中, 若仅用一个线性判别函数不能很好地区分 m 个总体, 则还需投影到第二条直线, 即构造第二个线性判别函数, 而此时 $\boldsymbol{\Sigma}^{-1}\boldsymbol{B}$ 所对应的第二大特征值所对应的特征向量即为所求. 若还不能满足要求, 则还可建立第三个线性判别函数, 依次类推.

此外, 在实际问题中, 总体的均值和协方差矩阵通常未知, 需要通过样本来估计. 具体估计方法可参考上一节距离判别法中的方法.

例 9.3　设有 3 个二维总体 G_1, G_2, G_3, 观测数据见表 9.4, 假定总体有相同的协方差矩阵, 试用 Fisher 判别法建立判别函数, 判定新的观测值 (1,3) 的属类.

表 9.4　观测数据

G_1		G_2		G_3	
X_1	X_2	X_1	X_2	X_1	X_2
−2	5	0	6	1	−2
0	3	2	4	0	0
−1	1	1	2	−1	4

解　首先, 求各总体的样本均值和样本协方差矩阵, 得

$$\bar{X}_1=\begin{pmatrix}-1\\3\end{pmatrix}\quad \bar{X}_2=\begin{pmatrix}1\\4\end{pmatrix}\quad \bar{X}_3=\begin{pmatrix}0\\-2\end{pmatrix}$$

$$S_1=\begin{pmatrix}1&-1\\-1&4\end{pmatrix}\quad S_2=\begin{pmatrix}1&-1\\-1&4\end{pmatrix}\quad S_3=\begin{pmatrix}1&1\\1&4\end{pmatrix}$$

因而, 有

$$B=\sum_{i=1}^3(\bar{X}_i-\bar{X})(\bar{X}_i-\bar{X})^{\mathrm{T}}=\begin{pmatrix}2&1\\1&\dfrac{62}{3}\end{pmatrix}$$

$$\Sigma=\frac{3-1}{9-3}(S_1+S_2+S_3)=\begin{pmatrix}1&-\dfrac{1}{3}\\-\dfrac{1}{3}&4\end{pmatrix}$$

$$\Sigma^{-1}B=\begin{pmatrix}2.142\,9&2.800\,0\\0.428\,6&5.400\,0\end{pmatrix}$$

令 $|\Sigma^{-1}B-\lambda I|=0$, 得其特征值 $\hat{\lambda}_1=5.734\,1$, $\hat{\lambda}_2=1.808\,7$ 及其标准化特征向量分别为

$$\hat{a}_1=(-0.614\,9,-0.788\,6)\quad \hat{a}_2=(-0.993\,0,0.118\,5)$$

由此, 可以得到 Fisher 判别函数为

$$\begin{cases}\hat{Y}_1=\hat{a}_1^{\mathrm{T}}X=-0.614\,9X_1-0.788\,6X_2\\ \hat{Y}_2=\hat{a}_2^{\mathrm{T}}X=-0.993\,0X_1+0.118\,5X_2\end{cases}\tag{9.18}$$

R 程序及输出结果

```
> X1<-matrix(c(-2,5,0,3,-1,1),nrow=3,byrow=T)
> X2<-matrix(c(0,6,2,4,1,2),nrow=3,byrow=T)
> X3<-matrix(c(1,-2,0,0,-1,-4),nrow=3,byrow=T)
```

```
> mean1<-colMeans(X1)
> mean2<-colMeans(X2)
> mean3<-colMeans(X3)
> sigma1<-cov(X1)
> sigma2<-cov(X2)
> sigma3<-cov(X3)
> meanvalue<-(mean1+mean2+mean3)/3
> Sigma<-(sigma1+sigma2+sigma3)/3
> Sigma
           [,1]       [,2]
[1,]  1.0000000 -0.3333333
[2,] -0.3333333  4.0000000
> B<-(mean1-meanvalue)%*%t(mean1-meanvalue)+(mean2-meanvalue)
%*%t(mean2-meanvalue)+(mean3-meanvalue)%*%t(mean3-meanvalue)
> B
     [,1]     [,2]
[1,]    2  1.00000
[2,]    1 20.66667
> eigen(solve(Sigma)%*%B)
eigen() decomposition
$values
[1] 5.734142 1.808715

$vectors
           [,1]       [,2]
[1,] -0.6148676 -0.9929546
[2,] -0.7886303  0.1184957
```

接下来, 将新样本观测值 (1,3) 代入式 (9.18), 有

$$\hat{Y}_{01} = -0.614\ 9 \times 1 - 0.788\ 6 \times 3 = -2.980\ 7$$

$$\hat{Y}_{02} = -0.993\ 0 \times 1 + 0.118\ 5 \times 3 = -0.657\ 5$$

此外, 将 $\bar{\boldsymbol{X}}_1, \bar{\boldsymbol{X}}_2, \bar{\boldsymbol{X}}_3$ 代入式 (9.18), 有

$$\bar{Y}_{11} = \hat{\boldsymbol{a}}_1^{\mathrm{T}} \bar{\boldsymbol{X}}_1 = (-0.614\ 9, -0.788\ 6) \begin{pmatrix} -1 \\ 3 \end{pmatrix} = -1.750\ 9$$

$$\bar{Y}_{12} = \hat{\boldsymbol{a}}_2^{\mathrm{T}} \bar{\boldsymbol{X}}_1 = (-0.993\ 0, 0.118\ 5) \begin{pmatrix} -1 \\ 3 \end{pmatrix} = 1.348\ 5$$

同理可得,

$$\bar{Y}_{21} = \hat{\boldsymbol{a}}_1^{\mathrm{T}} \bar{\boldsymbol{X}}_2 = -3.769\ 3$$

$$\bar{Y}_{22} = \hat{\boldsymbol{a}}_2^{\mathrm{T}} \bar{\boldsymbol{X}}_2 = -0.519\ 0$$

$$\bar{Y}_{31} = \hat{\boldsymbol{a}}_1^{\mathrm{T}} \bar{\boldsymbol{X}}_3 = 1.577\ 2$$

$$\bar{Y}_{32} = \hat{\boldsymbol{a}}_2^{\mathrm{T}} \bar{\boldsymbol{X}}_3 = -0.237\ 0$$

最后, 分别计算

$$\sum_{j=1}^{2}(\hat{Y}_j - \bar{Y}_{kj})^2 = \sum_{j=1}^{2}[\hat{\boldsymbol{a}}_j^{\mathrm{T}}(\boldsymbol{X} - \bar{\boldsymbol{X}}_k)]^2 \quad k = 1, 2, 3$$

由以上结果得

$$\sum_{j=1}^{2}(\hat{Y}_0 - \bar{Y}_{1j})^2 = (-2.980\ 7 + 1.750\ 9)^2 + (-0.637\ 5 - 1.348\ 5)^2 = 5.456\ 6$$

$$\sum_{j=1}^{2}(\hat{Y}_0 - \bar{Y}_{2j})^2 = (-2.980\ 7 + 3.769\ 3)^2 + (-0.637\ 5 + 0.519\ 0)^2 = 0.635\ 9$$

$$\sum_{j=1}^{2}(\hat{Y}_0 - \bar{Y}_{3j})^2 = (-2.980\ 7 - 1.577\ 2)^2 + (-0.637\ 5 + 0.237\ 0)^2 = 20.934\ 9$$

当 $k = 2$ 时, 得到的距离最短, 由此我们将新样本归入总体 G_2.

9.3　Bayes 判别

距离判别法和 Fisher 判别法简单比较易于操作, 但是它也有不足之处, 既没有考虑各总体出现的概率大小, 也没有考虑误判所造成的损失. Bayes 判别法就是为了解决这些问题而提出的. 它假定对研究的总体已有一定的认知, 常用先验分布来描述, 然后基于新样本来修正已有的先验概率分布, 得到所谓后验分布, 再通过后验分布进行各种统计推断. Bayes 判别就是基于这种思想建立起来的.

9.3.1　Bayes 判别的思想

设 m 个 p 维总体 $G_1, G_2, \cdots, G_m$, 其概率密度函数分别为 $f_1(\boldsymbol{x}), f_2(\boldsymbol{x}), \cdots, f_m(\boldsymbol{x})$. 假设 m 个总体出现的概率分别为 $q_1, q_2, \cdots, q_m$, 称作先验概率, 且满足 $q_i \geqslant 0, i = 1, 2, \cdots, m, \sum\limits_{i=1}^{m} q_i = 1$. Bayes 判别除考虑各总体出现的先验概率外, 还考虑误判造成的损失. 在这里假设 $c(j|i), i, j = 1, 2, \cdots, m$ 表示将实际属于 G_i 的样本观测值判定为 G_j 所造成的损失.

通常一个判别准则的实质就是对 $\mathbb{R}^p$ 空间作一个不相重叠的划分: $D_1, D_2, \cdots, D_m$, 若样本落入 D_i. 则判定此样本观测值属于总体 G_i. 判别准则可记作 $D = (D_1, D_2, \cdots, D_m)$.

$P(j|i, D)$ 表示在判别准则 D 之下将实际来自 G_i 的样本观测值误判为来自 G_j 的概率, 则

$$P(j|i, D) = \int_{D_j} f_i(\boldsymbol{x}) \mathrm{d}\boldsymbol{x} \quad i, j = 1, 2, \cdots, m,\ j \neq i$$

在给定判别准则 D 下, 对 G_i 所造成的损失, 应该是将属于 G_i 的样本误判为 $G_1, \cdots, G_{i-1}, G_{i+1}, \cdots, G_m$ 所造成的所有损失, 其平均损失为

$$l_i = \sum_{j=1, j\neq i}^{m} P(j|i, D)c(j|i)$$

其中, $c(i|i) = 0$.

由于各总体 G_i 出现的先验概率为 $q_i, i = 1, 2, \cdots, m$, 因此在判别准则 D 下总的期望损失为

$$L = \sum_{i=1}^{m} q_i l_i = \sum_{i=1}^{m}\sum_{j=1}^{m} q_i c(j|i) P(j|i, D) \tag{9.19}$$

而 Bayes 判别就是寻找一种最优的准则 $D = (D_1, D_2, \cdots, D_m)$, 使总损失 L 达到最小.

```
>newdata<-c(1,3)
> y0<-t(round(E$vectors,4))%*%newdata
> y0
        [,1]
[1,] -2.9807
[2,] -0.6375
> y1<-t(round(E$vectors,4))%*%mean1
> y1
        [,1]
[1,] -1.7509
[2,]  1.3485
> y2<-t(round(E$vectors,4))%*%mean2
> y2
        [,1]
[1,] -3.7693
[2,] -0.5190
> y3<-t(round(E$vectors,4))%*%mean3
> y3
        [,1]
[1,]  1.5772
[2,] -0.2370
>
> t(y0-y1)%*%(y0-y1)
         [,1]
[1,] 5.456604
> t(y0-y2)%*%(y0-y2)
          [,1]
[1,] 0.6359322
> t(y0-y3)%*%(y0-y3)
```

```
         [,1]
[1,] 20.93485
```

9.3.2　两总体的 Bayes 判别

设 G_1, G_2 为两个 p 维总体, 概率密度函数分别为 $f_1(\boldsymbol{x}), f_2(\boldsymbol{x})$, 误判损失分别为 $c(2|1)$ 和 $c(1|2)$. 对 $\mathbb{R}^p$ 空间上的划分 $D=(D_1, D_2)$, 产生的误判概率分别为

$$P(2|1,D)=\int_{D_2} f_1(\boldsymbol{x})\mathrm{d}\boldsymbol{x}$$

$$P(1|2,D)=\int_{D_1} f_2(\boldsymbol{x})\mathrm{d}\boldsymbol{x}$$

若假设两总体的先验概率分别为 q_1, q_2, 则由式 (9.19), 误判的总平均损失为

$$\begin{aligned}L &= q_1c(2|1)P(2|1,D)+q_2c(1|2)P(1|2,D)\\ &= q_1c(2|1)\int_{D_2} f_1(\boldsymbol{x})\mathrm{d}\boldsymbol{x}+q_2c(1|2)\int_{D_1} f_2(\boldsymbol{x})\mathrm{d}\boldsymbol{x}\\ &= \int_{D_1} q_2c(1|2)f_2(\boldsymbol{x})\mathrm{d}\boldsymbol{x}-\int_{D_1} q_1c(2|1)f_1(\boldsymbol{x})\mathrm{d}\boldsymbol{x}+\\ &\quad \int_{D_1} q_1c(2|1)f_1(\boldsymbol{x})\mathrm{d}\boldsymbol{x}+\int_{D_2} q_1c(2|1)f_1(\boldsymbol{x})\mathrm{d}\boldsymbol{x}\\ &= \int_{D_1}[q_2c(1|2)f_2(\boldsymbol{x})\mathrm{d}\boldsymbol{x}-q_1c(2|1)f_1(\boldsymbol{x})]\mathrm{d}\boldsymbol{x}+q_1c(2|1)\end{aligned}$$

在这里, 由于第二项与划分 D 无关, 因而要使总损失 L 达到最小, 只需第一项达到最小即可, 即选择 D_1 使第一项中的被积函数为非正值, 有

$$\begin{aligned}D_1 &= \{\boldsymbol{x}: q_2c(1|2)f_2(\boldsymbol{x})\mathrm{d}\boldsymbol{x}-q_1c(2|1)f_1(\boldsymbol{x})\leqslant 0\}\\ &= \left\{\frac{f_1(\boldsymbol{x})}{f_2(\boldsymbol{x})}\geqslant\frac{q_2c(1|2)}{q_1c(2|1)}\right\}\end{aligned}$$

则

$$D_2=\left\{\frac{f_1(\boldsymbol{x})}{f_2(\boldsymbol{x})}<\frac{q_2c(1|2)}{q_1c(2|1)}\right\}$$

因此, 两个总体的 Bayes 判别准则为

$$\begin{cases}\boldsymbol{X}\in G_1 & 若\ \dfrac{f_1(\boldsymbol{x})}{f_2(\boldsymbol{x})}\geqslant\dfrac{q_2c(1|2)}{q_1c(2|1)}\\ \boldsymbol{X}\in G_2 & 若\ \dfrac{f_1(\boldsymbol{x})}{f_2(\boldsymbol{x})}<\dfrac{q_2c(1|2)}{q_1c(2|1)}\end{cases}\tag{9.20}$$

在实际问题中, 大多对先验概率或误判损失难以确定, 则如何处理呢? 若对总体先验概率不甚了解, 则不妨假设先验概率相等, 即 $q_1=q_2$; 若对误判损失难以确定, 则不妨假设误判损失相等, 即 $c(1|2)=c(2|1)$. 若先验概率、误判损失都相等, 则判别准则 (9.20) 可简化为

$$\begin{cases}\boldsymbol{X}\in G_1 & 若\ f_1(\boldsymbol{x})\geqslant f_2(\boldsymbol{x})\\ \boldsymbol{X}\in G_2 & 若\ f_1(\boldsymbol{x})<f_2(\boldsymbol{x})\end{cases}$$

此外，训练样本也给我们提供很多信息，例如可以用各个训练样本的容量占总样本容量的比作为先验概率；若总体的概率密度未知，则可以通过训练样本对总体密度进行非参数估计得到.

例 9.4 设 G_1, G_2 为两个 p 维正态总体，其概率密度函数分别为

$$f_i(\boldsymbol{x}) = (2\pi)^{-\frac{p}{2}}|\boldsymbol{\Sigma}_i|^{-\frac{1}{2}}\exp\left\{-\frac{1}{2}(\boldsymbol{x}-\boldsymbol{\mu}_i)^{\mathrm{T}}\boldsymbol{\Sigma}_i^{-1}(\boldsymbol{x}-\boldsymbol{\mu}_i)\right\} \quad i=1,2$$

其中，$\boldsymbol{\mu}_i$ 和 $\boldsymbol{\Sigma}_i$ 为两总体的均值向量和协方差矩阵；$|\boldsymbol{\Sigma}_i|$ 为 $\boldsymbol{\Sigma}_i$ 的行列式，$i=1,2$. 求当 (1) $\boldsymbol{\Sigma}_1=\boldsymbol{\Sigma}_2=\boldsymbol{\Sigma}$ 和 (2) $\boldsymbol{\Sigma}_1\neq\boldsymbol{\Sigma}_2$ 时的 Bayes 判别准则.

解 (1) 当 $\boldsymbol{\Sigma}_1=\boldsymbol{\Sigma}_2=\boldsymbol{\Sigma}$ 时，由距离判别法式 (9.2) 和式 (9.3) 化简可得

$$\begin{aligned}
\frac{f_1(\boldsymbol{x})}{f_2(\boldsymbol{x})} &= \exp\left\{\frac{1}{2}[(\boldsymbol{x}-\boldsymbol{\mu}_2)^{\mathrm{T}}\boldsymbol{\Sigma}^{-1}(\boldsymbol{x}-\boldsymbol{\mu}_2)-(\boldsymbol{x}-\boldsymbol{\mu}_1)^{\mathrm{T}}\boldsymbol{\Sigma}^{-1}(\boldsymbol{x}-\boldsymbol{\mu}_1)]\right\} \\
&= \exp\left\{\frac{1}{2}[d^2(\boldsymbol{x},G_2)-d^2(\boldsymbol{x},G_1)]\right\} \\
&= \exp\left\{(\boldsymbol{x}-\bar{\boldsymbol{\mu}})^{\mathrm{T}}\boldsymbol{\Sigma}^{-1}(\boldsymbol{\mu}_1-\boldsymbol{\mu}_2)\right\} \\
&= \exp\{W(\boldsymbol{x})\}
\end{aligned} \tag{9.21}$$

其中，$W(\boldsymbol{x})$ 与式 (9.3) 相同.

则由判别准则 (9.20) 和式 (9.21)，可得 Bayes 判别准则为

$$\begin{cases}\boldsymbol{X}\in G_1 & 若\ W(\boldsymbol{X})\geqslant \ln\dfrac{q_2c(1|2)}{q_1c(2|1)} \\ \boldsymbol{X}\in G_2 & 若\ W(\boldsymbol{X})< \ln\dfrac{q_2c(1|2)}{q_1c(2|1)}\end{cases} \tag{9.22}$$

(2) 当 $\boldsymbol{\Sigma}_1\neq\boldsymbol{\Sigma}_2$ 时，则

$$\begin{aligned}
\frac{f_1(\boldsymbol{x})}{f_2(\boldsymbol{x})} &= \frac{|\boldsymbol{\Sigma}_1|^{-\frac{1}{2}}}{|\boldsymbol{\Sigma}_2|^{-\frac{1}{2}}}\exp\left\{-\frac{1}{2}[(\boldsymbol{x}-\boldsymbol{\mu}_1)^{\mathrm{T}}\boldsymbol{\Sigma}_1^{-1}(\boldsymbol{x}-\boldsymbol{\mu}_1)-(\boldsymbol{x}-\boldsymbol{\mu}_2)^{\mathrm{T}}\boldsymbol{\Sigma}_2^{-1}(\boldsymbol{x}-\boldsymbol{\mu}_2)]\right\} \\
&= \frac{|\boldsymbol{\Sigma}_1|^{-\frac{1}{2}}}{|\boldsymbol{\Sigma}_2|^{-\frac{1}{2}}}\exp\left\{-\frac{1}{2}\boldsymbol{x}^{\mathrm{T}}(\boldsymbol{\Sigma}_1^{-1}-\boldsymbol{\Sigma}_2^{-1})\boldsymbol{x}+(\boldsymbol{\mu}_1^{\mathrm{T}}\boldsymbol{\Sigma}_1^{-1}-\boldsymbol{\mu}_2^{\mathrm{T}}\boldsymbol{\Sigma}_2^{-1})\boldsymbol{x}\right\}\cdot \\
&\quad \exp\left\{-\frac{1}{2}(\boldsymbol{\mu}_1^{\mathrm{T}}\boldsymbol{\Sigma}_1^{-1}\boldsymbol{\mu}_1-\boldsymbol{\mu}_2^{\mathrm{T}}\boldsymbol{\Sigma}_2^{-1}\boldsymbol{\mu}_2)\right\} \\
&= \frac{|\boldsymbol{\Sigma}_1|^{-\frac{1}{2}}}{|\boldsymbol{\Sigma}_2|^{-\frac{1}{2}}}\exp\{W^*(\boldsymbol{x})\}\cdot\exp\left\{-\frac{1}{2}(\boldsymbol{\mu}_1^{\mathrm{T}}\boldsymbol{\Sigma}_1^{-1}\boldsymbol{\mu}_1-\boldsymbol{\mu}_2^{\mathrm{T}}\boldsymbol{\Sigma}_2^{-1}\boldsymbol{\mu}_2)\right\}
\end{aligned} \tag{9.23}$$

其中

$$W^*(\boldsymbol{x}) = -\frac{1}{2}\boldsymbol{x}^{\mathrm{T}}(\boldsymbol{\Sigma}_1^{-1}-\boldsymbol{\Sigma}_2^{-1})\boldsymbol{x}+(\boldsymbol{\mu}_1^{\mathrm{T}}\boldsymbol{\Sigma}_1^{-1}-\boldsymbol{\mu}_2^{\mathrm{T}}\boldsymbol{\Sigma}_2^{-1})\boldsymbol{x}$$

则由式 (9.23) 可得 Bayes 判别准则为

$$\begin{cases}\boldsymbol{X}\in G_1 & 若\ W^*(\boldsymbol{X})\geqslant C \\ \boldsymbol{X}\in G_2 & 若\ W^*(\boldsymbol{X})< C\end{cases} \tag{9.24}$$

其中

$$C=\ln\frac{q_2c(1|2)}{q_1c(2|1)}+\frac{1}{2}\ln\frac{|\boldsymbol{\Sigma}_1|}{|\boldsymbol{\Sigma}_2|}+\frac{1}{2}(\boldsymbol{\mu}_1^{\mathrm{T}}\boldsymbol{\Sigma}_1^{-1}\boldsymbol{\mu}_1-\boldsymbol{\mu}_2^{\mathrm{T}}\boldsymbol{\Sigma}_2^{-1}\boldsymbol{\mu}_2)$$

此例给出了正态总体下, Bayes 判别的具体形式, 下面应用它的结论来处理实际问题.

例 9.5　预报明天下雨还是不下雨的两个重要指标: X_1 表示今天与昨天的湿度差; X_2 表示今天的压温差 (气压与温度之差). 现有一批已收集的数据, 见表 9.5. 今测得 $X_1=8.1, X_2=2.0$, 假定在正态总体下, 试用 Bayes 判别判定明天下雨还是不下雨?

表 9.5　温度差和压温差数据

雨天		非雨天	
X_1	X_2	X_1	X_2
1.9	3.2	0.2	0.2
−6.9	10.4	−0.1	7.5
5.2	2.0	0.4	14.6
3.8	6.8	2.7	8.3
7.3	0.0	2.1	0.8
6.8	12.7	−4.6	4.3
0.9	−15.4	−1.7	10.9
−12.5	−2.5	−2.6	13.1
		2.6	12.8
		−2.8	10.0

解　根据训练样本容量确定先验概率 $q_1=\frac{8}{18},q_2=\frac{10}{18}$, 假定误判损失 $c(1|2)=c(2|1)$.

(1) 当 $\boldsymbol{\Sigma}_1=\boldsymbol{\Sigma}_2=\boldsymbol{\Sigma}$ 时,

$$\hat{\boldsymbol{\mu}}_1=\bar{\boldsymbol{X}}^{(1)}=(0.81,2.15)^{\mathrm{T}}\quad \hat{\boldsymbol{\mu}}_2=\bar{\boldsymbol{X}}^{(2)}=(-0.38,8.25)^{\mathrm{T}}$$

$$\boldsymbol{S}_1=\begin{pmatrix}49.14 & 8.62\\ 8.62 & 76.62\end{pmatrix}\quad \boldsymbol{S}_2=\begin{pmatrix}6.21 & -0.72\\ -0.72 & 25.68\end{pmatrix}$$

则

$$\hat{\boldsymbol{\mu}}=\frac{1}{2}(\hat{\boldsymbol{\mu}}_1+\hat{\boldsymbol{\mu}}_2)=(0.22,5.20)^{\mathrm{T}}$$

$$\hat{\boldsymbol{\Sigma}}=\frac{1}{8+10-2}[(8-1)\boldsymbol{S}_1+(10-1)\boldsymbol{S}_2]=\begin{pmatrix}24.99 & 3.36\\ 3.36 & 47.97\end{pmatrix}$$

$$\ln\frac{q_2c(1|2)}{q_1c(2|1)}=\ln\frac{5}{4}=0.223\ 1$$

将以上各值代入判别函数, 有

$$W(\boldsymbol{X})=0.065X_1-0.132X_2+0.671$$

将新样本 (8.1,2.0) 代入判别函数, 得 $W=0.937\ 6>0.223\ 1$, 因此由判别准则 (9.22) 判定

明天将要下雨.

R 程序及输出结果

```
> mean1=colMeans(data1)
> sigma1=cov(data1)
> mean2=colMeans(data2)
> sigma2=cov(data2)
> meanhat=(mean1+mean2)/2
> sigmahat=((8-1)*sigma1+(10-1)*sigma2)/(18-2)
> log(5/4)
[1] 0.2231436
> newdata<-c(8.1,2.0)
> w<-t(newdata-meanhat)%*%solve(sigmahat)%*%(mean1-mean2)
> w
          [,1]
[1,] 0.9375924
```

接下来将两组样本分别代入判别函数进行回判, 第一组中有 4 个值小于 0.223 1, 因此判错, 第二组中有 2 个值大于 0.223 1, 因此判错, 所以误判率为 $\dfrac{4+2}{18}=0.33$.

R 程序及输出结果

```
> t(c(0.065,-0.132))%*%t(data1)+0.671
       [,1]    [,2]   [,3]   [,4]    [,5]   [,6]   [,7]   [,8]
[1,] 0.3721 -1.1503 0.745 1.1455 -0.5634 2.7623 0.1885 0.0204
> t(c(0.065,-0.132))%*%t(data2)+0.671
       [,1]    [,2]    [,3]    [,4]   [,5]
[1,] 0.6576 -0.3255 -1.2302 -0.2491 0.7019
       [,6]    [,7]    [,8]    [,9]   [,10]
[1,] -0.1956 -0.8783 -1.2272 -0.8496 -0.831
```

(2) 当 $\boldsymbol{\Sigma}_1\neq\boldsymbol{\Sigma}_2$ 时, 则将数据 (8.1,2.0) 直接代入判别准则 (9.24), 得 $W^*=5.082\ 7$, 并计算临界值 $C=0.502\ 4$, 由于 $W^*>C$, 因此可以判定明天预报下雨.

此外, 将两组数据代入判别准则进行回判, 可以看到第一组中有 2 个数值小于 0.502 4, 判定错误, 第二组中数据均小于 0.502 4, 因此全部判定正确, 所以误判率为 $\dfrac{2}{18}=0.11$.

相对于协方差矩阵相等的情况, 当假定协方差矩阵不等时, 误判概率更低一些, 因此假定协方差矩阵不等更合理一些. 此外, 在实际问题中, 可根据前面章节介绍的方法先对协方差矩阵相等与不等进行检验, 然后再进行判定.

9.3.3　多总体的 Bayes 判别

设 $G_1,G_2,\cdots,G_m$ 为 m 个不同的 p 维总体, 概率密度函数分别为 $f_1(\boldsymbol{x}),f_2(\boldsymbol{x}),\cdots,$ $f_m(\boldsymbol{x})$, 各总体的先验概率分别为 $q_1,q_2,\cdots,q_m$, 误判损失分别为 $c(j|i)$, $i,j=1,2,\cdots,$

$m, i \neq j$.

设 D 是 $\mathbb{R}^p$ 空间上的一个划分, 即 $D = (D_1, D_2, \cdots, D_m)$, 误判概率为

$$P(k|i, D) = \int_{D_k} f_i(\boldsymbol{x}) \mathrm{d}\boldsymbol{x} \quad k = 1, 2, \cdots, m$$

则误判的总平均损失为

$$\begin{aligned} L(D) &= \sum_{i=1}^{m} q_i \sum_{k=1}^{m} c(k|i) P(k|i, D) \\ &= \sum_{i=1}^{m} q_i \sum_{k=1}^{m} c(k|i) \int_{D_k} f_i(\boldsymbol{x}) \mathrm{d}\boldsymbol{x} \\ &= \sum_{k=1}^{m} \int_{D_k} \left[\sum_{i=1}^{m} q_i c(k|i) f_i(\boldsymbol{x}) \right] \mathrm{d}\boldsymbol{x} \\ &= \sum_{k=1}^{m} \int_{D_k} h_k(\boldsymbol{x}) \mathrm{d}\boldsymbol{x} \end{aligned}$$

其中

$$h_k(\boldsymbol{x}) = \sum_{i=1}^{m} q_i c(k|i) f_i(\boldsymbol{x}) \tag{9.25}$$

假设有另一种划分 D^*, 使得 $L(D^*) = \min_{\forall D} L(D)$, 则 D^* 就是我们要找的最优判别准则. 令

$$L(D^*) = \sum_{j=1}^{m} \int_{D_j^*} h_j(\boldsymbol{x}) \mathrm{d}\boldsymbol{x}$$

则

$$\begin{aligned} L(D^*) - L(D) &= \sum_{j=1}^{m} \int_{D_j^*} h_j(\boldsymbol{x}) \mathrm{d}\boldsymbol{x} - \sum_{k=1}^{m} \int_{D_k} h_k(\boldsymbol{x}) \mathrm{d}\boldsymbol{x} \\ &= \sum_{j=1}^{m} \sum_{k=1}^{m} \int_{D_k \cap D_j^*} (h_j(\boldsymbol{x}) - h_k(\boldsymbol{x})) \mathrm{d}\boldsymbol{x} \\ &\leqslant 0 \end{aligned}$$

从而可得

$$h_j(\boldsymbol{x}) = \min_{1 \leqslant k \leqslant m} \{h_k(\boldsymbol{x})\}$$

因而, 在总误判损失最小的条件下, 其判别准则为

$$\boldsymbol{X} \in G_i \quad 若 h_i(\boldsymbol{x}) = \min_{1 \leqslant k \leqslant m} \{h_k(\boldsymbol{x})\} \tag{9.26}$$

特别地, 若误判损失相同, 即 $c(j|i) = c, i \neq j$, 且令 $c(i|i) = 0$, 则式 (9.25) 可简化为

$$h_k(\boldsymbol{x}) = c \left[\sum_{k=1}^{m} q_k f_k(\boldsymbol{x}) - q_i f_i(\boldsymbol{x}) \right] \tag{9.27}$$

由于式 (9.27) 中 $\sum_{k=1}^{m} q_k f_k(\boldsymbol{x})$ 与 i 无关, 故 $h_k(\boldsymbol{x})$ 最小等价于 $q_i f_i(\boldsymbol{x})$ 最大. 从而, 在等误判损失下, 多总体的 Bayes 判别准则简化为

$$\boldsymbol{X} \in G_i \quad 若 q_i f_i(\boldsymbol{x}) \geqslant q_j f_j(\boldsymbol{x}), \forall j \neq i \tag{9.28}$$

下面我们来讨论当总体分布已知时, 判别准则的具体形式.

例 9.6 设 G_i 为 p 维正态总体 $N_p(\boldsymbol{\mu}_i, \boldsymbol{\Sigma}_i), i = 1, 2, \cdots, m$, 试求在等误判损失下, Bayes 判别准则的具体形式.

解 已知

$$f_i(\boldsymbol{x}) = (2\pi)^{-\frac{p}{2}} |\boldsymbol{\Sigma}_i|^{-\frac{1}{2}} \exp\{-\frac{1}{2}(\boldsymbol{x}-\boldsymbol{\mu}_i)^{\mathrm{T}} \boldsymbol{\Sigma}_i^{-1} (\boldsymbol{x}-\boldsymbol{\mu}_i)\} \quad i = 1, 2, \cdots, m$$

由正态分布是指数型, 为了简便, 判别准则 (9.28) 可等价为

$$\boldsymbol{X} \in G_i \quad 若 \ln[q_i f_i(\boldsymbol{x})] \geqslant \ln[q_j f_j(\boldsymbol{x})], \ \forall j \neq i$$

代入正态密度函数

$$\ln[q_i f_i(\boldsymbol{x})] = \ln q_i - \frac{p}{2}\ln(2\pi) - \frac{1}{2}\ln|\boldsymbol{\Sigma}_i| - \frac{1}{2}(\boldsymbol{x}-\boldsymbol{\mu}_i)^{\mathrm{T}} \boldsymbol{\Sigma}_i^{-1} (\boldsymbol{x}-\boldsymbol{\mu}_i) \tag{9.29}$$

在式 (9.29) 中 $-\frac{p}{2}\ln(2\pi)$ 与 i 无关, 因而令

$$d_i^Q(\boldsymbol{x}) = -\frac{1}{2}\ln|\boldsymbol{\Sigma}_i| - \frac{1}{2}(\boldsymbol{x}-\boldsymbol{\mu}_i)^{\mathrm{T}} \boldsymbol{\Sigma}_i^{-1} (\boldsymbol{x}-\boldsymbol{\mu}_i) + \ln q_i \quad i = 1, 2, \cdots, m \tag{9.30}$$

此时, Bayes 判别准则为

$$\boldsymbol{X} \in G_i \quad 若 d_i^Q(\boldsymbol{x}) = \max_{1 \leqslant k \leqslant m} \{d_k^Q(\boldsymbol{x})\} \tag{9.31}$$

在此题中, 若各总体的协方差矩阵都相等, 即

$$\boldsymbol{\Sigma}_1 = \boldsymbol{\Sigma}_2 = \cdots = \boldsymbol{\Sigma}_m = \boldsymbol{\Sigma}$$

则式 (9.30) 可转化为

$$d_i^Q(\boldsymbol{x}) = -\frac{1}{2}\ln|\boldsymbol{\Sigma}| - \frac{1}{2}\boldsymbol{x}^{\mathrm{T}} \boldsymbol{\Sigma}^{-1} \boldsymbol{x} + \boldsymbol{\mu}_i^{\mathrm{T}} \boldsymbol{\Sigma}^{-1} \boldsymbol{x} - \frac{1}{2}\boldsymbol{\mu}_i^{\mathrm{T}} \boldsymbol{\Sigma}^{-1} \boldsymbol{\mu}_i + \ln q_i \quad i = 1, 2, \cdots, m$$

在上式中剔除与 i 无关的项, 令

$$d_i(\boldsymbol{x}) = \boldsymbol{\mu}_i^{\mathrm{T}} \boldsymbol{\Sigma}^{-1} \boldsymbol{x} - \frac{1}{2}\boldsymbol{\mu}_i^{\mathrm{T}} \boldsymbol{\Sigma}^{-1} \boldsymbol{\mu}_i + \ln q_i \quad i = 1, 2, \cdots, m \tag{9.32}$$

此时, Bayes 判别准则 (9.31) 简化为

$$\boldsymbol{X} \in G_i \quad 若 d_i(\boldsymbol{x}) = \max_{1 \leqslant k \leqslant m} \{d_k(\boldsymbol{x})\} \tag{9.33}$$

例 9.7 设 4 个总体 G_1, G_2, G_3 和 G_4, 概率密度分别为 $f_1(\boldsymbol{X})$, $f_2(\boldsymbol{X})$, $f_3(\boldsymbol{X})$ 和 $f_4(\boldsymbol{X})$, 各个总体的先验概率分别为 $q_1 = 0.1$, $q_2 = 0.3$, $q_3 = 0.55$, $q_4 = 0.05$, 误判损失见表 9.6. 现有一样本观测值 $\boldsymbol{X}_0$, 使 $f_1(\boldsymbol{X}_0) = 0.01$, $f_2(\boldsymbol{X}_0) = 0.75$, $f_3(\boldsymbol{X}_0) = 1.8$, $f_4(\boldsymbol{X}_0) = 2.3$, 按 Bayes 判别准则, 我们应该判别 $\boldsymbol{X}_0$ 属于哪个总体? 若假定误判损失均相同, 情况又如何呢?

表 9.6 误判损失

实际为	判别为			
	G_1	G_2	G_3	G_4
G_1	$c(1\|1) = 0$	$c(2\|1) = 50$	$c(3\|1) = 30$	$c(4\|1) = 200$
G_2	$c(1\|2) = 50$	$c(2\|2) = 0$	$c(3\|2) = 100$	$c(4\|2) = 20$
G_3	$c(1\|3) = 30$	$c(2\|3) = 100$	$c(3\|3) = 0$	$c(4\|3) = 80$
G_4	$c(1\|4) = 200$	$c(2\|4) = 20$	$c(3\|4) = 80$	$c(4\|4) = 0$

解 由以上数据, 在给定的误判损失下, 由式 (9.25) 可得

$$\begin{aligned}
h_1(\boldsymbol{X_0}) &= q_2 f_2(\boldsymbol{X}_0)c(1|2) + q_3 f_3(\boldsymbol{X}_0)c(1|3) + q_4 f_4(\boldsymbol{X}_0)c(1|4)\\
&= 0.3 \times 0.75 \times 50 + 0.55 \times 1.8 \times 30 + 0.05 \times 2.3 \times 200 = 63.95\\
h_2(\boldsymbol{X_0}) &= q_1 f_1(\boldsymbol{X}_0)c(2|1) + q_3 f_3(\boldsymbol{X}_0)c(2|3) + q_4 f_4(\boldsymbol{X}_0)c(2|4)\\
&= 0.1 \times 0.01 \times 50 + 0.55 \times 1.8 \times 100 + 0.05 \times 2.3 \times 20 = 52.75\\
h_3(\boldsymbol{X_0}) &= q_1 f_1(\boldsymbol{X}_0)c(3|1) + q_2 f_2(\boldsymbol{X}_0)c(3|2) + q_4 f_4(\boldsymbol{X}_0)c(3|4)\\
&= 0.1 \times 0.01 \times 30 + 0.3 \times 0.75 \times 100 + 0.05 \times 2.3 \times 80 = 31.73\\
h_4(\boldsymbol{X_0}) &= q_1 f_1(\boldsymbol{X}_0)c(4|1) + q_2 f_2(\boldsymbol{X}_0)c(4|2) + q_3 f_3(\boldsymbol{X}_0)c(4|3)\\
&= 0.1 \times 0.01 \times 200 + 0.3 \times 0.75 \times 20 + 0.55 \times 1.8 \times 80 = 83.9
\end{aligned}$$

由于 $\min\limits_{1\leqslant i\leqslant 4} h_i(\boldsymbol{X}_0) = h_3(\boldsymbol{X}_0)$, 根据判别准则 (9.26), 我们应判定 $\boldsymbol{X}_0 \in G_3$.

如果假定误判损失相等, 这时有

$$\begin{aligned}
q_1 f_1(\boldsymbol{X}_0) &= 0.1 \times 0.01 = 0.001\\
q_2 f_2(\boldsymbol{X}_0) &= 0.3 \times 0.75 = 0.225\\
q_3 f_3(\boldsymbol{X}_0) &= 0.55 \times 1.8 = 0.99\\
q_4 f_4(\boldsymbol{X}_0) &= 0.05 \times 2.3 = 0.115
\end{aligned}$$

由判别准则 (9.28) 知, 我们应判定 $\boldsymbol{X}_0 \in G_3$.

R 程序及输出结果

```
> q<-c(0.1,0.3,0.55,0.05)
> f<-c(0.01,0.75,1.8,2.3)
> c<-matrix(c(0,50,30,200,50,0,100,20,30,100,0,80,200,20,80,0),
```

```
    nrow=4,byrow=T)
> h1<-q[2]*f[2]*c[2,1]+q[3]*f[3]*c[3,1]+q[4]*f[4]*c[4,1]
> h1
[1] 63.95
> h2<-q[1]*f[1]*c[1,2]+q[3]*f[3]*c[1,3]+q[4]*f[4]*c[1,4]
> h2
[1] 52.75
> h3<-q[1]*f[1]*c[3,1]+q[2]*f[2]*c[3,2]+q[4]*f[4]*c[3,4]
> h3
[1] 31.73
> h4<-q[1]*f[1]*c[4,1]+q[2]*f[2]*c[4,2]+q[3]*f[3]*c[4,3]
> h4
[1] 83.9
```

例 9.8　一所商学院的招生人员将本科生的平均毕业成绩 (GPA) 和本科毕业生的管理能力测验 (GMAT) 成绩用作“指标”, 帮助他们决定应将哪些申报者接收为学院研究生. 表 9.7 显示了 3 组近期报名者的 GPA 成绩 ($\boldsymbol{X}_1$) 和 GMAT 成绩 ($\boldsymbol{X}_2$). 这 3 组是 G_1 (接收)、G_2 (不接收)、G_3 (处于接收不接收的边缘). 假定一名新申请者的 GPA 成绩 $X_1 = 3.21$ 和 GMAT 成绩 $X_2 = 497$. 利用 Bayes 判别准则判定该申请者应该归入哪一类.

表 9.7　本科生 GPA 和 GMAT 数据

G_1 (接收)			G_2 (不接收)			G_3 (边缘)		
序号	GPA	GMAT	序号	GPA	GMAT	序号	GPA	GMAT
1	2.967	596	32	2.54	446	60	2.86	494
2	3.14	473	33	2.43	425	61	2.85	496
3	3.22	482	34	2.20	474	62	3.14	419
4	3.29	527	35	2.36	531	63	3.28	371
5	3.69	505	36	2.57	542	64	2.89	447
6	3.46	693	37	2.35	406	65	3.15	313
7	3.03	626	38	2.51	412	66	3.50	402
8	3.19	663	39	2.51	458	67	2.89	485
9	3.63	447	40	2.36	399	68	2.80	444
10	3.59	588	41	2.36	482	69	3.13	416
11	3.30	563	42	2.66	420	70	3.01	471
12	3.40	553	43	2.68	414	71	2.79	490
13	3.50	572	44	2.48	533	72	2.89	431
14	3.78	591	45	2.46	509	73	2.91	446
15	3.44	692	46	2.63	504	74	2.75	546
16	3.48	528	47	2.44	336	75	2.73	467
17	3.47	552	48	2.13	408	76	3.12	463
18	3.35	520	49	2.41	469	77	3.08	440
19	3.39	543	50	2.55	538	78	3.03	419

续表

G_1 (接收)			G_2 (不接收)			G_3 (边缘)		
序号	GPA	GMAT	序号	GPA	GMAT	序号	GPA	GMAT
20	3.28	523	51	2.31	505	79	3.00	509
21	3.21	530	52	2.41	489	80	3.03	438
22	3.58	564	53	2.19	411	81	3.05	399
23	3.33	565	54	2.35	321	82	2.85	483
24	3.40	431	55	2.60	394	83	3.01	453
25	3.38	605	56	2.55	528	84	3.03	414
26	3.26	664	57	2.72	399	85	3.04	446
27	3.60	609	58	2.85	381			
28	3.37	559	59	2.90	384			
29	3.80	521						
30	3.76	646						
31	3.24	467						

解 假定 3 个总体服从协方差矩阵相等的正态分布, 且误判损失相等. 由所给数据 $n_1 = 31$, $n_2 = 28$, $n_3 = 26$, 可求得

$$\hat{\boldsymbol{\mu}}_1 = \bar{\boldsymbol{X}}^{(1)} = \begin{pmatrix} 3.40 \\ 561.23 \end{pmatrix} \quad \hat{\boldsymbol{\mu}}_1 = \bar{\boldsymbol{X}}^{(2)} = \begin{pmatrix} 2.48 \\ 447.07 \end{pmatrix} \quad \hat{\boldsymbol{\mu}}_1 = \bar{\boldsymbol{X}}^{(3)} = \begin{pmatrix} 2.99 \\ 446.23 \end{pmatrix}$$

$$\boldsymbol{S}_1 = \begin{pmatrix} 0.043\,6 & 0.058\,1 \\ 0.005\,81 & 4\,618.247\,3 \end{pmatrix} \quad \boldsymbol{S}_2 = \begin{pmatrix} 0.033\,6 & -1.192\,0 \\ -1.192\,0 & 3\,891.254\,0 \end{pmatrix}$$

$$\boldsymbol{S}_3 = \begin{pmatrix} 0.029\,7 & -5.403\,8 \\ -5.403\,8 & 2\,246.904\,6 \end{pmatrix}$$

$$\hat{\boldsymbol{\Sigma}} = \frac{30\boldsymbol{S}_1 + 27\boldsymbol{S}_2 + 25\boldsymbol{S}_3}{31 + 28 + 26 - 3} \begin{pmatrix} 0.036\,1 & -2.018\,8 \\ -2.018\,8 & 3\,655.901\,1 \end{pmatrix}$$

由 $q_1 = q_2 = q_3$, 根据式 (9.32) 可得

$$\begin{aligned} \hat{d}_1(\boldsymbol{X}) &= (3.40, 561.23)\hat{\boldsymbol{\Sigma}}^{-1} \begin{pmatrix} X_1 \\ X_2 \end{pmatrix} - \frac{1}{2}(3.40, 561.23)\hat{\boldsymbol{\Sigma}}^{-1} \begin{pmatrix} 3.40 \\ 561.23 \end{pmatrix} \\ &= 106.042X_1 + 0.212X_2 - 239.782 \end{aligned}$$

同理可得

$$\hat{d}_2(\boldsymbol{X}) = 77.943X_1 + 0.165X_2 - 133.607$$
$$\hat{d}_3(\boldsymbol{X}) = 92.508X_1 + 0.173X_2 - 176.929$$

因而 Bayes 判别准则为

$$\boldsymbol{X} \in G_i \quad 若\ \max\{\hat{d}_1(\boldsymbol{X}), \hat{d}_2(\boldsymbol{X}), \hat{d}_3(\boldsymbol{X})\} = \hat{d}_i(\boldsymbol{X}) \quad i = 1, 2, 3$$

对新申请者 $\boldsymbol{X}_0=(3.21,497)^{\mathrm{T}}$, 可求得

$$\hat{d}_1(\boldsymbol{X}_0)=206.01 \quad \hat{d}_2(\boldsymbol{X}_0)=198.76 \quad \hat{d}_3(\boldsymbol{X}_0)=206.07$$

比较知 $\hat{d}_3(\boldsymbol{X}_0)$ 最大, 因此将该申请者归入待定类.

R 程序及输出结果

```
> read.table("e:/data/chengji.txt",header=T) %读取数据
> data1<-data[1:31,]
> data2<-data[32:59,]
> data3<-data[60:85,]
> mean1<-round(colMeans(data1),2)
> mean2<-round(colMeans(data2),2)
> mean3<-round(colMeans(data3),2)
> sigma1<-round(cov(data1),4)
> sigma2<-round(cov(data2),4)
> sigma3<-round(cov(data3),4)
> sigmahat<-round(((31-1)*sigma1+(28-1)*sigma2+(26-1)*sigma3)
+ /(31+28+26-3),4)
> newdata<-c(3.21,497)
> d1<-t(mean1)%*%solve(sigmahat)%*%newdata-t(mean1)%*%
+ solve(sigmahat)%*%mean1/2
> round(d1,2) %保留小数点后两位小数
       [,1]
[1,] 206.01
> d2<-t(mean2)%*%solve(sigmahat)%*%newdata-t(mean2)%*%
+ solve(sigmahat)%*%mean2/2
> round(d2,2)
       [,1]
[1,] 198.76
> d3<-t(mean3)%*%solve(sigmahat)%*%newdata-t(mean3)%*%
+ solve(sigmahat)%*%mean3/2
> round(d3,2)
       [,1]
[1,] 206.07
```

对于此题, 我们也可以直接计算新样本到各个总体的距离, 然后比较大小.

$$\begin{aligned}\hat{d}_1^2(\boldsymbol{X}) &= (\boldsymbol{X}_0-\hat{\boldsymbol{\mu}}_1)^{\mathrm{T}}\hat{\boldsymbol{\Sigma}}^{-1}(\boldsymbol{X}_0-\hat{\boldsymbol{\mu}}_1)\\ &= (3.21-3.40, 497-561.23)\begin{pmatrix}28.609\,6 & 0.015\,8\\ 0.015\,8 & 0.000\,3\end{pmatrix}\begin{pmatrix}3.21 & -3.40\\ 497 & -561.23\end{pmatrix}\\ &= 2.58\end{aligned}$$

$$\hat{d}_2^2(\boldsymbol{X}) = (\boldsymbol{X}_0-\hat{\boldsymbol{\mu}}_2)^{\mathrm{T}}\hat{\boldsymbol{\Sigma}}^{-1}(\boldsymbol{X}_0-\hat{\boldsymbol{\mu}}_2)=17.09$$

$$\hat{d}_3^2(\boldsymbol{X}) = (\boldsymbol{X}_0-\hat{\boldsymbol{\mu}}_3)^{\mathrm{T}}\hat{\boldsymbol{\Sigma}}^{-1}(\boldsymbol{X}_0-\hat{\boldsymbol{\mu}}_3)=2.46$$

因而, 可以看到 $\boldsymbol{X}_0=(3.21,497)^{\mathrm{T}}$ 到 G_3 总体的距离最小, 我们将这名申请者分入待定总体 G_3.

R 程序及输出结果

```
> dsquare1<-t(newdata-mean1)%*%solve(sigmahat)%*%(newdata-mean1)
> round(dsquare1,2)
     [,1]
[1,] 2.58
> dsquare2<-t(newdata-mean2)%*%solve(sigmahat)%*%(newdata-mean2)
> round(dsquare2,2)
      [,1]
[1,] 17.09
> dsquare3<-t(newdata-mean3)%*%solve(sigmahat)%*%(newdata-mean3)
> round(dsquare3,2)
     [,1]
[1,] 2.46
```

习　题　9

1. 已知某种昆虫的体长和翅长是表征性别的两个重要体型指标, 根据以往观测值, 雌虫的体型标准值为 $\boldsymbol{\mu}_1=(6,5)^{\mathrm{T}}$, 雄虫的体型标准值为 $\boldsymbol{\mu}_2=(8,6)^{\mathrm{T}}$, 它们的共同协方差矩阵为 $\boldsymbol{\Sigma}=\begin{pmatrix}9&2\\2&4\end{pmatrix}$. 现捕捉到这种昆虫一只, 测得它的体长和翅长分别为 7.2 和 5.6, 即 $\boldsymbol{X}=(7.2,5.6)^{\mathrm{T}}$, 试判断这只昆虫的性别.

2. 设 3 个总体 G_1, G_2 和 G_3 的分布分别为 $N(1.5,0.7^2)$, $N(0,2^2)$ 和 $N(3,1^2)$. 试问样品 $X=2.5$ 应归判给哪一类?

   (1) 按距离判别准则.

   (2) 按 Bayes 判别准则, 取先验概率和误判损失相等的情况下.

3. 某企业生产的产品, 其造型、性能和价位及所属级别见下表. 试利用表中数据, 使用 Fisher 判别法和 Bayes 判别法进行判别分析.

题 3 表

序号	造型	性能	价位 (元)	级别
1	33	42	87	1
2	28	65	77	1
3	37	77	56	1
4	16	43	79	1
5	34	46	84	1
6	17	55	68	2
7	48	78	51	2
8	65	62	69	2

续表

序号	造型	性能	价位 (元)	级别
9	44	79	60	2
10	37	54	27	3
11	88	87	45	3
12	56	73	36	3
13	38	56	76	3
14	77	28	84	3

4. 已知两个总体的分布分别为 $N_p(\boldsymbol{\mu}^{(i)}, \boldsymbol{\Sigma})$, $i=1,2$. 又设 $\boldsymbol{\mu}^{(1)}$, $\boldsymbol{\mu}^{(2)}$, $\boldsymbol{\Sigma}$ 均为已知, 先验概率为 q_1 和 q_2, 且 $q_1+q_2=1$, 误判损失为 $c(1|2)$ 和 $c(2|1)$. 试写出 Bayes 判别准则和距离判别准则, 并说明它们之间的关系.

5. 已知某研究对象分为 3 类, 每个样品考察 4 项指标, 各类的观测样品数分别为 7, 4, 6; 另外还有 3 个待判样品, 所有观测数据见下表. 假定样本均来自正态总体.

   (1) 试用距离判别法进行判断, 对 3 个待判样品进行判别归类.

   (2) 使用其他的判别法进行判别, 对 3 个待判样品进行判别归类, 然后比较.

题 5 表

样品	$\boldsymbol{X}_1$	$\boldsymbol{X}_2$	$\boldsymbol{X}_3$	$\boldsymbol{X}_4$	类别
1	6.0	−11.5	19.0	90.0	1
2	−11.0	−18.5	25.0	−36.0	3
3	90.2	−17.0	17.0	3.0	2
4	−4.0	−15.0	13.0	54.0	1
5	0.0	−14.0	20.0	35.0	2
6	0.5	−11.5	19.0	37.0	3
7	−10.0	−19.0	21.0	−42.0	3
8	0.0	−23.0	5.0	−35.0	1
9	20.0	−22.0	8.0	−20.0	3
10	−100.0	−21.4	7.0	−15.0	1
11	−100.0	−21.5	15.0	−40.0	2
12	13.0	−17.2	18.0	2.0	2
13	−5.0	−18.5	15.0	18.0	1
14	10.0	−18.0	14.0	50.0	1
15	−8.0	−14.0	16.0	56.0	1
16	0.6	−13.0	26.0	21.0	3
17	−40.0	-20.0	22.0	−50.0	3
1	-8.0	−14.0	16.0	56.0	
2	92.2	−17.0	18.0	3.0	
3	−14.0	−18.5	25.0	−36.0	

6. 用 R 软件随机生成 3 个正态总体 $N_4(\boldsymbol{\mu}_i, \boldsymbol{\Sigma}_i), i=1,2,3$ 数据, 用距离判别法判定给定的新样本的属类.

7. 用 R 软件随机生两组二维数据, 一组假定协方差矩阵相等, 一组假定协方差矩阵不等, 在给定损失矩阵和先验概率的情况下, 用 Bayes 判别法判定新样本的属类.

8. 用随机模拟的方法随机生成一组数据, 用 3 种不同的判别法进行判定, 并比较结果.

第 10 章　聚类分析

在实际问题中, 经常要对研究对象进行分类. 例如, 在生物学中, 根据动植物的特征将生物体分为各个物种; 在考古学中, 通过挖掘出的骨骼化石形状和大小等指标进行分类; 在营销学中, 企业会根据客户的行为特征、地理因素等对市场进行划分, 从而选择更有效的目标客户; 在教学中, 学校经常会根据学生的成绩进行分班等. 这些均体现了分类的基本思想, 科学的分类方法在现实生活中的各个领域都有非常广泛的应用.

10.1　聚类分析的基本思想

在传统的分类过程中, 人们主要根据相关经验和专业知识, 用定性的方法实现分类, 但这个过程通常具有很强的主观性, 并不一定能准确地揭示事物本质的属性和规律. 随着人类社会的发展和科学技术的进步, 人类的认识不断加深, 对分类的要求也越来越高, 需要将定性分析和定量分析相互结合, 从而进行更有效的分类, 由于数学这一强有力的工具的加入, 形成了一门新的学科——数值分类学. 随后, 在进一步引入了多元统计分析学之后, 聚类分析逐渐从数值分类学中独立分离出来.

聚类分析（Cluster Analysis）是研究怎样根据各个方面的特征将研究对象（样品或变量）进行有效综合分类的一种多元统计方法. 聚类分析的基本思想是从一批样品的多个指标变量出发, 定义能够度量样品或变量之间相似程度（或亲疏关系）的统计量, 根据这个统计量求出样品或变量之间相似程度的度量值, 按照相似程度的大小将相似程度较大的样品或变量聚集为一类, 另一些相似程度较高的样品或变量聚为另一类, 从而把关系密切的类聚集到一个小的类单位, 关系较为疏远的类聚集为更大的类, 直到所有的样品或指标都分类完毕, 把各种分类一一划分清楚, 形成由小到大的分类系统.

聚类分析的发展历史较短, 相对于其他多元统计方法而言, 聚类分析方法相对粗糙, 理论基础还不够完善, 但更偏向于实际应用, 能够解决很多实际问题, 因此在各个领域有着广泛应用. 它与回归分析、判别分析一起被称为多元统计分析的三大方法.

聚类分析研究的内容非常丰富. 根据研究对象的不同, 可以将聚类分析分为两种. 一种是对样品进行分类, 设有 n 个样品, 其中每个样品用含有 p 个指标的观测向量 $\boldsymbol{X}_i, i=1,2,\cdots,n$ 来表示, 根据 $\boldsymbol{X}_i$ 之间的某种相似性, 将这 n 个样品进行分类. 例如测量 n 个人的身高和体重, 根据每个人的身高和体重不同将他们分为肥胖、偏胖、正常、偏瘦、瘦弱五类. 这种对样品进行分类的聚类分析称为 Q 型聚类. 二是对变量进行分类, 即根据 $X_i, i=1,2,\cdots,p$ 的 n 个观测值 $(X_{i1},X_{i2},\cdots,X_{in})^{\mathrm{T}}$ 及某些相似性度量, 对这 p 个指标进行分类. 例如考察学生的各科成绩, 有语文、数学、英语、政治、历史、地理、物理、化学、生物 9 门成绩, 将这 9 门课程划分为文科和理科, 用以考察该学生在文理科上的不同学习能力. 这种对指标的分类称为 R 型聚类.

根据聚类方法的不同, 聚类分析可以分为系统聚类法、模糊聚类法、有序样品聚类法、动态聚类法、凸轮聚类法等. 本章将重点介绍系统聚类法和动态聚类法, 并介绍几种常见的分类统计量.

10.2 相似性度量

为了对样品或指标进行分类, 首先要定义好度量样品或变量之间相似程度的统计量. Q 型聚类常用“距离”定义, 将每一个样品看作是 p 维空间上的一个点, 在空间中定义距离, 将距离近的归为一类, 距离远的归为另一类. R 型聚类通常用“相似系数”描述, 相似系数的绝对值越接近 1, 认为相似程度越高, 故而归为一类. 这一节介绍几种常用的距离和相似系数.

10.2.1 数据变换

由于样本数据矩阵通常由多个变量或指标组成, 不同的变量可能往往具有不同的量纲, 当指标的测量值相差悬殊时, 为了消除不同量纲带来的影响, 通常需要对数据进行变换处理. 设原始观测数据矩阵为

$$\boldsymbol{X}=\begin{pmatrix} X_{11} & X_{12} & \cdots & X_{1p} \\ X_{21} & X_{22} & \cdots & X_{2p} \\ \vdots & \vdots & & \vdots \\ X_{n1} & X_{n2} & \cdots & X_{np} \end{pmatrix}$$

其中, 样本量为 n; 变量个数为 p. 下面介绍 3 种常用的数据变换方法.

1. 中心化变换

中心化变换的中心思想是进行坐标轴平移处理, 首先求出每个变量的样本均值, 再用原始数据减去该变量的样本均值, 得到变换后的数据. 设经过中心化变换后的数据为 X_{ij}^*, 那么有

$$X_{ij}^*=X_{ij}-\bar{X}_j \quad i=1,2,\cdots,n; j=1,2,\cdots,p$$

其中, $\bar{X}_j=\dfrac{1}{n}\sum\limits_{i=1}^{n}X_{ij}$. 经过中心化变换后, 每列数据的和均为 0, 且每列数据的平方和为该列变量样本方差的 $(n-1)$ 倍, 因此能非常方便地计算方差与协方差.

2. 正规化变换

首先从原始数据矩阵中的每个变量中找出最大值和最小值, 求出极差 $R_j=\max\limits_{1\leqslant k\leqslant n}X_{kj}-\min\limits_{1\leqslant k\leqslant n}X_{kj}$, 随后用每个原始数据减去该变量的最小值再除以极差, 得到相对应的正规化数据, 即

$$X_{ij}^*=\frac{X_{ij}-\min\limits_{1\leqslant i\leqslant n}X_{ij}}{R_j} \quad i=1,2,\cdots,n; j=1,2,\cdots,p$$

经过正规化变换后, 每列数据的最大值为 1, 最小值为 0, 其余数据取值均在 0 到 1 之间, 且变换后的数据不再具有量纲.

3. 标准化变换

标准化变换的过程是先将每个变量进行中心化变换, 再用该变量的标准差进行标准化. 令

$$\bar{X}_j = \frac{1}{n}\sum_{i=1}^{n} X_{ij} \quad s_j^2 = \frac{1}{n-1}\sum_{i=1}^{n}(X_{ij} - \bar{X}_j)^2 \quad j = 1, 2, \cdots, p$$

标准化后的数据为

$$X_{ij}^* = \frac{X_{ij} - \bar{X}_j}{s_j} \quad i = 1, 2, \cdots, n; j = 1, 2, \cdots, p$$

经过标准化变换后, 每列数据的均值为 0, 方差为 1, 且不具有量纲, 任意两列数据的乘积之和是两个变量相关系数的 $(n-1)$ 倍, 非常便于变量之间的比较和相关计算.

在 R 软件中用 scale() 函数作数据的中心化或标准化变换, 用 sweep() 函数作正规化变换等.

10.2.2　样品间的相似性度量——距离

对于 Q 型聚类分析, 通常用"距离"来衡量样品间的相似性. 定义距离的方法有很多, 但都必须遵循一定的准则. 设 $d(\boldsymbol{X}_i, \boldsymbol{X}_j)$ 是样品 $\boldsymbol{X}_i$ 到 $\boldsymbol{X}_j$ 的距离, 一般要求它满足以下条件:

(1) $d(\boldsymbol{X}_i, \boldsymbol{X}_j) \geqslant 0$ 对一切 i,j 成立;

(2) $d(\boldsymbol{X}_i, \boldsymbol{X}_j) = 0$ 当且仅当 $i = j$ 时成立;

(3) $d(\boldsymbol{X}_i, \boldsymbol{X}_j) = d(\boldsymbol{X}_j, \boldsymbol{X}_i)$ 对一切 i,j 成立;

(4) $d(\boldsymbol{X}_i, \boldsymbol{X}_j) \leqslant d(\boldsymbol{X}_i, \boldsymbol{X}_k) + d(\boldsymbol{X}_k, \boldsymbol{X}_j)$ 对一切 i, j,k 成立.

在聚类分析中, 有时所用的距离只满足上述条件的前 3 条, 不满足第 4 条, 这种距离称为广义距离. 下面介绍几种聚类分析中常用的距离.

1. Minkowski(闵可夫斯基) 距离

$$d(\boldsymbol{X}_i, \boldsymbol{X}_j) = \left(\sum_{k=1}^{p} |X_{ik} - X_{jk}|^q\right)^{1/q}$$

特别地, 当 $q = 1, 2, \infty$ 时, 可以得到如下 3 种距离.

(1) 当 $q = 1$ 时为绝对距离:

$$d(\boldsymbol{X}_i, \boldsymbol{X}_j) = \sum_{k=1}^{p} |X_{ik} - X_{jk}|$$

(2) 当 $q = 2$ 时为欧氏距离:

$$d(\boldsymbol{X}_i, \boldsymbol{X}_j) = \left(\sum_{k=1}^{p} |X_{ik} - X_{jk}|^2\right)^{1/2}$$

(3) 当 $q = \infty$ 时为 Chebishov(切比雪夫) 距离:

$$d(\boldsymbol{X}_i, \boldsymbol{X}_j) = \max_{1 \leqslant k \leqslant p} |X_{ik} - X_{jk}|$$

闵氏距离中欧氏距离是人们使用最多也是最为熟悉的距离, 它的计算简便, 在实际问题中广泛应用. 但闵氏距离将各个变量均等看待, 没有考虑各个变量之间的相关性. 若要考虑 p 个指标之间的相关性等问题, 可以采用方差加权距离或 Mahalanobis 距离.

2. 方差加权距离

$$d(\boldsymbol{X}_i, \boldsymbol{X}_j) = \left(\sum_{k=1}^{p} \frac{|X_{ik} - X_{jk}|^2}{\sigma_k^2}\right)^{1/2}$$

其中, σ_k^2 为第 k 个指标的方差.

3. Mahalanobis(马氏) 距离

$$d(\boldsymbol{X}_i, \boldsymbol{X}_j) = (\boldsymbol{X}_i - \boldsymbol{X}_j)^{\mathrm{T}} \boldsymbol{\Sigma}^{-1} (\boldsymbol{X}_i - \boldsymbol{X}_j)$$

其中, $\boldsymbol{\Sigma}$ 表示变量之间的协方差矩阵. 在实际问题中, 总体的协方差矩阵 $\boldsymbol{\Sigma}$ 通常未知, 可以用样本的协方差矩阵 $\boldsymbol{S}$ 代替.

例 10.1 表 10.1 给出了 5 个省 19~22 岁年龄组城市男生形体指标, 试求各个样本间的绝对距离、欧氏距离和切比雪夫距离.

表 10.1 5 个省 19~22 岁年龄组城市男生形体指标

序号	地区	身高 (cm)	坐高 (cm)	体重 (mg)	胸围 (cm)	肩宽 (cm)	骨盆宽 (cm)
1	辽宁	171.69	92.85	59.44	87.45	38.19	27.10
2	四川	167.87	90.96	55.79	84.92	38.20	26.53
3	黑龙江	171.60	93.28	59.75	88.03	38.68	27.22
4	陕西	171.16	92.62	58.72	87.11	38.19	27.18
5	江苏	171.36	92.53	58.39	87.09	38.23	27.04

解 (1) 绝对距离.

由绝对距离公式

$$d(\boldsymbol{X}_i, \boldsymbol{X}_j) = \sum_{k=1}^{p} |X_{ik} - X_{jk}|$$

分别求各个样本间的距离为

$$d_{12} = |171.69 - 167.87| + |92.85 - 90.96| + \cdots + |27.10 - 26.53|$$

$$d_{13} = |171.69 - 171.60| + |92.85 - 93.28| + \cdots + |27.10 - 27.22|$$

等, 最终得到距离矩阵 $\boldsymbol{D}_1$ 为

$$\boldsymbol{D}_1 = \begin{matrix} \\ 1 \\ 2 \\ 3 \\ 4 \\ 5 \end{matrix} \begin{matrix} \begin{matrix} 1 & \quad 2 & \quad 3 & \quad 4 & \quad 5 \end{matrix} \\ \begin{pmatrix} 0 & & & & \\ 12.47 & 0 & & & \\ 2.02 & 14.29 & 0 & & \\ 1.90 & 10.73 & 3.58 & 0 & \\ 2.16 & 10.37 & 3.92 & 0.82 & 0 \end{pmatrix} \end{matrix}$$

(2) 欧氏距离.

由欧氏距离公式

$$d(\boldsymbol{X}_i, \boldsymbol{X}_j) = \left(\sum_{k=1}^{p} |X_{ik} - X_{jk}|^2\right)^{1/2}$$

分别求各个样本间的距离为

$$d_{12} = \sqrt{(171.69 - 167.87)^2 + (92.85 - 90.96)^2 + \cdots + (27.10 - 26.53)^2}$$

$$d_{13} = \sqrt{(171.69 - 171.60)^2 + (92.85 - 93.28)^2 + \cdots + (27.10 - 27.22)^2}$$

等, 最终得到距离矩阵 $\boldsymbol{D}_2$ 为

$$\boldsymbol{D}_2 = \begin{array}{c} \\ 1 \\ 2 \\ 3 \\ 4 \\ 5 \end{array} \begin{array}{c} \begin{array}{ccccc} 1 & 2 & 3 & 4 & 5 \end{array} \\ \begin{pmatrix} 0 & & & & \\ 6.18 & 0 & & & \\ 0.94 & 6.73 & 0 & & \\ 0.99 & 5.23 & 1.67 & 0 & \\ 1.20 & 5.14 & 1.89 & 0.42 & 0 \end{pmatrix} \end{array}$$

(3) 切比雪夫距离.

由切比雪夫距离公式

$$d(\boldsymbol{X}_i, \boldsymbol{X}_j) = \max_{1 \leqslant k \leqslant p} |X_{ik} - X_{jk}|$$

分别求各个样本间的距离为

$$d_{12} = \max\{(171.69 - 167.87), (92.85 - 90.96), \cdots, (27.10 - 26.53)\}$$

$$d_{13} = \max\{(171.69 - 171.60), (92.85 - 93.28), \cdots, (27.10 - 27.22)\}$$

等, 最终得到距离矩阵 $\boldsymbol{D}_3$ 为

$$\boldsymbol{D}_3 = \begin{array}{c} \\ 1 \\ 2 \\ 3 \\ 4 \\ 5 \end{array} \begin{array}{c} \begin{array}{ccccc} 1 & 2 & 3 & 4 & 5 \end{array} \\ \begin{pmatrix} 0 & & & & \\ 3.82 & 0 & & & \\ 0.58 & 3.96 & 0 & & \\ 0.72 & 3.29 & 1.03 & 0 & \\ 1.05 & 3.49 & 1.36 & 0.33 & 0 \end{pmatrix} \end{array}$$

在 R 软件中, 用 dist() 函数可以计算各种距离, 使用格式为

dist(x, method = “euclidean”, diag = FALSE, upper = FALSE, p = 2)

其中, x 是样本数据; method 表示计算的方法, 包括欧几里得距离 “euclidean”、切比雪夫距离 “maximum”、绝对距离 “manhattan”、定性变量的距离 “binary” 等, 具体可详见帮助文件.

R 程序及输出结果

```
> data<-read.table("e:/data/tixing.txt",header=T) #读取数据
> d1<-dist(data,method="manhattan",diag=T) #绝对距离
> d1
        辽宁  四川 黑龙江  陕西  江苏
辽宁     0.00
四川    12.47  0.00
黑龙江   2.02 14.29   0.00
陕西     1.90 10.73   3.58  0.00
江苏     2.16 10.37   3.92  0.82  0.00
> d2<-dist(data,method="euclidean",diag=T) #欧氏距离
> round(d2,2) #取整保留两位小数
       辽宁 四川 黑龙江 陕西 江苏
辽宁   0.00
四川   6.18 0.00
黑龙江 0.94 6.73   0.00
陕西   0.99 5.23   1.67 0.00
江苏   1.20 5.14   1.89 0.42 0.00
> d3<-dist(data,method="maximum",diag=T) #切比雪夫距离
> d3
       辽宁 四川 黑龙江 陕西 江苏
辽宁   0.00
四川   3.82 0.00
黑龙江 0.58 3.96   0.00
陕西   0.72 3.29   1.03 0.00
江苏   1.05 3.49   1.36 0.33 0.00
```

10.2.3 变量间的相似性度量——相似系数

对于 R 型聚类分析, 用相似系数来衡量变量间的相似程度. 设 c_{kj} 为变量 X_k 和 X_j 之间的相似系数, 要求对一切的 $1 \leqslant k, j \leqslant p$ 满足:

(1) $|c_{kj}| \leqslant 1$;

(2) $c_{kk} = 1$;

(3) $c_{kj} = c_{jk}$.

c_{kj} 越接近于 1, 说明变量 X_k 和 X_j 的关系越密切.

设 $(X_{1j}, X_{2j}, \cdots, X_{nj})^{\mathrm{T}}, j = 1, 2, \cdots, p$ 表示变量 X_j 的 n 个观测值, 常用的相似系数如下.

1. 夹角余弦

$$c_{kj} = \frac{\sum_{i=1}^{n} X_{ik}X_{ij}}{\left(\sum_{i=1}^{n} X_{ik}^2 \cdot \sum_{i=1}^{n} X_{ij}^2\right)^{1/2}}$$

如果将变量 X_k 的 n 个观测值 $(X_{1k}, X_{2k}, \cdots, X_{nk})^{\mathrm{T}}$ 与变量 X_j 的 n 个观测值 $(X_{1j}, X_{2j}, \cdots, X_{nj})^{\mathrm{T}}$ 看作是 n 维空间中的两个向量, 则 c_{kj} 刚好是这两个向量的夹角余弦.

2. 相关系数

通常所说的相关系数一般指变量间的皮尔逊相关系数, 它能够有效地刻画两个变量间的线性关系强弱, 因此用任意两个变量的观测值估计出的相关系数可以作为这两个变量相关性的一种度量, 即第 k 个变量与第 j 个变量之间的相关系数定义为

$$r_{kj} = \frac{\sum_{i=1}^{n}\left(X_{ik}-\bar{X}_k\right)\left(X_{ij}-\bar{X}_j\right)}{\left[\sum_{i=1}^{n}\left(X_{ik}-\bar{X}_k\right)^2 \cdot \sum_{i=1}^{n}\left(X_{ij}-\bar{X}_j\right)^2\right]^{1/2}}$$

r_{kj} 实际上就是对数据作标准化处理后的夹角余弦.

例 10.2　根据例 10.1 中数据, 用 R 软件求 6 个指标变量间的夹角余弦和相关系数.

解　在 R 软件中, 可以直接用 scale() 函数和 cor() 函数求夹角余弦和相关系数, 具体程序如下. 由返回的结果可以看到, 当对数据标准化后, 夹角余弦和相关系数一致.

R 程序及输出结果

```
> data
           x1    x2    x3    x4    x5    x6
辽宁    171.69 92.85 59.44 87.45 38.19 27.10
四川    167.87 90.96 55.79 84.92 38.20 26.53
黑龙江  171.60 93.28 59.75 88.03 38.68 27.22
陕西    171.16 92.62 58.72 87.11 38.19 27.18
江苏    171.36 92.53 58.39 87.09 38.23 27.04
> N=scale(data,center=T,scale=T)/sqrt(nrow(data)-1)   #夹角余弦
> C<-round(t(N)%*%N,4)  #小数点后保留4位
> C
       x1     x2     x3     x4     x5     x6
x1 1.0000 0.9646 0.9649 0.9675 0.3032 0.9602
x2 0.9646 1.0000 0.9925 0.9995 0.5248 0.9718
x3 0.9649 0.9925 1.0000 0.9904 0.4659 0.9615
x4 0.9675 0.9995 0.9904 1.0000 0.5246 0.9684
x5 0.3032 0.5248 0.4659 0.5246 1.0000 0.4058
x6 0.9602 0.9718 0.9615 0.9684 0.4058 1.0000
> R<-round(cor(data),4)  #相关系数矩阵
> R
       x1     x2     x3     x4     x5     x6
x1 1.0000 0.9646 0.9649 0.9675 0.3032 0.9602
x2 0.9646 1.0000 0.9925 0.9995 0.5248 0.9718
x3 0.9649 0.9925 1.0000 0.9904 0.4659 0.9615
```

```
x4 0.9675 0.9995 0.9904 1.0000 0.5246 0.9684
x5 0.3032 0.5248 0.4659 0.5246 1.0000 0.4058
x6 0.9602 0.9718 0.9615 0.9684 0.4058 1.0000
```

对于定性变量（例如性别、职业等），也可以类似地定义样品间的“距离”和变量间的“相似系数”. 例如我们看一个经典的例子, 关于欧洲各国的语言, 语言不是定量化的, 需要自己去定义. 语言的发展有其历史的进程, 虽然其随着历史的进程会发生变化, 但是对于数字 $1,2,3,\cdots$ 的意义却是一个例外.

例 10.3　表 10.2 中列出了英语 (E)、挪威语 (N)、丹麦语 (Da)、荷兰语 (Du)、德语 (G)、法语 (Fr)、西班牙语 (S)、意大利语 (I)、波兰语 (P)、匈牙利语 (H) 和芬兰语 (Fi) 等 11 种语言对数字 $1,2,3,\cdots,10$ 的表述方式, 试给出 11 种语言间的距离矩阵.

表 10.2　欧洲 11 国家语言数字的表述方式

E	N	Da	Du	G	Fr	S	I	P	H	Fi
one	en	en	een	eins	un	uno	uno	jeden	egy	yksi
two	to	to	twee	zwei	deux	dos	due	dwa	ketto	kaksi
three	tre	tre	drie	drei	trois	tres	tre	tray	harom	kolme
four	fire	fire	vier	vier	quatre	cuatro	quattro	cztery	negy	nelja
five	fem	fem	vijf	funf	cinq	cinco	cinque	piec	ot	viisi
six	seks	seks	zes	sechs	six	seis	sei	szesc	hat	kuusi
seven	sju	syv	zeven	sieben	sept	siete	sette	siedem	het	seitseman
eight	atte	otte	acht	acht	huit	ocho	otto	osiem	nyolc	kahdeksan
nine	ni	ni	negen	neun	neuf	nueve	nove	dziewiee	kilenc	yhdeksan
ten	ti	ti	tien	zehn	dix	diez	dieci	dziesiec	tiz	kymmenen

解　此题我们无法直接用前面的公式计算距离, 但是仔细观察, 我们可以看到前 3 种语言 (英语、挪威语、丹麦语) 很相似, 尤其是每个单词的第一个字母, 于是产生一种定义距离的方法, 就是根据每种语言的 10 个数字表达中的第一个字母不同的个数来定义两种语言之间的距离, 例如英语和挪威语只有数字 1 和 8 的第一个字母不同, 所以这两种语言之间的距离定义为 2, 以此类推, 得到距离矩阵

$$
\begin{array}{c}
 \\ E \\ N \\ Da \\ Du \\ G \\ Fr \\ S \\ I \\ P \\ H \\ Fi
\end{array}
\begin{array}{c}
\begin{array}{ccccccccccc} E & N & Da & Du & G & Fr & S & I & P & H & Fi \end{array} \\
\left(\begin{array}{ccccccccccc}
0 & & & & & & & & & & \\
2 & 0 & & & & & & & & & \\
2 & 1 & 0 & & & & & & & & \\
7 & 5 & 6 & 0 & & & & & & & \\
6 & 4 & 5 & 5 & 0 & & & & & & \\
6 & 6 & 6 & 9 & 7 & 0 & & & & & \\
6 & 6 & 5 & 9 & 7 & 2 & 0 & & & & \\
6 & 6 & 5 & 9 & 7 & 1 & 1 & 0 & & & \\
7 & 7 & 6 & 10 & 8 & 5 & 3 & 4 & 0 & & \\
9 & 8 & 8 & 8 & 9 & 10 & 10 & 10 & 10 & 0 & \\
9 & 9 & 9 & 9 & 9 & 9 & 9 & 9 & 9 & 8 & 0
\end{array}\right)
\end{array}
$$

由矩阵可以看到, 数字越小说明两种语言在数字 $1,2,3,\cdots,10$ 上的表述越接近, 数字

越大说明语言差别越大. 因此, 通过这种方式定义语言的距离, 描述它们之间的相似性.

10.3 系统聚类法

系统聚类法是目前使用最为广泛的一种聚类方法. 这种方法的来源是植物分类学, 对植物的分类可以分为门、纲、目、科、属、种, 分类单位越小, 类中所包含的植物种类越少, 植物间的相似性越高, 其中种是最小的分类. 系统聚类法最终形成一张谱系图, 因此也称作谱系聚类法. 系统聚类法的基本思想是先将距离相近的样品或变量分为一类, 距离远的后聚成一类, 这样一层一层往上叠加, 最终所有的样本点都能聚到一个类中.

关于系统聚类法, R 软件中有程序可以直接使用. 就像样品间距离有多种定义方式一样, 类与类之间的距离有着各种定义, 用不同的方法定义距离, 就产生了不同的系统聚类法. 本节将会引进几种类与类之间的距离, 再详细介绍不同距离下的系统聚类过程.

10.3.1 类间的距离

为了介绍方便, 首先给出一些简单的定义. 相似的样本或指标的集合称为类, 用 G 表示; 用 d_{ij} 表示样品 $\boldsymbol{X}_i$ 和 $\boldsymbol{X}_j$ 之间的距离 $d(\boldsymbol{X}_i, \boldsymbol{X}_j)$; G_p 和 G_q 分别表示两个不同的类, 分别包含 n_p, n_q 个样本; $D(G_p, G_q)$ 表示类 G_p 和 G_q 之间的距离. 下面介绍几种最常用的类与类之间的距离.

1. 最短距离

最短距离是将 G_p 和 G_q 中距离最近的样品之间的距离定义为类间距离, 即

$$D(G_p, G_q) = \min_{i \in G_p, j \in G_q} d_{ij}$$

设将类 G_p 和 G_q 合并为一个新类, 记为 G_r, 则 G_r 与任意其他类 $G_s (s \neq p, q)$ 的距离为

$$\begin{aligned} D(G_r, G_s) &= \min_{i \in G_r, j \in G_s} d_{ij} \\ &= \min\left\{ \min_{i \in G_s, j \in G_p} d_{ij}, \min_{i \in G_s, j \in G_q} d_{ij} \right\} \\ &= \min\{D(G_p, G_s), D(G_q, G_s)\} \end{aligned}$$

2. 最长距离

最长距离是将 G_p 和 G_q 中距离最远的样品之间的距离定义为类间距离, 即

$$D(G_p, G_q) = \max_{i \in G_p, j \in G_q} d_{ij}$$

设将类 G_p 和 G_q 合并为一个新类, 记为 G_r, 则 G_r 与任意其他类 $G_s (s \neq p, q)$ 的距离为

$$D(G_r, G_s) = \max_{i \in G_r, j \in G_s} d_{ij}$$

$$= \max\left\{\max_{i\in G_s, j\in G_p} d_{ij}, \max_{i\in G_s, j\in G_q} d_{ij}\right\}$$
$$= \max\{D(G_p, G_s), D(G_q, G_s)\}$$

3. 中间距离

中间距离法既不采用两类之间的最短距离, 也不采用两类之间的最长距离, 而是采用介于两者之间的距离, 因此称为中间距离法.

若将类 G_p 和 G_q 合并为一个新类, 记为 G_r, 则 G_r 与任意其他类 $G_s(s \neq p, q)$ 的距离定义为

$$D^2(G_r, G_s) = \frac{1}{2}D^2(G_p, G_s) + \frac{1}{2}D^2(G_q, G_s) + \beta D^2(G_p, G_q) \quad -\frac{1}{4} \leqslant \beta \leqslant 0$$

当 $\beta = -\frac{1}{4}$ 时, $D^2(G_r, G_s)$ 就是 G_s 到 G_p 与 G_q 连线中点的距离.

4. 类平均距离

类平均距离将两类元素两两之间距离的均值定义为两类间距离, 即

$$D(G_p, G_q) = \frac{1}{n_p n_q}\sum_{i\in G_p}\sum_{j\in G_q} d_{ij}$$

若将类 G_p 和 G_q 合并为一个新类, 记为 G_r, 则 G_r 与任意其他类 $G_s(s \neq p, q)$ 的距离为

$$\begin{aligned} D(G_r, G_s) &= \frac{1}{n_r n_s}\sum_{i\in G_r}\sum_{j\in G_s} d_{ij} \\ &= \frac{1}{n_r n_s}\left[\sum_{i\in G_s}\left(\sum_{j\in G_p} d_{ij} + \sum_{j\in G_q} d_{ij}\right)\right] \\ &= \frac{1}{n_r n_s}[n_s n_p D(G_s, G_p) + n_s n_q D(G_s, G_q)] \\ &= \frac{n_p}{n_r}D(G_s, G_p) + \frac{n_q}{n_r}D(G_s, G_q) \end{aligned}$$

其中, $n_r = n_p + n_q$.

类平均法较充分地利用了所有样本之间的信息, 通常被认为是一种较好的系统聚类法.

以上给出的 4 种距离的定义方式, 若将 d_{ij} 换为变量间的相似系数 c_{ij}, 即可适用于变量间的聚类问题, 相对应计算出的“距离”称为类与类间的相似系数.

10.3.2 系统聚类过程

在定义了类与类之间的距离后, 就可以进行聚类分析. 下面以样品间的聚类分析为例, 使用距离度量给出系统聚类法的基本步骤, 对于变量间的聚类分析过程类似, 将距离换为相似系数即可. 基本步骤如下.

(1) 将 n 个样品每个单独成一类, 构造出 n 个类.

(2) 计算样品两两之间的距离, 得到距离矩阵 $\boldsymbol{D} = (d_{ij})_{n\times n}$, 则 $\boldsymbol{D}$ 对角线上的元素均为 0（若为相似系数矩阵 $\boldsymbol{C}$, 则对角线元素均为 1）, 显然有 $D(G_p, G_q) = d_{pq}$, 记 $\boldsymbol{D}_0 = \boldsymbol{D}$.

(3) 在 $\boldsymbol{D}_0$ 的上三角或下三角区域找到最小的非对角线元素（若为相似系数矩阵, 则找最大的非对角线元素）, 设其为 $D(G_p, G_q)$, 那么将 G_p 和 G_q 合并为一个新类, 记为 G_r, 即 $G_r = \{G_p, G_q\}$.

(4) 根据事先确定好的类与类之间的距离公式, 确定类 G_r 与任意其他类 G_s 之间的距离, 将 $\boldsymbol{D}_0$ 中 G_p, G_q 对应的第 p, q 行和第 p, q 列删除, 替换为根据 $D(G_r, G_s)$ 计算出的距离, 新行新列对应 G_r, 得到新的距离矩阵 $\boldsymbol{D}_1$, $\boldsymbol{D}_1$ 为 $(n-1)$ 阶矩阵 (若在 $\boldsymbol{D}_0$ 中找到多个最小元素, 则所有最小元素均作上述处理, 每合并两个类, 距离矩阵就降低 1 维).

(5) 对距离矩阵 $\boldsymbol{D}_1$ 重复进行第 (3) 和 (4) 步, 得到矩阵 $\boldsymbol{D}_2$, 依此类推, 直至所有 n 个样品合并为一个大类.

(6) 在上述步骤中, 可以记下每两类合并时的样品编号及合并时的距离, 并绘制出相应的谱系图, 再根据实际问题的需求选取合适的临界水平及类的个数.

值得注意的是在步骤 (4) 中, 根据类与类间距离（或相似系数）定义的不同, 分别对应不同的聚类方法. 用上一小节定义的 4 种类间距离, 对应的系统聚类法分别为最短距离法、最长距离法、中间距离法、类平均法.

例 10.4 (续例 10.1)　根据 5 个省的男生形体指标数据, 分别采用最短距离和最长距离用系统聚类法对这 5 个省进行分类.

解　首先将每个省份看作一个样品, 将辽宁、四川、黑龙江、陕西和江苏 5 个省份分别编号 1, 2, 3, 4, 5, 计算每两个样品之间的距离 $d_{ij}, i, j = 1, 2, \cdots, 5$, 由例 10.2 采用欧氏距离得到距离矩阵 $\boldsymbol{D}_0$ 为

$$\boldsymbol{D}_0 = \begin{array}{c} \\ 1 \\ 2 \\ 3 \\ 4 \\ 5 \end{array} \begin{array}{c} \begin{array}{ccccc} 1 & 2 & 3 & 4 & 5 \end{array} \\ \begin{pmatrix} 0 & & & & \\ 6.18 & 0 & & & \\ 0.94 & 6.73 & 0 & & \\ 0.99 & 5.23 & 1.67 & 0 & \\ 1.20 & 5.14 & 1.89 & 0.42 & 0 \end{pmatrix} \end{array}$$

$\boldsymbol{D}_0$ 是一个对角线元素为 0 的对称矩阵, 各元素大小反映了 5 个省男生形体指标之间的接近程度, 数值越小说明指标越接近. 下面分别用最短距离法和最长距离法进行谱系聚类.

(1) 最短距离法.

首先, 将 5 个省各自单独看作一类, 此时 $G_i = \{i\}, i = 1, 2, \cdots, 5$, $D(G_i, G_j) = d_{ij}, i, j = 1, 2, \cdots, 5$. 观察 $\boldsymbol{D}_0$, 最小的元素为 $d_{54} = d_{45} = 0.42$, 因此将 G_4 和 G_5 在 0.42 的水平上合成一个新类 $G_6 = \{4, 5\}$, 计算 G_6 与 G_1, G_2, G_3 之间的最短距离分别为

$$\begin{aligned} D(G_6, G_1) &= \min\{D(G_4, G_1), D(G_5, G_1)\} \\ &= \min\{d_{41}, d_{51}\} = \min\{0.99, 1.20\} = 0.99 \\ D(G_6, G_2) &= \min\{D(G_4, G_2), D(G_5, G_2)\} \\ &= \min\{d_{42}, d_{52}\} = \min\{5.23, 5.14\} = 5.14 \end{aligned}$$

$$D(G_6,G_3)=\min\{D(G_4,G_3),D(G_5,G_3)\}$$
$$=\min\{d_{43},d_{53}\}=\min\{1.67,1.89\}=1.67$$

在 $\boldsymbol{D}_0$ 中划去 G_4 和 G_5 对应的行和列, 加入新的类 G_6 到其他类之间的距离作为新的行和列, 得

$$\boldsymbol{D}_1=\begin{array}{c} \\ G_1 \\ G_2 \\ G_3 \\ G_6 \end{array}\begin{array}{c}\begin{array}{cccc} G_1 & G_2 & G_3 & G_6 \end{array}\\ \begin{pmatrix} 0 & & & \\ 6.18 & 0 & & \\ 0.94 & 6.73 & 0 & \\ 0.99 & 5.14 & 1.67 & 0 \end{pmatrix}\end{array} \tag{10.1}$$

在 $\boldsymbol{D}_1$ 中, 距离最小的是 G_1 和 G_3 之间的距离 0.94, 因此将 G_1 和 G_3 在 0.94 的水平上合成一个新类 $G_7=\{1,3\}$, 计算 G_7 与 G_2, G_6 之间的最短距离为

$$D(G_7,G_2)=\min\{D(G_1,G_2),D(G_3,G_2)\}$$
$$=\min\{d_{12},d_{32}\}=\min\{6.18,6.73\}=6.18$$
$$D(G_7,G_6)=\min\{D(G_1,G_6),D(G_3,G_6)\}$$
$$=\min\{d_{61},d_{63}\}=\min\{0.99,1.67\}=0.99$$

在 $\boldsymbol{D}_1$ 中划去 G_1 和 G_3 对应的行和列, 加入新的类 G_7 到其他类之间的距离作为新的行和列, 得

$$\boldsymbol{D}_2=\begin{array}{c} \\ G_2 \\ G_6 \\ G_7 \end{array}\begin{array}{c}\begin{array}{ccc} G_2 & G_6 & G_7 \end{array}\\ \begin{pmatrix} 0 & & \\ 5.14 & 0 & \\ 6.18 & 0.99 & 0 \end{pmatrix}\end{array}$$

在 $\boldsymbol{D}_2$ 中, 距离最小的是 G_6 和 G_7 之间的距离 0.99, 因此将 G_6 和 G_7 在 0.99 的水平上合成一个新类 $G_8=\{6,7\}$, 计算 G_8 与 G_2 之间的最短距离为

$$D(G_8,G_2)=\min\{D(G_6,G_2),D(G_7,G_2)\}$$
$$=\min\{d_{62},d_{72}\}=\min\{5.14,6.18\}=5.14$$

在 $\boldsymbol{D}_2$ 中划去 G_6 和 G_7 对应的行和列, 加入新的类 G_8 到其他类之间的距离作为新的行和列, 得

$$\boldsymbol{D}_3=\begin{array}{c} \\ G_2 \\ G_8 \end{array}\begin{array}{c}\begin{array}{cc} G_2 & G_8 \end{array}\\ \begin{pmatrix} 0 & \\ 5.14 & 0 \end{pmatrix}\end{array}$$

最后, 将 G_2 和 G_8 在 5.14 的水平上合成一个大类, 这个类包含所有省份.

(2) 最长距离法.

首先, 将 G_4 和 G_5 在 0.42 的水平上合成一个新类 $G_6=\{4,5\}$, 计算 G_6 与 G_1, G_2, G_3 之间的最长距离为

$$
\begin{aligned}
D(G_6,G_1)&=\max\{D(G_4,G_1),D(G_5,G_1)\}\\
&=\max\{d_{41},d_{51}\}=\max\{0.99,1.20\}=1.20\\
D(G_6,G_2)&=\max\{D(G_4,G_2),D(G_5,G_2)\}\\
&=\max\{d_{42},d_{52}\}=\max\{5.23,5.14\}=5.23\\
D(G_6,G_3)&=\max\{D(G_4,G_3),D(G_5,G_3)\}\\
&=\max\{d_{43},d_{53}\}=\max\{1.67,1.89\}=1.89
\end{aligned}
$$

在 $\boldsymbol{D}_0$ 中划去 G_4 和 G_5 对应的行和列, 加入新的类 G_6 到其他类之间的距离作为新的行和列, 得

$$
\boldsymbol{D}_1=\begin{matrix} \\ G_1\\ G_2\\ G_3\\ G_6\end{matrix}
\begin{matrix} G_1 & G_2 & G_3 & G_6\\
\left(\begin{matrix}0 & & & \\ 6.18 & 0 & & \\ 0.94 & 6.73 & 0 & \\ 1.20 & 5.23 & 1.89 & 0\end{matrix}\right)\end{matrix}
$$

在 $\boldsymbol{D}_1$ 中, 距离最小的是 G_1 和 G_3 之间的距离 0.94, 因此将 G_1 和 G_3 在 0.94 的水平上合成一个新类 $G_7=\{1,3\}$, 计算 G_7 与 G_2, G_6 之间的最长距离为

$$
\begin{aligned}
D(G_7,G_2)&=\max\{D(G_1,G_2),D(G_3,G_2)\}\\
&=\max\{d_{12},d_{32}\}=\max\{6.18,6.73\}=6.73\\
D(G_7,G_6)&=\max\{D(G_1,G_6),D(G_3,G_6)\}\\
&=\max\{d_{16},d_{36}\}=\max\{1.20,1.89\}=1.89
\end{aligned}
$$

在 $\boldsymbol{D}_1$ 中划去 G_1 和 G_3 对应的行和列, 加入新的类 G_7 到其他类之间的距离作为新的行和列, 得

$$
\boldsymbol{D}_2=\begin{matrix} \\ G_2\\ G_6\\ G_7\end{matrix}
\begin{matrix} G_2 & G_6 & G_7\\
\left(\begin{matrix}0 & & \\ 5.23 & 0 & \\ 6.73 & 1.89 & 0\end{matrix}\right)\end{matrix}
$$

在 $\boldsymbol{D}_2$ 中, 距离最小的是 G_6 和 G_7 之间的距离 1.89, 因此将 G_6 和 G_7 在 1.89 的水平上合成一个新类 $G_8=\{6,7\}$, 计算 G_8 与 G_2 之间的最长距离为

$$
\begin{aligned}
D(G_8,G_2)&=\max\{D(G_6,G_2),D(G_7,G_2)\}\\
&=\max\{d_{62},d_{72}\}=\max\{5.23,6.73\}=6.73
\end{aligned}
$$

在 $\boldsymbol{D}_2$ 中划去 G_6 和 G_7 对应的行和列, 加入新的类 G_8 到其他类之间的距离作为新的行和列, 得

$$\boldsymbol{D}_3 = \begin{array}{c} \\ G_2 \\ G_8 \end{array} \begin{array}{c} \begin{array}{cc} G_2 & G_8 \end{array} \\ \begin{pmatrix} 0 & \\ 6.73 & 0 \end{pmatrix} \end{array}$$

最后, 将 G_2 和 G_8 在 6.73 的水平上合成一个大类, 这个类包含所有的省份.

两种方法得到的谱系图, 如图 10.1 所示.

在 R 软件中, 用 hclust() 函数可以进行系统聚类的计算, 使用格式为

hclust(d,method="complete",members=NULL)

其中, d 是由 "dist" 构成的距离矩阵; method 是聚类的方法, 默认是最长聚类法, 包含 "single" 最短距离法、"complete" 最长距离法、"average" 类平均法等. 用 plot() 函数绘制谱系图.

本题具体程序如下.

R 程序及输出结果

```
par(mfrow=c(1,2))
d<-dist(data,method="euclidean",diag=T)  #欧几里得距离
D1<-hclust(d,"single")  #最短距离
plot(D1,hang=-1)
D2<-hclust(d,"complete")  #最长距离
plot(D2,hang=-1)
```

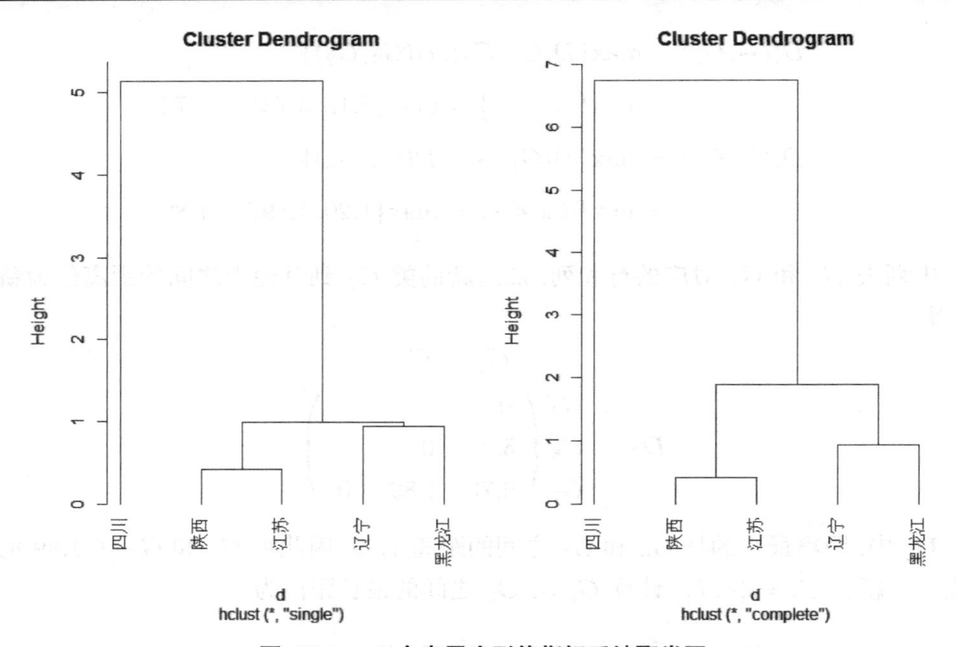

图 10.1　5 个省男生形体指标系统聚类图

由这两种方法可以看出, 采用不同的聚类方法得到的聚类结果是相同的, 但是在各类合

并时的距离水平会有所不同. 但在通常情况下, 采用不同的聚类方法得到的聚类结果一般不同.

下面我们通过一个例子说明变量之间的聚类.

例 10.5 已知下面矩阵给出了 5 个变量间的相关系数矩阵, 用最短距离法进行聚类分析.

$$\boldsymbol{R}_0 = \begin{matrix} \\ 1 \\ 2 \\ 3 \\ 4 \\ 5 \end{matrix} \begin{matrix} \begin{matrix} 1 & \quad 2 & \quad 3 & \quad 4 & \quad 5 \end{matrix} \\ \begin{pmatrix} 1 & & & & \\ 0.58 & 1 & & & \\ 0.51 & 0.60 & 1 & & \\ 0.39 & 0.39 & 0.44 & 1 & \\ 0.46 & 0.32 & 0.43 & 0.52 & 1 \end{pmatrix} \end{matrix}$$

解 $\boldsymbol{R}_0$ 是一个对角线元素为 1 的对称矩阵, 各元素大小反映了 5 个变量之间的接近程度, 数值越大说明变量越接近. 下面用最短距离法进行谱系聚类.

首先, 将 5 个变量单独看作一类, 此时 $G_i = \{i\}, i = 1, 2, \cdots, 5$, 观察 $\boldsymbol{R}_0$, 最大的元素为 $c_{32} = 0.60$, 因此在相似水平为 0.60 时, 将 G_2 和 G_3 两个变量合成一个新类 $G_6 = \{4, 5\}$, 计算 G_6 与 G_1, G_4, G_5 之间的最短距离为

$$C(G_6, G_1) = \min\{c_{21}, c_{31}\} = \min\{0.58, 0.51\} = 0.51$$

$$C(G_6, G_4) = \min\{c_{42}, c_{43}\} = \min\{0.39, 0.44\} = 0.39$$

$$C(G_6, G_5) = \min\{c_{52}, c_{53}\} = \min\{0.32, 0.43\} = 0.32$$

因此得到新的相似矩阵

$$\boldsymbol{R}_1 = \begin{matrix} \\ G_6 \\ G_1 \\ G_4 \\ G_5 \end{matrix} \begin{matrix} \begin{matrix} G_6 & \quad G_1 & \quad G_4 & \quad G_5 \end{matrix} \\ \begin{pmatrix} 1 & & & \\ 0.51 & 1 & & \\ 0.39 & 0.39 & 1 & \\ 0.32 & 0.46 & 0.52 & 1 \end{pmatrix} \end{matrix} \tag{10.2}$$

在 $\boldsymbol{R}_1$ 中, G_4 和 G_5 之间的相似系数 0.52 最大, 因此将 G_4 和 G_5 在 0.52 的水平上合成一个新类 $G_7 = \{4, 5\}$, 重新计算 G_7 与 G_1, G_6 之间的相似系数为

$$C(G_7, G_1) = \min\{c_{41}, c_{51}\} = \min\{0.39, 0.46\} = 0.39$$

$$C(G_7, G_6) = \min\{c_{46}, c_{56}\} = \min\{0.39, 0.32\} = 0.32$$

因而得到新矩阵为

$$\boldsymbol{R}_2 = \begin{matrix} \\ G_7 \\ G_6 \\ G_1 \end{matrix} \begin{matrix} \begin{matrix} G_7 & \quad G_6 & \quad G_1 \end{matrix} \\ \begin{pmatrix} 1 & & \\ 0.32 & 1 & \\ 0.39 & 0.51 & 1 \end{pmatrix} \end{matrix}$$

在 $\boldsymbol{R}_2$ 中, G_1 和 G_6 之间的相似系数 0.51 最大, 因此将 G_1 和 G_6 在 0.51 的水平上合成一个新类 $G_8=\{1,6\}$, 重新计算相似系数为

$$C(G_8,G_7)=\min\{c_{17},c_{67}\}=\min\{0.39,0.32\}=0.32$$

得

$$\boldsymbol{R}_3=\begin{matrix} & \begin{matrix} G_8 & G_7 \end{matrix} \\ \begin{matrix} G_8 \\ G_7 \end{matrix} & \begin{pmatrix} 1 & \\ 0.32 & 1 \end{pmatrix} \end{matrix}$$

最后, 将 G_7 和 G_8 在相似水平 0.32 上合成一个大类.

在进行 R 型聚类时, 可以看到是在相似系数矩阵中找数值最大的, 然后又根据最小距离法类与类之间找最小的, 因此做题时特别容易混淆. 若此题用最大距离法进行聚类, 则系数矩阵中找最大值, 且类与类之间也是找最大值.

在 R 软件中, 通常可以用 $d_{ij}=1-c_{ij}$, 将相似系数矩阵转化为距离矩阵, 然后按照距离矩阵的方法调用程序进行聚类分析.

10.3.3 类个数的确定

在聚类过程中由于采用不同的聚类方法可能会得到不同的分类结果, 因此我们如何确定类以及具体分为几类比较合适呢? 这是我们尤为关心的部分. 下面我们就简单介绍一下在系统聚类法中常用的几种类个数的确定方法.

1. 阈值法

谱系图反映的是样品间或变量间的亲疏关系, 没有给出具体的分类, 因此需要给出一个值用以分割谱系图, 从而得到样品或变量间的分类, 那么这个值就称作阈值, 用 T 表示. 当类与类之间的距离小于阈值 T 时, 我们将各个类中所包含的样品分为一类, 超过阈值 T 的类可以自成一类.

2. 散点图法

通过观察样本的散点图的散布情况确定类的个数. 若样本是二维或三维向量, 则可直接绘制数据的散点图; 若数据是高于三维的向量, 则可根据主成分分析先将其综合为两个或三个新的变量, 再绘制综合变量的散点图, 从而确定分类的个数.

3. 统计量法

可以通过定义统计量, 来检验类与类之间的距离是否足够区分开. 例如 R^2 统计量、伪 F 统计量、伪 t^2 统计量等, 在这里就不一一详述了.

4. 谱系图法

Benirmen(1972) 提出了根据研究目的来确定恰当的分类方法, 并提出了一些根据谱系图来分析的方法准则.

(1) 准则 A: 各类重心的距离必须很大.

(2) 准则 B: 确定的类中, 各类所包含的元素都不要太多.

(3) 准则 C: 类的个数必须符合实用目的.

(4) 准则 D: 若采用几种不同的聚类方法处理, 则在各自的聚类图中应发现相同的类.

关于类个数的确定目前没有统一的方法, 以上方法可供参考使用, 也可以结合实际问题进行分类.

在 R 软件中, 用 rect.hclust() 函数确定分类, 主要是通过阈值或类的个数确定分类情况, 如

rect.hclust(tree,k=NULL,which=NULL,x=NULL,h=NULL,border=2,cluster=NULL)

其中, tree 是由 hclust 生成的对象; k 是类的个数; h 是谱系图中的阈值, 要求分成的各类的距离大于 h; border 是数或向量, 标明矩形框的颜色.

在例 10.4 的谱系图中, 我们根据最小距离法用 rect.hclust 命令给其分类, 分别采用阈值法和给定类的个数方法, 具体程序如下.

R 程序及输出结果

```
> par(mfrow=c(2,2))
> plot(D1,hang=-1)
> rect.hclust(D1,h=3,border=2)  #按照阈值3分类
> plot(D1,hang=-1)
> rect.hclust(D1,h=0.95,border=3)  #按照阈值0.95分类
> plot(D1,hang=-1)
> rect.hclust(D1,k=3,border=4)   #按照类个数为3分类
> plot(D1,hang=-1)
> rect.hclust(D1,k=4,border=5)   #按照类个数为4分类
```

图 10.2　5 个省男生形体指标谱系聚类图

图 10.2 中第一行两幅图分别是以阈值 3 和 0.95 进行分类, 分别确定的类的个数是 2 和 3, 阈值越大类的个数越少, 相反阈值越小类的个数越多; 第二行两幅图分别是给定类的

个数 3 和 4, 再进行分类. 根据图中所示以及结合实际问题, 这道题分成 3 类较好, 因为既能说明哪些省之间男生形体之间是相似的, 又能看到南、北方男生形体之间的差异, 能较好地说明问题. 至于图中分为 4 类的情况, 可以看到类数过多不容易突出省与省之间的联系, 也不能很好地刻画要解决的问题. 所以, 在实际问题中, 类数一定要结合实际, 突出问题的本质.

10.4 动态聚类法

系统聚类法原理简单, 在实际问题中应用十分广泛. 但随着聚类样本的增多, 系统聚类法的计算量将会飞速增加, 得到的谱系图也会非常复杂, 分析问题会变得困难. 当样本量非常大 ($n \geqslant 100$) 时, 由于计算量十分庞大, 将会占用大量的计算机存储空间, 甚至会因为计算机内存的限制无法计算等. 如果可以先将待分类样本粗略的分类, 再按照某种原则一步步进行修正, 直到分类合理, 就可以有效地改善这个问题, 因此产生了动态聚类法, 动态聚类法也称作逐步聚类法.

动态聚类法适用于解决数据量比较大的聚类问题, 有多种方法. 本节介绍一种目前比较流行的动态聚类法——K 均值法, 基本步骤如下.

步骤 1: 根据某种规定好的规则选取 k 个初始凝聚点.

步骤 2: 计算其余 $n-k$ 个样品到初始凝聚点的距离（这里通常采用欧氏距离）, 将每个样品分到距离最近的类中, 得到分好的 k 个类.

步骤 3: 计算每个类的均值, 将所有类的凝聚点更新为该类的均值, 计算所有点到新的凝聚点的距离, 将每个样品重新分到距离最近的类中, 得到更新后的类.

步骤 4: 重复进行步骤 3, 直至分类比较合理, 所有样品都不再进行分类.

通过 K 均值法的基本步骤可以看出, 这个过程的关键在于初始凝聚点的选择和分类合理的判断标准. 下面讨论初始凝聚点的选择.

在 K 均值法的第一步中, 需要确定初始凝聚点作为初始分类的重心, 初始凝聚点的选择在很大程度上影响了整个算法过程的计算时间和分类结果, 因此初始凝聚点的选择非常重要. 选择初始凝聚点常用的方法如下.

(1) 将样品数据随机划分为 k 类, 计算每一类的重心, 作为 k 个初始凝聚点.

(2) 根据经验, 参考对该实际分类问题的历史数据, 先确定好分类个数和初始分类, 在每一类中选择最有代表性的样品作为初始凝聚点.

(3) 先将所有样品的均值作为第一初始凝聚点, 规定某一正数 d, 再依次考察剩余样本点, 若样本点与已选取的初始凝聚点的距离均大于 d, 则将该点添加为初始凝聚点.

在实际问题中, 若对所需分类问题比较了解, 可以事先确定类或确定相应的凝聚点; 如果对聚类问题不甚了解, 则可随机分成几类, 或随机选择凝聚点, 但是不提倡使用.

例 10.6 设有四组二维数据 $A=(5,3), B=(-1,1), C=(1,-2), D=(-3,-2)$, 试用动态聚类法聚类.

解 首先, 我们将数据随机分成两组, 取 $k=2$, 将 (A,B) 分为一组, (C,D) 分为一组.

计算每组的均值

$$(A,B):\bar{x}_1=\frac{5+(-1)}{2}=2\qquad \bar{x}_2=\frac{3+1}{2}=2$$
$$(C,D):\bar{x}_1=\frac{1+(-3)}{2}=-1\quad \bar{x}_2=\frac{-2+(-2)}{2}=-2$$

形成两个凝聚点 $(2,2)$ 和 $(-1,-2)$.

然后, 重新计算每组数据到凝聚点的距离, 利用欧氏距离法, 得到距离矩阵为

$$\begin{array}{c} \\ A\\ B\\ C\\ D \end{array}\begin{array}{c} \begin{array}{cc}(A,B) & (C,D)\end{array}\\ \begin{pmatrix} 10 & 61\\ 10 & 9\\ 17 & 4\\ 41 & 4 \end{pmatrix}\end{array} \tag{10.3}$$

可以看到 A,C,D 都无须调整, 而 B 离 (C,D) 近, 因此将分类调整为 (A) 和 (B,C,D).

接下来, 重新计算两组的均值, 得到新的凝聚点为 $(5,3)$ 和 $(-1,-1)$.

最后, 计算四组数据到新的凝聚点的距离, 得到距离矩阵为

$$\begin{array}{c} \\ A\\ B\\ C\\ D \end{array}\begin{array}{c} \begin{array}{cc}A & (B,C,D)\end{array}\\ \begin{pmatrix} 0 & 52\\ 40 & 4\\ 41 & 5\\ 89 & 5 \end{pmatrix}\end{array} \tag{10.4}$$

此时样本分类没有改变, 因此最终的聚类结果为 (A) 和 (B,C,D).

在 R 软件中, K 均值聚类法是用 kmeans() 函数计算, 最早是由 MacQueen 在 1967 年提出, 随后许多人对此作了很多改进. kmeans() 函数的使用格式为

kmeans(x,centers,iter.max=10,nstart=1,algorithm=c(“Hartigan-Wong” , “Lloyd” , “Forgy” , “MacQueen”))

下面给出此题的程序, 我们可以看到得到的分类结果是一致的.

R 程序及输出结果

```
> A<-c(5,3)
> B<-c(-1,1)
> C<-c(1,-2)
> D<-c(-3,-2)
> data<-rbind(A,B,C,D)
> kmeans(data,2)
K-means clustering with 2 clusters of sizes 1, 3
```

```
Cluster means:
  [,1] [,2]
1    5    3
2   -1   -1

Clustering vector:
A B C D
1 2 2 2
Within cluster sum of squares by cluster:
[1]  0 14
 (between_SS / total_SS =  73.6 %)
Available components:

[1] "cluster"      "centers"     "totss"       "withinss"
[5] "tot.withinss" "betweenss"   "size"        "iter"
[9] "ifault"
```

动态聚类法的优点就是可以动态调整分类, 以达到最优的分类效果.

习　题　10

1. 简述系统聚类法的基本思想及主要步骤.

2. 简述动态聚类法的基本思想及主要步骤.

3. 下表是 20 种啤酒 (500 mL/瓶) 的相关数据, 用最短距离法、最长距离法进行系统聚类分析.

题 3 表

名称	热量 (kcal)	钠含量 (mg)	酒精 (%vol)	价格 (美元)
Budweise	144	19	4.7	0.43
Schlitz	181	19	4.9	0.43
Ionenbra	157	15	4.9	0.48
Kronenso	170	7	5.2	0.73
Heineken	152	11	5	0.77
Old-miln	145	23	4.6	0.26
Auscberg	175	24	5.5	0.40
Strchs-b	149	27	4.7	0.42
Miller-l	99	10	4.3	0.43
Sudeiser	113	6	3.7	0.44
Coors	140	16	4.6	0.44
Coorslic	102	15	4.1	0.46
Michelos	135	11	4.2	0.50
Secrs	150	19	4.7	0.76
Kkirin	149	6	5	0.79
Pabst-ex	68	15	2.3	0.36

续表

名称	热量 (kcal)	钠含量 (mg)	酒精 (%vol)	价格 (美元)
Hamms	136	19	4.4	0.43
Heileman	144	24	4.9	0.43
Olympia	72	6	2.9	0.46
Schlite	97	7	4.2	0.47

4. 下表是某年我国 16 个地区农民支出情况的抽样调查数据, 每个地区调查了反映每人每周平均生活消费支出情况的 6 个经济指标. 用不同的距离进行系统聚类分析, 并比较哪种方法与人们观察到的实际情况较接近.

题 4 表　　(元)

地区	食品	衣着	燃料	住房	交通通信	娱乐教育
北京	190.33	43.77	9.73	60.54	49.01	9.04
天津	135.2	36.4	10.47	44.16	36.49	3.94
河北	95.21	22.83	9.3	22.44	22.81	2.8
山西	104.78	25.11	6.4	9.89	18.17	3.25
内蒙古	128.41	27.63	8.94	12.58	23.99	2.27
辽宁	145.68	32.83	17.79	27.29	39.09	3.47
吉林	159.37	33.38	18.37	11.81	25.29	5.22
黑龙江	116.22	29.57	13.24	13.76	21.75	6.04
上海	221.11	38.64	12.53	115.65	50.82	5.89
江苏	144.98	29.12	11.67	42.6	27.3	5.74
浙江	169.92	32.75	12.72	47.12	34.35	5
安徽	135.11	23.09	15.62	23.54	18.18	6.39
福建	144.92	21.26	16.96	19.52	21.75	6.73
江西	140.54	21.5	17.64	19.19	15.97	4.94
山东	115.84	30.26	12.2	33.6	33.77	3.85
河南	101.18	23.26	8.46	20.2	20.5	4.3

5. 重复例 10.6, 从初始分组 (A, C) 和 (B, D) 开始, 将所得到的结果与例题中的结果进行比较, 它们是否相同? 将数据的坐标 (x_1, x_2) 作成点图, 并对解作出评论.

6. 下表是 15 个上市公司某年的一些主要财务指标, 使用 K 均值法分别对这些公司进行聚类.

题 6 表

公司编号	净资产收益率	每股净利润 (元)	总资产周转率	资产负债率	流动负债比率	每股净资产	净利润增长率	总资产增长率
1	11.09	0.21	0.05	96.98	70.53	1.86	−44.04	81.99
2	11.96	0.59	0.74	51.78	90.73	4.95	7.02	16.11
3	0	0.03	0.03	181.99	100	−2.98	103.33	21.18
4	11.58	0.13	0.17	46.07	92.18	1.14	6.55	−56.32
5	−6.19	−0.09	0.03	43.3	82.24	1.52	−1 713.5	−3.36
6	10	0.47	0.48	68.4	86	4.7	−11.56	0.85
7	10.49	0.11	0.35	82.98	99.87	1.02	100.23	30.32
8	11.12	−1.69	0.12	132.14	100	−0.66	−4 454.39	−62.75

续表

公司编号	净资产收益率	每股净利润 (元)	总资产周转率	资产负债率	流动负债比率	每股净资产	净利润增长率	总资产增长率
9	3.41	0.04	0.2	67.86	98.51	1.25	−11.25	−11.43
10	1.16	0.01	0.54	43.7	100	1.03	−87.18	−7.41
11	30.22	0.16	0.4	87.36	94.88	0.53	729.41	−9.97
12	8.19	0.22	0.38	30.31	100	2.73	−12.31	−2.77
13	95.79	−5.2	0.5	252.34	99.34	−5.42	−9 816.52	−46.82
14	16.55	0.35	0.93	72.31	84.05	2.14	115.95	123.41
15	−24.18	−1.16	0.79	56.26	97.8	4.81	−533.89	−27.74

7. 下表给出了 28 个省区 19~22 岁年龄组城市男生形体指标数据, 利用系统聚类法对其进行聚类, 并作出谱系图.

题 7 表

序号	地区	X_1	X_2	X_3	X_4	X_5	X_6
1	北京	173.28	93.62	60.10	86.72	38.97	27.51
2	天津	172.09	92.83	60.38	87.39	38.62	27.82
3	河北	171.46	92.73	59.74	85.59	38.83	27.46
4	山西	170.08	92.25	58.04	85.92	38.33	27.29
5	内蒙古	170.61	92.36	59.67	87.46	38.38	27.14
6	辽宁	171.69	92.85	59.44	87.45	38.19	27.10
7	吉林	171.46	92.93	58.70	87.06	38.58	27.36
8	黑龙江	171.60	93.28	59.75	88.03	38.68	27.22
9	山东	171.60	92.26	60.50	97.63	38.79	26.63
10	陕西	171.16	92.62	58.72	87.11	38.19	27.18
11	甘肃	170.04	92.17	56.95	88.08	38.24	27.65
12	青海	170.27	91.94	56.00	84.52	37.16	26.81
13	宁夏	170.61	92.50	57.34	85.61	38.52	27.36
14	新疆	171.39	92.44	58.92	85.37	38.83	26.47
15	上海	171.83	92.79	56.85	85.35	38.58	27.03
16	江苏	171.36	92.53	58.39	87.09	38.23	27.04
17	浙江	171.24	92.61	57.69	83.98	39.04	27.07
18	安徽	170.49	92.03	57.56	87.18	38.54	27.57
19	福建	169.43	91.67	57.22	83.87	38.41	26.60
20	江西	168.57	91.40	55.96	83.02	38.74	26.97
21	河南	170.43	92.38	57.87	84.87	38.78	27.37
22	湖北	169.88	91.89	56.87	86.34	38.37	27.19
23	湖南	167.94	90.91	55.97	86.77	38.17	27.16
24	广东	168.82	91.30	56.07	85.87	37.61	26.67
25	广西	168.02	91.26	55.28	85.63	39.66	28.07
26	四川	167.87	90.96	55.79	84.92	38.20	26.53
27	贵州	168.15	91.50	54.56	84.81	38.44	27.38
28	云南	168.99	91.52	55.11	86.23	38.30	27.14

8. 将题 7 表中数据用 K 均值聚类法聚类成 $k=3,4$ 组, 将结果与题 7 中的结果进行比较.

参 考 文 献

[1] 陈希孺. 数理统计引论 [M]. 北京: 科学出版社, 1984.

[2] 王斌会. 多元统计分析及 R 语言建模 [M]. 广州: 暨南大学出版社, 2010.

[3] 王静龙. 多元统计分析 [M]. 北京: 科学出版社, 2008.

[4] 高惠璇. 应用多元统计分析 [M]. 北京: 北京大学出版社, 2005.

[5] ANDERSON T W. An introduction to multivariate analysis[M]. New York: Wiley, 2003.

[6] JOHNSON R A, WICHERN D W. Applied multivariate statistical analysis[M]. 5th ed. Englewood Cliffs: Prentice-Hall, 2002.

[7] SEBER G A F. Multivariate observations[M]. Hoboken: John Wiley and Sons, Inc., 1984.

[8] TIMM N H. Applied multivariate analysis[M]. New York: Springer-Verlag New York, Inc., 2002.

[9] RENCHER A C. Methods of multivariate analysis[M]. 2nd ed. New York: Wiley-Interscience, 2002.

[10] HALD A. Statistical theory with engineering applications[M]. New York: Wiley, 1952.

[11] AKAIKE H. A new look at the statistical model identification[J]. IEEE Transactions on Automatic Control, 1974, 19(6): 716-723.

[12] CHATTERJEE S, HADI A S. Regression analysis by example[M]. 5th ed. Hoboken: Wiley, 2012.

[13] SCHWARZ G E. Estimating the dimension of a model[J]. The Annals of Statistics, 1978, 6(2): 461-464.

[14] RUDORFER M V. Cardiovascular changes and plasma drug levels after amitriptyline overdose[J]. Journal of Toxicology-Clinical Toxicology, 1982, 19(1): 67-78.

[15] 陈希孺, 王松桂. 近代回归分析 [M]. 合肥: 安徽教育出版社, 1987.

[16] 王松桂. 回归诊断发展综述 [J]. 应用概率统计, 1988, 3: 88-99.

[17] 何晓群. 多元统计分析 [M]. 北京: 中国人民大学出版社, 2015.

[18] 薛毅, 陈立萍. 统计建模与 R 软件 [M]. 北京: 清华大学出版社, 2007.

[19] 费宇. 多元统计分析: 基于 R[M]. 北京：中国人民大学出版社, 2014.

[20] 汤银才. R 语言与统计分析 [M]. 北京：高等教育出版社, 2008.

[21] REYMENY R A, SAVAZZI E. Aspects of multivariate statistical analysis in geology[M]. Amsterdam：Elsevier, 1999.

[22] 张尧庭, 方开泰. 多元统计分析引论 [M]. 北京：科学出版社, 1982.

[23] CHATFIELD C, COLLINS A J. Introduction to multivariate analysis[M]. New York: Springer, 1980.

[24] CHRISTENSEN R. Linear models for multivariate, time series, and spatial data[M]. New York：Springer, 1991.

[25] FLURY B. A first course in multivariate statistics[M]. New York：Springer, 1997.

[26] CHRISTENSEN R. Advanced linear modeling[M]. New York：Springer, 2001.

[27] 余锦华, 杨维权. 多元统计分析与应用 [M]. 广州：中山大学出版社, 2005.

[28] STEVENS J P. Applied multivariate statistics for the social sciences[M]. New York：Routledge, 2009.

[29] FLURY B, RIEDWYL H. Multivariate statistics: a practical approach[M]. New York：Chapman and Hall, 1988.

[30] HARDLE W K, SIMAR L. Applied multivariate statistical analysis[M]. Berlin：Springer, 2015.

[31] BOX G E P. A general distribution theory for a class of likelihood criteria[J]. Biometrika, 1949, 36: 317-346.

[32] BARTLETT M S. Properties of sufficiency and statistical tests[C]//Proceedings of the Royal Statistical Society, 1937, Series A, 160: 268-282.

[33] 王松桂, 史建红, 尹素菊, 等. 线性模型引论 [M]. 北京：科学出版社, 2004.

[34] MAXWELL S E, DELANEY H D, KELLEY K. Designing experiments and analyzing data: a model comparison perspective[M]. New York：Routledge, 2017.

[35] HARRIS R J. A primer of multivariate statistics[M]. Mahwah：Lawrence Erlbaum Associates, 2001.

[36] TROSSET M W. An introduction to statistical inference and its applications with R[M]. Boca Raton：Chapman and Hall/CRC, 2009.

[37] TILL R. Statistical methods for the earth scientist: an introduction[M]. London：Macmillan, 1974.

[38] 张润楚. 多元统计分析 [M]. 北京：科学出版社, 2016.

[39] LUBISCHEW A A. On the use of discriminant functions in taxonomy[J]. Biometrics,1962, 18:455-477.

[40] HOAGLIN D C, WELSCH R E. The hat matrix in regression and ANOVA[J]. The American Statistician, 1978, 32:17-22.

[41] COOK R D. Detection of influential observation in linear regression[J]. Technometrics, 1977, 19 (1): 15-18.

[42] CHATTERJEE S, HADI A S. Regression analysis by example[M]. Hoboken：Wiley, 2012.

[43] 何晓群. 应用回归分析 [M]. 北京：中国人民大学出版社, 2015.

[44] MALLOWS C L. Some comments on CP[J]. Technometrics, 1973, 15(4): 661-675.

[45] AKAIKE A H. A new look at the statistical model identification[J]. IEEE Transactions on Automatic Control, 1974, 19 (6): 716-723.

[46] SCHWARZ G E. Estimating the dimension of a model[J]. Annals of Statistics, 1978, 6 (2): 461-464.

[47] RUDORFER M V. Cardiovascular changes and plasma drug levels after amitriptyline overdose[J]. Journal of Toxicology-Clinical Toxicology, 1982, 19:67-71.

[48] 马斌荣. 医学统计学 [M]. 北京：人民卫生出版社, 2008.

[49] 陈家鼎. 数理统计学讲义 [M]. 北京：高等教育出版社, 2015.

[50] JAMES G, WITTEN D, HASTIE T, et al. An introduction to statistical learning with applications in R[M]. New York：Springer, 2015.

[51] MONTGOMERY D C, PECK E A, VINING G G. Introduction to linear regression analysis[M]. Hoboken：Wiley, 2012.

[52] KUTNER M H, NACHTSHEIM C J, NETER J, et al. Applied linear statistical models[M]. New York：McGraw-Hill Irwin, 2004.

[53] FOX J. An R and S plus companion to applied regression[M]. Thousand Oaks：Sage Publications, 2002.